西方古地图 30 讲

以精彩纷呈的古地图，解读波澜壮阔的大航海时代

李　戈◎主　编
韩时杰◎副主编

人民交通出版社股份有限公司
北　京

图书在版编目(CIP)数据

西方古地图30讲 / 李戈主编. —北京 : 人民交通出版社股份有限公司，2021.6
ISBN 978-7-114-17258-8

Ⅰ. ①西… Ⅱ. ①李… Ⅲ. ①地图—历史—世界—通俗读物 Ⅳ. ①P28-091

中国版本图书馆CIP数据核字 (2021) 第078340号

审图号：GS（2020）6472号

XIFANG GU DITU 30 JIANG
书　　名：西方古地图30讲
著 作 者：李　戈
责任编辑：董京礼
责任校对：刘　芹
责任印制：张　凯
出版发行：人民交通出版社股份有限公司
地　　址：（100011）北京市朝阳区安定门外外馆斜街 3 号
网　　址：http://www.ccpcl.com.cn
销售电话：（010）59757973
总 销 售：人民交通出版社股份有限公司发行部
经　　销：各地新华书店
印　　刷：北京印匠彩色印刷有限公司
开　　本：880 × 1230　1/16
印　　张：14.75
字　　数：476 千
版　　次：2021 年 6 月　第 1 版
印　　次：2021 年 6 月　第 1 次印刷
书　　号：ISBN 978-7-114-17258-8
定　　价：89.00元
（有印刷、装订质量问题的图书由本公司负责调换）

前 言

欧洲人在大航海时代绘制的古旧地图，今日被视为人类历史、文化、科技、艺术发展的重要载体和珍贵遗产。遗憾的是，现有中文资料中，这类西方古旧地图很少被系统地关注和介绍。本书的出版，是在这个领域的一次有益尝试。

今天，人类探索的目光已经投向宇宙深处和潜在的外星文明，很少有人意识到：仅仅四五个世纪之前，我们对脚下这颗行星的轮廓还是一知半解。彼时，欧洲人描绘的“已知世界”地图，还不足这颗星球表面积的十分之一。不要说遥远而严酷的南极、北极，即使北美大陆对欧洲人来说也是充满挑战的“新世界”；神秘的东方只能去《马可·波罗游记》中寻找，今日的澳大利亚是欧洲人传说中的南方大陆。在那个时代各类地图上的轮廓和位置游移不定。至于广阔的太平洋，欧洲人甚至一度没有意识到它的存在。

1492 年，哥伦布的小船队经过漫长而绝望的航行，终于抵达中美洲加勒比海的一个小岛。他至死都坚信那里就是欧洲人一直渴望到达的印度。但这次新远航，成为大航海时代的标志性事件。在此之前，率先进入大航海时代的葡萄牙人沿着西非海岸一路向南已经探索了几十年。迪亚士虽然已经把新航路拓展到了非洲大陆尽头的好望角，但达·伽马的船队此时“距离”真正的到达印度依然有 6 年的时光。在此之后，大航海时代逐步驶入了快车道，以葡萄牙、西班牙、荷兰、英国、法国等先后崛起的国家为代表，欧洲人的船队出现在世界各处的海洋上。这几个国家之间彼此征战，既为了传播各自的宗教信仰，为了各自的国王、家族、个人的荣耀，更为了寻求巨大到难以置信的财富。伴随着探索与发现的脚步，殖民与自由贸易开始出现，欧洲全方位快速发展，并奠定了其日后强大而繁荣的基础，并对世界各个角落之后数百年的发展，产生了全面的、深刻的、持续至今的影响。单单就地理领域而言，我们今日许多习以为常的地名，像麦哲伦海峡、德雷克海峡、哈德孙湾、西印度群岛，乃至于美洲的命名和菲律宾、澳大利亚、新西兰等国家的名字，无不深深镌刻着大航海时代的历史烙印（这些也都可以从本书中找到线索和答案）。

借助西方古旧地图这一载体，本书为审视这段波澜壮阔历史的某个局部瞬间提供了另一个引人入胜的角度。

“古老的地图是进入历史的一扇窗”，这个观点最初是由 16 世纪弗兰芒的地图制图大师、出版商奥特留斯（Abraham Ortelius）提出来的。除了卷帙浩繁的各类书籍，古老的地图是另一种直观而又迷人的载体，默默记录着它“出生”之时那个社会的历史、文化、信仰、艺术、科技、贸易等的点点滴滴。

地图本身的功能与目的——刻画这颗星球的时空位置与地理轮廓——也随着历史时间轴的推移，在一幅幅地图作品中变得越来越清晰、越来越详细：陆地与海洋、山脉与河流、港口与航路……伴随着科技的发展，地图上传递的信息不知不觉中已经超越了大地与海洋的轮廓，地磁偏角、等高线、等深线、潮汐的变化、季风与洋流、气候带、对趾点等抽象的信息也逐步被描绘在地图之上。

与大航海时代伴生的，还有欧洲的文艺复兴时代。那些古老的地图，一定程度上也是那个时代的艺术载体。汉斯·荷尔拜因、丢勒、维米尔这些大师的作品，时不时浮现于一些古老的地图之中。那些精美的雕刻、绘画、印刷风格，带着地图出生那个时代的艺术风格流传至今。事实上，在今日的欧美社会，古旧地图的收集、展览、交易依旧非常活跃，拥有广大的市场和受众。许多博物馆、大学图书馆以藏有珍贵的古旧地图为傲。著名的拍卖行也经常有相关的古旧地图主题拍卖交易活动，珍贵的藏品经常会以不菲的价格成交。

本书并不奢望以百科全书式的铺陈，去介绍那个时代制作的数量庞杂的古旧地图，而是以时间为序，精选了大航海时代前后的几十幅有分量、有影响、有故事的欧洲代表性地图作品，将这些作品描绘出来的内容与画面，以及它们背后的线索与故事，向读者娓娓道来：谁是这些古老而又精美的地图的制作者？这些珍贵的、迷人的地图当初是如何制作出来的？图中点点滴滴被探索与发现出来的大地、海洋、航路、季风等信息来自何处？它们当初是为了谁、为了什么目的而绘制？它们从那个时代幸存到今日，一直在努力地向我们传递着什么样的信息？

书中精选的地图，记录的正是那个大航海时代的许多精彩瞬间。它们为读者串联起了另一个迷人的发现之旅。相信随着书卷徐徐展开，伴随着书中历史时间轴的推移，一幅幅迷人的古旧地图作品将融合进我们思想的多个层面：意识与潜意识、科学与艺术、信仰与探索、权力与欲望、故事与现实……

（右图：玫瑰型指南针方向标。摘自 1502 年版的坎帝诺世界地图。参看本书第五讲。）

西方古地图30讲

CONTENTS 目录

S
FERNA
ELISABET·DEI·G

REX·ET·REGINA·CASTELE·LEGIONIS·A

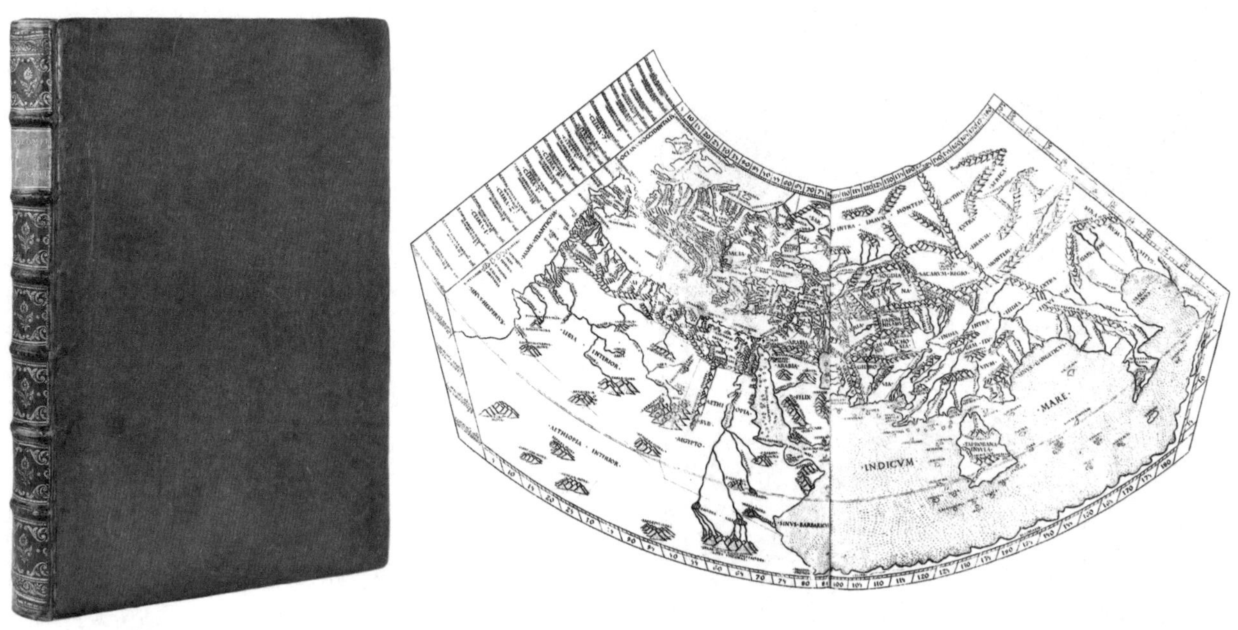

▲ 托勒密的《地理学指南》，1490 年罗马第二版。

第一讲
穿越了黑暗中世纪被再次点燃的灯塔
——记古地理学的奠基之作：托勒密《地理学指南》

在人类古代世界七大奇迹中，最高的建筑是位于埃及亚历山大港的灯塔，建于公元前 300 年左右。当时的亚历山大港，是希腊化的托勒密王朝统治下的核心地带，是一座“处于民族、帝国、文明、贸易十字路口的伟大城市”。“埃及艳后”是托勒密王朝的最后一任法老。公元前 30 年，随着她的离世，托勒密王朝也被崛起的罗马帝国所征服，埃及那片土地此后长期成为罗马帝国的一个行省。在罗马帝国鼎盛的“安敦尼王朝”时期（96 — 192 年），亚历山大港诞生了另一位托勒密——克劳狄斯·托勒密（古希腊语：Κλαύδιος Πτολεμαῖος；拉丁语：Claudius Ptolemaeus，约 90 — 168 年）。他是罗马帝国最伟大的学者之一，著述等身，涉猎广泛，堪称人类科学历史中的“亚历山大灯塔”，但他的光芒一度却黯淡在漫长而黑暗的欧洲中世纪里，默然沉寂了千年之后才被人们重新发现，并与欧洲文艺复兴的曙光同辉。

1632 年，伽利略撰写的一部天文学著作《关于托勒密和哥白尼两大世界体系的对话》在意大利出版。人们在通过此著作了解哥白尼日心说的同时，会误以为托勒密与哥白尼是同一个时代持不同观点的学者。然而，事实上两者生活的时代相差了近 1400 年。托勒密“被放入”此著作的标题之中作为对话的主体，正是因为他是人类古代智慧的代表之一，拥有很高的历史地位。在欧洲的中世纪及文艺复兴时期，托勒密的形象也经常被描绘为带着皇冠的“科学之王”。托勒密的一生著述包括《至大论》（天文集）13 卷、《光学》5 卷、《行星假说》2 卷、《恒星之像》2 卷、《占星四书》4 卷、《平球论》、《体积论》，以及《地理学指南》8 卷等。在他的天文著述中，已经使用几

▲ 带着皇冠的就是托勒密（局部图）。法国学者 Guiart des Moulins 作于 1404 年。

何系统来描述天体运动，绘制有包括 1022 颗恒星的星图，分类了星座，论及了历法的推算、日月食的推算以及天文仪器的制作与使用等。早在欧洲文艺复兴几百年之前，崛起的伊斯兰教阿拉伯文明在向西扩张的过程中就已经发现了托勒密这些科学论述的珍贵价值。9 世纪时，托勒密的许多著述已经有阿拉伯文的译本。

限于篇幅和主体，我们关注的重点是托勒密的那本《地理学指南》。看看它如何穿越了千年的光影，重新出现在大航海时代的欧洲，并启蒙了欧洲地理科学在文艺复兴时期的发展，成为古代地理学的基石之作。

1. 发现

1295 年的某一天，在东罗马帝国（拜占庭帝国）的首府君士坦丁堡（今土耳其伊斯坦布尔），一位博学的僧侣马克西莫斯（Maximus Planudes，1260—1310 年）从帝国大教堂的图书馆中，终于寻找到了他一直渴望寻找的古代人的书籍。托勒密的《地理学指南》[①] 从千年的历史尘埃之中再次出现在欧洲人的眼前。

今天，马克西莫斯作为《希腊选集》的编撰者而为人所知，人们将其视为拜占庭帝国时期的希腊学者、僧侣、翻译家、数学家和语言学者。作为一个博学的僧侣，他对寻找古代人智慧著述的兴趣远远大于圣经。我们猜测，或许某天，他也曾在透过教堂花窗屋顶投射下来的某一束阳光中，陷入了人类共同的哲学沉思：我们生活的宇宙到底是什么样子的？它又是如何运作的？我们又是如何身处其中的？

一本托勒密的书，仿佛正是马克西莫斯苦苦寻找的答案。然而，有一点出乎他的意料，他所发现的古希腊语的托勒密《地理学指南》手稿，却并没有包含任何地图。事实上，截至目前，还没有发现任何从古时流传下来的托勒密地图，所以我们并不知道，马克西莫斯也不知道，1200 多年前的托勒密地图到底是个什么样子的。或者说，1200 多年前，托勒密真的曾经绘制出了这些地图吗？这有点像一个米其林三星的大厨用文字编写了一本伟大的菜谱，却通篇没有一张插图。1200 年之后，人们看到这个菜谱时，禁不住会想：按照这些文字真的可以做出美味佳肴吗？当年那个大厨真的品尝过这些珍馔的美味吗？

古时，地图通常是以绘画的形式表现出来，并配有大量文字描述，是夹杂着奇谈怪论的地方志。而托勒密的《地理学指南》，则摒弃了史实与迷信混杂的地方志形式，将地球上的某个地点抽象为一组一组枯燥的经纬度坐标，更像是一个“地图 DIY”指南，要求阅读者拥有基础的天文学、地理学、数学的知识。托勒密认为自己是一位数学家、天文学家，却没有自认为是地理学家，因为当时尚没有“地理学”方面的专门领域或学派。在托勒密的系统中，地理学与天文学是直接相关的。某地在地球上准确的位置，乃至地球的形状与尺度，只有在同其他天体的测量、计算、比对中才能够确定。经纬度的概念以及许多地理概念和数据并非托勒密的凭空臆断，而是传承自更早期的古代学者。曾有人猜测马里努斯（Marinus of Tyre）是他的老师，因为托勒密使用并修订了不少

① 托勒密的《地理学指南》，古希腊语转写大概为 *Geographike Hyphegesis*，本意是“绘制大地的指南”。早期翻译为拉丁语，则名为 *Cosmographia*。这也是为什么大航海早期的世界地图作品经常被叫作 *Cosmographia*（即“宇宙志”或者“宇宙地理学”）的主要原因。《地理学指南》的拉丁文本书名到 1507 年左右才改称 *Geographia*，即《地理学》。

▲ 19 世纪版画，刻画了古亚历山大图书馆的想象场景。它建于公元前 4 世纪，是人类早期历史上最伟大的图书馆，号称“收藏了人类全部的智慧”，却于 4 世纪毁于战火。

来自马里努斯的资料；但也有人说托勒密借鉴了希帕恰斯（Hipparchus of Nicaea，公元前 190 —前 120 年）创立的古代数理地理学和制图学。事实上，托勒密浸淫于古代人对天与地近千年的思考后总结的智慧之中，才完成了自己的一部部著述。他系统地阐述了如何基于天文学、数学的方法以经纬度坐标描述地点并绘制地图。牛顿在谈到自己在科学上成功的原因时说：“那是因为我是站在巨人肩上的缘故。”站在古希腊文学、哲学、科学等学者“巨人肩上”的托勒密，自己也成为了一位“科学的巨人”。

马克西莫斯将他伟大的发现——托勒密的《地理学指南》——呈报给了当时拜占庭帝国的皇帝。皇帝本人对这个发现也相当重视。虽然那时的拜占庭帝国已经日暮西山，皇帝依然组织了帝国最好的图书工匠、数学家参与进来，不但抄写了托勒密地理学的古希腊语手稿，还根据书中所述绘制出了一幅幅精美的地图。当 14 世纪来临的时候，几本托勒密的地理学手稿终于整理和抄写完毕了（古希腊语的这版珍贵的手稿，目前所知只有 3 本存世）。根据托勒密介绍的方法及数据，这版古希腊语的《地理学指南》还绘制了 1 幅世界地图，不过细节非常有限。然后又进一步分为 64 幅地区性的地图，地图尺寸大约为 57 厘米 ×41 厘米。后期拉丁文版本面世以后，欧洲标

▲ 根据托勒密的《地理学指南》绘制的世界地图，1420 年拜占庭古希腊语版本。

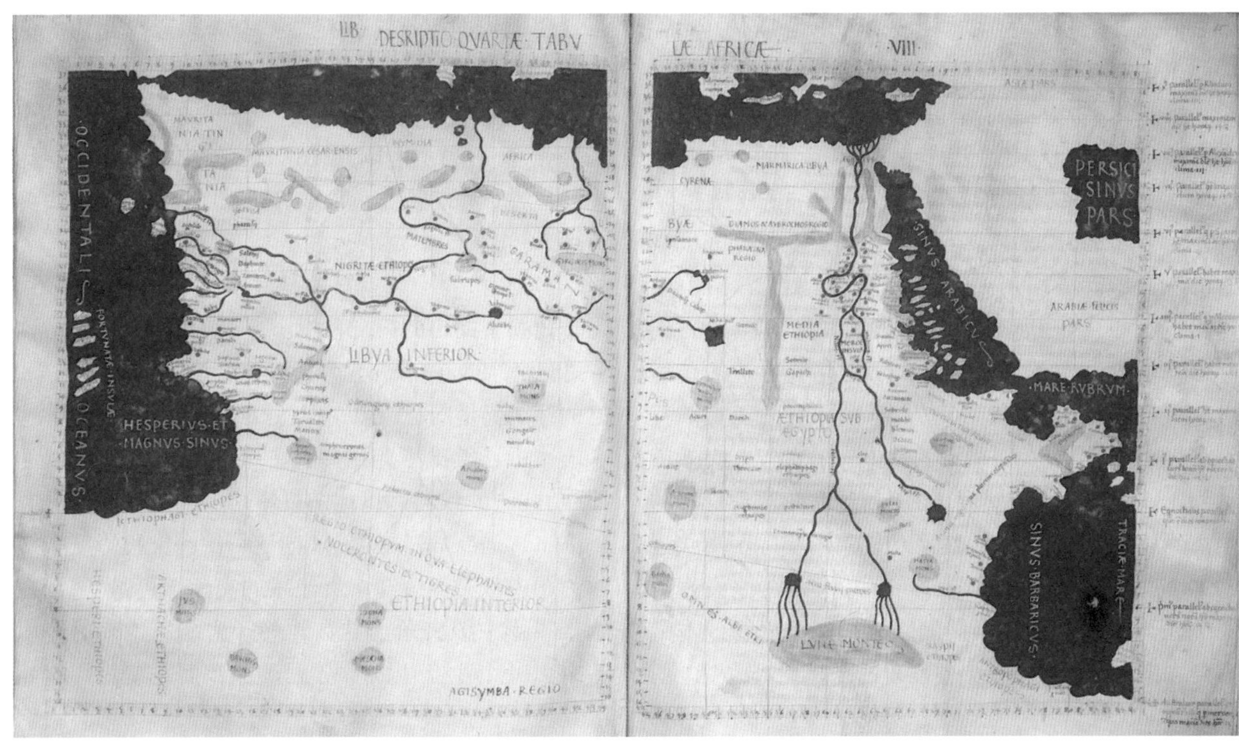

▲ 托勒密《地理学指南》中的北非地图。

准版本演变为通常包含 26 幅地区性地图：包括了 10 幅欧洲地区的地图、4 幅非洲地区的地图和 12 幅亚洲地区的地图。

这个拜占庭帝国博学僧侣的伟大发现，接下来将逐步改变欧洲人绘制地图的方法，最终也改变了欧洲人对于这个世界的认知。

2. 托勒密的坐标与投影

马克西莫斯在君士坦丁堡发掘整理的《地理学指南》共 8 卷，第 1 卷为全书的理论基础，其余各卷列述欧、亚、非三大洲共约 8100 处地点的地理经度和纬度值。书中对 358 个重要城市作了较详细的记述，并记下这些城市在一年中的最大日长（该值是当地地理纬度的函数）。

根据《地理学指南》的信息及方法，马克西莫斯完成的“世界地图”，是一张细节非常有限的“世界地图”。这个“世界”，是对于生活在罗马帝国的大都市亚历山大的人们所“已知的世界”，也几乎是欧洲中世纪人们的“已知的世界”。它大抵是以地中海为核心的欧、亚、非洲的部分地区。“已知的世界”最西部的边界，位于大西洋上的加那利群岛，彼时叫作 Fortunate Isles——幸运岛；印度洋是被形状含糊的亚非欧大陆环绕着的内陆海；“已知的世界”的最东方，虽然画在了 180° 经线上，不过可以确定的是，托勒密彼时也不确定那里到底是哪里。而在托勒密身后还要等上 1200 年的时光，马可·波罗才为欧洲人带回遥远东方的故事。

在托勒密之前，以埃拉托色尼为代表的古希腊学者们已经意识到，地球上的每一个地理位置，都可以通过坐标系统来精确定位。用东西向的纬线、南北向的经线分割地球，从而标定地理位置的古希腊方法，一直沿用到今天。在托勒密的时代，人们已经知道，地理纬度可通过在当地作天文观测来确定（比如测定一年中圭表在当地影长的变化），地理经度则可由在两地先后观测一次交食来确定（获得两地经度差）。然而此法理论上虽然可行，实际上很少有人能真正去实施。据后人研究，托勒密当时只能掌握少数几个城市的来自天文测定的地理纬度值，至于两地同测一次交食的观测资料，他能依据的似乎只有一项：公元前 331 年 9 月 20 日的月食，曾在迦太基（Carthage）和美索不达米亚的阿尔比勒（Arbela）被先后观测。不幸的是，受当时技术条件所限，这项数据的记载有严重错误，并可能是导致托勒密地图数据一系列错误的原因之一。

而托勒密的这些数据错误，甚至影响到近 1400

年后的人类进程：现代学者认为，哥伦布在开始他那改变人类历史的远航之前，曾细心阅读过多本书籍，其中重要的地理类著作就是托勒密的《地理学指南》，他的地理思想主要来自托勒密。哥伦布相信：通过一条较短的渡海航线，就可以到达亚洲大陆的东海岸，东经 180°“已知的世界”。哥伦布同当时的法国学者皮埃尔·达依（Pierre d'Ailly，1350 —1420 年，拉丁名 Petrus de Alliaco）就托勒密 180° 的“已知世界”范围做过探讨，后者估算欧亚大陆所占的经度能够达到 225°（然而实际上欧亚大陆只到东经 130° 左右），剩下的“未知的世界”自然就不到 180° 了。他们估算从加那利群岛向西到日本的距离不超过 4500 公里（然而现实中的实际距离接近 20000 公里）。结果可想而知，哥伦布在他设想的亚洲东岸位置上发现了美洲新大陆——尽管他本人直到去世时，仍坚持认为他发现的是托勒密地图上所绘的亚洲大陆。

在《地理学指南》的第 1 卷里，托勒密在评述了古地理学者马里努斯的一系列地图投影及绘制方法的弊端之后，提出两种自己的地图投影方法。

第一种投影方法见图 1，以 G 点为圆心做成的各段圆弧，代表不同的纬线；以 G 点为中心向南方辐射的直线，代表不同的经线。注意，G 点并非极点，而是位于北极上空的某一点。图中经度仅 180°，纬度区间约为北纬 63° 至南纬 16° 25′。这是因为当时的地理学家所知道的“有人居住的世界”（inhabited world）就仅在此极限之内。图 1 中 bi 弧线并非北回归线，而是北纬 36° 纬线。北纬 36° 正是罗得岛所在的纬度，从中犹可看到制图科学的创始人、设立天文台于罗得岛的古希腊学者希帕恰斯的影子。

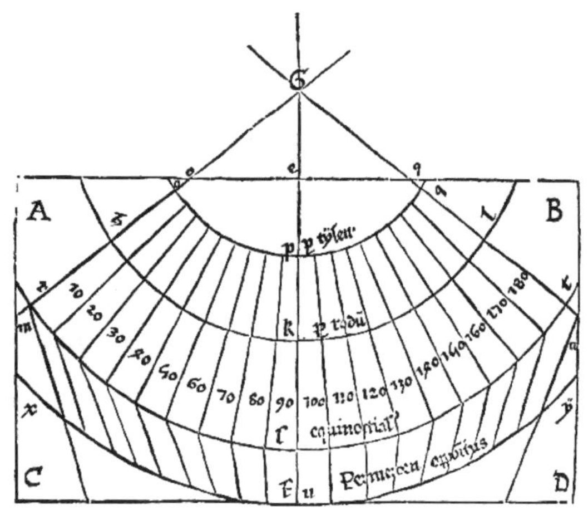

▲ 图 1

用现代的标准来看，图 1 中的赤道以北地区的投影，完全符合圆锥投影（conic projection）的原理。至于赤道与南纬 16° 25′之间的地区，托勒密采用变通办法，将南纬 16° 25′纬线画成与北纬 16° 25′对称的状况，并作对等的划分。这也不失为合理。

托勒密提出的第二种投影方法（图 2）经常被称为“兜帽（hood）投影法”或“绳索（rope）投影法”。它的纬线仍是同心圆弧，但各经线改为一组曲线。这个方案中还绘出了北回归线，即纬度为 23° 50′的纬线。此法大致与后世地图投影学中的“伪圆锥投影”（pseudoconic projection）相当。它比圆锥投影复杂，因为图中任一经线与中央经线的夹角不再是常数（在圆锥投影中该夹角为常数，等于两线所代表的经度差乘以一个小于 1 的常数因子），而是变为纬度的函数。

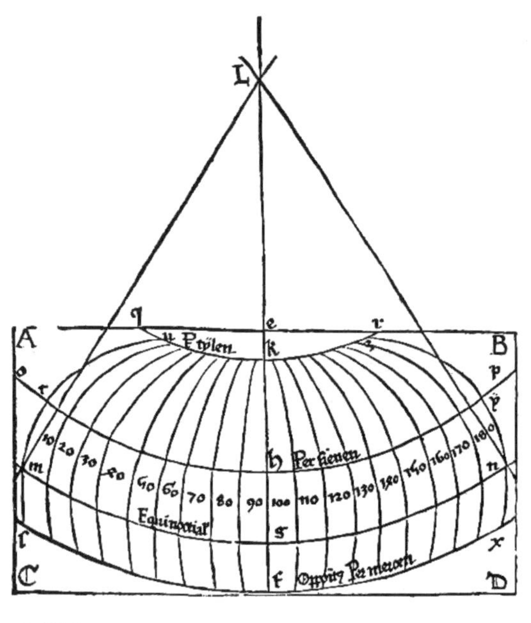

▲ 图 2

托勒密指出上面两种投影法各有利弊。第二种能更好地反映实际情况，但操作使用起来不如第一种方便。因此，他建议这两方法都应考虑采用。这两种地图投影法是地图投影学历史上的巨大进步。托勒密在这方面的创造，直到千年以后的欧洲大航海时代，依然有着科学上的先进性。

博学僧侣马克西莫斯发掘整理出来的托勒密《地理学指南》，依然只是拜占庭帝国“书柜”里的一本古希腊语著述，直到拉丁语——那个时代“欧洲学术界的普通话”——译本的出现，才对欧洲、对世界产生深远的影响。

3. 欧洲“普通话”版本的面世

1397年冬，拜占庭帝国的学者曼纽尔（Manuel Chrysoloras，1350—1415年）第一次踏上了文艺复兴策源地、繁盛的佛罗伦萨共和国的土地。他肩负着拜占庭帝国皇帝的外交使命踏上这次西行旅途的，是要去说服西方那些富有的王公贵族们，帮助基督教的拜占庭帝国抵抗已经扩张到脚下的奥斯曼帝国。彼时的拜占庭帝国已经走过了1002年的时光，处在风雨飘摇之中，原本广大的疆土几乎只剩下君士坦丁堡为核心的弹丸之地。

曼纽尔在佛罗伦萨受到了热忱的接待，但这更多的是对于他学术造诣的尊敬，而并非对他外交使命的认同。

对于佛罗伦萨共和国当时的执政官萨卢塔蒂（Coluccio Salutati，1331—1406年）来说，曼纽尔的到来正是求之不得的幸事。此前数年间，他已经多次邀请曼纽尔前来讲授古希腊文。曼纽尔本人这次也同意了萨卢塔蒂的请求，因为后者不仅仅是佛罗伦萨的统治者、富有的政治家，而且也是一位古代语言与文学的热心研究者、一个像曼纽尔本人一样的人文学者。曼纽尔为佛罗伦萨的学者们带来大量尚未翻译成拉丁语的、对于那个时代的许多欧洲人来说尚属未知的古希腊文作品。其中，就包括了托勒密作品的手稿——《地理学指南》（*Geographike Hyphegesis*）。

曼纽尔在佛罗伦萨、博洛尼亚、威尼斯、罗马等地驻留了三年。其间，他将荷马史诗、柏拉图的《理想国》等古希腊文作品翻译成为拉丁文，并在当地讲授古希腊文及其文献作品。但1400年左右，拜占庭帝国派给他另一项前往阿尔卑斯山以北的巴黎、日耳曼等地的外交使命，使曼纽尔最终并没有来得及翻译托勒密的《地理学指南》。

曼纽尔的学生之一雅各布斯（Giacomod’Angelo da Scarperia，拉丁名Jacobus Angelus），在1406年前后才最终完成了《地理学指南》从古希腊文向拉丁文的翻译，并命名为《克劳狄斯·托勒密的宇宙志》（*Cosmographia Claudii Ptolemaei*）。这个书名也在欧洲广为流传，直到1507年左右再版的版本才重新命名为《地理学指南》。

雅各布斯也是佛罗伦萨执政官萨卢塔蒂的学生[①]。1395年，他在威尼斯遇到了出访到此的曼纽尔。彼时曼纽尔的外交使命和出访佛罗伦萨类似，也是寻求威尼斯人的帮助，以抵抗奥斯曼帝国的侵扰。雅各布斯追寻着曼纽尔，和他一起回到了君士坦丁堡。如果不是对人文科学拥有巨大的热情，雅各布斯是难以有勇气踏上那样的旅程的，因为君士坦丁堡已经处在奥斯曼帝国的四面包围之中。雅各布斯在君士坦丁堡跟随曼纽尔学习古希腊语及其作品。萨卢塔蒂也致信给雅各布斯，叮嘱其务必尽可能多地、尽可能深地学习并理解古希腊语言，并查找古希腊的作品。1397年，当曼纽尔出使佛罗伦萨时，雅各布斯也重新回到了故乡。

▲ 曼纽尔画像，原作为卢浮宫藏品。Paolo Uccello于1408年创作。

① 雅各布斯和莱昂纳多·布鲁尼（Leonardo Bruni，1370—1444年）都是佛罗伦萨执政官萨卢塔蒂的学生。布鲁尼是文艺复兴时期佛罗伦萨的代表人物之一，并接替他的老师萨卢塔蒂成为佛罗伦萨的执政官。

1400年左右，雅各布斯移居罗马，并希望在教廷寻找到一份合适的“工作”。在那里他继续着将古希腊文作品翻译成拉丁文的事业。《克劳狄斯·托勒密的宇宙志》（即后来的《地理学指南》）也是在那期间（1406年左右）翻译完成的。雅各布斯曾将译本献给了教皇格里高利十二世（Gregory XII）。1410年，又将其译本献给了教皇亚历山大五世（Alexander V）。但最后他为之短暂工作过的却是教皇若望二十三世（John XXIII）[①]。在他一生众多的翻译作品中，托勒密的地理学被后人视为他一生最高的成就。但是由于缺乏专业的数学、天文学等科学知识，他的译作也经常被后人指责为不够准确，甚至谬误颇多。此外，雅各布斯的翻译手稿，早期也并没有绘制出附带的地图。

▲ 雅各布斯翻译的拉丁文版本的《克劳狄斯·托勒密的宇宙志》封面。

① 1405年，雅各布斯和布鲁尼曾“竞聘”过教皇英诺森七世（Innocent VII）的抄写员职位（类似于秘书）。雅各布斯“输”给了布鲁尼，但他最终在1410年获聘为教皇若望二十三世的抄写员。1378－1417年是基督教庭的大分裂时期（The Western Schism），教会在意、法世俗封建统治者的分别支持下，先后选出两个教皇，分驻罗马和阿维尼翁。两位教皇各自以正统自居，势不两立。为了弥合分裂，1409年两位教皇的枢机主教们召开比萨会议调处，结果却变成了又选出第三个教皇。“三皇鼎立”的局面一直持续到1417年的康斯坦斯会议（Council of Constance）才结束，但教皇制的尊严受到重大打击，从此再也无法完全恢复。雅各布斯“怀揣”他翻译的《宇宙志》，颇有在那个时代“良禽择木而栖”的意味。

然而，瑕不掩瑜，雅各布斯翻译的拉丁文版本《克劳狄斯·托勒密的宇宙志》（即后来的《地理学指南》）之后在欧洲广为流传，持续推动了将那些古老、优秀、睿智的作品向拉丁文翻译及推广的潮流，让我们从中窥到了文艺复兴运动的重要一角。而雅各布斯和他的老师曼纽尔，也因为这部译著，成为对现代地理学的建立与发展起到重要影响的历史人物。

托勒密的伟大著述，完成于罗马帝国的鼎盛时期，当它在沉寂了1200多年的时光之后“重现”欧洲、并以拉丁语版本广为流传时，东罗马帝国却已经走到了风雨飘摇的末路。1453年5月29日，奥斯曼帝国苏丹率穆斯林军队攻陷君士坦丁堡（今土耳其伊斯坦布尔），基督徒的圣索菲亚大教堂变成了穆斯林的阿亚索菲亚清真寺，东罗马帝国正式灭亡了。这也是古老的欧洲中世纪结束的标志，而文艺复兴和大航海时代的大幕正徐徐拉开。

4. 象征的力量

在15世纪40年代，佛罗伦萨共和国的“祖国之父”科西莫·美第奇为他富丽堂皇、装备完善的图书馆定制了一套托勒密《地理学指南》的拉丁文版手稿。他的目的或许是为了超越他的政治对手——斯托茨（Palla Strozzi）。后者是那位拜占庭帝国的学者曼纽尔在佛罗伦萨期间生活起居和各项活动的财务资助者，一直宣称自己从曼纽尔那里获得的托勒密《地理学指南》手稿是最完美的一本。毋庸置疑，托勒密的《地理学指南》著作广受文艺复兴时期王侯贵族们的青睐，成为“必欲得之而后快”的身份象征。在接下来的半个多世纪里，先后出现了十多种奢华的皇家版本手稿，并散播到欧洲各地的宫廷与古堡之中。

《克劳狄斯·托勒密的宇宙志》（即后来的《地理学指南》）中的地图，包含着从古老书籍中整理的地理信息，利用繁复的数学方法精心绘制，装饰着绚丽优美的绘画，是文艺复兴时期的王侯贵族们所能想到的、最适合于他们图书馆、议事厅的“装饰品”。这些精美而宏大的地图，成为欧洲富有的上层社会的身份象征，传递着拥有者独到的品位、财富实力、宗教影响力，乃至政治野心等复杂的信息。但它也的确是第一种系统地描绘人类“已知的世界”的载体，本身所包含的内容与信息常常激起观赏者极大的兴趣。这些王公贵族，不知不觉间也成为推动托勒密《地

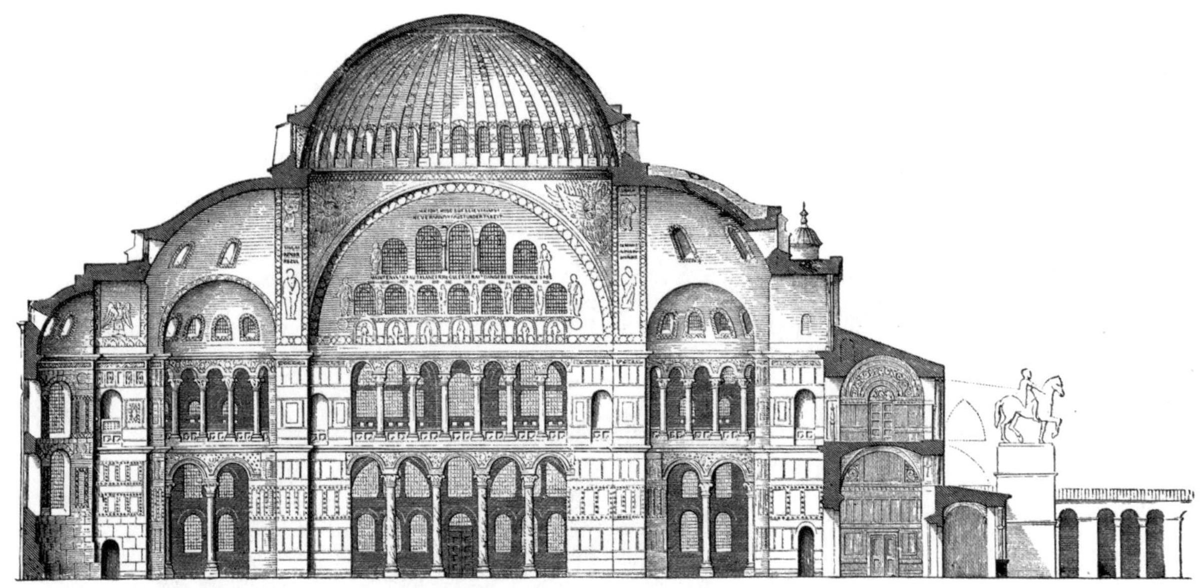

▲ 圣索菲亚大教堂，本图为 1908 年的剖面图。

理学指南》在欧洲广泛传播的重要力量。

文艺复兴精神，在很大程度上表现为 15 世纪意大利城邦共和国富裕的上层社会对于建筑、艺术、文学的关注与重视。这些上层社会人士也是那个时代城邦共和国的“所有者”。他们对于古希腊、古罗马的兴趣来自他们的商业活动。比如，佛罗伦萨的美第奇家族就是那个时代最大的商业家族，他们巨大的财富来自丰厚的纺织品贸易及矿业等。同时他们也是欧洲最古老高效的银行家族，在欧洲的王公贵族们彼此的征战之中，利用充满资本技巧的银行生意攫取了巨额财富。他们投资西欧的矿业，那些铜矿、金银矿、铁矿矿石被运往黎凡特等地区，成为生产武器和设备的珍贵原料。来自苏格兰的羊毛在他们设在佛罗伦萨各地的工厂中被制成高品质的纺织品，并以丰厚的利润销往西欧各地。然而佛罗伦萨共和国最富有的上层社会的人士并不稀罕这些纺织品，他们穿着的常常是最上等的丝绸。这些丝绸通过漫长的丝绸之路，从遥远的东方穿越亚洲大陆运到君士坦丁堡，再从那里销往欧洲各地。他们冰冷的石头城堡里装饰着织金嵌银的弗莱芒挂毯，大厅的地板上铺着图案繁复的波斯人的地毯……

当凝视着自己图书馆里的托勒密世界地图时，美第奇应当感受到了巨大的满足，尤其是他的商业帝国版图与影响已经覆盖了上述整个“已知的世界”。事实上，意大利城邦共和国那些文艺复兴时期的王公贵族们，希望将自己视为辉煌的古罗马帝国的传承者，而墙上的托勒密世界地图，正象征着这种跨越了千年的连续性。他们要用自己的影响力、生活方式、价值观、商业野心，来唤醒古老帝国的伟大复兴。

5. 传播与传承

下面讲述的是不同时期、不同版本的托勒密《地理学指南》代表性作品“托勒密地图”。

（1）尼克劳斯的“托勒密地图”

对于拥有恰当的知识与技能的匠人们来说，王公贵族们的青睐，意味着绘制托勒密地图是一项收益丰厚的“手艺活”。比如 1466 年，费拉拉公爵在写给日耳曼裔绘图师尼克劳斯（Nicolaus Germanus，1420 — 1490 年）的信中就提到，他愿意为一本壮丽的地图集支付一百金币以示感谢，而尼克劳斯也的确是那个时代制图师中的佼佼者之一。

尼克劳斯不仅是一个手艺精湛的工匠，而且是那个时代优秀的数学家。他的真实的名字、确切的出生日期，都没有人知道。他的拉丁文名字 Nicolaus Germanus，其实是“日耳曼人尼克劳斯”的意思。但这个日耳曼人大部分的时光却都是在阿尔卑斯山以南、意大利城邦共和国的那些宫廷和城堡中度过的。现存的 1458 — 1490 年间的《克劳狄斯・托勒密的宇宙志》的手稿，有十二份都和这个名字有关。尼克劳斯是使用托勒密介绍的第二种投影方式（即兜帽投影法）制图的西方第一人。他以此法绘制了 1467 年版托勒密地图，阿尔卑斯山以北及斯堪的纳维亚地区已

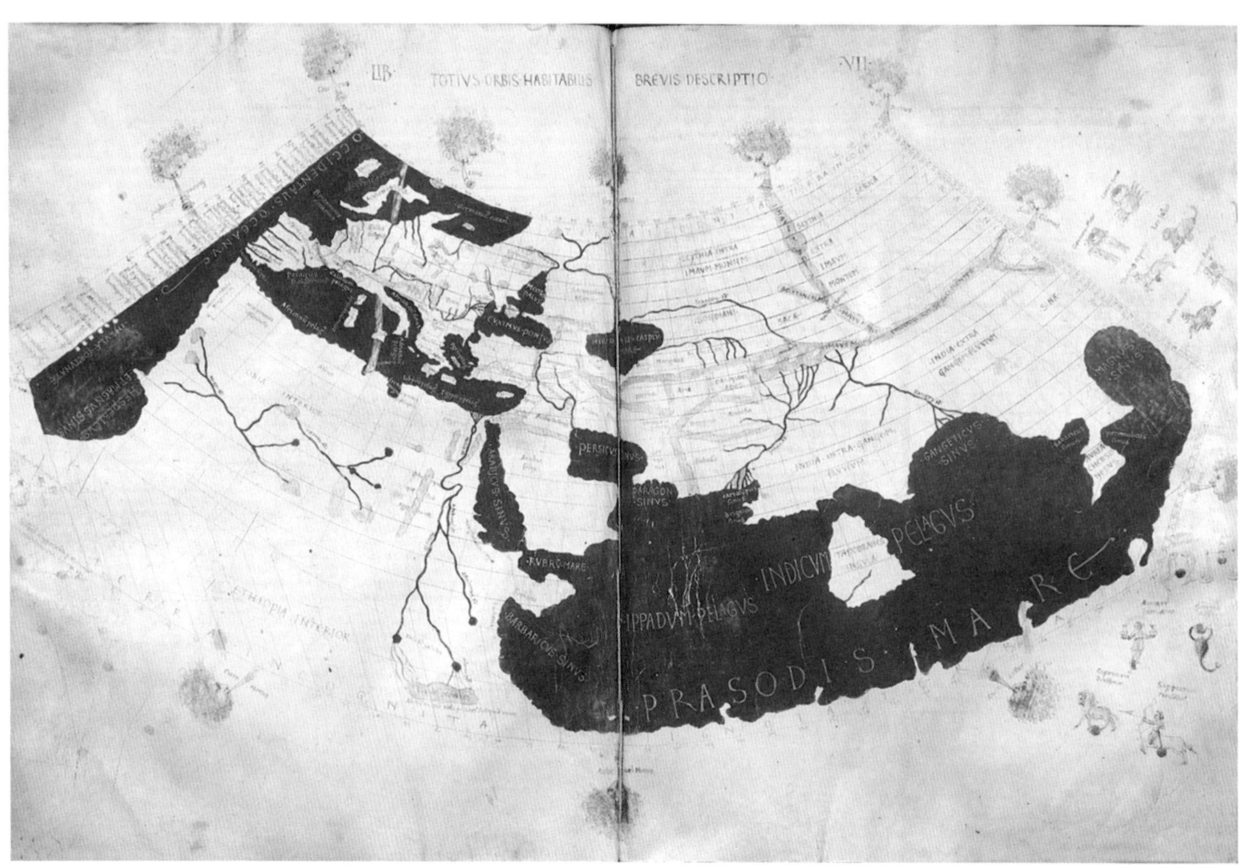

▲ 15 世纪中期佛罗伦萨出版的世界地图。

▲ 1467 年尼克劳斯的托勒密地图。

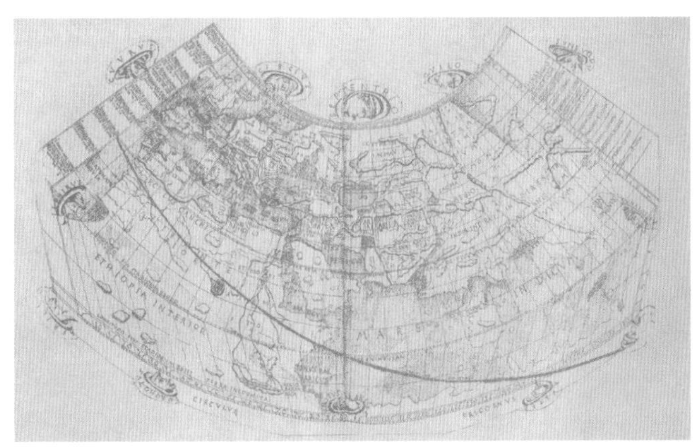
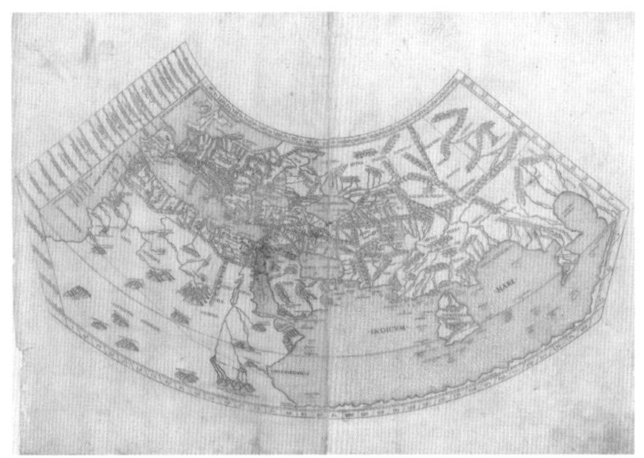

▲（左）1477 年版本博洛尼亚人的“托勒密地图”，（右）1478 年罗马版本。

经出现在他绘制的地图中，格陵兰岛也出现在左上角并同亚洲连接在一起。据考证，阿尔卑斯山以北的那些地理信息来自克劳乌斯（Claudius Clavus，也写作 Claudius Claussön Swart，1388 —？）——一位曾在罗马生活过的丹麦人，也经常被视为是北欧地区最早期的地图制图师之一。而《克劳狄斯·托勒密的宇宙志》拉丁文版及其后版本“标配”的 26 幅区域地图和 1 幅世界地图，据考证最早就来自尼克劳斯的编撰。

（2）博洛尼亚人的“托勒密地图”

1474 年的某一天，五个人聚在一起——一个书商、一个插图画家、两个印刷匠，以及教皇国博洛尼亚（Bologna）城统治者的秘书乔瓦尼（Giovanni II Bentivoglio，1443 — 1508 年），商议着一个合同的方方面面，直到天色已晚才最终达成协议。协议的核心内容就是利用阿尔卑斯山以南的意大利城邦刚刚从德国人那里学来不久的印刷术，印制《克劳狄斯·托勒密的宇宙志》。尽可能快的完成这个项目也是这几个人的关切之一，因为据他们所知，罗马也正在并行着一个类似的项目，负责人是德国的印刷大师孔拉德（Konrad Sweynheim，1415 — 1477 年）。博洛尼亚的这伙人意识到尽快地完成这套书籍的印制并投放市场，将使他们的作品成为“世界上第一个印刷的地图集”。这一“名头”无疑将为作品以及他们本人带来声望和财富，为此他们愿意尽一切努力。竞争如此激烈，诱惑如此强烈，以至于他们不惜去贿赂孔拉德的雇员，以获取关于印版制作及印刷的技艺。

三年以后，1477 年当第一版博洛尼亚人的《克劳狄斯·托勒密的宇宙志》问世之时，所有的参与者都感到非常的失望。匆忙赶进度带来的后果是灾难性的：所有的印版雕刻看上去都不够优雅精细，文本部分有着太多的、难以接受的拼写错误。与一年以后罗马人出版的版本比较，地图上的文字显得过于穷酸。博洛尼亚的版本印制了 500 本，绝大部分都成了书商仓库里的库存。对于项目的发起者来说，这是一个失败的商业投资，但是对于从历史角度来看待此事的后人来说，倒是一个非常有趣的历史片段。至少，投资者们的目的之一倒是实实在在地达到了：1477 年博洛尼亚版本的《克劳狄斯·托勒密的宇宙志》，创造出了欧洲最早的印刷地图。

（3）几位德国制图师的“托勒密地图”

15 世纪 80 年代，在德国南部城市乌尔姆（Ulm），林哈特（Lienhart Holl）创办了乌尔姆的第三家印刷厂。参考尼克劳斯的作品，他于 1482 年印刷出版了自己的《克劳狄斯·托勒密的宇宙志》。该书附带的世界地图，是在意大利城邦国家之外、在欧洲阿尔卑斯山以北地区第一次印刷的世界地图，也是出版商手工上色的第一版彩色地图，被视为那个时代托勒密版本世界地图的大师之作。林哈特为自己的这版《宇宙志》额外制作了 6 幅区域地图的雕版，分别是西班牙、法国、意大利、圣地巴勒斯坦、北欧及斯堪的纳维亚。托勒密这棵大树的“树干”上，已经生长出新的枝叶。

1493 年，德国医生舍德尔编撰了一本流传后世的《纽伦堡编年史》[①]。这是一本遵循着欧洲中世纪传统、以圣经为基础的编年史，但书中唯一的世界地图采用的不是教会的平坦大地，而是照搬了托勒密地理学的轮廓，是这本圣经体的编年史联通文

① 参阅本书第六讲：“德语圈儿”的世界启蒙者。

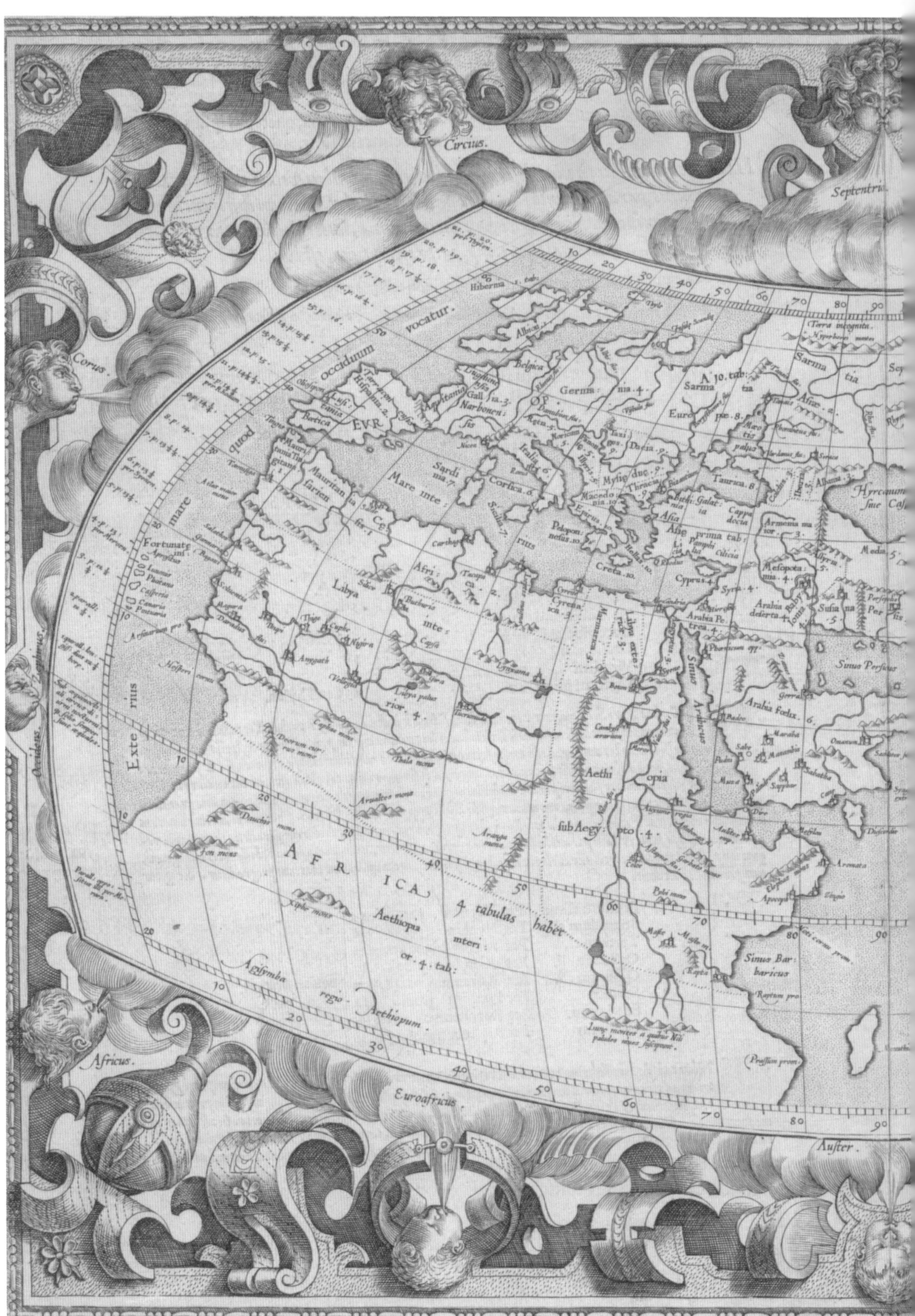
Circius.
Corus.
Africus.
Euroafricus.
Auster.
Hiberna
Albion
Belgica
Germa nia. 4.
Sarma tia
Euro pae. 8.
Sarmatia
Terra incognita.
occiduum vocatur.
Hispania. 2.
Betica
EVR
Gall ia. 3.
Narbonen sis
Italia. 6.
Dacia. 9.
Corsica. 8
Sardi nia. 7
Mare inte
Sicilia. 7
Macedo nia. 10.
Thracia
Taurica. 8
Pelopon nesus. 10.
Creta. 10.
Cyprus. 4.
Asia
Galat ia
Cappa docia
Armenia ma ior. 3.
Media
Hyrcanum siue Caspium
Mesopota mia. 4.
Syria. 4.
Arabia deserta. 4.
Arabia Pe trea. 4.
Arabia Foelix. 6.
Sinus Persicus
Susia na. 5.
Sinus Arabicus
Mauritania
Fortunatae ins.
mare
Libya
Afri ca. 2.
Cyrena ica. 3.
Aethi opia
sub Aegy pto. 4.
A F R I C A
Aethiopia interior. 4. tab:
4 tabulas habet
Agisymba regio Aethiopum.
Exte rius
Sinus Bar baricus
Aromata
Septentri

◀ 墨卡托根据托勒密的《地理学指南》绘制的世界地图,1578年(未上色版本)。

▲ 奥特留斯 1590 年的作品《祖先已知世界的区域地图》（*Aevi Veteris, Typvs Geographicvs*）。

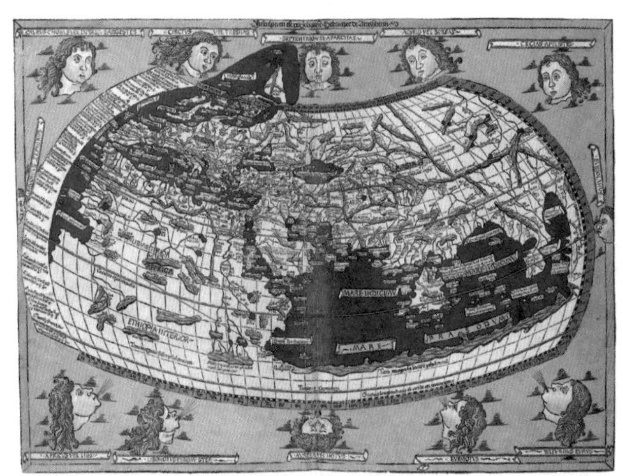

▲ 1482 年，林哈特在德国乌尔姆刊印的托勒密的世界地图。

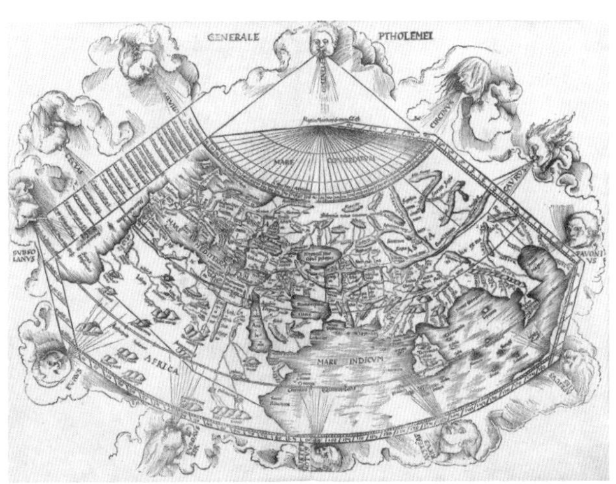

▲ 1513 年，瓦尔德泽米勒在斯特拉斯堡出版的托勒密的世界地图。

艺复兴、大航海时代的纽带。

绘制了那张“美洲出生证明”的德国制图师瓦尔德泽米勒[1]，1513 年在斯特拉斯堡出版的托勒密《地理学指南》的世界地图，也被认为是那个时代最重要的版本之一。该《地理学指南》版本包括了两张世界地图，一张是当时的“现代”世界，另一张就是那张“托勒密的世界”。瓦尔德泽米勒的资助人洛林公爵已经从葡萄牙人的“坎帝诺世界地图”中知道了非洲大陆最南端的好望角，也了解到欧洲通往印度次大陆的贸易航线。相应的，瓦尔德泽米勒的这版“托勒密的世界”，也了解到印度洋的东方，剔除了印度洋南方的大陆，印度洋不再表现为一个陆间海。此图他采用了托勒密介绍的第一种投影方式，是最早开始详细标绘经纬度数值的作品之一，地图之外最左侧还标注了对应的气候区域。“托勒密的世界”已经开始“进化”。

（4）墨卡托的“托勒密地图”

16 世纪杰出的荷兰地图大师墨卡托[2]，以其创建的墨卡托投影法及影响广泛的地图集《阿特拉斯》（*Atlas*）而闻名于世。但他也曾致力于复原托勒密的《地理学指南》中的地图。他认为早期学者的翻译当中有太多的误述和误导。他于 1578 年出版了自己的托勒密《地理学指南》的地图集，包含了全部 27 张根据托勒密的信息重新制作的地图，试图精准地复原 2 世纪那个伟大学者眼中世界的轮廓。在大师墨卡托的眼中，一个制图师要想理解现在，他必须先学会欣赏过去。

① 参阅本书第七讲：一张千万美元的“出生证明”。

② 参阅本书第十五讲：墨卡托的伟大遗产。

（5）奥特留斯的“托勒密地图”

制作了地图史上划时代作品《寰宇大观》的奥特留斯[3]，并没有绘制过专门的“托勒密地图”，但是其 1590 年的作品《祖先已知世界的区域地图》（*Aevi Veteris*，*Typvs Geographicvs*），却留给了人们巨大的想象空间。在“现代”的世界地图轮廓中，却只描绘出了大约 1500 年前的“托勒密的世界”。虽然使用的依旧是托勒密地理中的名称和区域，但是这些区域在标绘着经纬表格的地图中表现出来的已经是“现代”的轮廓。那个 1500 年前的“已知的世界”只占这个星球表面的不足四分之一，其他部分则是一片空白。亚、非、欧和南北美洲的缩微轮廓图，分别被标绘在了这幅地图的四个角落里。人类的探索与发现、交流与冲突、进步与传承，尽在不言中。

本节记述的几个世界地图版本，不过是托勒密的《地理学指南》在文艺复兴及大航海时代在欧洲传播与传承的代表性作品。在那个时代里，还有其他许许多多的地理学者和地图师，将托勒密和他的《地理学指南》视为指引着自己事业前行的灯塔。

托勒密和他的《地理学指南》是古代地理学的奠基之作。虽然今日的地理科学包罗万象，也蕴含了更深刻的科技、人文、政治的内容，但基于天文系统及数学法则建立准确的坐标系统，从而描述研究对象空间位置与变化的模式，无不传承自以托勒密的《地理学指南》为代表的、人类古老的智慧之作。

③ 参阅本书第十四讲：创世纪。

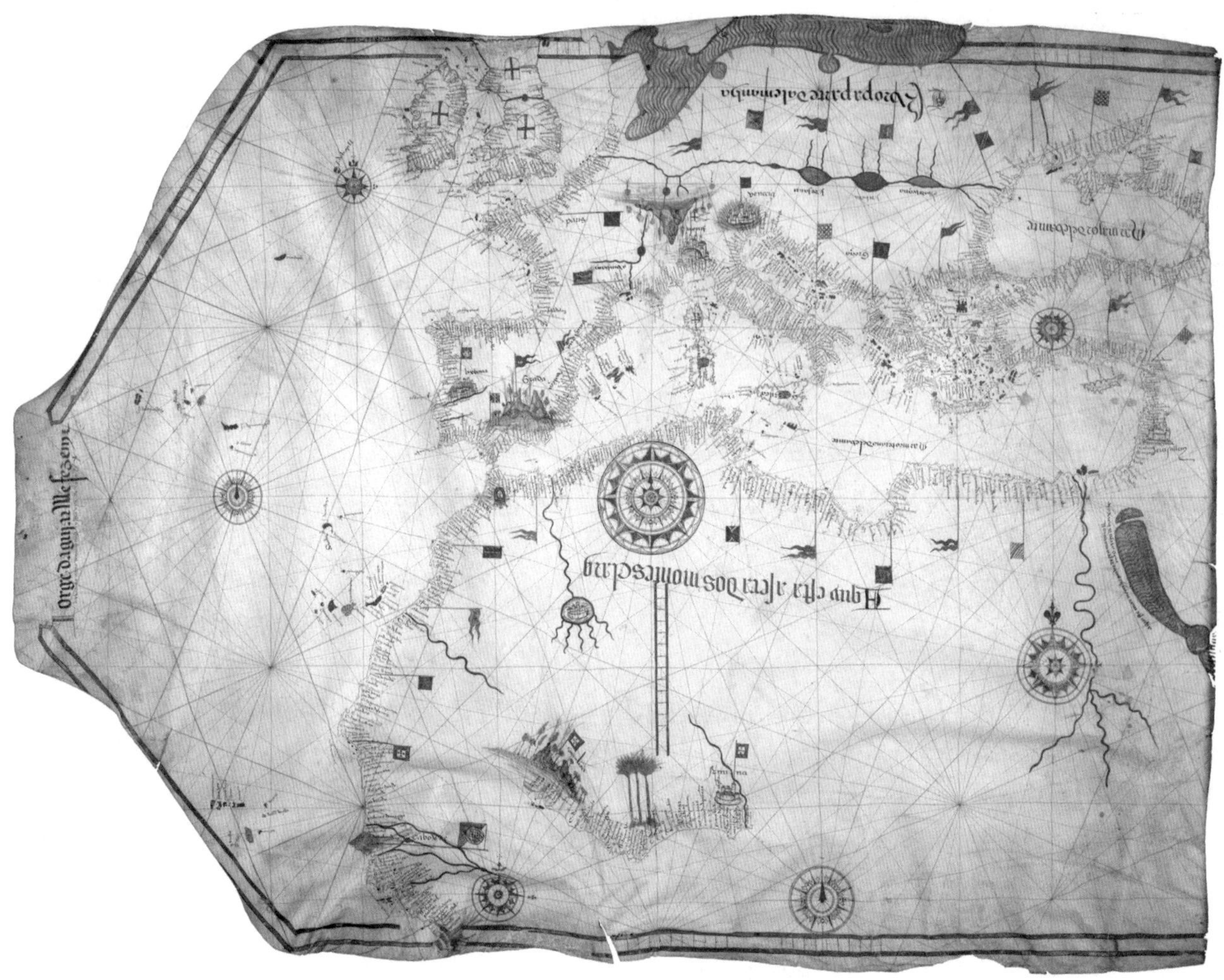

▲ 1492 年荷西 · 阿吉亚尔（Jorge de Aguiar）绘制的波特兰海图，描绘了地中海、西欧、北非沿海，原始尺寸 1030mm × 770mm。耶鲁大学拜内克珍宝手稿图书馆藏。它是最早的有签名、有日期的葡萄牙文海图。

第二讲
没有经度和纬度的航海时代
——记古老的波特兰海图

在古代欧洲，地中海上的水手们，例如腓尼基人、希腊人以及后来的阿拉伯人、加泰罗尼亚人、威尼斯人、热那亚人等，在航海实践中尚未产生出依靠海图导航的概念，而是主要依赖于航行经验和一种被拉丁语称作 *Periplus* 的航行指南。指南中港口之间的距离通常是以估算的航行天数来表示的，安全航路、风向风力、岸上参考标识及暗礁险滩等信息常常是一些耳闻口述的记录。所以，即使在地中海这片相对“狭小”的水域，沿着海岸航行也一直是最安全的方式，因为陆上的参考标识是判断船舶方位的最可靠的方法，远离海岸的航行则会变得危险重重。不过，人类最终总要驶入海洋深处。

中国人对物体磁性很早就有所认识，战国时期已经开始使用司南，以后又发明了指南针。在人类文明冲突与交流的过程中，指南针逐渐传播到了西方。地中海地区，一直是人类文明冲突与交流——战争、宗教、贸易——最活跃、最繁盛、最复杂的地区之一。随着指南针的出现及改良，这里的航海活动不再像以往那样依赖沿岸的陆地景观，而是依靠指南针指示的方向，并在 13 世纪直接催生了早期的海图——波特兰海图。

波特兰海图，英文写作 Portolan Chart，其中“Portolan”来自拉丁语“Portolani”或意大利语“Portulano”一词，其本来的直接含义为“同码头或者港口相关的”。1890 年左右，“波特兰海图”这一词汇被地图历史学家创造出来，用以概括那些具有基本相同的元素与功能的海图或者航线资料。西方地图学者们认为，狭义的波特兰海图，仅指中世纪晚期到近代这段时间内制作的、由指南针各个方向角发散出来的恒向线构成地图的网格系统、通常不标注经纬度线、主要描绘及供应用的区域为海洋而非陆地的地图作品。少数学者更严格定义其应为绘制在单页的羊皮纸或牛皮纸上的海图，而那些成册制作的海图或航海资料只能称为“航海地图集”。早期的波特兰海图，主要描绘的是地中海及黑海区域，随着地理探索与发现，后期也扩展到西欧、北欧海岸，乃至西非几内亚湾等海域。

“指南针 + 沙漏（测量时间）+ 波特兰海图”，逐步成为那个时代主流的航行方法。指南针，拉丁语写作“compassus”，由 com（圆形）和 passus（区分）组合而成，意味着“用圆形区分方向”。波特兰海图区别于那个时代其他航海资料的核心，主要也就是这两点：依据指南针指示方位绘制的布满全局的恒向线网格系统，以及海图上的距离比例尺标识。

▲ 指南玫瑰（Compass Rose）。

描绘在波特兰海图上的指南针，因为其美丽而形象，也常被称为“指南玫瑰（Compass Rose）”。有学者认为，这一形式来自古代地图中往往将风拟人化以标识方位的做法，是古代地图中“风向玫瑰（Wind Rose）”的变种。还有一些学者认为这不过是受伊斯兰航海文明的影响，因为早在波特兰海图出现之前，阿拉伯人已经使用标绘了 32 个方位的指南针图进行导航。但不管它的前身出处如何，标绘在波特兰海图上的“指南玫瑰”，使得海图的应用性大大提高。再加上垂直于海岸线方向标注的港口地名、浅滩暗礁、港湾形态、港口之间的航向与距离（配合图上的比例尺）等，波特兰海图已经显露出抽象的、宏观视角的专业海图雏形。

不过，波特兰海图是注重于航海实践的产物，主要继承的依然是绘制沿岸海图时的经验和方法。它兴起并主要应用于地中海这种相对“狭小”的海域，尚没有将整个地球作为一个球体的通盘考虑。这同日后基于天文观测、引入经纬度数据及数学推算制作球体平面投影的科学制图有较大区别。由于缺乏地磁偏角的确切数据等①，因而即使能够在广阔的大洋上依据经验绘制出波特兰海图，使用中也容易造成很大的误差。

关于波特兰海图最早开始应用的年代、港口，现在已经很难考证。在拉丁文献中，有关使用海图航海的记载可追溯到 13 世纪初期，关于这一记载的最著名手稿为 *Liber de existencia Riveriarum et Forma Maris Nostri Mediterranei*（英文翻译为 *Book about the Locations of the Shore of our sea the Mediterranean and Its shape*），中文大意为《关于我们地中海沿岸地点位置及其形状的书》。它是法国地图学者帕特里克（Patrick Gautier Dalche）在英国不列颠图书馆发现的。该学者于 1995 年发表了研究论文。然而除了这本文献，并没有发现 13 世纪早期的海图流传下来。人类已知现存最古老的波特兰海图，因发现于比萨而通常被叫作“比萨海图”。比萨海图制作于 13 世纪晚期的热那亚共和国，整体的完成度已经非常高，对于地

① 地磁偏角即地球上磁北与真北的夹角，随年代不同及观测地点不同而不同。14 世纪地中海不同地区的地磁偏角大约在偏西 7° ~ 11°，即如果在波特兰海图上画一条指向真北方向的线，并不是竖直向上的，而是偏向东方（右侧）7° ~ 11° 不等的方向。1702 年，英国科学家埃德蒙多·哈雷（哈雷彗星的“哈雷”）发表了第一幅大西洋磁偏角等值线地图，参阅本书第二十七讲：超越大地与海洋的轮廓。

▲ 古老的“比萨海图”，是已知现存最早的波特兰海图，现收藏于法国国家图书馆。主要描绘了地中海和黑海区域，标注了近千个地点的名称，并且用红色和黑色区分主次港口。

中海区域的港口、岸线、航线等信息描绘得非常充分。根据人类文明发展的规律，可以合理推测，在其之前应该还有更早期波特兰海图存在。

早期的波特兰海图传世稀少，原因是多方面的。一是波特兰海图的制作都是需要用墨水在羊皮纸上靠手工精耕细作，而专业的制图师又屈指可数，所以本身的“产量”就很稀少。二是作为实用的海上“谋生”工具，在恶劣的航海环境中频繁使用，造成波特兰海图的损耗也很快。三是早期的远洋贸易与探险航行都是极富风险的事业，波特兰海图的出现使得提前规划航路成为可能，航行效率和安全性都得到了极大的提升，商人和探险者们为了保证航海的安全和高效，常常不惜重金购买更优秀的、更准确的海图，也都将海图和航海资料视为自己宝贵的财产，习惯于将这些东西“收藏私用”而非交流展示。

12 — 15 世纪，威尼斯人和热那亚人是地中海贸易中的统治性力量，波特兰海图最早就是从这里兴起和发展的。甚至拜占庭帝国的皇帝都不得不给威尼斯商人们颁发在帝国境内和边境经营的许可，以换取威尼斯人的贷款去对抗奥斯曼帝国日益侵略性的扩张。据史料统计，13 世纪末期在拜占庭帝国首都君士坦丁堡“谋生”的威尼斯商人超过一万人，莎士比亚笔下的《威尼斯商人》有着真实的历史背景。威尼斯的庞大舰队在地中海保护着威尼斯商人的贸易航线与利益，同时也逐步对商船实施法律登记及认证等管理制度。每一条商船都需要按照当局的要求提供相应的完整信息，这使得制作海图所需要的系统性的航线及港口资料变得相对容易获取。伴随着社会经济、技术等其他因素的发展，在那些重要的港口城市，开始出现了以制作和销售海图为生的、独立的、专业的制图师。他们从官方的登记认证者那里收集大量一手资料，再加上从其他渠道收集到的信息，最终制作成专业的波特兰海图，以满足那些远航的船长和探险者们的需求。

维斯康特（Petrus Vesconte，也写作 Pietro Vesconte[①]）就是其中的代表性人物，是那个时代著名的独立专业制图师之一。而他和他的作品能广为后人所了解，或许源自他一个“自恋”的习惯——在作品上签上自己的名字和日期。他于 1311 年在描绘东地中海的海图上的签名，为他赢得了“最早在海（地）图作品上署名的欧洲制图师”这一历史地位（至少截至目前还是这样）。在现藏于威尼斯博物馆的一本 7 页海图集中的第 4 页——中地中海地区海图上，他干脆把自己的肖像也绘制到了左上角，并写到：“热那亚的维斯

① 地图制图史上还有另一位维斯康特——Perrino Vesconte。Perrino 类似于 Pietro 的昵称，有学者考证认为其是 Pietro Vesconte 的儿子或者家族的下一代，但另有人认为这种落款也是维斯康特本人。落款为 Perrino 的作品在瑞士苏黎世中央图书馆（Zentral bibliothek in Zurich, Switzerland.）及意大利佛罗伦萨的劳伦西亚医学图书馆（Biblioteca Medicea Laurenziana in Florence）有收藏。

康特于 1318 年在威尼斯制作此图。”

虽然这个自恋的波特兰海图大师有不少波特兰海图存世，法国国家图书馆、威尼斯博物馆、奥地利国家图书馆、梵蒂冈的使徒图书馆、法国里昂的市政图书馆等多地均有收藏，并且他的作品对意大利北部城邦及加泰罗尼亚地区的波特兰海图制作影响深远，但是我们今日对他的生平所知却非常稀少。有限的一点信息，也是从他存世的作品之中了解到的：比如他创作的活跃期主要在 1310—1330 年。虽然是热那亚人，但他的大部分作品都是在威尼斯完成的。他的地中海及黑海地区的海图精确度极高，作为地区性的海图被持续使用了几个世纪。他还把波特兰海图的描绘区域扩展到了西北欧特别是英国及爱尔兰地区。

这位海图大师，还绘有一幅圆形的世界地图，不过并非发现于维斯康特自己的海图或海图集中，而是发现于一本拉丁文名为 *Liber secretorum fidelium cruces*[①] 的书中，英文常翻译为 *The Book of the Secrets of the Faithful of the Cross*，中文大意是《忠诚于十字架的秘籍》。该书作者叫作萨努铎。

萨努铎（Marino Sanudo，1260 — 1338 年）是威尼斯共和国的政治家和地理学者，早年间在欧洲各国游历。1280 年前后，为继承家族的生意而定居在黎凡特[②] 地区的阿卡古城。当他在这里经营着家族贸易的时候，另一位著名的威尼斯商人——马可·波罗——正在遥远的元朝帝国进行着他奇幻的东方之旅。阿卡古城，是 1099 年第一次大规模宗教性军事行动时在黎凡特地区建立的耶路撒冷王国的核心地带。1291 年 5 月 28 日，埃及马木路克苏丹哈卡里攻陷了十字军在此的最后据点阿卡，耶路撒冷王国从叙利亚到巴勒斯坦的土地上就此消失。此后的几个世纪中，那些逃亡的十字军家族一直梦想着回归圣地。作为虔诚基督徒的萨努铎也把“号召欧洲各国的君主们再次组织大规模宗教性军事行动，收复圣地”变成了终其一生的努力目标。《忠诚于十字架的秘籍》就是他于 1320 年在法国阿维尼翁觐见教皇时的呕心之作。

▲ 制图师维斯康特把自己画入了其1318年的地图作品中。

然而，基督教世界再也没有组织起像样的大规模宗教性军事行动，1453 年君士坦丁堡被奥斯曼帝国攻陷，整个拜占庭帝国也灭亡了。不过维斯康特为《忠诚于十字架的秘籍》一书绘制的中世纪风格的世界地图，却成为世界地图发展史上值得铭记的一件作品：它混合了中世纪圆形世界地图（Mappa Mundi）的轮廓和波特兰海图准确复杂的恒向线系统，从圆形周长上的 16 个点辐射出波特兰海图的恒向线网格覆盖了整个画面，但是布局依然遵循了古老中世纪的传统——东方向上。这幅地图中的绿色是海洋，褐色部分是起伏的山脉，圣城耶路撒冷处在地图的中央。地中海及黑海周边的区域描绘的相对准确，而在伊斯兰世界的后方（东方）、遥远世界的尽头、祭司王约翰统领的神秘的基督徒王国，则是那个年代基督徒们传说中的希望。

基于指南针的特性，波特兰海图的正上方已不再是中世纪地图中习惯描绘的东方，而是永远地指向了北方。欧洲人的世界观，或许也正在随着波特兰海图的普及而发生着转变。

波特兰海图诞生于以实用主义为指导的航海实践，但随着其日趋流行，出现了用华丽的色彩乃至镶金嵌银描绘出来的、带有明显装饰性目的的作品，并成为那些文艺复兴时期的王公贵族们展示自己财富的象征手段之一。

这些如艺术作品般绘制精美的海图，很多来自以马略卡岛为代表的西班牙加泰罗尼亚地区[③]，因此

① 该书存世的手稿所知有三本，年代大概为 1320 年、1321 年、1325 年，均包含有维斯康特绘制的地图。其中只有第一本的地图上有维斯康特的签名，但学者确信后两本中的世界地图也出自他的手笔。事实上书中的部分其他地图，比如圣地地图、耶路撒冷城市图等也出自维斯康特。

② 黎凡特（Levant），历史地理名词，大概位于地中海东岸的广大区域。现在位于该地区的国家或地区有：叙利亚、黎巴嫩、约旦、以色列、巴勒斯坦。

③ 其 2017 年 10 月 27 日已经宣布，全民公投后独立为加泰罗尼亚共和国，但未获国际社会承认。该地区是西班牙经济较为发达、文化发展相对自主的地区，但从 17 世纪起直到今日，它也是西班牙分离主义和独立主义者的中心。作为当地第一母语的加泰罗尼亚语，与同一语族的西班牙语皆为该自治区的官方语言。地区首府为巴塞罗那。

▲ 维斯康特为《忠诚于十字架的秘籍》一书绘制的中世纪风格的世界地图。

通常被称为“加泰罗尼亚风格的波特兰海图”或“马略卡风格的波特兰海图”。地图历史学家们甚至为此创造出“马略卡制图学校（Majorcan cartographic school）”这一词汇。历史上并没有这么一所学校，这一词汇主要用来指代 14 — 15 世纪繁盛于加泰罗尼亚地区马略卡岛上的犹太籍制图师、天文学者、航海仪器制造者等一众人物。

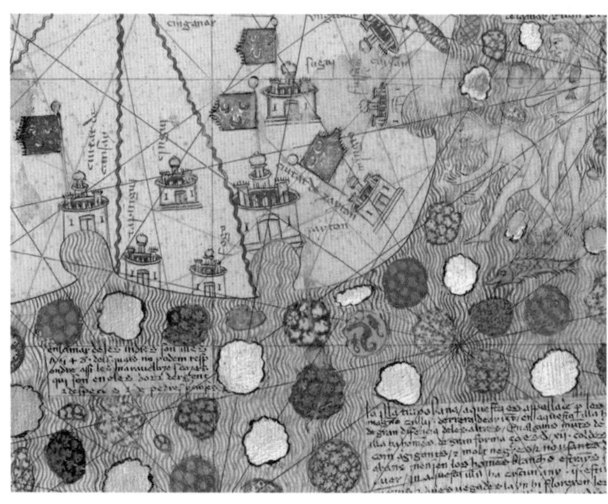

▲ 镶金嵌银描绘出来的、带有明显装饰性目的的海图作品 Atles Català 1375 局部。

加泰罗尼亚位于伊比利亚半岛东北部，今日为西班牙的自治区之一。阿拉贡王国和卡斯蒂利亚王国在 15 世纪中叶的合并，形成了当代西班牙的主体部分。加泰罗尼亚地区则是阿拉贡王国的重要组成部分。14 — 15 世纪，阿拉贡王国是地中海地区的强国之一。从西班牙的东北部一路向东，今地中海上的马略卡岛、撒丁岛、西西里岛，包括那不勒斯在内的意大利半岛南部、希腊的部分地区，都曾是阿拉贡王国的领地。

马略卡岛在并入阿拉贡王国之前的大部分中世纪时间里，都是一个独立的穆斯林王国。岛上的穆斯林以及犹太商人们，有着悠久的航海文化和传统，长期活跃在同热那亚、威尼斯、埃及、突尼斯等的地中海贸易中。大约在 1231 年，随着伊比利亚半岛基督教力量在对抗穆斯林的漫长斗争取得的进展，马略卡岛逐步成为基督教势力的控制范围，并于 1344 年被永久地并入阿拉贡王国。

14 世纪的马略卡岛，依然是犹太制图师们的家园，这里航海资料和航海仪器的制作水平与繁荣程度，即使同威尼斯和热那亚共和国比起来也毫不逊色。由于特殊的历史渊源及地理位置，马略卡岛的犹太制图师们有着独特的优势，他们可以很容易的接触到犹太人、基督徒、穆斯林、阿拉伯人等多方面的著述和资料。从威尼斯和热那亚的商人那里，他们获得了北至英国、低地国家乃至波罗的海沿岸的商贸及地理信息。从十字军和基督徒商人、战俘、委托制作人那里，他们所获得的关于地中海东岸、黎凡特、北非的信息精确度也不打任何折扣。由于阿拉贡王国同统治波斯区域的伊利汗国建立了“外交”关系，马略卡制图师们对于收集那些来自东方的信息也有着更多的官方渠道。

马略卡岛风格的波特兰海图，有着自己鲜明的特色。如果同威尼斯、热那亚等意大利北方城邦共和国为代表的“意大利波特兰海图风格”相比较的话，或许两者对比结果可以简单归纳为：

“意大利 Style” vs “马略卡岛 Style”

=

“冷淡简约的专业” vs “热烈明快的唠叨”

两者描绘的区域主要都是地中海及黑海地区，随着探索发现扩展到欧洲及西北非的大西洋沿岸。所以，两者在描绘的地理范围方面并不存在区别。

在功能方面，虽然一些历史地理学者倾向于将意大利风格的海图贴上“航海”的标签，将加泰罗尼亚风格的海图贴上“地理描绘”的标签，但必须指出，加泰罗尼亚风格的海图并没有牺牲其波特兰海图的基本航海功能。如果抛开那些生动有趣的插图和色彩斑斓的装饰，加泰罗尼亚的海图与意大利人的海图一样详细且可在航行中实际使用。

两者最大的区别来自画面的风格：意大利风格的波特兰海图，画面内容稀疏而有节制，制图者严格注重对沿海的各种细节描绘，而对内陆地区则很少描绘（甚至干脆留白），海图上也基本没有插画。而加泰罗尼亚地区马略卡岛风格的波特兰海图，其风格在最早的 1339 年安吉里诺（Angelino Dulcert）的作品中就已经有了充分的体现，并在后期的绝大多数作品中得到了延续。

马略卡岛波特兰海图的核心风格，就是在内陆地区添加了许多色彩绚烂的插画，并配合了大量的文字，用以描绘城市、山脉、河流、物产、异国的君主等许多细节。此外，几乎所有马略卡岛的波特兰海图都包括了如下的一些共同的典型特征：

—图上有分散各处的加泰罗尼亚语的标注；

—红海被涂成了红色；

—横跨北非的阿特拉斯山脉好像一颗被放倒的棕榈树；

—阿尔卑斯山脉形如一只鸡爪子；

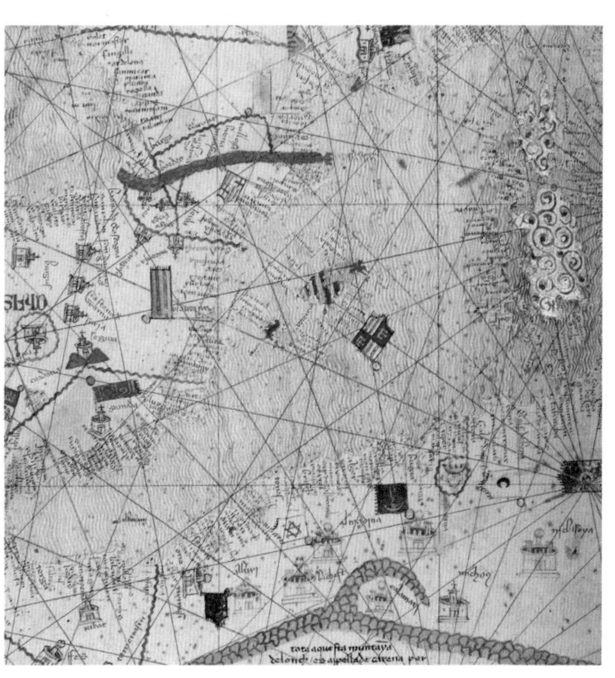

▲ “意大利 Style” vs “马略卡岛 Style”。

—多瑙河流域的形状好像多个连续的小山包；

—波西米亚地区形如马蹄铁；

—阿拉贡王室的盾徽在图上尽可能多的出现，包括覆盖马略卡岛本身；

—许多都描绘了穿越丝绸之路和跨越撒哈拉商路的商旅。

本文要重点介绍的马略卡风格波特兰海图的代表性作品，名为 *Atles Català 1375*，现藏于巴黎的法国国家图书馆。“加泰罗尼亚（风格的）地图集”（Catalan Atlas）几乎成为它的专有名词，由此也能看出它的“名气”。

这组地图集，是马略卡岛上的制图大师亚伯拉罕·克雷斯克斯（Abraham Cresques，1325 — 1387 年）于 1375 年绘制完成的。这是统治马略卡岛的阿拉贡王国约翰王子定制的。王子要求这幅定制的海图要“超越那个时代所有其他的波特兰海图，要包含从东方到西方的一切”。因为这是王子拟送给自己年少的表亲——后来成为法国国王的查理六世——的珍贵礼物。是啊，还有什么能比一幅挂在查理五世父子的图书馆里的恢宏绚烂的海图更适合做王室的礼物呢？而从那时起，它就一直被珍藏在法国国家图书馆（Bibliothèque nationale de France）。

亚伯拉罕·克雷斯克斯是马略卡岛上的犹太籍航海仪器制作者，也是那个时代的海图制作大师。亚伯拉罕的儿子杰夫塔·克雷斯克斯（Jehudà Cresques，1360 — 1410 年）也是一位海图制图师，并参与了 *Atles Català 1375* 的绘制。1391 年，杰夫塔被迫皈依了基督教，并改名为杰米瑞巴（Jaime Riba）。多少年之后，一位叫作“马略卡岛的杰克米”（Jácome de Maiorca）的制图大师，出现在了航海王子恩里克的宫殿之中，为恩里克王子航海事业作出巨大贡献。并在 1960 年，和恩里克王子共同“出现”在了里斯本特茹河口的“发现者纪念碑”上。站立船头的恩里克王子身后，是 32 位在大航海时代对葡萄

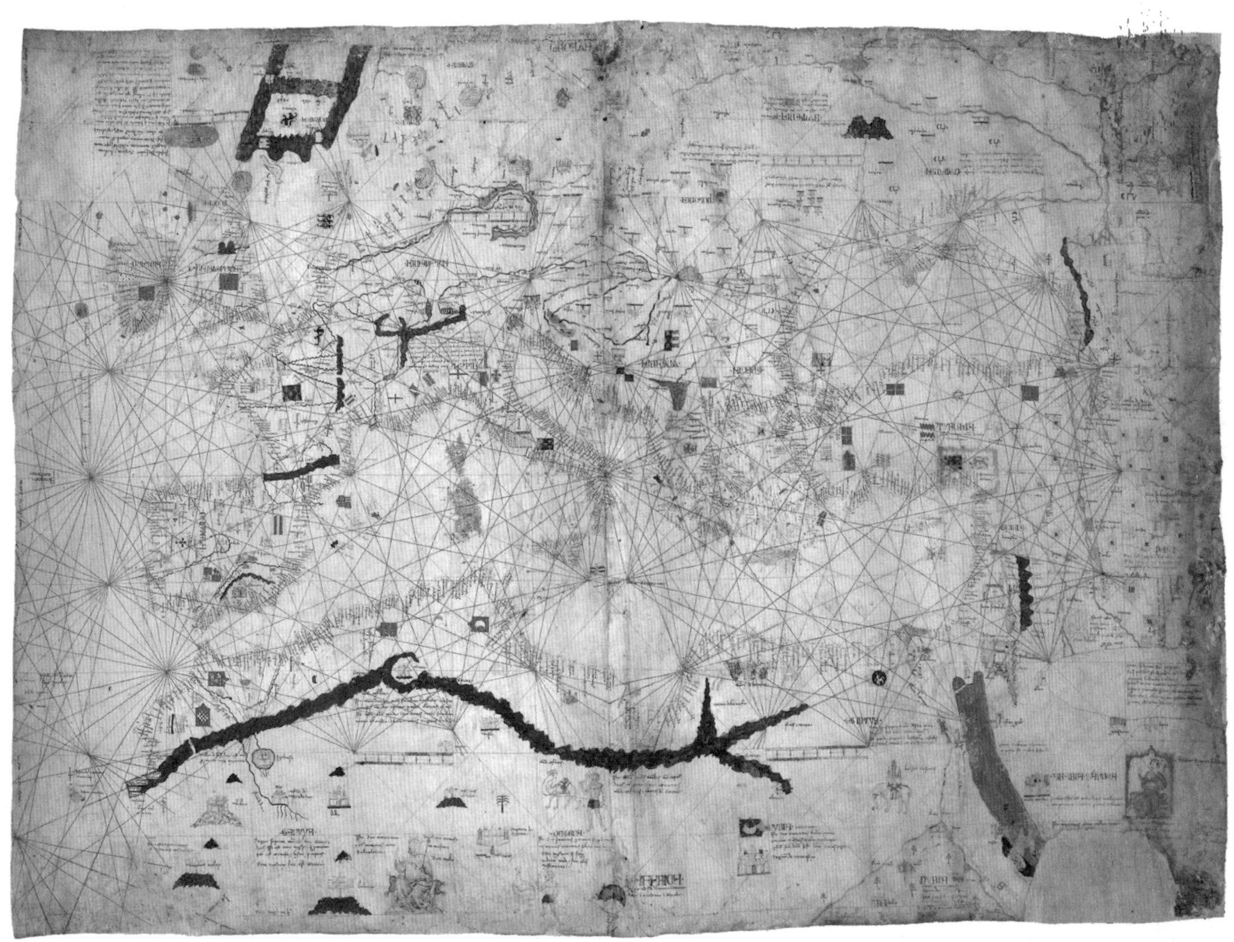

▲ 安吉里诺 1339 年地图作品，现藏于法国国家图书馆。安吉里诺的具体生卒年月及生平史料不详。现代学者推测其为热那亚共和国人，或因家族生意移居加泰罗尼亚的马略卡岛。他制作于 1325 年名为“*Dalorto*”的海图，被视为其从“意大利风格”向“加泰罗尼亚风格”转变的过渡之作。此 1339 年的“*Dulcert*”海图则被视为“加泰罗尼亚风格”的开山之作。

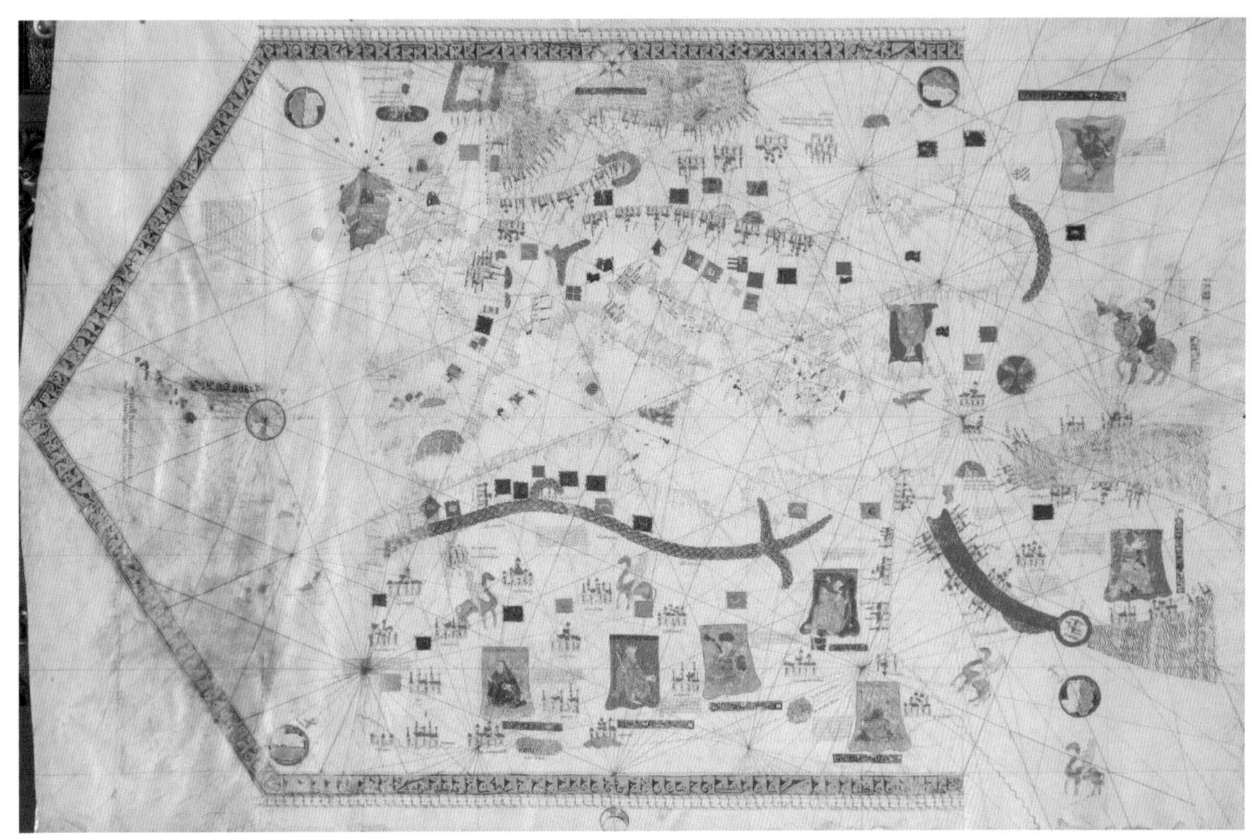

▲ 另一位马略卡岛制图大师瓦尔塞卡（Gabriel de Vallseca，1408—1467 年）代表性作品——1439 年的海图，现藏于巴塞罗那海事博物馆 (Museu Maritim，Barcelona)。图中内容融合了葡萄牙航海王子恩里克麾下的船长们的新发现。其对大西洋的描述从斯堪的纳维亚半岛一直延伸到里奥德奥罗岛，包括亚速尔群岛、马德拉岛和加那利群岛等大西洋岛屿，以及想象中的图勒岛、巴西岛和马姆岛。

牙作出巨大贡献的先驱者，“马略卡岛的杰克米”是其中唯一的一位制图大师。多年以来，人们一直认为，他就是克雷斯克斯家族的杰夫塔。然而历史学者们的最新研究认为，“马略卡岛的杰克米”与“杰夫塔·克雷斯克斯”并不是一个人，后者在恩里克王子投身航海事业的时候已经去世多年。而那位站立在纪念碑上的唯一制图师的身世，反倒成了新的历史之谜。

这幅 *Atles Català 1375*，当初描绘在六张上等的羊皮纸上，颜料色彩鲜艳，还使用了金银等材质，手工精细。每一单张的原始尺寸约 64.5 厘米 ×50 厘米，垂直方向对折。后来，六幅单张地图被从中间切开，固定在用皮革装订的木板上，以方便展示。

原始作品中的头两张，是用加泰罗尼亚语编写的大量文字，主要涵盖天文学、占星术，并配有插图。它强调了古希腊地理学说中地球是球体的观点，并为航海者提供关于潮汐、夜晚如何辨识时间等信息。

原始作品中的后四张，描绘的是“已知的现实世界”，整体连接起来的长度接近两米。在海图的最

▲ 站立在纪念碑上的（西侧第十位）唯一制图师“马略卡岛的杰克米”。

左侧、西方、大西洋上，绘制了一个醒目的、标识方向的指南针玫瑰（Compass Rose）。这是已知的在此类海图上最早绘制的指南针玫瑰。圣城耶路撒冷大概处于中间的位置，右面的两张描绘了东方的世界，左面的是西方。那些基督徒的城市画着十字架，其他的则用圆顶城堡做标识。每一个城市都用旗帜标识着它所效忠的政治势力。城市和地点的名称都是从中间写向地图边缘的方向，造成地图中的文字并没有遵循统一的正反方向。这样的话，将其铺展开来，并且围绕着它边走边看，或许是最理想的欣赏方式。

此海图描绘的地域范围，西部与同时代的波特兰海图比较类似，都是欧洲、地中海、大西洋沿岸等地区。但是在海图的东部、在安吉里诺等前人制图师们止步于红海地区的地方，克雷斯克斯继续向东向远，跨越广阔的中亚，沿着丝绸之路，直抵中国。

为了准确描绘世界的东方，克雷斯克斯非常认真地研究了马可·波罗的行程。一定程度上可以说，这是现存最古老的、积极采用了马可·波罗游记信息的地图。克里斯克斯甚至逐字逐句地引用了《马可·波罗游记》中的词语，例如对戈壁沙漠中不知疲倦的商旅精神的描绘等。这幅地图中描绘了马可·波罗提到的 29 处中国城市的名字。但由于缺乏准确的地理位置信息，它们被不加选择地分散在地图的多个地方，并且以元大都为址标了一个记号，还在旁边描绘了忽必烈的画像。伏尔加河流域描绘的是钦察汗国。在它的东部，驮着货物的驼队和马队正跋涉在穿越亚洲广袤腹地的丝绸之路上。

印度洋也在海图上迷人地铺展开来，那是一片阿拉伯人在 9 世纪就已经航行于其上的大洋，东方的香料“乘船”穿过这片海洋，再辗转中东和地中海，最终到达遥远的欧洲。但是在当时——14 世纪，这片大洋对欧洲来说却依然是陌生甚至未知的。一个多世纪之后，达·伽马才首次打通前往印度的大洋航线。

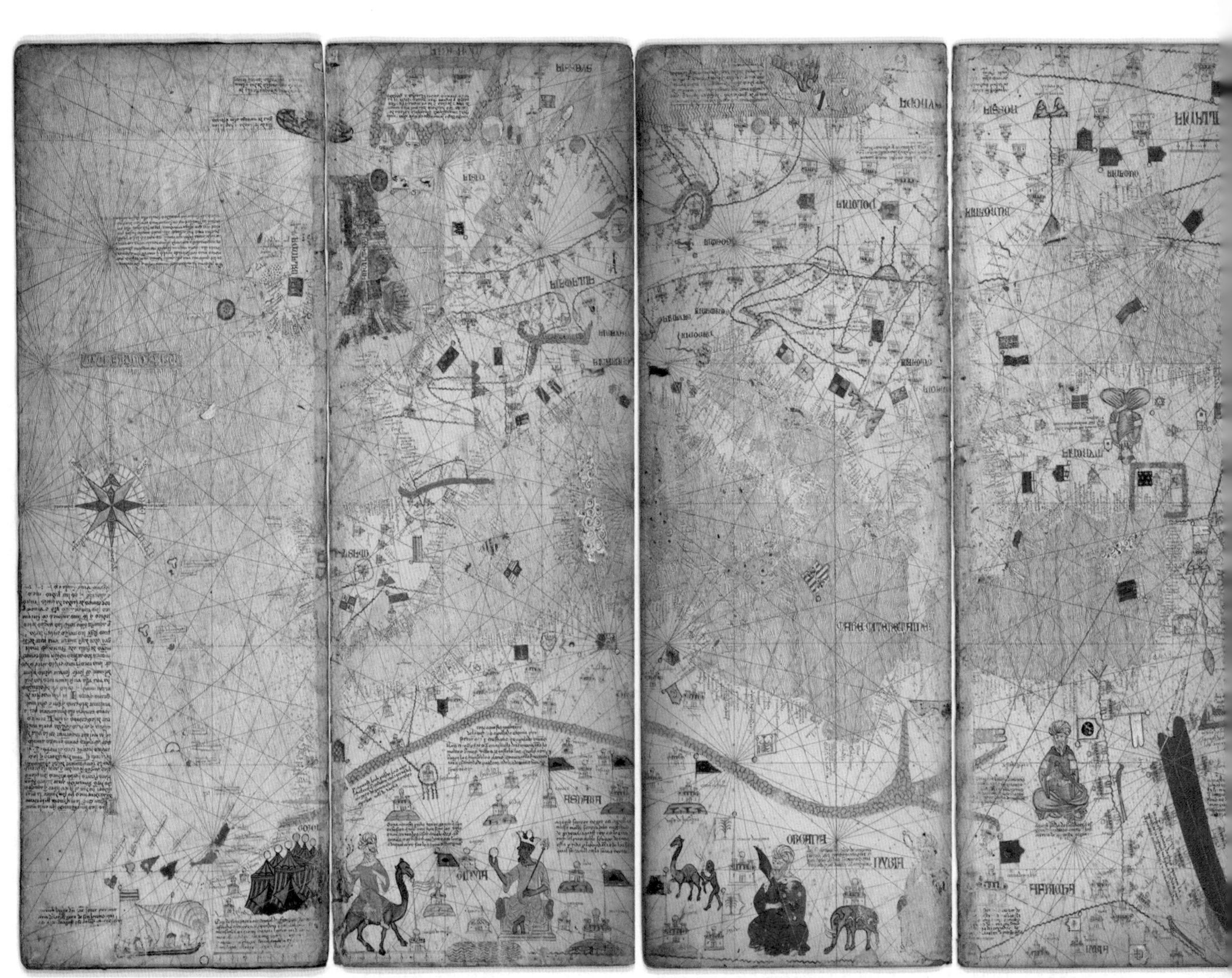

▲ 马略卡风格波特兰海图的代表作 *Atles Català 1375*。

在《马可·波罗游记》中，记述到“印度洋上大约有 7500 个岛屿，盛产着昂贵的胡椒、肉桂等香料、金银、宝石”。这些游记中的神奇岛屿，化身为这幅海图中东方大洋上密密麻麻的圆点儿，或金光熠熠，或五彩斑斓。

此图制作的 1375 年，威尼斯商人和行者马可·波罗回到欧洲已经过去了整整 80 年的时光，但他带回来的关于东方的信息，在那个时代地图上的体现一直进展缓慢。现代学者认为，这或许是因为游记从出版以来，其真实性就广受质疑。书中，成吉思汗、忽必烈汗治下的中华帝国，与同时代的欧洲相比，文明高度发达、军队强悍且数量庞大、社会财富多得令人难以置信，使欧洲人吃惊且怀疑。

1492 年，阿拉贡和卡斯蒂利亚王国联手将摩尔人最终驱逐出伊比利亚半岛，那是现代西班牙形成雏形的元年，也是西班牙王室资助哥伦布前往新大陆探险的年份。也是在这一年，从西班牙塞戈维亚的王宫里发出了一项法令，明令（拒不皈依基督教的）犹太人在四个月的期限之内要全部离开西班牙。史料估算有 12 — 15 万犹太人，包括马略卡岛上的犹太精英们，“选择了放弃他们的国家而不是放弃他们的信仰”。伊斯兰国家，主要是奥斯曼帝国，接收了大量的犹太移民。奥斯曼苏丹巴耶塞特二世甚至写信“称赞”西班牙国王是“伟大的统治者，宁愿自己贫穷也要把财富送给别人”，并声称“我实在是太需要这些人才了”。1493 年的某一天，正是这批犹太移民中的某一位，或许就是“马略卡制图学校”的某位大师，在君士坦丁堡制作了奥斯曼帝国的第一台印刷机并建立了印刷机构。而曾经的地中海航海文化与传统的故地之一、曾经的海图与航海资料的绘制中心——马略卡岛，也慢慢地淡出，成为地图史上如烟往事的发生地。

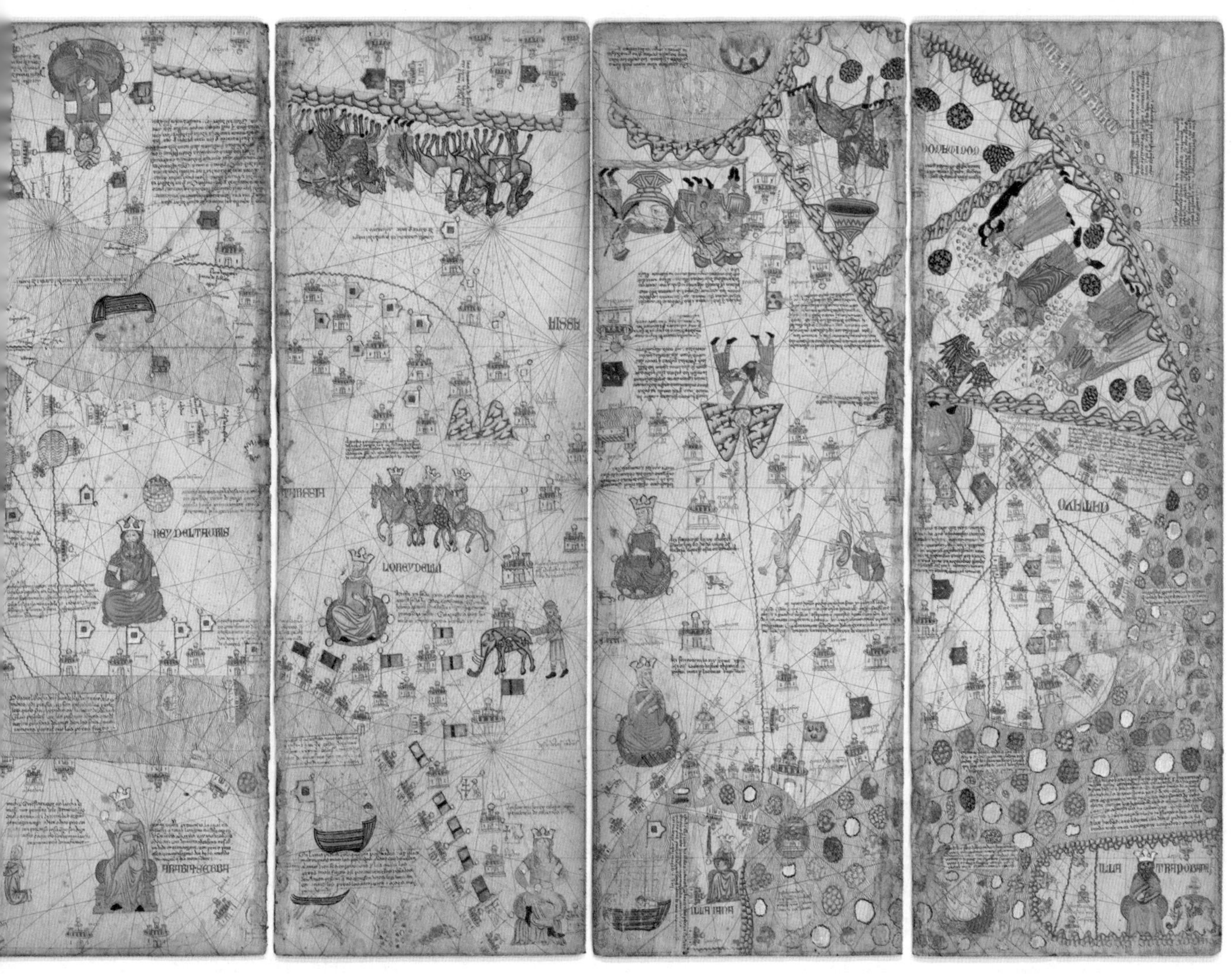

◀ 高高矗立在葡萄牙里斯本特茹河口的发现者纪念碑，为首的就是恩里克王子。

第三讲
包装在科学体系框架下的国王宣言
——记葡萄牙人的《米勒地图集》

（葡萄牙）阿维斯王族于1415年在休达开始崛起，一百六十三年后在休达附近灭亡，它的发展轨迹是一条对称的弧线。在此期间，葡萄牙人在全世界快速推进，越走越远，超过了历史上的任何其他民族。他们沿着非洲西海岸南下，绕过好望角，于1498年抵达印度，1500年抵达巴西，1514年来到中国，1543年登陆日本。

——克劳利《征服者：葡萄牙帝国的崛起》

8世纪初，北非穆斯林（摩尔人）跨过狭窄的直布罗陀海峡，很快征服了整个伊比利亚半岛（今天的葡萄牙和西班牙）。不愿接受伊斯兰统治的基督徒退缩到半岛的北部山区，由此开始了持续七个多世纪的光复运动。伊比利亚人反抗摩尔人统治的斗争，也被罗马教廷视为基督教对抗伊斯兰教的十字军运动的一部分。西班牙人攻克格拉纳达、战胜摩尔人比葡萄牙人晚了200多年。早在1249年，葡萄牙人就已经清除了摩尔人在葡萄牙的最后一个据点，建立了欧洲第一个基督教民族国家。

位于直布罗陀对岸的北非摩洛哥港口休达(Ceuta)，是地中海南岸穆斯林最坚固、最富裕、最具战略意义的要塞，也是伊斯兰世界与东方和印度香料贸易的西端。1415年8月21日，葡萄牙国王携三王子恩里克及倾国之力的海陆大军，一举攻占休达。时年21岁的恩里克王子[①]，在这场战役中冷静骁勇、指挥得当，表现出一个实干军事家的优秀素养。攻占休达，意味着切断了连接格拉纳达王国（伊比利亚的伊斯兰王朝）和非洲穆斯林的纽带，把与穆斯林的斗争推进到非洲大陆，并完全扼制住了地中海的咽喉——直布罗陀海峡。

事实上，攻占休达的历史意义远不止一场战争的胜利。对于葡萄牙的历史来说，它是个重要的转折点，即利用这一重要的军事及贸易港口枢纽，葡萄牙人开始了以休达和加那利群岛为活动据点的海上扩张，并开启了之后的一系列被载入史册的大航海活动。即使在引领了大航海时代的六个主要欧洲国家之中，葡萄牙也是杰出的先驱者。昔日庞大的葡萄牙-巴西-阿尔加维联合王国，曾包括了五十多个国家和地区、千万平方公里的领土。自1415年攻占北非休达到1999年中国政府对澳门恢复行使主权，葡萄牙帝国的殖民活动长达近600年，是欧洲殖民历史最长的帝国。

休达之战中的恩里克王子，终其一生全身心地为葡萄牙王国开辟大航海事业，这在当时是极为艰苦且冒险的抉择。直至今日，他仍被葡萄牙人视为民族英雄，乃至神一般的存在。高高矗立在葡萄牙里斯本特茹河口的发现者纪念碑（葡萄牙文：*Padrão dos Descobrimentos*），东西两侧，雕塑了32位大航海时代对葡萄牙作出巨大贡献的先驱者。在他们所有人的最前方，就是站立在雕塑船头的恩里克王子，碑下雕刻着他的名言：

“陆地？不，海洋！”

自休达返国后，恩里克远离豪华舒适的宫廷，也远离了宫廷政治，放弃了婚姻和家庭生活，选择在葡萄牙西南角荒凉的萨格里什（今圣文森特角附近）任职和定居，并在那里创建了一所航海学校和一个天文台。他从国外招聘有名的宇宙学家和数学家、制图师，研究整理搜集来的大量航海信息，设船坞建造适合远洋的船只等。经过精心的研究、训练、准备，恩里克于1418年派出船队首次出航。那些挑选出来的葡萄牙最好的探险家和水手，忠心耿耿、英勇无畏，遵照恩里克周密的计划和部署，向当时人类的航海极限发起挑战。到那个世纪的30年代左右，葡萄牙人已经陆续发现了大西洋上的马德拉群岛、亚速尔群岛、佛得角群岛，以及非洲大陆沿岸的几内亚、塞内加尔、塞拉利昂等地。

虽然恩里克一生中只有过几次在熟悉海域的短距离航海经历，但他仍无愧于“航海家恩里克王子”的称号。是他，以国家之力组织和资助了最初持久而系统的远洋探险。也是他，将远洋探险与海外殖民结合起来，使探险变成了一个有利可图的“国家事业”。

海图，对于航海来说，相当于大陆国家的地图。没有海图的航海，就像规划一场没有地图的陆上战役，困难无比。可以说，海图的测绘及管理，是那个时代航海的基础建设，其重要性不言而喻。恩里克王子的航海学校，集中了大量海图绘制人才和庞大的信息收集网络，第一次以国家之力从事这项重要的工作。恩里克在探险事业的起步阶段，就招来了当时著名的海图制作人、一位被称为“马略卡岛的杰克米”的制图大师，对已有的海图进行收集和整理，为制作新海图奠定坚实的基础。

1459年，威尼斯共和国的本笃会修士毛罗（Fra Mauro，1400—1464年），根据那个时代已知的地理信息完成了一幅中世纪风格的世界地图——后世

▲ 位于葡萄牙波尔图圣本笃火车站内的瓷砖镶嵌画《恩里克王子率军攻克休达》（1903）。

① 恩里克王子全名 Infante Dom Henrique de Avis，1394—1460年。葡萄牙语中的Henrique（恩里克），即英语中的Henry（亨利），故他也常被称作亨利王子。

▲ 1459 年弗拉・毛罗地图，现藏于威尼斯马尔恰那图书馆，原图方向为上南下北，本文已将其翻转 180°

称为弗拉・毛罗地图（Fra Mauro Map）。彼时，毛罗是意大利北部城邦共和国杰出的地图绘制者。这幅世界地图应当时葡萄牙国王阿方索五世的要求而绘制，耗时数年，直到 1459 年 4 月才完成。原图[①] 的面积近5平方米，包含了插画、上千个地名，内容极其详细。当年地图连着一封威尼斯共和国行政院的书信，交给了阿方索五世国王的叔叔——航海家恩里克王子，鼓励他继续资助远洋探险事业。这幅被后人视为“中世纪制图学最伟大的记忆”的古老地图，今日收藏于威尼斯的科雷尔博物馆（Museo Correr，Venice）。

1453 年，基督教的东方前沿君士坦丁堡已经被奥斯曼帝国攻陷，变成了穆斯林的重镇。这幅地图绘制完成之时，欧洲人去往东方的香料和丝绸等贸易的传统路线，几乎全部处在伊斯兰的势力之下，障碍重重。探索一条直接通向印度和东方的海上贸易航线，是欧洲人所渴望的。从毛罗地图的左下方（原图方向为上南下北，本文已将其翻转 180° ）可以看出，沿着比欧洲大很多的非洲大陆西海岸，有一条通畅的水道，一直南下，到达一个通往印度洋的入口。这样一条潜在的通向东方的航道，对恩里克王子及其继承者们具有极大的诱惑。向南！向南！开辟通往印度的贸易航线，成为新崛起的葡萄牙海上帝国的进军号角。

1460 年，恩里克王子病逝，但他 40 余年为之努

① 1460 年，毛罗和恩里克王子相继离世，送给恩里克王子的地图下落不明，但毛罗为威尼斯共和国行政院制作了一张这幅地图的副本。不过现在也有学者认为，当年送给葡萄牙人并且下落不明的那个才是副本。

力的航海事业，使葡萄牙成为了欧洲的航海中心。葡萄牙人建立起了庞大的船队，积累了卓越的造船技术，培养了一大批专业的探险家和航海者，绘制并掌握了大量的海图资料。葡萄牙王国的势力，已经延伸到赤道附近的海域。“胡椒海岸”（今利比里亚）、“象牙海岸”（今科特迪瓦）、“黄金海岸”（今加纳）、“奴隶海岸”（今贝宁），这些地名无不透露了葡萄牙殖民者对非洲掠夺和奴役的历史，但也记录下葡萄牙人海外探索和发现的足迹。

每次葡萄牙人远航探险，都会把新发现的地理信息带回来补充进海图里。大航海前期，葡萄牙在探索大西洋非洲沿岸航线上领先很多，从事那个时代欧洲人“最远的航行”，并因此掌握了很多他国没有的海图。很长时间内，葡萄牙都是世界上拥有海图最多的国家。那些葡萄牙人用金钱、时间、生命探索得知的海域，只对拥有海图的葡萄牙人是“友好和开放的”，对于其他人来说仍是风险重重的未知之地。葡萄牙人知道其中的利害，从恩里克时代起就已经动用国家力量，建立起一套完善的海图绘制、管理和保密制度，对泄露海图机密的人甚至判处死刑。葡萄牙人相信，

▲“发现者纪念碑”广场上 50 米直径的风圈玫瑰，中央是世界地图。

垄断了海图信息，就相当于事实上垄断了众多对其他人来说未知的海域，就有可能成为航海强国和广阔海域的统治者。葡萄牙人的海图处于官方十分完美的管辖之下，即使远洋船长借出的海图返航后都要返还官方统一保管。但也因为这个原因，或许再加上 1755 年那场欧洲历史上最大的、伴随着海啸和火灾将繁华的里斯本城变成废墟的大地震，恩里克时代的葡萄牙海图几乎很少有流传至今的。不过 1519 年版的《米勒地图集》（*Atlas Miller*）是个例外。

1855 年，在巴黎的某个古旧珍本书店中，葡萄牙的地图历史学家威斯康特（Viscount de Santarem，1791 — 1856 年）发现了一本绘制精美并包含有大量葡萄牙元素的地图册。威斯康特是较早研究应用平板印刷技术翻印古旧地图的人，从而使普通大众也有机会接触和了解中世纪和地理大发现时代那些稀有珍贵的地图作品。他曾经仔细地研究过这个地图册，并发表了文章，但是直到他去世时，这本地图集的作者还是个谜。1897 年，法国地图收藏家米勒（Benigne Emmanuel Clement Miller，1812 — 1886 年）的后代将这本地图集捐赠给了法国国家图书馆。从那以后，这本地图集就以《米勒地图集》的名字出现在了地图发展史上。

《米勒地图集》中曾经包含一张世界地图，但不知道什么时候、因为什么原因，它从这本地图集中“消失了”，1930 年在伦敦才重新被发现和认定。今天，这张珍贵的世界地图，回到了它本来应该所在的位置——重新成为《米勒地图集》的一部分。而这本地图集的作者之谜也总算有了答案：在这张世界地图的背面，用拉丁文字写着：“这是所有的已知世界的地图。我，洛波·霍姆，制图师，已经比较过许多其他的古地图和现代地图，在葡萄牙杰出的国王曼努埃尔的命令下，于 1519 年，在伟大的城市里斯本，经过巨大的努力和勤奋工作之后绘制而成。”

现代的研究学者普遍同意，这本精美的地图集的作者，并非只有留下说明的葡萄牙知名制图师洛波·霍姆（Lopo Homem，？— 1565 年）一个人，其他作者应该还包括了当时的葡萄牙制图师雷内尔父子——佩德罗（Pedro Reinel，1462 — 1542 年）和乔治（Jorge Reinel，1502 — 1572 年），而绘画部分则应该来自皇室画家安东尼奥（Antonio de Holanda）。所以，这本《米勒地图集》，现在也常被人们叫作《洛波·霍姆 – 雷内尔地图集》。这本由黑人制

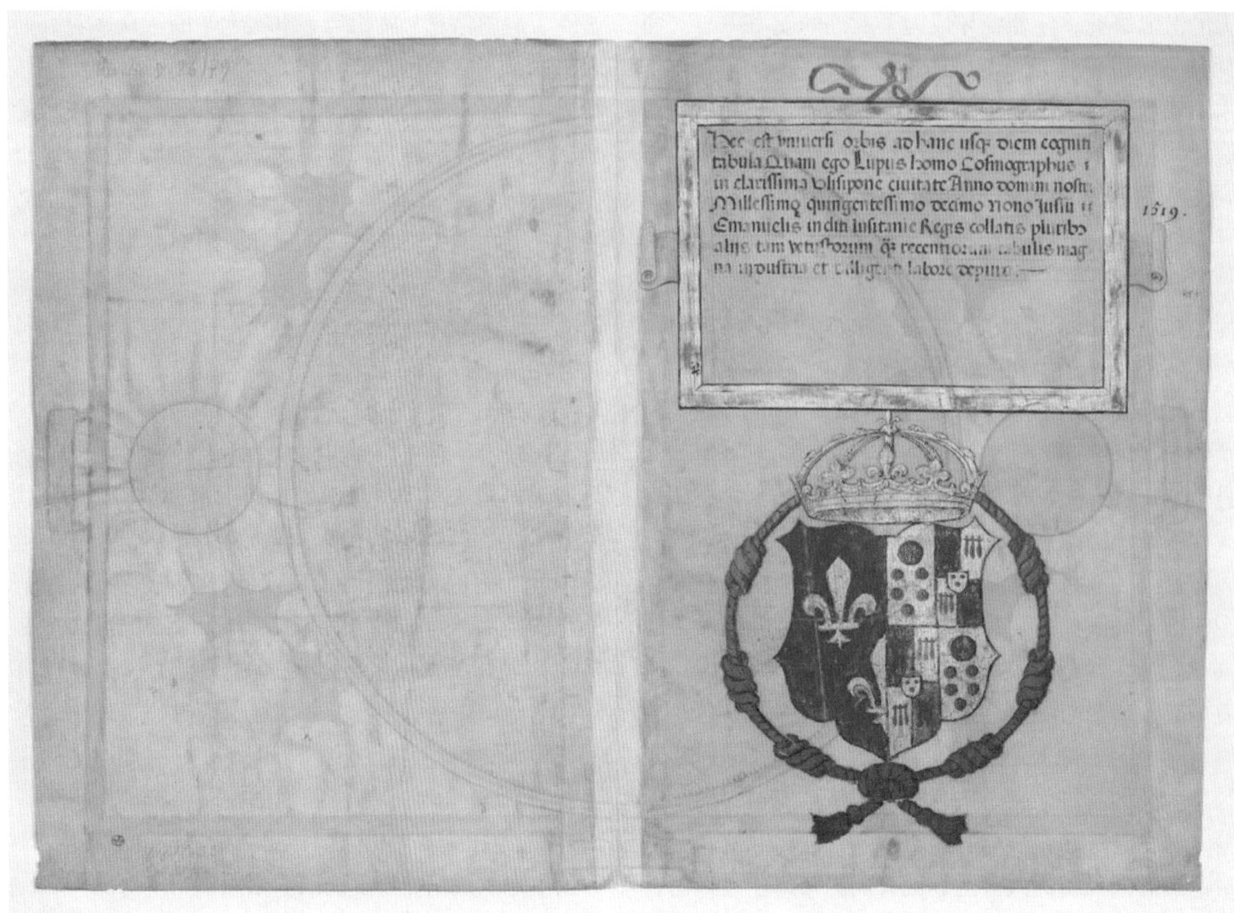

▲ 葡萄牙人的 1519 年《米勒地图集》。

图师、葡萄牙贵族、弗莱芒画家共同完成的杰作[①]，被认为是文艺复兴时期葡萄牙最美丽的地图集之一。

洛波·霍姆的儿子——迪亚哥·霍姆（Diogo Homem）也是一名制图师，不过霍姆和雷内尔这两个葡萄牙制图家族的儿子——迪亚哥·霍姆和乔治·雷内尔——一生中很多的时光却都在为葡萄牙王室之外的威尼斯共和国或者西班牙王室效力。在大航海时代，欧洲宫廷对制图师一直存在大量需求，但这些具有科学本领的艺术家们，通过自己的努力工作最终获得丰厚的财富和较高社会地位的毕竟是少数，即使皇家御用也常常是个名号。比如洛波·霍姆本人就是皇室的御用制图师，王室 1517 年还授予他检验和校订船用指南针的特许权，允许他为此收取固定的费用，1524 年又对特许权给予了续期，但他去世时依旧是一贫如洗。他们同那些商船航海者或者海外探险者无法相提并论。后者为自己所效力的王国带来探索发现的新土地的同时，伴随而来的还有巨大的财富和贵族的社会地位。而那个时代的制图师们，为了生存，只能效力于那些愿意为他们高超的科学技艺和繁复耗时的工作支付更高报酬的雇主，实属情有可原。比如乔治·雷内尔，就是西班牙王室资助下的麦哲伦环球探险队“筹委会”中的重要一员，曾帮助筹划麦哲伦环球探险的海图。如果您接下来知道，这本《米勒地图集》的真实目的，是葡萄牙王国试图阻挠麦哲伦环球探险航行，您将会惊讶于这个历史事实，即：同样的制图师，在 1519 年的某几个月里，曾往来于西班牙和葡萄牙，为同处伊比利亚半岛、但利益与目的完全针锋相对的两个王国做着同样的绘制地图的工作。

《米勒地图集》总共包含有 11 张地图，涵盖的地区包括了（北）大西洋、欧洲、亚速尔群岛、阿拉伯及印度洋、印度尼西亚、中国海、马鲁古群岛、巴西、地中海，以及 1 张世界地图。但是这套装饰奢华、绘制精美、“充满了文艺复兴时期葡萄牙风格”的地图集，在地图研究者的眼中，地理信息的准确度却有失水准，甚至耐人寻味。从弗拉·毛罗送给恩里克王

① 洛波·霍姆是葡萄牙贵族，安东尼奥是来自弗莱芒低地国家的画家。而雷内尔父子，根据学者的考证，是葡萄牙宫廷黑人制图师。其前人为奴隶贸易中被带到葡萄牙的西非黑人，参 *Pedro and Jorge Reinel (at.1504-60). Two black cartographers in thecourt of d. Manuel of Portugal (1495 — 1521)* 一文，作者：Rafael Moreira。

子那张圆形世界地图的年代起，70 多年以来，欧洲人已经很少再用一个圆形来制作世界地图，那被视为是落后的中世纪制图模式。而开辟了好望角、巴西、印度等航线的葡萄牙人，彼时对这个星球的地理认知是领先于欧洲其他国家的，偏偏这本地图集中的地理信息，却为什么还不如 17 年前那张从葡萄牙“走私”到意大利的“1502 年坎帝诺世界地图”[①] 呢？

地理历史学者阿尔弗莱德（Alfredo Pinheiro Marques）认为，这套地图集，说到底是葡萄牙国王曼努埃尔一世为了某位地位高贵的人士准备的一份重要礼物，其精美的绘画、奢华的装饰、绚丽的色彩，以及用金银绘制在图上的那些金光熠熠的细节，都要比地图信息准确、实用、重要得多。至于这份精美的礼物当初到底要送给谁，竟长期成为地图学者们争论的一个小话题。有些观点认为，这本用弗莱芒风格极力装饰的礼物应该是送给某个低地国家的显贵政要；另有一些观点认为，这本地图集当初是要送给曼努埃尔国王自己的妻子、列奥诺公主、查理五世的妹妹。这位查理五世，是 16 世纪欧洲最强大的君主，没有之一。光是国王的“头衔”，他就有五六个，其中一个最重要的国王头衔就是西班牙国王（卡斯蒂利亚国王和阿拉贡国王）。当然，他也是低地国家至高无上的君主。

所以，不管当初这份礼物要送给谁，地图学家们对这本地图集想要传达的信息倒是没有太多争议，那就是：葡萄牙国王想要给伊比利亚半岛上的对手——西班牙人——传递一个信息，东方世界的财富只有向东航行才能够获取，正如葡萄牙人所做的一样。而西班牙人从 1518 年开始支持麦哲伦筹划向西的环球航行去追求东方的财富，是毫无意义的。

正如这本地图集的那张世界地图背后所写的，它描绘的是“已知的世界”。不过，这个“已知的世界”——根据葡萄牙、西班牙两国 1494 年签署的《托德西拉斯条约》——却几乎都落在了葡萄牙国王的势力范围内。在这幅世界地图上，“已知的世界”≈“整个世界”，传统地理学上“未知的南方大陆”（Terra in Cognita）依然被描绘在世界地图的整个底部，但是却被标上了“新世界”（Mvndus Novus）的标签，并且向西同巴西大陆连接在一起、向东同亚洲大陆连接在一起，印度洋被包围在中间成为了一个巨大的

▲ 葡萄牙国王曼纽埃尔一世和圣多米尼加（现存于葡萄牙莱丽亚大教堂的花窗，作者未知，约创作于 1514—1518 年）。

陆间海，看上去仿佛是托勒密地理的“升级”版本。对于一个笃信托勒密和斯塔雷波等古代地理学权威的人来说，这幅地图上的确没剩下什么可以去“发现”的了。在这样一幅“世界地图”上，航海者向任何方向航行的最终结果都是“已知的世界”，西班牙人试图向西方环航地球到达富饶东方的计划是“注定要失败的”。

从这张世界地图上可以发现，其圆形的边缘描绘了许多距离均匀的齿轮状小点儿。那些小点儿并非仅仅是装饰，而是准确地把圆周切割成了 360°，正如托勒密的地理学所描述的那样。地图集里的其他地图上，纬度线也都醒目地以直线的形式描绘了出来。世界地图的左右两侧描绘的太阳和月亮，暗示着这幅世界地图是建立在准确的天文学测量基础之上的。四个角描绘的风神代表着航海者远航探险所需要的有利风向与风力。标记着葡萄牙王国旗帜的小船则时不时地出现在地图集内的各个航线上。虽然在地理信息的准确度和适用性上，上述那张世界地图被戏称为“最多算是个地球素描”，但这本地图集在利用所有手段传递视觉宣传效果方面，堪称典范：简化形状、仔细地挑选配色、多次重复核心元素，并且将试图传递的政治宣言巧妙地放入到“科学体系框架”之中。

① 参阅本书第五讲：瓜分世界的“教皇子午线”。

AFRICA
LIBIA
MVNDVS NOVVS
BRASIL
OCCEANVS MERIDIONALIS
M V N D V S

▲《米勒地图集》中那张曾经“消失了”的世界地图。

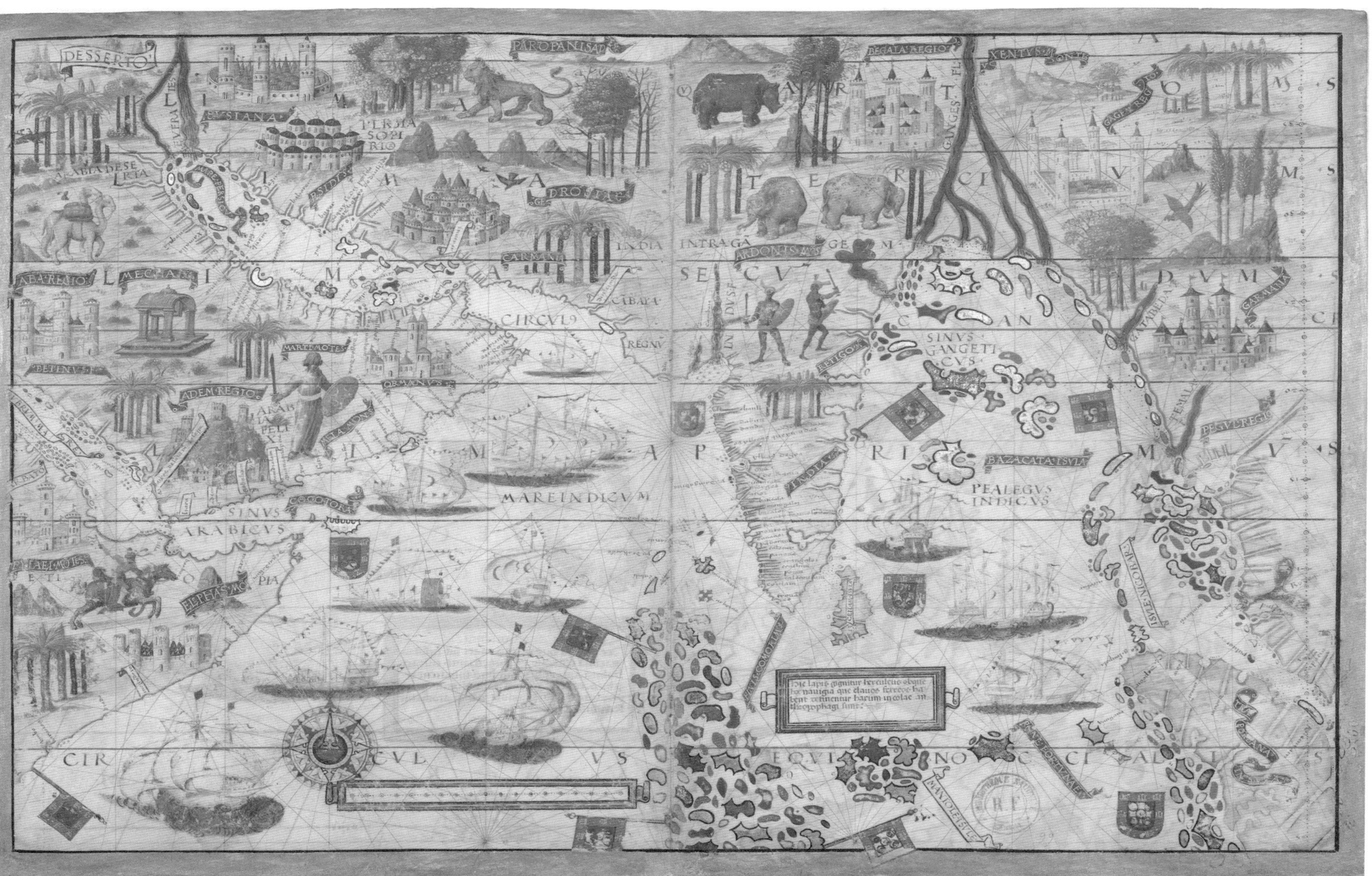

▲《米勒地图集》中的阿拉伯和印度洋。大的地名标注用拉丁文，小地名标注用葡萄牙文。葡萄牙人对于达·伽马最早开辟的印度航线，在 16 世纪 20 年代具有垄断性的地位。

葡萄牙人利用“科学体系框架”对西班牙人进行的“开导”却并没有什么效果。在这本地图集制作的 1519 年，葡萄牙人麦哲伦从西班牙出发，在西班牙王室的资助下开启了“从西方发现东方”的环球探险航行。多年以前，也是在葡萄牙的王宫，曼努埃尔一世的前任国王若昂二世，曾拒绝了热那亚人哥伦布的探险请求。后者最终在西班牙王室的资助下发现了美洲新大陆。此后，西班牙人繁盛的西行航线成为那个时代葡萄牙人永久的心腹之患。多年以后，被曼努埃尔一世傲慢拒绝过的麦哲伦，将会给葡萄牙人垄断的东方贸易带来更严峻的战略挑战。

麦哲伦“代表”人类成功地完成了第一次环球航行，实现了向西方航行去发现东方的构想，让这本《米勒地图集》中的世界地图成为了弄巧成拙的见证。但是，《米勒地图集》中一些精彩的细节和场景却依然广为流传。比如描绘巴西部分的 *Terra Brasilis*。1500 年，葡萄牙探险家卡布拉尔在前往印度的航程中意外，但也是最先发现了巴西大陆。根据《托德西拉斯条约》，巴西一直在葡萄牙人的势力掌控之下。*Terra Brasilis* 虽然只是一幅简单的波特兰海图形式的作品，但巴西大陆上渔猎劳作的土著人、异域风情的飞禽走兽、葱绿的海岸线和密密麻麻的港口标识，都刻画得美丽而生动，令人印象深刻。在那些需要表现葡萄牙人南美殖民地景象的场合，这幅地图也被一遍遍地复制和引用过。事实上，在那个大航海时代绘制的所有葡萄牙人的地图作品中，这一幅可能是最著名、最有代表性，也是最广为传播的国家“视觉形象”代表作。

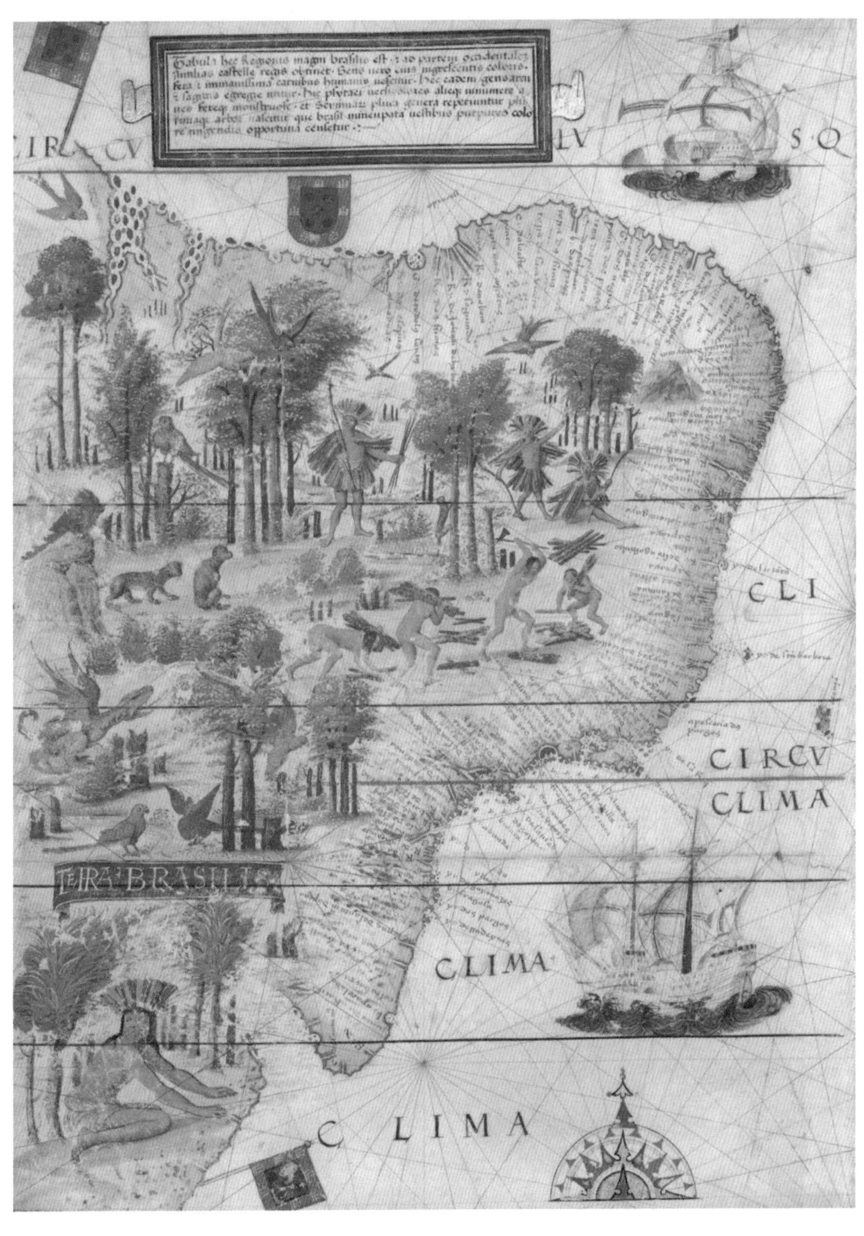

▲《米勒地图集》中的巴西。

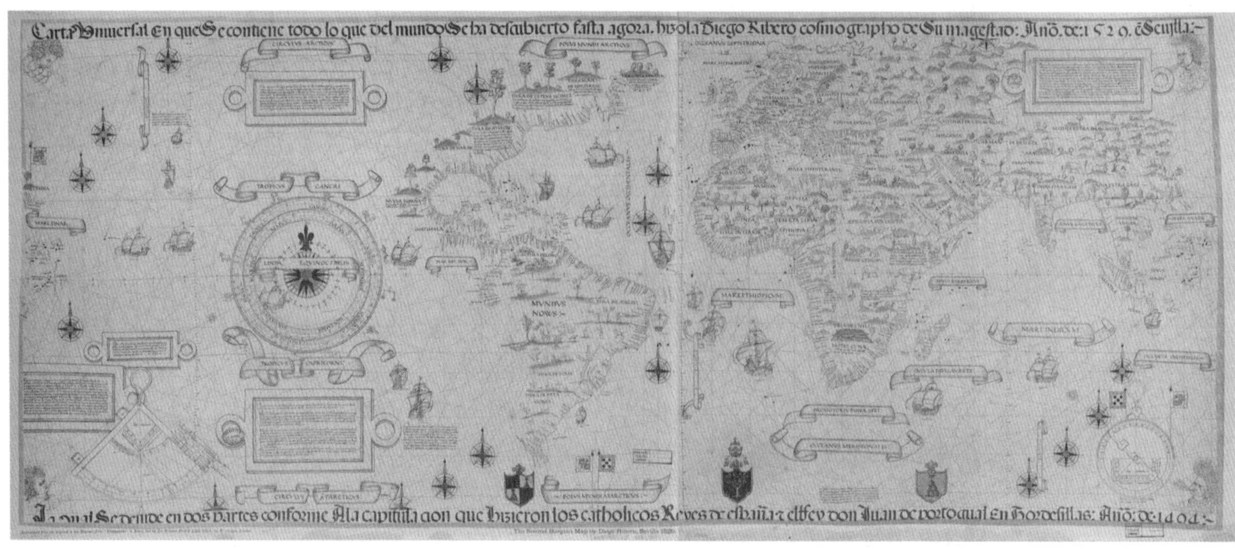

▲ 皇家地图总图复制品（迪亚哥・里贝罗 1529 年版）。

第四讲
西班牙帝国地图制图师的江湖
——记隐秘而威权的皇家地图总图

1492 年，刚刚把摩尔人驱逐出伊比利亚半岛的西班牙王室，便资助了哥伦布的航海事业，并意外地发现了美洲大陆。在随后的半个多世纪里，西班牙人的殖民势力范围，从最初的加勒比小岛到古巴，再到墨西哥、秘鲁，在美洲大陆上一直延伸到南面的潘帕斯草原和北面的加利福尼亚半岛，帝国的版图面积扩张了数倍之多。1521 年，西班牙人资助的葡萄牙探险家麦哲伦，横跨太平洋，一路向西抵达了东方的香料群岛，并在今日的菲律宾站稳了脚跟。菲律宾之名，便来自西班牙国王费利佩二世。

16 世纪中叶，正是西班牙帝国如日中天的黄金时代。假如在朝阳中的伊比利亚半岛上向西出发，以地球自转的速度跨过大西洋，翻越美洲大陆智利、秘鲁和墨西哥境内高耸的科迪勒拉山系，一路向西，穿过宽广的太平洋，直抵东南亚香料群岛与菲律宾，照耀着西班牙帝国领土的太阳，也会一直追随着远航者的身影，永远不曾落入海平面之下。从这个意义上说，西班牙帝国，可以称为人类历史上的第一个“日不落帝国”，早于大英帝国两个世纪。在 16 世纪上半叶，西班牙帝国的疆域便已经跨越了东西半球。这个帝国的建立过程具有两重性，既包括了欧洲传统封建制度下靠王权与继承所统治的土地（绝大部分在欧洲本土），更包括了上述大航海时代开始之后，在海外殖民扩张中占据的领土。凭借着装备领先、物资充足的帝国舰队，西班牙的海军曾称霸彼时的海洋；凭借着在大洋之上开拓的商业航路，帝国的海外贸易繁荣兴旺，殖民地的财富源源不断地输送到帝国本土。

在西班牙帝国用于海外殖民扩张、征战、贸易的许许多多工具之中，海图与制图师无疑是最重要的工具之一。

那个黄金时代的西班牙日不落帝国，其权力的核心，并非我们今日所熟悉的马德里或者巴塞罗那，而是位于伊比利亚半岛南部的塞维利亚城。从那时起直到现在，塞维利亚一直是西班牙唯一重要的内河港口城市，瓜达尔基维尔河从城中穿过。那些从这里出发的帝国舰船在100多公里以外的加的斯港同大河一起汇入大西洋。帝国的印度群岛贸易部（Casa de Contratación）（以下简称“贸易部”）就设立在塞维利亚城中，垄断着西班牙帝国一切的海外贸易。混合着伊斯兰与哥特风格的古老恢宏的阿尔卡萨王宫（Alcázar of Seville）矗立在帝国中心的中心，号称是欧洲乃至世界最复杂的建筑。在王宫某座辉煌而神秘的大厅里，悬挂着一幅隐秘、彰显皇家威权的巨幅“皇家地图总图”（*The Padrón Real*，以下简称“总图”）①，它是西班牙帝国一切地图和海图的母版。

Casa de Contratación，英译为House of Trade，全称Casa de la Contratación de las Indias，英译为House of Trade of the Indies。根据其职能和地位，本文翻译为“印度群岛贸易部”。印度群岛贸易部于1717年迁至距塞维利亚100多公里外的河口重镇加的斯港。18世纪以后，塞维利亚城伴随着西班牙帝国的兴衰也曾一度衰落。

伊比利亚半岛上的葡萄牙和西班牙双雄，是大航海时代的先驱者，也是早期最直接的竞争对手，两者曾经划定试图瓜分世界的“教皇子午线”就是最直观的证明。最先崛起的葡萄牙人在1434年设立了印度群岛部（Casa da Índia），虽然他们的达·伽马直到1497年才绕过好望角打通了印度航路。1503年，在哥伦布为西班牙带回发现新大陆的消息之后十年，西班牙王室仿照其最强劲的竞争对手，在塞维利亚也设立了“贸易部”，并授予其在海外贸易及殖民地事务上拥有广泛的权力。同以后荷兰人、英国人以股份制和政府特许权方式设立的东印度公司不同，“贸易部”是西班牙王权的直接“代理人”②，一切相关税赋的征收、一切海外探险及贸易航次的审批、一切贸易航路及新发现的海外信息的保密管理、一切船长和领航员的培训及发证、一切海图与地图的制作及管理，乃至一切商务法律的日常行政管理，都是该部门的分内之事。理论上来说，没有该部门的批准，西班牙人一切的海外探险和对外贸易的远航都寸步难行。

▲ 西班牙塞维利亚城，作者 Jean François Daumont（1740 – 1775年）。

① The Padrón Real，对应的英文大意为Royal Register，1527年8月2日以后，改称为Padrón General，英文翻译为General Register，本文统一称其为“皇家地图总图”。

② 早期的“印度群岛贸易部”直接对国王负责。1524年，印度群岛委员会（Realy Supremo Consejo de las Indias，英文：Councilof the Indies）成立，可以视为代表西班牙王权行使海外贸易及殖民地管理的职能，“印度群岛贸易部”受其辖制。

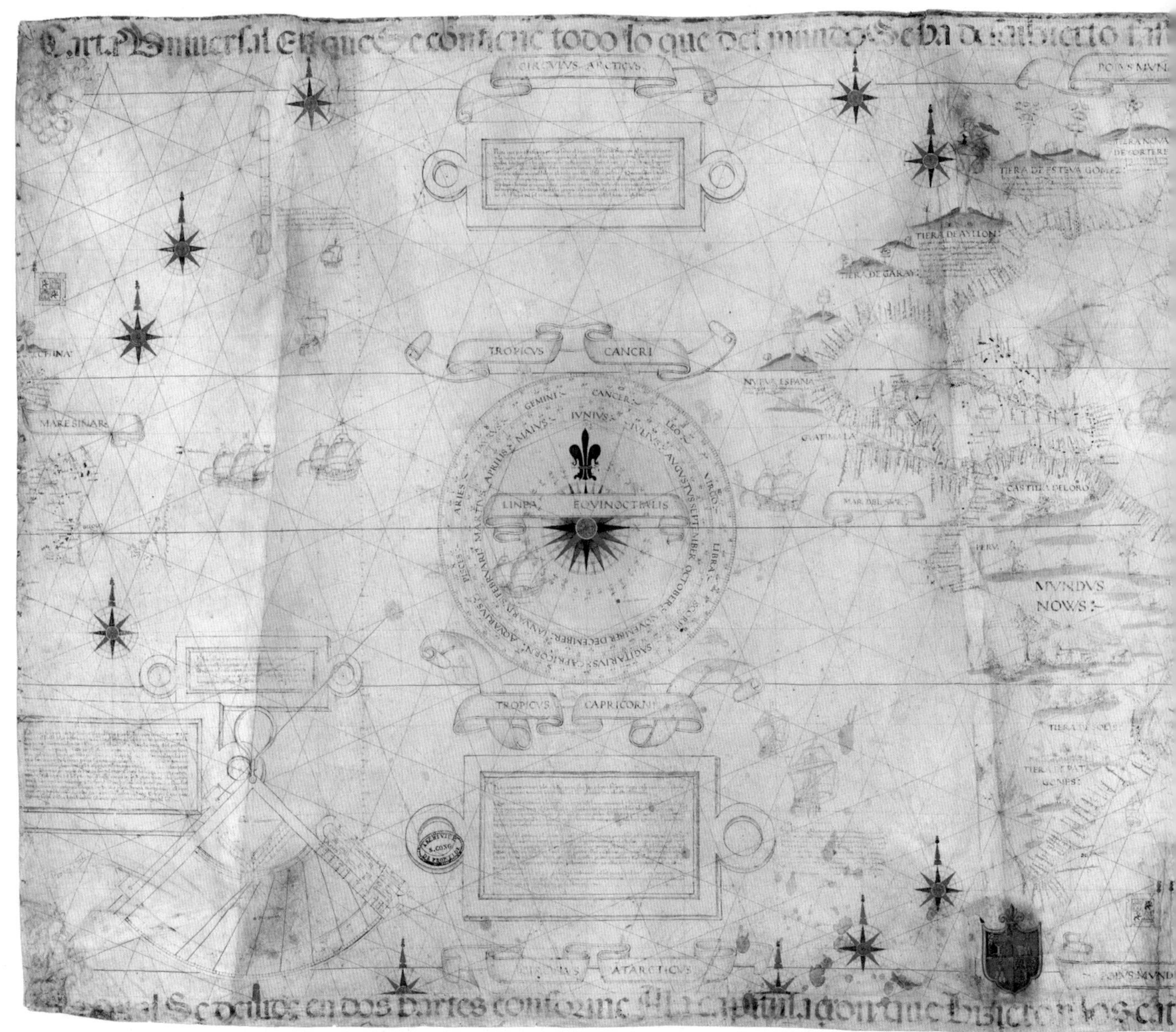

▲ 1529 年，西班牙国王查理五世献给教皇的世界地图，现藏梵蒂冈图书馆（The Vatican Library）。该图是迪亚哥・里贝罗制作的皇家地图总图的“外交礼物版本”。

总图就是由贸易部全权负责制作和管理的。第一版总图大概完成于 1507 — 1508 年，之后持续不断地进行着改进、更新、完善。这是一张隐秘的同时又拥有着皇家威权的地图。

说它拥有着皇家的威权，是因为所有出发的西班牙探险者及船长，都被要求必须使用从总图中拷贝下来的地图或海图。而该总图（无论是西班牙人的还是葡萄牙人的。葡萄牙人也有着类似的地图管理制度）也的确是那个时代最精确的地图（海图）。同时，所有的远航探险者、船长、海员，在返航以后都要将所发现的最新地理信息上报给帝国的贸易部，对于在使用地图或者海图的过程中发现的错误也要尽快汇报，以便贸易部对总图做出最及时、最准确的更新与修订。而那些违反总图管理法律的探险者、船长或海员，将面临着从重金罚款直到取消贸易及航行资格不等的惩罚。

皇家总图的隐秘性，表现在它是一份“保密级别”极高的战略性资源。在西班牙，所有同总图有关的制图师、探险家、船长、海员都被要求履行严格的保密义务，任何向敌对方、竞争方“泄密”的行为都将面临法律的重责。即使是所有过时的地图或海图，也都要严格地予以销毁。以贸易部为代表的帝国行政部门，监控着从海外贸易、殖民定居乃至天主教宗教活动中收集来的一切最新的地理信息，为帝国的印度群岛委员会制定殖民政策提供最坚实的依据。殖民政策，是指最大限度的控制并利用海外殖民地的

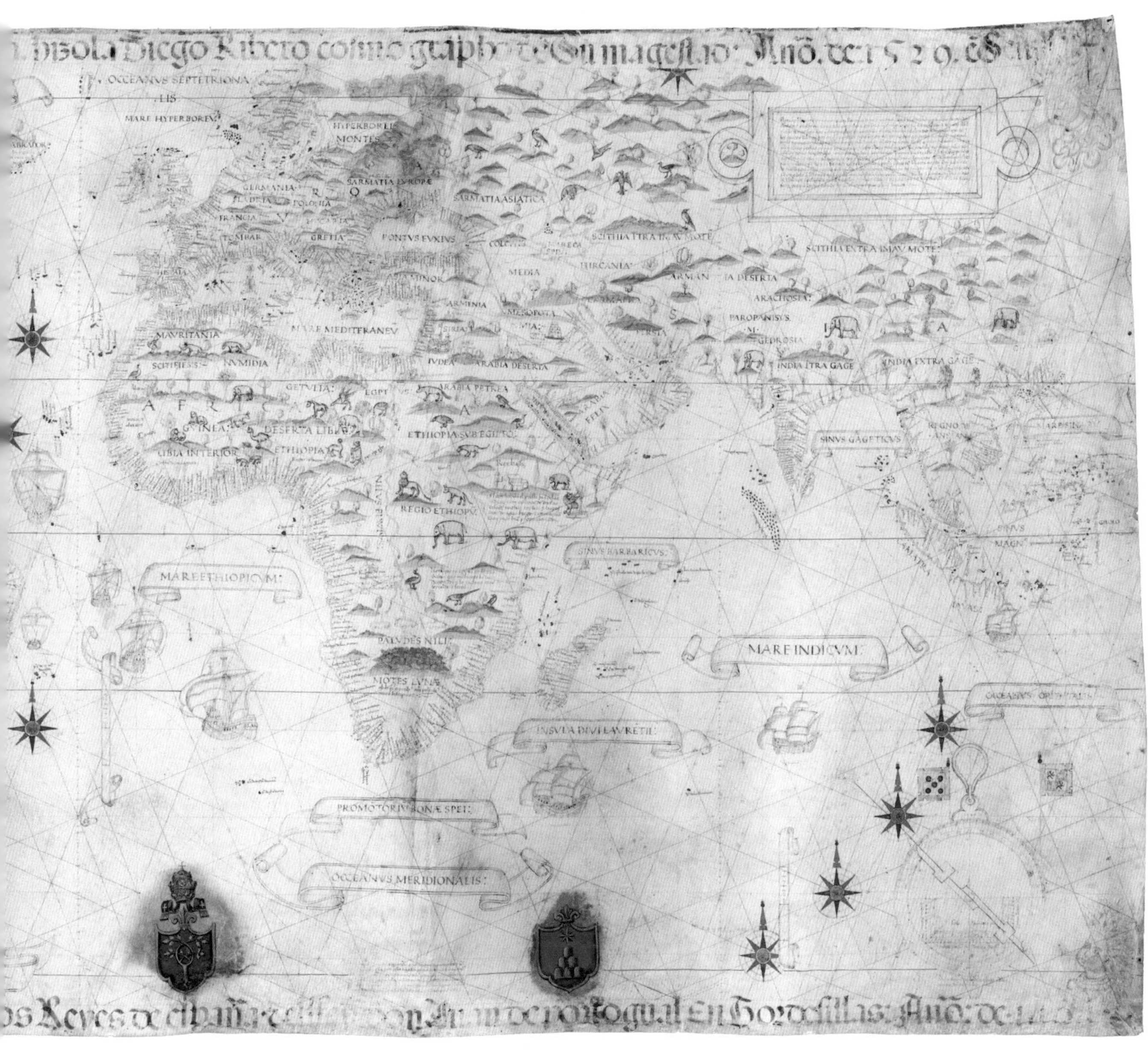

自然资源及土著人口，服务于帝国王室利益的政策。在 16 世纪西班牙帝国的政治活动中，殖民政策的制定与执行，一直扮演着核心的角色。这些殖民政策的基础，都离不开精确的地理信息，用以确定殖民地准确的地理坐标、边界、山川、资源，以及从欧洲本土安全抵达那里的航路。

由于对总图的严格管理，现代地图学者几乎没有发现过遗存到今世的原版总图，甚至连那个时代在大洋上实际使用的原版海图也几乎没有被发现过。人们只能从那个年代自伊比利亚半岛前往美洲及印度、东南亚航线上极度活跃的远洋贸易活动，推测其所使用的地图与海图应该已经具有了较高的详实性和准确性。

然而伊比利亚半岛上的王族们也意识到了，完全严格禁止任何地图制图活动对于王室与王国的利益来说并不是最有利的做法，他们需要让包括对手在内的其他人知道，自己征服与占领的土地位于什么地方、边界在哪里。所以，为了这一目的，一些经验丰富的制图师会被命令制作一些装饰精美的地图，或用作外交礼物，或用作主权宣示，又不至于详细到让竞争者从中发现可行的航路信息和地理信息。小比例尺的世界地图是个不错的选择，既可以宣示王国的野心与地盘儿，又没有太多实用的战略、军事、商业价值——没有人会疯狂到依靠一张世界地图的轮廓作为大洋上的导航资料。

迪亚哥·里贝罗（Diogo Ribeiro，？ — 1533 年）

于 1529 年绘制的总图（即仿照其 1527 年版的总图复制的“外交礼物版本”世界地图，而非原版总图），就是一张这种性质的地图。即便如此，里贝罗制作的世界地图所知存世的也不过个位数。

该图尺寸约 85 厘米 ×205 厘米，虽然不具备具体的军事及商业价值，但依然可称得上那个时代最精美、最准确的世界地图。该地图的左下角绘制了一个象限仪（Quadrant），右下角是一个航海者的星盘（Astrolabe），左侧一个较大的指南针玫瑰外围绘制了太阳赤纬标尺和黄道十二宫的名称。这些都暗示着这是一幅基于天文学知识绘制的准确的科学地图。除了指南玫瑰辐射出来的波特兰海图风格的恒向线网格，这幅地图上还标绘了纬度线 - 赤道、南北回归线、南北极圈。在地图的中部，还有一条供测量纬度使用的纬度标尺。沿着大陆海岸线密密麻麻标注的是世界各地港口的名称，重要的用红色，小型和次要的用褐色。

除了上述这些地理信息，这幅地图也宣示着政治信息，正如制图者在这张充满了文艺复兴风格的优雅地图中用文字所陈述的：“（这是）一张包含了迄今为止所发现的一切的世界地图，迪亚哥·里贝罗于 1529 年在塞维利亚制作。根据葡萄牙国王若昂同西班牙天主教国王在 1494 年于托德西拉斯签署的条约，该地图被划分为两个部分。”在地图底部、条约约定的“教皇子午线”经度的位置，描绘着葡萄牙和西班牙王室的旗帜——葡萄牙的向东、西班牙的向西，正如他们在“托德西拉斯条约”中试图划定的世界势力范围一样。而东南亚的香料群岛在地图的两侧重复出现，但在西侧的香料群岛插着西班牙王室的旗帜，宣示着这里是“托德西拉斯条约”划定的子午线的西侧，属于西班牙王国的势力范围。

这幅地图的制图师迪亚哥·里贝罗，却并非生而为西班牙臣民。在他的早年生涯中，他是西班牙的老对手——葡萄牙王国的一名制图师和探险家。史料记载，他曾是达·伽马 1502 年探险队的成员，也参加过 1504 年、1509 年葡萄牙派往印度的探险远征队，并数次抵达印度。然而，1516 年前后，里贝罗和其他几位葡萄牙航海者及制图师，或是因为在葡萄牙国王那里怀才不遇，或是受到嘲讽打击，纷纷聚集到了塞维利亚，试图在西班牙新加冕的查理五世国王麾下，谋到一份发挥自己才气或豪情的任务。这群葡萄牙人里面除了里贝罗，还包括著名制图师雷内尔家族的儿子乔治·雷内尔，还有后来完成人类第一次环球航行的麦哲伦等人。

葡萄牙的这些“叛将”并没有受到西班牙新国王的太多怀疑。里贝罗从 1518 年起便被帝国贸易部聘为制图师，并于 1523 年 1 月 10 日被任命为西班牙“皇家天文地理学家”“制作地图、星盘、航海仪器的大师”。1525 年前后，他接替塞巴斯蒂安·卡伯特，在贸易部负责总图的工作，成为贸易部的首席地图师，并于 1527 年完成了我们上文描述的他任期内的第一幅总图——那幅悬挂在阿尔卡萨王宫里的西班牙帝国一切地图的母版。

被里贝罗接替的塞巴斯蒂安·卡伯特，彼时刚刚从西班牙国王那里受领了一项新任务：带领探险队远航香料群岛。在中文介绍大航海时代的语境中，此人或许是个“无名之辈”，但在欧洲人记述大航海历史时，此人绝对是要留下浓墨重彩的一笔。在漫长而不凡的一生之中，他既能往来于西班牙、英格兰、威尼斯的庙堂，也能率领探险队混迹于大航海的江湖，是那个时代的一个不朽传说。

塞巴斯蒂安·卡伯特（Sebastian Cabot，1474 — 1557 年）并非土生土长的西班牙公民，而是威尼斯著名探险家约翰·卡伯特（John Cabot）的儿子。老卡伯特带领的探险队，于 1497 年横渡大西洋，成功探索了北美洲大陆，被认为是继 11 世纪北欧维京人曾经抵达过北美洲大陆的 500 年之后重新开启欧洲人“再发现”北美洲大陆之旅[①]。他的儿子塞巴斯蒂安·卡伯特也是探险队重量级成员之一。

然而在那次探索之旅中，卡伯特并非代表西班牙或者威尼斯，而是英格兰王室。史料记载，卡伯特一家应该于 1490 年前后举家从威尼斯搬往英格兰，并于 1496 年 3 月获得英王亨利七世的特许状，之后进行了穿越大西洋前往北美洲高纬度地区探险（那个年代，国王给探险家许诺一张“空头支票”，让他们代表君主去探索、扩张领土和寻找海外的财富。这是国王们“一本万利”的常见做法，哥伦布、德雷克等无不如此）。之后的很长一段时间，这个来自威尼斯共和国的航海家族，都长期服务于英格兰。1504 年，

① 1492 年哥伦布到达的美洲大陆，是加勒比海诸岛和中南美洲地区，而非今日的美国及加拿大为主体的北美大陆。西班牙的美洲殖民地，也是以中南美洲为基础发展起来的。卡伯特父子“再发现”的美洲主要是指北美洲大陆的北部。在庆祝卡伯特探险队登陆北美洲大陆 500 周年的活动中，加拿大和英国政府均将纽芬兰岛的博纳维斯塔角（Cape Bonavista）视为当年的登陆地。

▲ 塞维利亚的阿尔卡萨王宫一角，拍摄于1895年6月。

塞巴斯蒂安·卡伯特率领英国布里斯托尔商人们赞助的两艘小船，又一次完成了北美大陆的探险活动。他们从纽芬兰岛带回来的腌咸鱼，算是赋予了这次探险活动一些商业色彩。拉布拉多寒流和墨西哥湾暖流在纽芬兰岛附近海域交汇导致形成纽芬兰渔场，使这里的渔业资源被描述为“踩着鳕鱼群的脊背就可上岸”。直到现在，这里仍是世界级的渔场。当年这里却是卡伯特寻找西北航道的“副产品”。为此，卡伯特在1505年4月还得到了亨利七世给予的10英镑不菲年薪，作为他“服务于王国在纽芬兰岛进行渔业活动的奖赏”。此后，渔业与皮毛业一度成为北美殖民地的“支柱产业”。

1508年，塞巴斯蒂安·卡伯特率领英国探险队，进行了人类历史上第一次北极“西北航道”的探险。他们的航程抵达了相当高的纬度，包括了今日的哈德孙湾等地区。只是，人类在风帆时代试图穿越地球变暖之前的北极地区的努力从来没有成功过。然而，当他们回到英格兰时，却发现大力支持大航海的国王亨利七世已经去世了，继任者亨利八世对于探索新世界的航海活动好像有些兴趣索然。

接下来的岁月里，塞巴斯蒂安·卡伯特“徘徊”在英格兰和西班牙的王室之间。1512年，虽然英王仍聘任他为皇家制图师，但他仍旧前往西班牙，效力于西班牙王室。他认为费迪南德二世会比亨利八世更愿意资助他进行远航与探索发现。然而随着费迪南德二世的离世，1516年，他再次回到英格兰，并率领英国人的探险队再次探访北美大陆。1522年，他又再次来到西班牙，获聘为西班牙“印度群岛委员会”的委员，任职贸易部的首席领航员，负责监督帝国海军、领航员的培训、总图制作等事务。在此期间，塞巴斯蒂安·卡伯特秘密地向自己的故乡——威尼斯共和国的十人委员会也递出了橄榄枝，许诺如果威尼斯人能够接受他的条件，他一定会为威尼斯人探索到通往中国的北极“西北航道”。不过并没有史料记载威尼斯共和国回应过卡伯特的“建议”。威尼斯商人们垄断着黑海和地中海的贸易航路，他们的视野很长一段时间局限在直布罗陀海峡之内。

塞巴斯蒂安·卡伯特在贸易部的制图等工作在1524年左右被里贝罗接替，他要忙着准备接下来的一次探险航程，这是西班牙王国委派给他的新任务。四条船，二百多名探险队员，于1525年3月4日浩浩荡荡地从西班牙出发了。探险队的目的，大抵是按照麦哲伦的环球航线，再次绕行南美大陆的南端，穿越太平洋抵达香料群岛，测量并确定托德西拉斯条约子午线的准确位置，并宣示西班牙人对香料群岛的“合法”占有。

五年的时光很快过去了，1530年7月22日最终返回到塞维利亚码头的，只有1条船和包括塞巴斯蒂安·卡伯特在内的24名船员。以当时的标准，这注定不是一次成功的探险，塞巴斯蒂安·卡伯特被描

▲ 塞巴斯蒂安·卡伯特画像，作者 Hans Holbein。

述为脾气急躁而又纵容手下的领导者，虽然他同时也是精力充沛而又勇敢的探险者。事实上，探险队根本没有绕过南美大陆的合恩角。在今乌拉圭与阿根廷交界的拉普拉塔河地区（Rio de la Plata，英文为River of Silver，即“白银之河”），塞巴斯蒂安·卡伯特被这条几乎有着无穷无尽河道水系的大河耗尽了时间和精力。一开始他相信自己可以在探索这条大河水道的过程中找到黄金和通往太平洋的航道，但以帝国的标准来看，他最终一无所获，在塞维利亚等待他的是“印度群岛委员会”的严厉指控：违抗命令、指挥管理失当、对探险队官兵的伤亡负有直接责任。最终，塞巴斯蒂安·卡伯特被判处流放奥兰（今北非阿尔及利亚境内）两年，并需缴纳重金罚款。

然而，从国外归来后的西班牙国王查理五世最终“饶”过了塞巴斯蒂安·卡伯特。虽然重罚难免，但塞巴斯蒂安·卡伯特并没有被流放北非，甚至在不久后重新回到了贸易部首席领航员的职位上，拿着西班牙王室的薪俸一直干到了1547年。之后他全身而退的回到了英格兰，继续为亨利八世效力，是英国著名的“莫斯科贸易公司（Muscovy Trading Company）”的重要创始人之一。这家超过五百岁年纪的公司直到现在依然在俄罗斯境内存续。

1544年，在塞巴斯蒂安·卡伯特还继续为西班牙王室效力的最后一段岁月里，他从西班牙国王那里获得许可，刊印他自己根据总图制作的一幅世界地图。他雇佣了当时优秀的铜板雕工，最终在安特卫普（当时为西班牙所属的南尼德兰地区）出版了这幅著名的超大尺寸的1544年版世界地图。

这是另一张难得的根据西班牙皇家地图总图翻制的世界地图，展示了那个年代中最新的、最详细的南美洲及东南亚地理信息。根据卡伯特早期的探险经历，北美洲北部的地理信息也远多于1527年里贝罗版的总图。巨大的亚马孙河流域几乎东西向横穿了南美大陆，河中还绘制了许多彩色的岛屿。拉普拉塔河，就是耗费了卡伯特四五年时光的大河，从北向南描绘的也非常详细。不过这幅总图对于地中海、英伦三岛、斯堪的纳维亚半岛等欧洲人传统的航海活动区域描绘的比较粗略。

在这张地图的边缘部分的文字，也讲述了塞巴斯蒂安·卡伯特和他的父亲老卡伯特，从英国布里斯托出发前往探索北美洲纽芬兰岛的探险经历，此时距离那次探险已经过去了差不多半个世纪。比起1527年里贝罗版本的总图，在这幅地图上，塞巴斯蒂安·卡伯特将他和他父亲探索发现的北美洲北部区域向南方大幅度地延伸下去。虽然这同他们当时的探险航迹并不矛盾（据信当年他们的航迹从哈德孙湾直抵

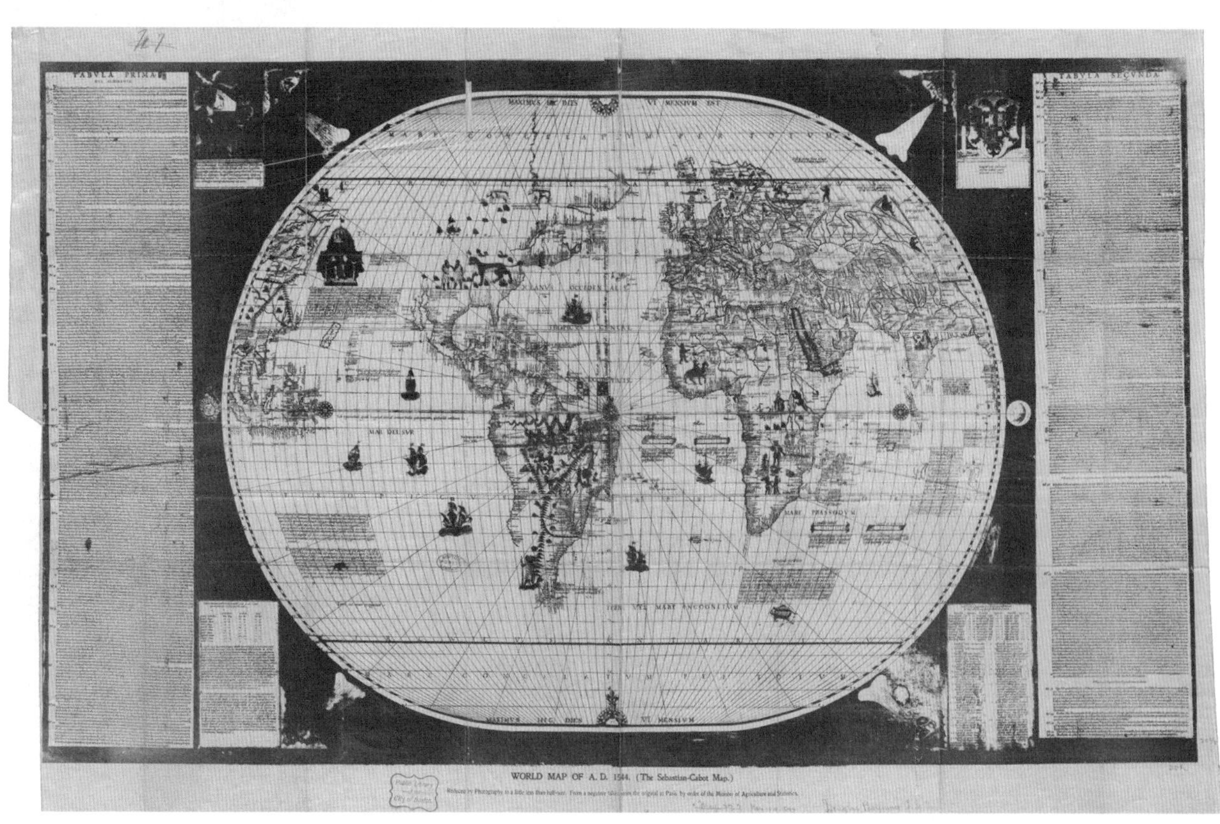

▲ 塞巴斯蒂安·卡伯特的1544年版世界地图。

现在的切斯比克湾），但也包含着有意为之的想法，即对最早发现与占有新世界土地的某种声明：这片土地属于发现者卡伯特所代表的英国国王，因为法国人在 1520 — 1530 年也曾派遣代表法国王室的探险家乔瓦尼（Giovanni da Verrazzano，1485 — 1528 年）和卡地亚（Jacques Cartier，1491 — 1557 年）探索过这同一片海域。

在那个年代，即使是优秀而又有影响力的制图师和探险者，也未必像上述的里贝罗或者卡伯特这种“外来的和尚”一样有机会直接服务于王室或皇家部门，但他们通常还有另一种机会：即成为皇室政府部门的“签约承包商”。土生土长的西班牙公民佩德罗·德·麦地那（Pedro de Medina，1493 — 1567 年），就是以这种方式“报效祖国”的。在 1538 年出版了《宇宙地理学之书》（*Libro de Cosmografia*）之后，他获得了官方的许可，从事海图制作、领航书籍编写、航海仪器制造等工作。1539 年 2 月，他被官方任命为考核师，负责考察那些试图征服印度群岛航线的领航员及船长们。虽然他从来没有被帝国贸易部直接聘任为官员，但他的工作明显需要和贸易部紧密合作。在此期间，麦地那发现培训领航员的仪器、书籍、地图中有着许多的缺陷。为此，他给国王写下呈请不顾古塔雷斯（Diego Gutiérrez）的身后有着卡伯特家族的支持，要求禁止当时负责总图的皇家制图师古塔雷斯的工作及作品。数次针锋相对的争论之后，1545 年 2 月西班牙皇家最终发出禁令，禁止古塔雷斯继续制作海图总图和航海仪器。按照麦地那的说法，那些知识“对于学员的航海实践是非常有害的”。为此，麦地那和古塔雷斯算是“结下了学术的梁子”。后来，麦地那在 1549 年被任命为“荣誉皇家天文学家”，1554 — 1556 年还作为西班牙皇家顾问参与到印度群岛委员会的相关地理及航海工作中。今南极地区有一座山，取名“麦地那山”，就是为了纪念他的名字。

麦地那一生中最大的成就，是其于 1545 年出版的 8 卷本《航海的艺术》（*Artede navegar*）。这本书是对当时各类航海知识及技艺的总结，也可以看作是他早期那本《宇宙地理学之书》的扩展和完善。这是在西班牙刊印最早的关于航海技艺方面的优秀书籍，成为 16 世纪欧洲航海理论基石般的作品，一经出版，便广受欢迎并被迅速地翻译成其他多个欧洲国家的文字。麦地那于 1561 年完成的《宇宙地理学纲要》（*Suma de Cosmographia*）是《航海的艺术》一书的简化版本，内页里附带一张绘制在羊皮纸上的小型世界地图（约 35 厘米 ×28 厘米）。这是那幅皇家地图总图的简化版世界地图。在图中左侧的大洋上有几个醒目的单词“MAR DEL SVR”，即“南方之海”

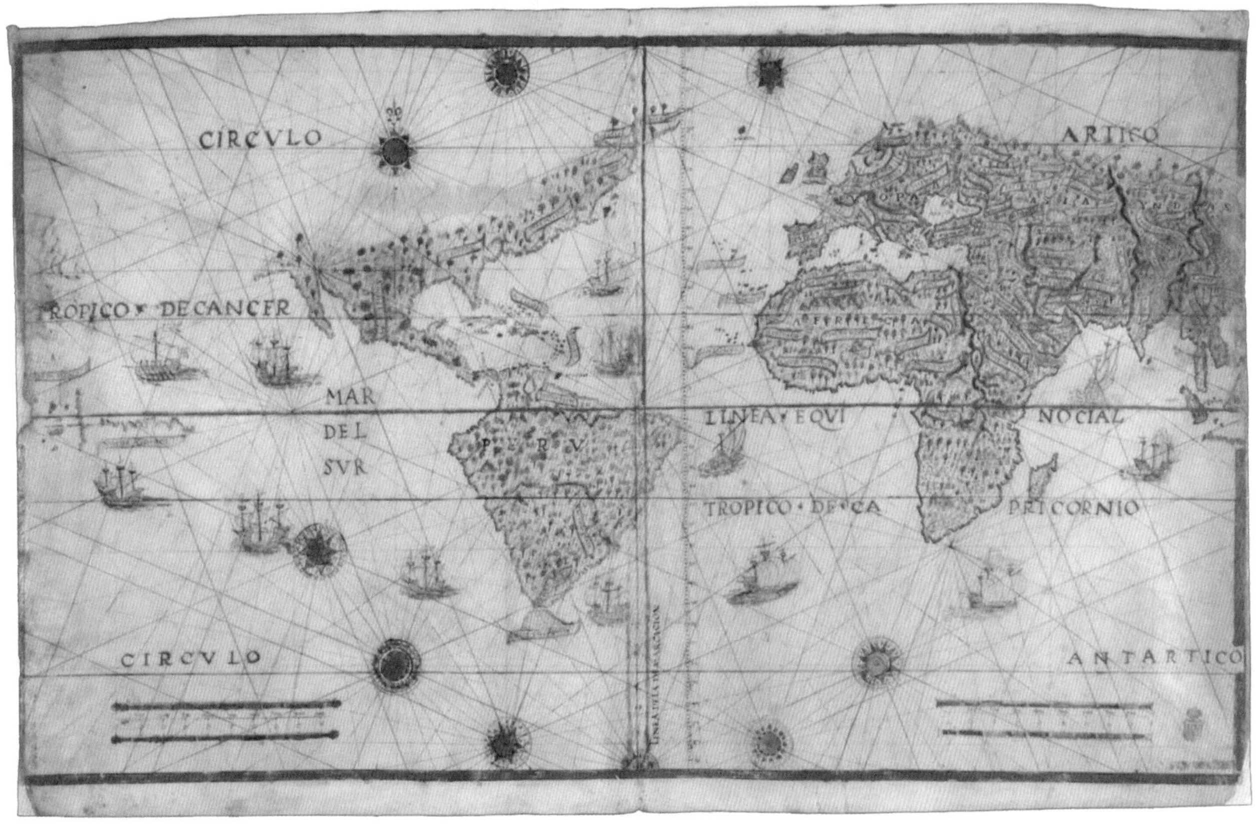

▲ 麦地那 1561 年版《宇宙地理学纲要》中的世界地图。

的意思。这是那个时代的西班牙人用以称呼太平洋的名字。这一名称也被广泛地传播到 16 世纪其他欧洲地区绘制的地图上。

还有另一个同“皇家地图总图”有关的伟大名字不能不提，他就是那个至少两次航行探险到南美洲大陆、那个先后服务于佛罗伦萨共和国、葡萄牙王国和西班牙王国的伟大航海家亚美利哥·韦斯普奇（Amerigo Vespucci）。正如我们在本书第七讲中所记述的，美洲大陆的名称“America”正是来自他的名字。当这位出生于佛罗伦萨的航海家于 1512 年在西班牙塞维利亚城去世的时候，已经是服务于西班牙贸易部多年的西班牙公民了。

事实上，西班牙贸易部首席领航员的职位（Pilot Major），是在 1508 年为亚美利哥专设的。后来，塞巴斯蒂安·卡伯特 1522 年重新为西班牙王室服务时所担任的首席领航员职位，继承的正是亚美利哥·韦斯普奇的衣钵。

16 世纪上半叶，是西班牙帝国的黄金年代。围绕着皇家地图总图的故事，只是那个大航海时代的一个缩影。“英雄莫问来路，好汉不论出处”，就像文中的几位杰出者一样，“那个年代真正的探险家不分国籍”。然而，欧洲大航海的“江湖”，从来不曾游离于“庙堂”之外。正是在欧洲“庙堂”的野心、王权、财富的系统支持之下，探险者才渐渐地带回那些未知的大地与海洋的碎片般信息。曾经航行于那个年代的时空之中、大洋之上、成千上万、大大小小的欧洲古帆船，虽然都已经永远地消逝了，但制图大师们据此拼凑出来的、带着文艺复兴艺术魅力的各色地图却成为了全人类共同的宝藏。

Arte de nauegar
en que se contienen todas las Reglas, Declara
ciones, Secretos, y Auisos, q̃ a la buena naue-
gació son necessarios, y se deuẽ saber, hecha por
el maestro Pedro de Medina. Dirigida al sere
nissimo y muy esclarescido señor, don Phelipe
principe de España, y delas dos Sicilias. &c.
Con preuilegio imperial

▲ 1545 年，麦地那出版的代表作《航海的艺术》封面。

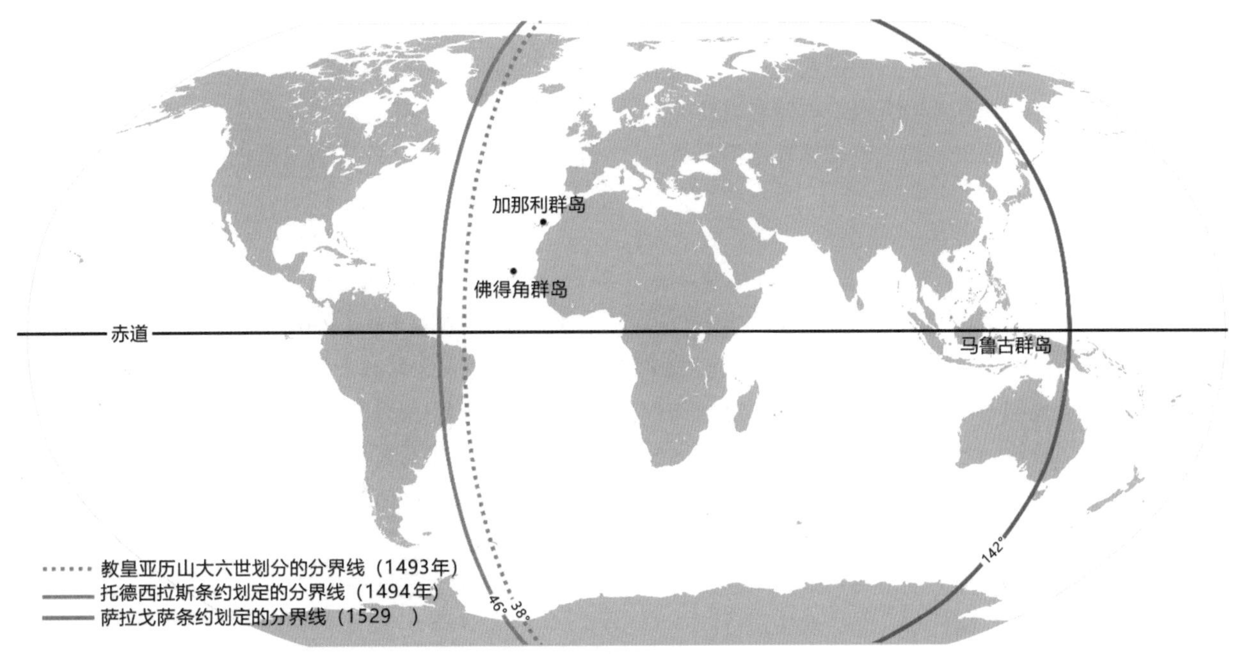

▲ 西班牙和葡萄牙在地球上曾先后“划”出三条南北方向的子午线，橙色虚线为 1493 年划定的教皇子午线。

第五讲
瓜分世界的“教皇子午线”
——记 1502 年坎蒂诺世界地图

欧洲大陆西南端的伊比利亚半岛上有两颗“牙”：西班牙和葡萄牙。沿着一条大致南北方向的边境线，国土面积大一些的西班牙主要分布在伊比利亚半岛的东部，葡萄牙则在半岛的西部。500 多年前，这两个最早开启海外殖民地掠夺与扩张的老牌欧洲王国，在地球上曾先后“划”出三条南北方向的子午线，用以在东西方向上，划分二者在全世界——是的，“全世界”——的势力范围。最早由天主教教皇亲自划定的那条子午线，常被后世称为“教皇子午线”。这些现在看起来好像“蛇吞象”一般让人贻笑大方的“划片儿”子午线，却曾经实实在在地深刻影响了世界的版图与地缘政治格局。比如，至今南美大陆上的巴西依然是唯一的葡萄牙语国家，而墨西哥和绝大部分的中南美洲国家则为西班牙语国家。

从 1096 年起，由西欧天主教国家发动的“大规模宗教性军事行动”运动，开启了基督教世界和伊斯兰教世界之间长久的激烈碰撞。15 世纪初期，葡萄牙国王若昂一世率军攻占了伊斯兰教在非洲最坚固的强大堡垒休达[1]。他的儿子、亲王“航海家”恩里克也热衷于反伊斯兰教，有过一个“联合东方信基督教的国家，和西欧配合，东西夹攻中东、北非伊斯兰教”的庞大计划。这一“纸上谈兵”带来的美妙幻境却深受罗马教皇的赞赏，当时在位的教皇尼古拉五世就公开宣告了他给葡萄牙的许诺：“凡尚未被（基督徒）占领的土地，全部归葡萄牙所有，任何人不得侵犯！”葡萄牙倒是没有浪费这个“优惠政策”，在 15 世纪下半叶强占了多个西非伊斯兰国家的大量领土。

① 葡萄牙是欧洲各国中最早开始海外扩张和殖民历史最为悠久的国家，从 1415 年攻占北非休达到 1999 年中国政府对澳门恢复行使主权，殖民活动历史长达近 600 年。

罗马教皇敢随意伸手“指点江山”，也是有着“世俗”原因的。在当时欧洲天主教的国家里，人们笃信两个观点：第一，基督教王国有权力占领异教徒的国土；第二，教皇有权力决定尚未被基督教统治者所占领的土地的归属权。

1481年，堪称葡萄牙历史上最伟大国王之一的若昂二世登基了。早在当太子的时候他便接手了叔祖恩里克王子的航海事业，成为了商人和航海家们的保护者，并致力于找到通往印度的航路。由于这种支持航海发现的开明政策，他被称为“完美王子（Pr í ncipe Perfeito）”。即使在他登基以后，这个称号也一直保留了下来。而他在王位上的所作所为确实无愧于这个称号：葡萄牙王室把“征服并扩张王国的领土”和“全球传播天主教”两件事，已经看作是自己独家的“专营生意”。

然而，1492年初阿拉贡王国的费迪南德二世和卡斯蒂利亚王国的伊莎贝拉一世联合领导下的天主教势力，击溃了摩尔人，阿尔罕布拉宫的最后一位苏丹被赶出了伊比利亚半岛。天主教双王宝座之下，统一的西班牙王国初具雏形。同年，一位热那亚的航海家——哥伦布说服了西班牙国王，资助他进行跨大西洋的探险之旅。他于8月3日出发，第二年3月15日返回西班牙，并坚信自己到达了亚洲富饶的印度。西班牙王国向当时的教皇亚历山大六世提出要求，要教廷承认西班牙对于这块新发现的土地拥有主权，

▲ 教皇亚历山大六世。

这是对葡萄牙人“独家生意”的挑战。葡萄牙国王威胁说，根据两国1479年的“阿尔卡苏瓦什（Alcáçovas）条约”，加那利群岛以南发现的所有土地都应该归属于葡萄牙，所以哥伦布发现的那块儿地方也不例外——都应该属于葡萄牙。

为缓和西班牙和葡萄牙日益尖锐的矛盾，1493年5月4日教皇诏令（Papal Bull Inter caetera）将亚速尔群岛或佛得角群岛以南和以西100里格的（据考证当时教会认为亚速尔和佛得角的经度基本是一致的。当时1葡萄牙里格约5,555.56米）子午线作为分割线，其以西任何新发现的土地归天主教双王（即西班牙王国）所有。这条位于西经38° 左右的子午线，也就被称为了“教皇子午线”。

在15世纪末，英国、法国、荷兰都还没有崛起成为海洋强国，几大欧洲列强全球争霸的时代尚没有拉开大幕。那个时代，对外进行地理探索与殖民扩张的主要就是葡萄牙和西班牙两大王国，而葡萄牙更是比西班牙“先行”了几十年，所以，对于这条搅局的“教皇子午线”，葡萄牙人也并不满意。

葡萄牙国王若昂二世并不真打算在哥伦布发现的新大陆同西班牙人开战。但在这之前，葡萄牙探险家迪亚士已经探索到了非洲最南部的好望角，印度大陆已经遥遥在望，而“教皇子午线”的划分，极有可能影响到葡萄牙人通向印度的航线。所以，既然教皇分的不合胃口，葡萄牙人就直接找西班牙人谈。最终的结果，葡萄牙人把教皇划定的子午线，又向西推移了270里格，大约位于西经46° 37′的南北子午线成为两国重新约定的势力分界线：分界线以西归西班牙王国，以东归葡萄牙王国。西班牙、葡萄牙两国于1494年6月7日签署了该条约，条约议定地（西班牙的托德西拉斯小镇）成为条约的名字，即《托德西拉斯条约》（*Treaty of Tordesillas*）。这是一份明显同教皇的诏令不符的条约，但是1506年教皇尤里斯二世还是以另一份教皇诏令的形式给予了追认。于是，部分人习惯将条约中的那条子午线称为“教皇分割线（Papal Line of Demarcation）”。然而，这条分界线是基于对王国扩张的野心和巨大利益的追求，西班牙、葡萄牙两国把教皇晾在了一边，自己划定的，准确的叫法应该为“托德西拉斯子午线”。

1502年的“坎帝诺世界地图”（也称为“坎帝诺球体平面图”，*Cantino world map* or *Cantino planisphere*），是

世界现存的最早反映那条“托德西拉斯子午线”的世界地图，也是最早反映大航海时代的先行者——葡萄牙人向东方以及向西方探索与发现的地图。不过这个地图的名字，却来自一个意大利人——阿尔贝托·坎蒂诺（Alberto Cantino）。

16 世纪初，葡萄牙的首都里斯本是一个热闹的大都市，来自不同背景的人们汇聚到这里寻找工作、财富或者信仰、荣耀。当然，也有许多来自其他王国的“卧底特工”，在收集着葡萄牙人远航探险到达那些偏远土地之后带回来的秘密，其中就包括了阿尔贝托·坎蒂诺。他是由费拉拉公爵埃科尔（Ercole I d'Este）特派到葡萄牙的。他的官方身份是寻求合适的马匹交易，他的真实任务当然是为意大利半岛的费拉拉公国秘密收集葡萄牙人所发现的一切航海与海外发现的信息。在 1501 年 10 月 17 日和 18 日坎蒂诺给公爵的两封信中体现出了他的“勤勉工作”。他在信中描述了葡萄牙探险家加斯帕（Gaspar Corte-Real）最近一次前往纽芬兰（Terra Nova）的探险归来后向葡萄牙国王曼努埃尔一世详细汇报的情况。

1502 年，坎帝诺成功地将一张地图从葡萄牙“走私”到意大利半岛，这就是我们今天要说的“坎帝诺世界地图”。对这张地图的早期研究曾认为它是向某个葡萄牙制图师定做的，但现在认为更合理的解释是，这张地图可能是当年做给某个贵族或官方客户的，不过制成后不久就被坎帝诺私下重金收购了。坎蒂诺在 1502 年 11 月 19 日写给他的守护神费拉拉公爵的一封信中说道，他为此地图支付了 12 只金币。这在当时是相当高的一个价位。地图的背面有一些意大利文的题字“Cartade navigar per le Isole nouam trovate in le parte de India: dono Alberto Cantino al S. Duca Hercole”，翻译过来的大意为“最近发现的岛屿的航海图……，是印度的一部分，阿尔贝托·坎帝诺献给艾克尔公爵”。1506 年，热那亚人卡维略（Nicolay de Caveri）完全参考了这张“1502 坎帝诺世界地图”，制作了卡维略地图（Caverio Map）。1507 年，瓦尔德泽米勒正是用了这张卡维略地图，制作了他那张著名的“千万美元的‘出生证明’”（参阅本书第七讲）。

坎帝诺世界地图以丰富的地理信息为主，图上的插画不多，但明显都是精心挑选主题之后绘制的。那个时代地中海沿岸两个著名的城市——威尼斯和圣城耶路撒冷被重点描绘了出来。埃及亚历山大的灯

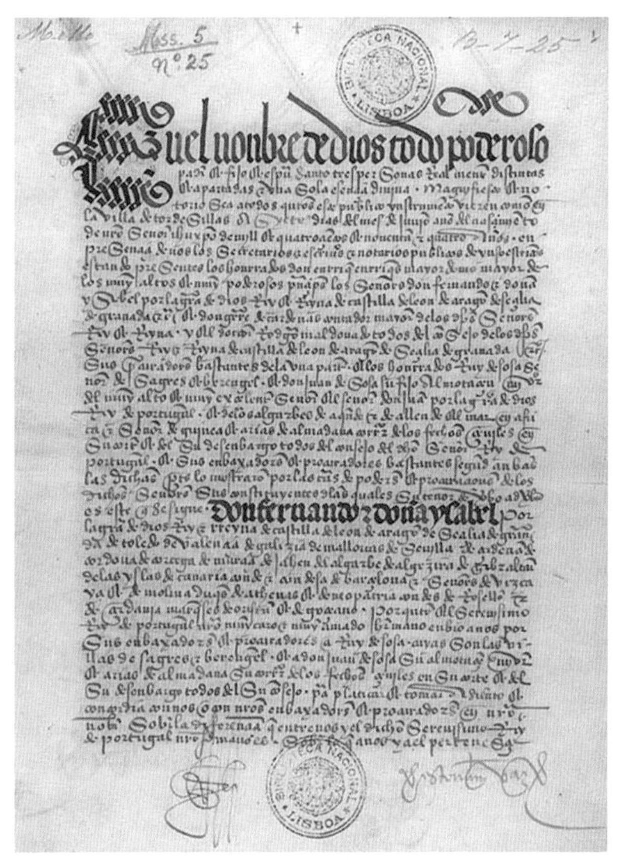

▲ 西班牙、葡萄牙两国签署的《托德西拉斯条约》。

塔则被“放倒”在地图上。红海真的被描成了橘红色。在非洲大陆上，西非黄金海岸的位置描绘的是葡萄牙精致的艾尔米娜城堡（Castello da Mina），还有非洲中部神秘的、传说中为尼罗河源头的月亮山脉，南非大陆好望角的桌山，以及沿着西非海岸的那一堆堆石头和十字架（据说那是迪亚士等人在 15 世纪 80 年代探索时留下的印记）。在北非大陆，传说中阿特拉斯山（Atlas）的位置标绘着卡洛斯山脉的字眼（Montes Claros en Affrica）。这个字眼右下部的文字，充满了那个时代的印记，大意是说“这里是努比亚国王的土地。他们是摩尔人，不断向祭司王约翰宣战，也是基督徒的大敌”。

这张古老的“坎帝诺世界地图”当初由六张上等的羊皮纸胶合而成，在费拉拉公国的杜卡尔图书馆大概保存了 90 多年，直到教皇克莱门特八世将其转移到摩德纳古城的另一座宫殿中。两个多世纪后，即 1859 年，宫殿曾被洗劫一空，“坎蒂诺世界地图”也一同消失了。同年，摩德纳的埃斯滕斯图书馆（Biblioteca Estense）的董事朱塞佩·博尼在古城里的一家肉店中发现了它。现在，这张“1502 年坎蒂诺世界地图”被收藏在摩德纳古城中的埃斯滕斯图书馆。

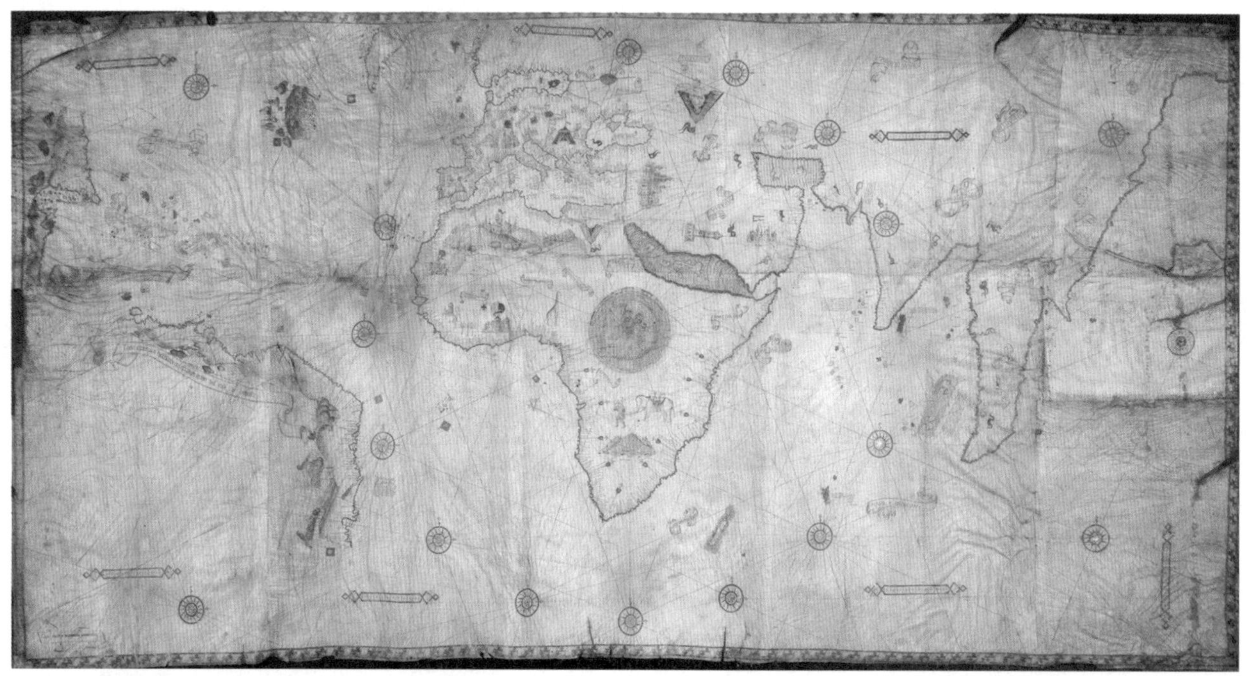

▲ 1506 年，卡维略制作的世界地图。

“坎帝诺世界地图”在 16 世纪初具有很高的现实意义和战略价值。那时，世界未知的陆地与海洋被大量探索，地理信息迅速、翻倍增长，这张地图就显示了详细的和最新的战略性信息。它告诉人们当时还有那么多土地和海洋仍然是未知的，地图上丰富的地理与航路信息对当时意大利城邦共和国与葡萄牙的商业贸易关系的影响也不应被低估。

在 1502 年，这张地图上描述的“托德西拉斯子午线”，已经不算是秘密了。但是除了那个子午线，这张地图还有许多地理信息引人注目。在那个时代，这些是具有战略价值的地理信息。比如：

—它是现存的最早描绘了葡萄牙探险家佩德罗·阿尔瓦雷斯·卡布拉尔在 1500 年探索的巴西海岸的地图，并留下了碎片化的岸线记录。这体现了欧洲人对巴西海岸线最初的了解。

—它描绘了大西洋非洲海岸和印度洋沿岸大量准确而详实的地理细节。

—它还绘制出了北美东海岸佛罗里达半岛和加勒比海群岛的轮廓。

—它是现存最早的根据天文观测到的纬度来描绘地理位置的“纬度海图”（在非洲以及巴西和印度的部分地区），包含了关于航海制图探索和演变的独特历史信息。

我们先来说说这张地图中的巴西海岸线、印度海岸线与葡萄牙人的故事。葡萄牙探险家佩德罗·阿尔瓦雷斯·卡布拉尔通常被视为第一位发现了巴西的欧洲人。

1500 年 3 月 9 日，在葡萄牙贵族佩德罗·阿尔瓦雷斯·卡布拉尔（Pedro Álvares Cabral，1467 — 1520 年）指挥下，一只由 13 条船和约 1500 人组成的远征舰队从葡萄牙里斯本出发了。对于那个时代的人们来说，这样的远征舰队规模是空前的，远征探险的人数甚至占到了葡萄牙当时总人口的千分之一。而葡萄牙人志在必得的远方，在非洲好望角的另一端，由那里通往富饶的印度。这只远征队，历史上也被叫作葡萄牙的“第二支（远征）印度无敌舰队（Portuguese Secound India Armada）”。卡布拉尔虽然航海经验有限，但舰队的舰长中不乏像迪亚士这样优秀的葡萄牙航海家。他在 1488 年率领探险队最先探索到了非洲最南端的“风暴角”。葡萄牙国王后来将其改称为“好望角”，寓意着那是从大西洋进入印度洋、开辟东方航线的美好希望之角。

根据达·伽马的建议，卡布拉尔的舰队远离非洲西南海岸，绕一个弧形向西南方向前进。这个达·伽马就是历史上第一次从葡萄牙航海到达印度的欧洲人。在迪亚士发现好望角十年之后，1497 年葡萄牙皇室才派出第一支远征印度的舰队。它由达·伽马率领的四条舰船组成，其中的“圣加布里埃尔”号和“圣拉斐尔”号就是在迪亚士的航行经验帮助下建造的。达·伽马在1499年9月从印度回到了葡萄牙，他拓展了葡萄牙王国80多年来期盼已久的东方航线，成为葡萄牙人的英雄。

不过，不知道是探险队“蓄谋已久”，还是真的出于天气的意外，卡布拉尔探险队的这个弧形航线绕得有点太大了，以致于一头“撞上”了南美大陆东北部隆起的地方。巴西就这样被欧洲人以一种意外的形式发现了。对于葡萄牙人来说，那里还是一片石器时代的大陆，食人族部落也并非传说。卡布拉尔唯一能测量和确定的是，这个地点在“托德西拉斯子午线”以东，属于“葡萄牙人的地盘”。为了举办葡萄牙人拥有此地的庆祝仪式，巨大的木制十字架被立了起来，卡布拉尔也将此地命名为“Ilha de Vera Cruz”，即“真十字架之岛”。后人研究认为，在“坎帝诺世界地图”上，插着葡萄牙小旗子的巴西沿岸从“Vera cruz”到“baia de todos os santos”这一小段海岸线，正是卡布拉尔舰队当年抵达并探索过的一小段巴西海岸线。而再往北方，从“Rio de sã franc”到“Golfo fremosso”之间的巴西海岸线轮廓，应该归功于另一位探险家达诺瓦（João da Nova）——葡萄牙第三次印度探险队的总司令。他于1502年9月才回到里斯本。不过，这张地图上已经显示出了他带回来的地理信息。

在派出舰队中的一艘补给船回里斯本报信之后，卡布拉尔的舰队于1500年5月2日继续远赴印度的航程。1500年5月24日，舰队在经过好望角附近时遇到了猛烈的风暴，4艘船被毁，船上人员全部遇难，其中包括迪亚士。那个曾闯过了印度航线最艰险的大西洋航段、探索并发现了好望角的优秀航海家，最终还是没能到达真正的印度。

1500年9月13日，卡布拉尔的舰队在离开葡萄牙近6个月以后，终于抵达了印度西南部的卡利卡特。葡萄牙人献上礼物与尊重，得到了当地统治者的许可，并建立了贸易站和仓库。为了进一步加强双方的关系，卡布拉尔甚至应当地统领的要求派遣自己的舰队成员加入到几次当地的军事冲突中。然而，美好的“人生若只如初见”只持续了三个月，葡萄牙的贸易站就突然遭遇了成百上千当地人和感受到葡萄牙人商业威胁的阿拉伯人的联合围攻，五十多个葡萄牙人被杀，剩下的狼狈地逃回了他们的炮舰之上。愤怒的葡萄牙人掳掠了十余条停泊在卡利卡特港的阿拉伯商船，疯狂地报复屠杀了六百余船员和商人，并炮击卡利卡特城。眼看同卡利卡特人的香料贸易是无法继续了，卡布拉尔舰队继续向南驶抵了另一个印度城邦科钦（Kochi），寻求贸易的机会。科钦是卡利卡特的附属国，但一直渴望摆脱统治而独立。葡萄牙人就像300年之后大英帝国征服莫卧儿帝国时做的事情一样，利用印度城邦之间的裂隙与冲突，取得了“鹬蚌相争，渔人得利”的效果。而这一战略确保了葡萄牙人逐步在这一地区建立了霸权，垄断了当地的香料生意。

1501年1月16日，卡布拉尔的舰队从科钦启程返回葡萄牙，从里斯本出发时的13艘舰船此时只剩下了5艘。在驶抵好望角之前，其中一艘被派往索法拉（sofala，历史上著名海港，位于莫桑比克索法拉河口），去完成舰队的另一个探险目的。第二艘尼古拉船长驾驶的快船被派往打前站，去向国王汇报“胜利的消息”。第三艘佩德罗船长驾驶的舰船则在离开莫桑比克时同舰队失去联系，不见了踪影（那是个通信基本靠吼的年代）。最终，5月22日舰队绕过好

▲ 坐落于巴西的卡布拉尔雕像。

▲ “坎帝诺世界地图”1502 年版及托德西拉斯子午线。地图上许许多多的小标志旗，分别是 1481 年沿用至今的葡萄牙王国的“五饼”盾徽以及西班牙天主教双王的盾徽。

▲ 葡萄牙王国的“五饼”盾徽（左），从 1481 年沿用至今。西班牙天主教双王的盾徽（右），包含了阿拉贡王国的红黄条旗帜和卡斯蒂利亚王国的雄狮与城堡。

望角进入大西洋时，只剩下了 2 艘舰船继续沿着非洲西海岸北上。6 月 2 日，舰队驶入了葡萄牙在西非佛得角附近的贝塞吉什（Beseguishe，今日塞内加尔的达喀尔港），葡萄牙大本营已经遥遥在望。在这里，卡布拉尔不仅追上了他派出去报信的尼古拉船长，还在锚地发现了另一只葡萄牙人的小型舰队。原来，在卡布拉尔前往印度的航程中意外发现巴西并派了一条船回去报信以后，葡萄牙国王曼努埃尔一世就派遣了一支小型探险队前往探查。而其中之一的领航员，就是亚美利哥·韦斯普奇，那个以他的名字命名了

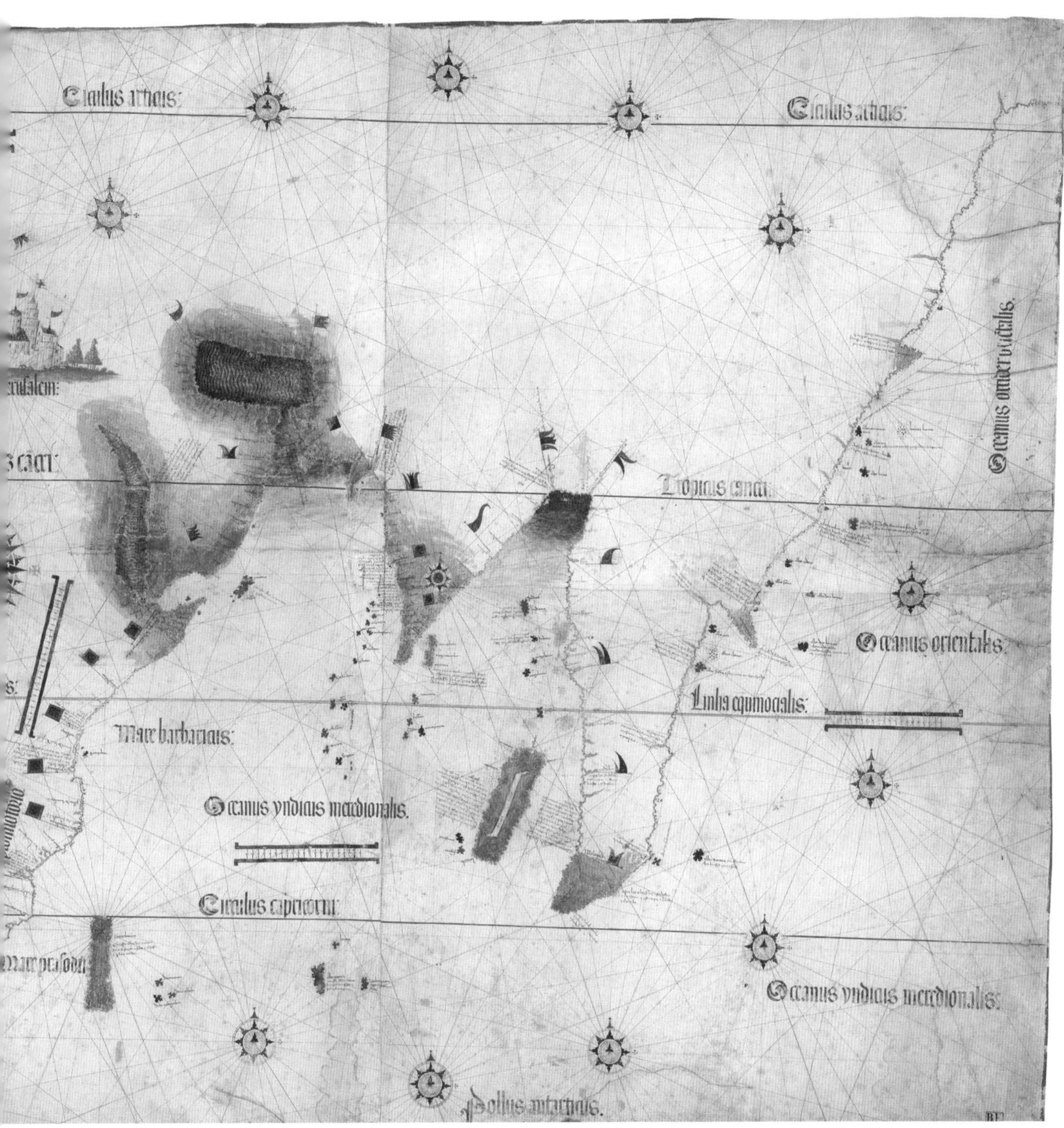

美洲的人。卡布拉尔在港里期待着他的那几条掉队舰船赶来汇合。在此期间，亚美利哥告诉卡布拉尔，他“去年”发现并起名为“真十字架之岛”的那片土地，根本不是一个岛，那是一片崭新的大陆。

卡布拉尔和他的舰队终于在 1501 年 7 月 21 日又回到了葡萄牙里斯本。出发时的 13 艘舰船，2 艘空船而返，6 艘折戟沉沙，还有 5 艘满载着香料金银等昂贵货物回来。在这漫长的航程中，1500 多名探险队员折损大半。但即使这样，舰队带回的货物也为葡萄牙国王带来了超过 800% 的利润。

坎帝诺用 12 个金币购买到的“保密级别”极高的葡萄牙人的地图，包含了那个时代战略级别的信息，是葡萄牙人用无数金钱、时间和探险者的生命换来的。几十年间，开启了大航海时代的葡萄牙人所探索出来的点点滴滴，都真切地反映在这张地图上。

除了上文记述到的巴西、非洲、西印度和大西洋、印度洋等区域丰富的地理信息，“坎帝诺世界地图”

还反映了那个时代的一些其他的珍贵信息。比如，地图左上部分的格陵兰岛文字说明部分，表述的大意为：这片土地是由葡萄牙的加斯帕（Gaspar Corte-Real）为葡萄牙发现和绘制的，也是属于葡萄牙国王曼努埃尔一世的土地。格陵兰岛左侧的纽芬兰岛，描绘了大片粗壮的树林。加斯帕和他的兄弟米格尔（葡萄牙王室成员）在1500 — 1501年的探险中曾抵达过这里，在坎蒂诺地图上也被插上了葡萄牙王国的旗帜，红色字体“Terra del Rey de Portuguall”意为“葡萄牙人的土地”。这张地图对美国东海岸及佛罗里达半岛的描绘也具有历史性的重要意义，地图左上角的一个角落里，描绘出佛罗里达半岛东西两侧的海岸，比1513年以发现佛罗里达半岛而闻名的西班牙探险家Ponce de León还要早了11年。在“教皇分割线”的西侧，无论西班牙人是否知道他们抵达的是传说中的亚洲还是一片新大陆，西班牙王国的旗帜已经插在了今日加勒比海的岛屿之上。

在自然科学领域，“坎帝诺世界地图”是现存最早的“纬度海图”。在15世纪的后半叶，纬度随着天文航海科学的发展而被引入到海图制作之中。在此之前，流行于地中海区域的波特兰海图主要是基于两地之间地球磁力线角度及距离绘制的恒向线网格。应用此种海图时的主要工具就是从中国传播到欧洲并经过改良的指南针，再配合图上标识距离的比例尺。而纬度海图的典型特征就是地理位置以纬度表现出来，其核心是需要能够测定宇宙星辰的纬度高度。坎帝诺地图中，欧洲及地中海区域依旧使用的波特兰海图模式。因为这些区域是人们已经熟悉的“小范围”区域。但是在更广阔的跨大洋的巴西、印度、非洲海岸等地，此图已经引入了纬度的概念。这张地图上最明显的表现就是清楚地标绘了赤道、北回归线、南回归线、北极圈等的纬度参考线。在英文中，南回归线为Tropic of Capricorn，“Capricorn”是黄道第十宫的摩羯座；北回归线为Tropic of Cancer，“Cancer”是黄道第四宫的巨蟹座。他们的名字都起源于2000多年前的古老星相学。每年的夏至日，当太阳光直射到北纬23° 26′左右时，太阳所处的正是黄道带巨蟹宫的位置；每年的冬至日，太阳光直射到南纬23° 26′左右时，太阳处在魔羯宫的位置。南北回归线的纬度位置，反映的正是黄赤交角数值。对于永不停歇的宇宙运动的观察与思考，慢慢唤醒了人类对于时间与空间的认知，并把它映射到对这颗蓝色星球的探索之中。

在坎帝诺地图中，其恒向线系统的构建使用了双圆方式，西部圆环的中心位于佛得角群岛附近，东部圆环的中心位于印度大陆。每个圆周上用了16个等距点做标记，从两个圆心点辐射出经典的32条波特兰海图风格的恒向线，角度分别为0°、11.25°、22.5°、33.75°等。东、西部两个大圆的相切点在非洲大陆的中部。那里刻画了一个绚丽的大型指南针玫瑰方向标，并有一根突出的指针指向北方。这种密集的恒向线网格可用于读取和记录不同地点间的航线角度，从而完成航海导航功能。地图上还在六处不同位置标绘了比例尺，以葡萄牙里格为单位，用于测量不同地点之间的距离。

1513年，在亚洲多地服务、服役过的葡萄牙人麦哲伦（Fernão de Magalhães，1480 — 1521年）回到了故乡里斯本，并向当时的葡萄牙国王曼努埃尔一世申请，资助他一支环球航行的探险队。但是两年多以前，葡萄牙人就已经控制了沟通太平洋与印度洋的马六甲海峡，随后在印度尼西亚东北部的班达群岛建立了香料贸易基地。一年前更进一步霸占了附近的马鲁古（Maluku）群岛。东方的香料贸易此刻已经尽在葡萄牙人的掌控之下，葡萄牙国王毫无兴趣地拒绝了麦哲伦的请求。

巧合的是，多年以前，也是在葡萄牙的王宫，曼努埃尔一世的前任国王若昂二世同样拒绝了热那亚人哥伦布的探险请求。后者最终在西班牙王室的资助下发现了美洲新大陆，西班牙人繁盛的西行航线成为那个时代葡萄牙人永久的心腹之患。

1518年，葡萄牙人麦哲伦向西班牙国王提出了需资助环球航海的请求。1519年9月20日，在西班牙国王的指令下，以特立尼达号为旗舰的一支五艘船组成的探险队正式开始了探索之旅，那将是人类历史上的第一次环球航行。葡萄牙人没有料想到，代表西班牙人的这位葡萄牙探险家，在“教皇子午线”以西继续探索，一路向西，绕过了南美洲最南端的麦哲伦海峡，跨过了这颗星球上最宽阔的太平洋，然后于1521年11月的某一天，在这片东方太平洋上的香料群岛的某地，同一路向东的葡萄牙人迎头相遇了。

在西班牙王国资助下完成了环球航行的麦哲伦，依然矗立在葡萄牙里斯本“探索纪念碑”的塑像群中。纪念碑上，站立在他身前与身后的许多人，都是在我们这篇文章中出现过的著名的葡萄牙先驱探险者：

恩里克王子、达·伽马、卡布拉尔、加斯帕、迪亚士……

1523 年，葡萄牙、西班牙两国又开始坐到了谈判桌前，继续瓜分世界的谈判。漫长的谈判伴随着不停的武力冲突，直到 1529 年双方才达成了“萨拉戈萨条约”（Treaty of Saragossa）：西班牙、葡萄牙两国将东经 142° 线附近的子午线，明确为双方在东半球的势力分割线。西班牙向东撤出以马鲁古群岛为代表的香料群岛，葡萄牙为此赔偿西班牙 35 万金币。但是，条约分界线以西的菲律宾则继续被西班牙统治着，而葡萄牙人认为那里没有太多的香料所以并没有进行过多的抗争。

继“教皇子午线”“托德西拉斯子午线”之后，第三条划分世界的“萨拉戈萨子午线”又在孕育了大航海的葡萄牙和西班牙之间产生了。不过，伊比利亚双雄谁都不会预料到，当下一个世纪来临时，绝大多数挂靠香料群岛的商船，飘扬的将是从西班牙封建王国统治下独立出来的资产阶级共和国——荷兰联省共和国的三色旗。

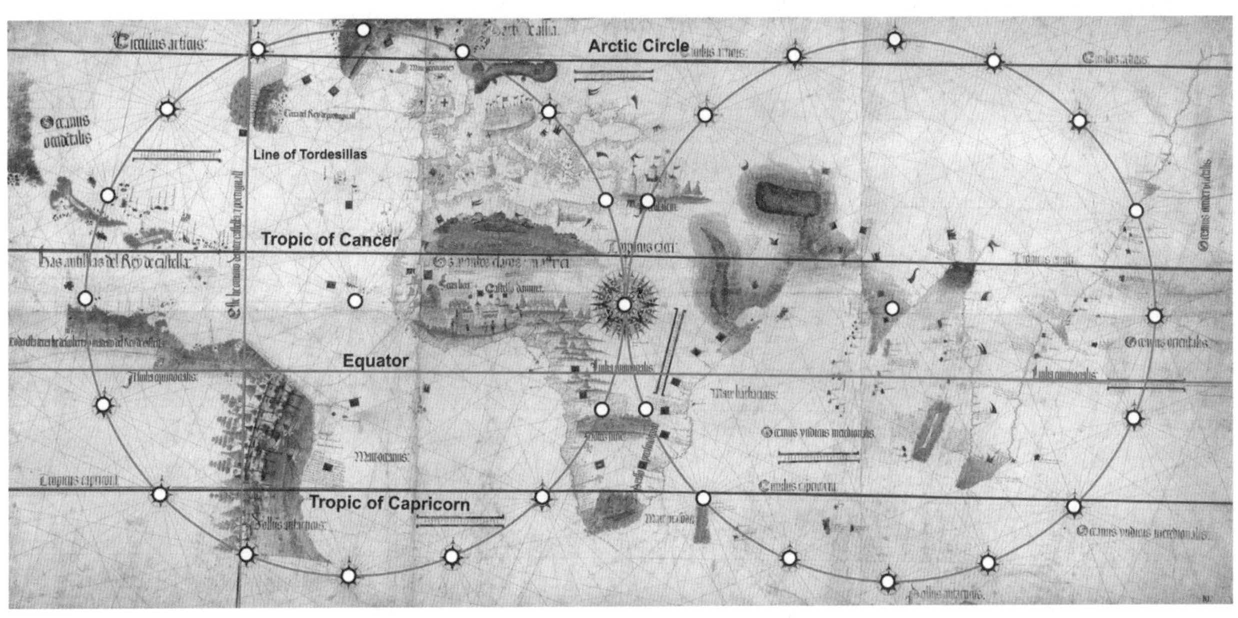

▲ 在坎帝诺地图中，其恒向线系统的构建使用了双圆方式。

▲ 距今五百多年的图书《纽伦堡编年史》（未上色版）。

第六讲

“德语圈儿”的世界启蒙者

——记《纽伦堡编年史》中的世界地图以及制图师明斯特的地图作品

2010 年 7 月，在伦敦克里斯蒂拍卖行，一本 1493 年出版、保存完好的摇篮本图书，拍出了近 55 万英镑的价格。这本距今已经五百多年的图书，就是《纽伦堡编年史》。中国国家图书馆在同年初也入藏了该书某一未上色的版本，估测目前存世的拉丁及德文版本总数应有六百多本。

拉丁学者通常将此书拉丁文版本首页中的短语 Liber Chronicarum，即“编年史之书”，作为该书的名称。在作者老家德国，则常用作者的名字将这本书命名为 *Die Schedelsche Weltchronik*，意为《舍德尔世界历史》；在英语世界中，则一直使用该书出版的地点、那座被马丁 · 路德称为“德意志耳目”的城市，将其命名为《纽伦堡编年史》，即 *Nuremberg Chronicle*。本文采用了英语的习惯叫法。

1493 年 7 月 12 日，在纽伦堡首版的为拉丁文版本，同年 12 月又出版了德文版本。尽管写于文艺复兴时期，但它依然遵循着欧洲中世纪通用的编年史传统：以圣经为基础记载历史上的许多事件。这部著作包括教会史、世俗史，时间涵盖古典时代、中世纪和“当代”，其间穿插着大量的寓言、神话和传说，也介绍了很多重要人物（诸如国王、神职人员和哲学家、思想家）、皇家族谱和一些西方重要城市的历史，辅以大量精美的人物插图和城市地图等。根据圣经纪年，该书将世界史划分为七个时期。

第一时期：从创世纪到洪水时期；
第二时期：从洪水时期到亚伯拉罕的诞生；
第三时期：从亚伯拉罕的诞生到大卫王；
第四时期：从大卫王到巴比伦之囚；

第五时期：从巴比伦之囚到耶稣诞生；

第六时期：从耶稣诞生至今（指作者所在的 15 世纪末）；

第七时期：世界末日及最后的审判。

这部编年史的作者，哈特曼·舍德尔（Hartmann Schedel，1440 — 1514 年），是当时德国的一位医生、图书收藏家，也是一位人文主义作家。1440 年 2 月 13 日，他出生在纽伦堡一个富裕商人的家庭。1456 年 4 月，年仅 16 岁的舍德尔进入著名的莱比锡大学学习，并于次年就获得了学士学位，之后又于 1459 年获得了文学艺术硕士的学位，其间还积极参加法律及基督教教法的课程，展现出非凡的智慧与天赋。1461 年他加入了彼得·路德的人文主义圈子，并于 1463 年底追随路德前往意大利帕多瓦。在帕多瓦大学求学期间，舍德尔主要学习医学、解剖学、外科等学科，并在 1466 年成为医学博士。其间，他还经常听取物理学和古希腊语的讲座，成为最早了解古希腊语的德国人之一。毕业后，他在诺德林根和安贝格等地行医谋生，其间四处游历，并喜欢藏书。1482 年，他回到纽伦堡继续从医，并于同年当选为纽伦堡大议会议员，是一位“富有而受人尊敬的市民”。不过，这位医生自己可能也从来没有想到，自己后世的荣耀和历史地位，居然来自他编著的一部文学作品：《纽伦堡编年史》。

编年史的编写、绘制、印刷、出版，还离不开纽伦堡富商谢巴尔德·施莱尔（Sebald Schreyer，1446 — 1520 年）和他的妹夫塞巴斯蒂安·卡莫迈斯特（Sebastian Kammermeister，1446 — 1503 年）的倡议与资助。除了接受委托编著此书的舍德尔，这本编年史还集合了当时纽伦堡一流的雕版插画大师、印刷商和经销商等，使该书成为那个时代最优秀的图书之一。该书的插画制作及图文混排的版面设计，就是由纽伦堡当时最负盛名的艺术家米切尔·沃格穆特（Michael Wolgemut，1434 — 1519 年）和他的继子威廉·普莱登伍尔夫（Wilhelm Pleydenwurff，1460 — 1494 年）完成的。那时，他们的版画工坊也处于艺术高峰期。该书的印刷商科贝格（Anton Koberger，1440 — 1513 年）是当时德国最大的印刷商、欧洲四大印刷商之一。而编年史的绘制及印刷，也成为了这些人一生中最伟大的成就与遗产。一段小插曲是，科贝格的教子阿尔布雷希特·丢勒（Albrecht Dürer，1471 — 1528 年），在此期间恰巧作为学徒被送到沃

▲ 编年史的典型内页，充满了各式各样的插图。

Ventorum quatuor cardinales sunt prim⁹ Septētrio flat ventus ab axe faciens frigora et nubes huic texta Circius nives et grandines A sinistris boreas constringens Secundus subsolanus ab ortu spatus vulturnus desiccans eurus nubes generans Terci⁹ auster humidus fulmineus A dextris euro auster calidus a sinistris euro noth⁹ tempestuosus Quartus zephirus hyemem resoluens producens flores a latere affricus generans fulmina et corpus nubila faciens

Orbis dicitur a rota ꝛ est qlibet figura sperica ꝛ rotunda. Et ideo mũd⁹ orbis dr. qꝛ rotũd⁹ ē: ꝛ dr̄ orb terre vl̄ orbisterrarũ. Dicũt āt ſm vincē. filij ſem obtinuiſſe aſiā. filij chā affricā ꝛ filij iapheth europā. Iſid. in li. Ethy. aſſerit q̄ orbis diuiſus ē in tres partes ſ; nō eq̄liter. Nā aſia a meridie ꝑ orientem vſq; ad ſeptētrionem ꝑuenit. Europa vō a ſeptētrione vſq; ad occidentē ꝑtingit. Sed affrica ad occidentem ꝑ meridiē ſe extendit. Sola quoq; Aſia continet vnam partem noſtre habitabilis. ſ. medietatem: alie vō ꝑtes. ſ. affrica ꝛ europa aliam medietatē ſunt ſortite. Inter has autem partes ab occeano mare magnũ ꝓgreditur. eaſq; interſecat: quapropter ſi in duas partes orientis ꝛ occidentis orbem diuidas in vna erit aſia in alia vō affrica ꝛ europa. Sic autem diuiſerunt poſt diluuiũ filij Noe: inter quos Sem cum poſteritate ſua aſiam. Japhet europam: cham affricam poſſederunt. vt dicit glo. ſuper Gen. x. ꝛ ſuper libro Paralippo. primo. Idem dicit Criſoſtomus Iſidorus ꝛ Plinius.

▲《纽伦堡编年史》中唯一的一张世界地图。

格穆特的。在画室里，他学习绘画、木版画雕刻等，三年的学徒期忙于为编年史刻制版画。最终编年史共配了 1809 幅插图，即使一些插画素材在书中有过反复使用，全书也实际制作了 645 幅插画（另一说法为 652 幅）。有学者认为年轻的丢勒也参与了部分插画的设计和制作，并对他日后的创作产生了一定的影响。这位年轻的丢勒，日后成长为历史上最出色的木刻版画和铜版画家之一，是德国文艺复兴时期最具代表性的、最伟大的艺术家。

除了这部《纽伦堡编年史》，作者舍德尔最久远的遗产是他收藏的海量手稿和图书，可以说是 15 世纪最宏大的欧洲私人收藏之一。1552 年，舍德尔的孙子梅尔舍将其藏品中的 370 份手稿和 600 本印刷品卖给了约翰・雅各布・富格。富格后来又将他们卖给了巴伐利亚的阿尔伯特五世公爵。现在，这些图书和手稿大多保存在慕尼黑的巴伐利亚州立图书馆，其中就包括了编年史出版的记录、舍德尔与印刷商科贝格的合同、与富商施莱尔和他的妹夫签订的关于资助以及委托的合同、与版画家沃格穆特和他的继子签订的原始艺术品和雕刻作品的合同等。本文上述那些关于《纽伦堡编年史》的原始信息，都在这里得到了真切的记录。

▲ 丢勒十三岁时的自画像。

在编年史的 645 幅插画作品中，包括了 31 幅双页的大型插图，分别是 29 幅城市景观地图、1 幅欧洲地图以及 1 幅世界地图。

这张双页的世界地图，正是本文所要关注的欧洲早期世界地图作品。

这张世界地图，仿佛仍属于 1400 多年前的托勒密地理时代，属于圣经时代。但同时，那也是欧洲黑暗的中世纪正在结束的时代，是科学和文艺正在复兴的时代、是大航海探索的脚步匆匆的时代。舍德尔的这张世界地图，展示了哥伦布发现新大陆和迪亚士环绕好望角之前，欧洲人眼中看到的懵懂的世界。这一时期也是地图史上最令人回味的时期之一。

作为一幅世界地图，如果以今日的眼光来“评价”的话，它能传递的准确的地理信息实在有限。欧、亚、非洲的轮廓只能说“隐约可见”没有美洲，没有澳洲，没有“未知的南方大陆”，没有太平洋，没有南北极地，没有赤道，没有比例尺……但是另一方面，它又仿佛拥有某种吸引人的魔力，让人看到之后就不愿再把目光移开：在地图的左侧，刻画的形象说不清该算是“人物”还是“生物”，一个个好像是从《山海经》或《封神演义》中走出来的，其“异域风格”的程度可以同《星球大战》中来自不同星球的代表媲美。地图外围，三个大胡子男性拉扯着这幅地图不同的边角欣赏着，世界在他们的手上仿佛一块铺展开来的画布。他们都是谁呢？环绕着地图核心区域的一圈，刻画着 12 个好像喷着蓝色水流的小人儿的脑袋，这又是什么意思呢？小人儿旁边的字母文字或许是说明，但放大细看仍然是似是而非啊。

我们先来说说地图左侧那些怪胎一般的人物吧。它刻画的，其实是当时的欧洲人对于居住在遥远土地上的其他人类的想象，大都根据古典时代和中世纪早期欧洲异域旅行者的传说绘制的：最上面的一个人物单头六臂，后人推测这个形象或许来自对印度舞者的描述，比如“千手观音”；四只眼睛的男人可能来自非洲埃塞俄比亚海岸部落的传说；还有怪异的雌雄同体人、六指人、毛孩儿般的少女、人身鸵鸟头，甚至还有一位人头马……这些幻想出来的或者在旅行者口中以讹传讹描述出来的可怕“生物”，从来也不属于这个星球。对于他们的刻画与描绘，只揭示出一个现象：那就是中世纪的欧洲人对那些遥远土地上的其他人类的态度。那些居住在未被欧洲人探索和发现的土地上的人类民族或部落，在欧洲人眼中都处于一种野蛮而又可怕的落后社会状态。这有助于解释欧洲人在未来探索美洲和太平洋等欧洲“新世界”的过程中，很容易妖魔化那些土著人民的想法和做法。而在血腥贪婪的欧洲海外殖民过程中，那些曾经璀璨的印加文明、玛雅文明、阿兹特克文明等，正是毁灭在另一些所谓文明民族的手中。

此图中，那些大大小小不容易读懂的文字，是编年史首版时的拉丁文。那三个将世界如画卷般展开的大胡子男性形象，旁边标注着“JAPHET”“SEM”“CAM”字样，今日英文中拼写为 Japhet、Shem、Ham。他们就是《圣经》中记载的诺亚的儿子，在大洪水之后重新居住在地球上的一切人类的祖先，中文分别译为雅弗、闪、含。这其实也从另一个侧面表明了该地图刻画的，仍旧是以神学为中心的中世纪世界观。

至于那些环绕着地图、仿佛在喷水的 12 个“葫芦五娃”，他们喷的并不是水，而是风。他们也不是留学欧洲的葫芦娃，而是代表了不同方向上风神的形象。从图中的九点钟方向顺时针排序，十二风神分别是：Zephirus（西风之神）、Chorus、Circius、Septentrio、Aquilo（北风之神）、Caecias、Subsolanus、Eurus（东风之神）、Euroauster、Notus（南风之神）、Austroafricus 和 Africus Lips。那是沿袭自古老的古希腊神话、古罗马神话，并逐渐成为欧洲文化及基督教文化的一部分。在今日的希腊雅典，遗存有一处公元前 2 —前 1 世纪建造的“风之塔”，反映了公元前的人们对风神形象的描述。该塔高 12 米，直径大约有 8 米，在古时是被用作计时的滴漏和日晷，还被用作风向标。在靠近顶部的塔身，绘制了 8 个风神的形象：Boreas（北风之神）、Kaikias（东北风之神）、Eurus（东风之神）、Apeliotes（东南风之神）、Notus（南风之神）、Lips（西南风之神）、Zephyrus（西风之神）和 Skiron（西北风之神），可以看出，“风之塔”上的风神名称和地图中的十二风神名称已经有了一些变化，但依然可以寻到二者一脉相承的文明足迹。

▲ 位于雅典古罗马市集遗址的风之塔，为八角形大理石钟塔，有日晷、漏壶和风标等。

这些代表着远古神话的风神，经常出现在大航海时代早期的各种地图作品之中，既是对方位的一种直观刻画，也是当时流行的地图装饰风格。随着文艺复兴及科学技术的发展，欧洲人制作的地图周边装饰内容，也逐渐演变为圣经人物和故事，然后又演变为那些伟大的航海家和探险者的头像和事迹，再演变为行星、天体与黄道星座、日月食原理等科学信息，演变为对美洲、亚洲“新世界”的人文与景观的描绘等，而遥远的风神形象渐渐退出了人们的视线。

这张地图的核心部分，其主体轮廓依然遵循了古代最重要的地理作品——托勒密的《地理学指南》。而这部 1400 多年前的伟大著作，在漫长黑暗的中世纪里几乎被欧洲文明遗忘了。1400 多年后，它被文艺复兴时代的学者们根据托勒密当初的描述与数据重新“复活”了，几乎依然保持着 1400 多年前的“面孔”，只有以地中海为中心的欧洲、非洲、亚洲近东部分的描绘，欧洲北部的斯堪的纳维亚半岛、南部非洲、广阔的亚洲远东地区等在地图上都没有标绘，更别说其他大洲和大洋了。此图唯一明确标绘的大洋就是印度洋，但也被标绘为陆地环绕的陆间海形式。总之，如果不说这是一幅文艺复兴时代的世界地图，人们可能会在心里猜测，这到底是哪一位抽象派画家的艺术作品呢？

然而，在这幅世界地图非洲大陆的西北海岸，一个岛屿的轮廓被描绘了出来。这应该归因于那个时代德国人马丁·贝海姆（Martin Behaim，1459 — 1507 年）曾经前往该地区的航行与发现，舍德尔在编年史的文字中也提到了这一点。1485 — 1486 年，马丁·贝海姆加入到葡萄牙国王若昂二世派遣的由迪亚哥·乔（Diogo Cão）率领的远洋探险队中，并曾经抵达西南非洲纳米比亚沿海。他带回来的地理发现信息，被

▲ 风之塔局部，左侧为北风之神，右侧为西北风之神。

舍德尔添加在了这版地图上。这是制图师的一小步，但是人类的一大步。

在这版地图出版的前后，热那亚人哥伦布在西班牙国王的资助之下正寻找着通往印度的贸易航线，佛罗伦萨航海家亚美利哥·韦斯普奇正在探索着美洲新世界，葡萄牙探险家迪亚士则已经绕过了非洲大陆的最南端“好望角”……这些翻天覆地的地理信息，被当时的地理学家和制图师收集整理，不断补充进日新月异的地图和海图之中。正是以这种方式，人类对于这颗星球的地理探索与认知，正在以那个时代之前从未有过的速度进行着。

大航海时代崛起的欧洲列强，先后包括了葡萄牙、西班牙以及荷兰、英国、法国等国家，俄罗斯后期也积极参与进来。这些国家占领并掠夺大量的海外殖民地财富是其在大航海时代的标志性表现之一。然而，当代意义上的欧洲工业强国德国和意大利，在大航海时代的海外殖民地扩张和占领活动中却都没有什么“建树”，对于这方面的原因进行分析探讨的史学资料，或短章醉墨、或卷帙浩繁、角度庞杂。不过，当时的意大利和德国都还没有形成统一的民族国家，诸侯割据，难以凝聚举国之力进行海外扩张。在现在意大利和德国的国土之上，彼时遍布着意大利北部城邦共和国和神圣罗马帝国属下大大小小的公国、伯国、主教封地等。统一的意大利王国于 1861 年宣布成立，而以普鲁士王国为首的德意志帝国（Deutsches Kaiserreich）（即所谓的德意志第二帝国）则于 1871 年 1 月 18 日才宣告成立，两国都与波澜壮阔的大航海时代失之交臂。

上述状况并未影响这些地方为大航海时代“贡献”了许多杰出的人物，如为西班牙王国效力的热那亚共和国航海家哥伦布、先后为英国和西班牙效力过的威尼斯航海家卡伯特父子、为葡萄牙和西班牙都效力过的佛罗伦萨共和国航海家亚美利哥·韦斯普奇，还有威尼斯的地图制图大师加斯塔尔迪、绘制了“美洲出生证明”的德国地图制图大师马丁·瓦尔德泽米勒和随葡萄牙探险家出行并制作了现存最早的地球仪的德国人马丁·贝海姆，以及下文要介绍的这位德国天文学家、学者、地图制图大师塞巴斯蒂安·明斯特。

作为地图制图大师，塞巴斯蒂安·明斯特一生最重要的地图作品有两部：基于托勒密《地理学指南》的 1540 年版本《宇宙地理学，新与旧》（*Geographia universalis*，*vetus et nova*）和 1544 年的《宇宙志》（*Cosmographia*）。正如我们之前在介绍托勒密的文章中曾说过的，“Cosmographia”这一词汇虽然在现在通常翻译为“宇宙志”，但那个“宇宙”和我们现在天文学概念中的“宇宙”，拥有不同的内涵与外延。那段大航海时代的“宇宙志”（*Cosmographia*）作品，常被定义为“同宇宙结构有关的、其构成包括了地理、地质、天文学、占星学、人文历史、自然历史等多个部分”的学问。那些叫作“宇宙志”（*Cosmographia*）的书籍，除了常常以圣经为线索记载编年史，通常还绘制有精美的星座天体图和许多“已知世界”的地图，售价不菲，是那个启蒙年代里奢侈的读物。因为在那个时代，这类读物的“主流消费群体”主要是王公贵族、宗教领袖、知识精英等。

明斯特代表作——1544 年版本的《宇宙志》（*Cosmographia*）通常被认为是第一本从普罗大众的角度和“消费能力”出发而设计的、包含了大量地图集的印刷作品。到 1628 年，这版《宇宙志》已经以 6 种文字先后出了 35 版，包括拉丁文、德文、法文、意大利文、英文和捷克文，尤其是在“德语圈”，1628 年最后一版就是以德文发行的，这是 80 多年的时间里以德文发行的第 19 版，此时明斯特早已离世多年。明斯特和他的《宇宙志》不单单“向普通人也敞开了世界认知的大门”，而且也通常被认为是“用德语来系统地描述这个世界”的第一部图书作品。当然，除了地图制图师的身份，明斯特一生还有许多其他的成就。至于他在“德语圈”的分量，在欧元流通之前，德国法定货币德国马克 100 元面值上印制的，就是明斯特的头像。想想世界各国大额货币上头像人物的历史地位，应该就知道明斯特的分量了。

明斯特和他的地图的故事，还得从头说起。

塞巴斯蒂安·明斯特（Sebastian Münster，1488—1552 年），出生于德国名城美因茨附近的英格海姆小镇。他的祖先几代人都在这里从事着牧师或者医师的职业，明斯特自然也有机会接受了非常好的基础教育。最开始他是在天主教方济会主办的学校里，之后陆续在那些严谨而又充满人文气息的著名学府中或求学、或深造、或讲授。鲁汶大学、图宾根大学（University of Tübingen）、海德堡大学、巴塞尔大学都留下过他的足迹。在年近六十岁的“高龄”时，他还担任过一年多巴塞尔大学的校长。从这个意义上讲，明斯特是标准的“科班出身”。这个勤奋的学生也是个天才的学者，浸淫于数学、天文学、地理学等多个领域，并且努力钻研于闪米特语族语言。他的一生中写作了近八十本希伯来语言的研究和语法等理

▲ 塞巴斯蒂安·明斯特（Sebastian Münster，1488－1552 年）作者 Christoph Amberger 1552。

论作品。在 1535 年前后，他出版了希伯来文 2 卷版的《希伯来圣经》，并配以拉丁文的翻译及大量注解。历史上，德国人和犹太人的恩恩怨怨纠缠不清，但明斯特是第一个出版希伯来圣经的德国人。这虽然不是本文关注的重点，但不可否认的是，这些希伯来文作品也是树立明斯特历史地位的重要基石之一。

1524 年是德国大规模农民战争开始爆发的年份[①]，不过这并不影响明斯特被海德堡大学任命为希伯来语的教授。他对地理和制图科学的兴趣与日俱增。明斯特开始系统地收集整理地理学、人种学、历史信息等各方面资料，为写作一本全新的“百科全书”做准备。他向神圣罗马帝国境内的同事、学者、艺术家们发出了一封公开信，呼吁他们帮助收集资料。信中，他写道：“让每一个人都伸出援手来完成这项工作吧……它应该反映出整个日耳曼领土上的疆域、城镇、乡村、杰出的城堡和修道院，它的山脉、深林、河流、湖泊，还有它的物产，以及它的人民的性格与习惯、那些发生过的值得铭记的事件、那些在许多地方被发现的古代文物。”

先后有上百位学者和艺术家陆续回应了明斯特的倡议。不过，明斯特那本代表作《宇宙志》最终首版已经是 1544 年了。在这十多年的时光里，明斯特的生活也发生了许多的变化。1529 年，明斯特接受了巴塞尔大学希伯来教授的职位邀请。到巴塞尔的第二年，他娶了自己的好友、出版商亚当·佩特里的遗孀为妻（1544 年的《宇宙志》就是从佩特里的出版公司印制发行的），并开始在地理学和制图学领域方面投入了更多的精力。从那时起，他逐渐断绝了同天主教堂的联系，转而成为一名公开的基督教宗教改革支持者，他的座右铭是：“对上帝的崇敬是知识的开始。”彼时，德国农民战争虽然已经被镇压，但欧洲宗教改革的进程正风起云涌。[②]

1532 年，明斯特为当时流行的旅行书籍《新世界区域》（*Novus Orbis Regionum*）绘制了一幅著名的世界地图，并为之写了介绍说明。这本由两位德国

① 16 世纪初，神圣罗马帝国先后爆发了宗教改革运动和德意志农民战争，农民战争也可以视为是宗教改革运动过程中比较激烈的表现方式之一。农民起义的社会背景和历史原因非常复杂，比如天主教是当时封建制度的一个支柱，天主教的机构本身就是封建领主，许多神职人员依靠富人的遗产和赠送以及穷人的税收和捐献过着奢侈的生活等。

② 以1517年马丁路德提出《九十五条论纲》为标志的欧洲宗教改革，到 1648 年《威斯特伐利亚合约》的签署时告一段落。宗教改革后，德意志神圣罗马帝国实际上分裂为信奉路德教派的东部、北部和中部，信奉加尔文教派的西部、西南一部分和信奉天主教的南部。

▲ 1532 年版明斯特世界地图（未上色），为收藏家青睐的珍品。

作家撰写的旅行书籍，讲述的可不是“一场说走就走的旅行”，而是记述了从中世纪开始到那个时代这颗星球上最伟大的旅行家和探险者的足迹，包括了马可·波罗、哥伦布、亚美利哥·韦斯普奇、路德维格（Ludovico di Varthema）等。明斯特绘制的这幅世界地图，虽然比瓦尔德泽米勒那幅1507年“美洲出生证明”的世界地图晚了二十多年，但地图内容并没有更新、更详细的地理信息，南美洲部分甚至错误地写着亚洲，直到1555年版本才修订为“America，Terra Nova”（美洲，新大陆）。因为明斯特绘制此图的目的，并不在于推介最新最全的地图作品，而只是试图将那些伟大的探险者们探索出来的大地与海洋的轮廓描述给普罗大众。不过，这幅地图四周奇幻惊人的各种异域场景的描绘，却一直吸引着地图研究者们的兴趣与争论。这些场景是根据书中那些伟大的探险者们所描述的亲身经历绘制的。明斯特只是这幅地图的绘制者，是谁绘制并雕刻了这些地图外围身临其境般的场景成为大家争论不休的话题。此外，那两个在南、北极点上正使用曲柄摇动着地球旋转的两个天使，也是人们争论的另一个焦点。因为，关于地球自转的理论假设来自哥白尼的《天体运行论》。哥白尼构思并写作多年，该书直到1543年5月方才出版，但这些天使催动着地球自转的场景，为什么会出现在这幅1532年的地图里的呢？

基于对托勒密地理学的研究，明斯特于1540年出版了《宇宙地理学，新与旧》。这部著作创造了一个观察这个星球的新角度——每一个大洲（亚、非、欧、美洲）的地图都被单独绘制出来。这一绘制方法，一直沿用到今日的世界地图集中。这部著述包含了46张地图（4年以后，有些地图在他的《宇宙志》中被重新刊印），包括一张重新绘制的世界地图。比起他1532年版本的世界地图，这一版已经有了许多的改进（无论地理信息正确与否）：第一幅标注了“太平洋”（Mare Pacificum）字眼的世界地图，整个北美洲都被标注为佛罗里达（Terra Florida），整个南半球主体是南大洋（Oceanvs Australis），未知的南方大陆（Terra Australis）只是麦哲伦海峡对岸很小的一部分。

▲ 1540年，明斯特的《宇宙地理学，新与旧》中绘制的地图——美洲地图，虽然没画出教皇子午线，但卡斯蒂利亚王国和葡萄牙王国的旗帜已经暗示了势力分界。

▲ 1540 年版《宇宙地理学，新与旧》中的世界地图

此外，在这版世界地图的格陵兰岛附近的位置，写着“Per hoc fretum iter patet ad Mollucas”，大意是：从这个位置穿过海峡有一条开放的航路通往马鲁古群岛。明斯特的这一信息据考证应该来自法国人。1524 年，法国国王弗朗索瓦一世派出了佛罗伦萨航海家乔瓦尼（Giovanni da Verrazzano，1487 — 1528 年）代表法国前往探索通往东方财富世界的极地西北航道。正如我们在其他文章里也曾介绍过的其他极地航道探索者一样，不管他们出于什么动机、拥有怎样坚强的意志和丰富的经验、得到了国王或者政府怎样的支持，在风帆年代里的极地航道探索最终都以失败告终。不过，乔瓦尼在探险过程中的收获，是详细勘绘了从哈德孙湾到纽芬兰岛的大片海岸线。10 年以后，法国探险家卡地亚（Jacques Cartier，1491 — 1557 年）被再次委派以同样的探险任务，前往北美大陆的东北边缘，继续探索极地西北航道。其实近三十年前，威尼斯航海家卡伯特父子在英国王室的旗帜下已经探索过基本相同的这片区域。不过，明斯特的这版 1540 年世界地图，却不经意间“宣传”了法国试图寻找通往东方香料群岛的极地西北航道的努力，让极地航道在欧洲“文化圈儿”里得到了广泛的了解和认知。

▲ 1960 年版的西德马克百元钞票，上面的明斯特肖像由德国画家安贝格（Christoph Amberger）所作。

1544 年，葡萄牙船员赴日本贸易的途中，偶然发现绿意盎然的台湾岛，这是台湾岛首次进入西方世界的视野。还是在 1544 年，西欧，在明斯特的继子佩特里（就是他好友遗孀的儿子）位于巴塞尔的出版公司里，他的代表作《宇宙志》终于面世了。从明斯特发出那份呼吁信开始，1524 年他收到了阿尔萨斯人文主义者贝图斯（Beatus Rhenanus）对于这

COSMOGRAPHIA·
Beschreibūg aller Lender dürch
Sebastianum Munsterum
in welcher begriffen/
Aller völcker/Herrschafften/
Stetten/vnd namhafftiger flecken/herkomen:
Sitten/gebreüch/ordnung/glauben/secten/vnd hantierung/durch die gantze welt/vnd fürnemlich Teütscher nation.
Was auch besunders in iedem lande gefunden/
vnnd darin beschehen sey.
Alles mit figuren vnd schönen landt tafeln erklert/
vnd für augen gestelt.
Getruckt zů Basel durch Henrichum
Petri. Anno M. D. XLiiij.

▲ 1544 年版《宇宙志》第一版封面。

项工作的第一份建议。接下来，在大约近二十年的筹备时间里，他陆续得到了超过 120 位公务员、学者、艺术家的响应和支持。现在，他终于可以把这“第一部用德语写成的、科学而又能被普罗大众理解的对世界的描述”呈现到世人面前。这是一部最终达 1200 多页，包含了 62 幅地图、74 幅城市景观图（含 26 座德国城市）的鸿篇巨制，为同类著作的标准设定了新的高度。在之后的岁月里，对《宇宙志》的翻译、校订、扩写、再版占据了他余生中很重要的位置。到 1550 年再版的版本中，木制印版的图片、地图等已经扩充到接近 1000 张。

这部《宇宙志》的成功，部分原因还应该归功于著作中精湛而又迷人的木版画插图。它们出自多名杰出的艺术家之手，包括了文艺复兴时期德国的著名画家、16 世纪最优秀的肖像画家、北方文艺复兴风格的代表人物小汉斯·荷尔拜因（Hans Holbein der Jüngere，1497 — 1543 年）、汉斯·鲁道夫（Hans Rudolph Manuel Deutsch，1525 — 1571 年）、大卫·坎德尔（David Kandel，1520 — 1592 年）等人。上文中提到的那幅明斯特 1532 年版世界地图外围异域风情的装饰画，虽然有多种猜测，但许多研究者认为，它也是出自小汉斯·荷尔拜因的笔下。

小汉斯·荷尔拜因代表性作品《两个使节》介绍：

创作于 1533 年，是一幅长 209.5 厘米、宽 207 厘米的巨幅油画，现藏于伦敦国家美术馆。画面左侧倚靠着天球仪的人物是法国大使让·德·丁特维尔，右侧则是法国的拉瓦尔主教格奥吉斯·德·塞尔维，他同时也是法王弗朗索瓦一世的外交使臣之一。他们的外交任务是拜会英国国王，而彼时画家本人也正服务于英王亨利八世。

在巨幅的画面空间里，画家能够从容地利用人物及物品所传达的隐喻，来描绘自己希望表达的信息。

例如，画面左上角的基督受难像被背景中深深的幕布遮盖着，只隐隐地露出一角，仿佛基督已被人们遗忘。的确，正如我们在文中提到的，当时的欧洲正陷入宗教战争，小荷尔拜因的故乡德意志正是这样一个宗教战争的重灾区。继 1524 — 1525 年德意志农民战争之后，德意志的新教诸侯们又在 1531 年建立施马尔卡尔登同盟，与皇帝查理五世的天主教同盟继续对抗。两位使臣脚下的地板图案，与英国威斯敏斯特宫的地板图案完全相同，暗示着他们此时此刻前来英格兰进行谈判的事实。他们的外交任务是：代表教廷与英王亨利八世谈判，防止亨利八世背叛天主教势力，支持新教。然而搁架下层断了弦的鲁特琴又仿佛暗示这次外交谈判也是一首“无法继续演奏下去的乐章”。两位法国使臣与伦敦宫廷的谈判并未能达成共识，英王因为婚姻与继承诸事早就对天主教廷心怀不满。在《两位使节》创作后一年，英亨利八世在 1534 年颁布了《至尊法案》，在英国进行宗教改革，使英格兰教会正式独立于罗马教会之外，成为新教的支持者。

此外，地板上这个形状怪异的物品通常会吸引人们的目光，似乎与整个画面格格不入，只有在某个特定角度观看时才会发现那是一个骷髅头骨，在其他角度观看则是扭曲变形的。这个使用二次透视法的高超技巧绘制的骷髅头，为画面传递出一丝死亡与恐怖的气息。艺术史学界对此比较普遍的解释是：象征死亡的骷髅头是对灵魂救赎、天国地狱等经典宗教问题不同角度的思考。在艺术史中，通常用拉丁语 Memento mori 概括此种创作思想，含有“勿忘人终有一死”之意。

▲ 油画《两个使节》，作者小汉斯・荷尔拜因于 1533 年创作。

两人中间的两层搁架上，还摆满了文艺复兴时期的代表物件：天球仪、地球仪、六分仪、日晷、数学书、诗集等，体现出典型的人文主义特征。而那本数学书籍，出自德国著名数学家、天文学家派楚斯（德文名 Peter Bienewitz，拉丁名 Petrus Apianus，1495—1552年），他于1524年出版的《宇宙志之书》（*Cosmographicus liber*）是那个年代最重要的出版物之一。

明斯特在自己这部六卷本《宇宙志》的前言里强调说，他想给出“对整个世界的描述，其中包含着一切”。在第一卷中，明斯特解释了数学和地理学的一些基本原理，例如怎样使用指南针和分度盘进行三角测量等。其他五卷则主要包含对不同国家的地理、历史和文化的描述。明斯特虽然将他的著述命名为《宇宙志》，但是他赋予了这本宇宙志不同以往的“灵魂”。他的宇宙志，更像是一部地理性的百科全书，融合了已知世界的国家、人民、历史、动物、植物，聚焦于对“文化地理”的描述，并采用了《圣经》的编年体——从大洪水时代一直到他的“当代”世界。从这个意义上来说，虽然明斯特同时也遵循了托勒密地理学的制图原则，但他的模式更像是历史学家、哲学家、“描述地理学”的鼻祖——斯特拉波（Strabo，公元前 64—公元 23 年）的模式。后者在自己广为传播的著述《地理学》中提出：自然因素对人文现象（如聚落、人口密度和风俗习惯等）有着很大影响，并通过地理性的框架来呈现出城邦、人民和串连于其中的历史。在文艺复兴时期，斯特拉波的《地理学》被认为是“文化地理学模式”的经典之作，同托勒密“基于数学模型的”《地理学指南》具有同等重要的历史地位。

明斯特去世以后，其位于德国巴塞尔的墓碑碑文，将他描述为“是德国的以斯拉（Ezra，一位希伯来圣经中的重要人物）和斯特拉波”。这正是对其一生中在希伯来文化和地理学领域杰出成就的最高认可。

可以毫不夸张地说，在接下来的16－17世纪里，欧洲新教地区——尤其是德语地区平民的世界观，他们关于国家、人民、地理、历史的认知，很大程度上都来自明斯特的这本《宇宙志》。明斯特和他的作品，为那个时代的欧洲普通人了解这个世界打开了一扇大门。

▲ 1544 年，《宇宙志》内页中的世界地图。

▲ 美国国会图书馆的珍宝廊展示的 1507 年版世界地图复刻版本。地图上方，醒目地标注着“AMERICA'S BIRTH CERTIFICATE”字样。

第七讲

一张千万美元的“出生证明”

——记 1507 年瓦尔德泽米勒的世界地图

2007 年 4 月 30 日，时任德国总理默克尔，象征性地向美国的国会图书馆移交了一张古地图。在华盛顿特区的移交仪式上，默克尔表述到：“这是跨大西洋亲和力的表现，也是历史上众多的德国人扎根美国的表现。”这张古地图，就是德国制图师马丁 · 瓦尔德泽米勒（Martin Waldseem ü ller，1470 — 1520 年）的 1507 年版世界地图。

说它是象征性地被移交给美国，是因为美国的国会图书馆在 2001 年时，就已经以 1000 万美元的价格从德国人瓦尔德伯格 · 沃尔富格手中将其购入。对于一张印刷品来说，这个价格可能是史无前例的。现在，在国会图书馆的珍宝画廊里，突出地展示着这张地图的复刻版本。地图的上方，醒目地标注着“AMERICA'S BIRTH CERTIFICATE”字样。是的，这是一张千万美元的“美洲出生证明”，是第一张出现了“America”字眼的世界地图。对于美国人来说，它的历史意义堪比《独立宣言》。

关于这幅地图的出生，还要回溯到 1507 年……

那一年，在法国东北部，一个叫作 Saint-Dié 的小镇上，出现了一本不太为人所知的关于世界地理学的小册子，并附带了一张世界地图。但就是这样一本小册子，让一个名字——亚美利哥从此在世界地图上成为不朽。那本小册子并没有注明作者，但小册子本身却有一个长长的名字[①]，今天通常将其简称为《宇宙地理学的介绍》。小册子附带着的那张世界地图，被称为《宇宙地理》[②]。

COSMOGRAPHIAE INTRODV-
CTIO / CVM QVIBVS
DAM GEOME
TRIAE
AC
ASTRONO
MIAE PRINCIPIIS AD
EAM REM NECESSARIIS.

Inſuper quatuor Americi Ve-
ſpucij nauigationes.

Vniuerſalis Coſmographię deſcriptio
tam in ſolido ꝙ plano/eis etiam
inſertis quę Ptholomęo
ignota a nuperis
reperta ſunt.

DISTICHON.

Cum deus aſtra regat/& terræ climata Cæſar
Nec tellus nec eis ſydera maius habent.

▲ 小册子《宇宙地理学的介绍》的封面。

在那本小册子的后半部分，叙述完当时已知的欧、亚、非洲之后，作者建议将那个时代新发现的“世界的第四个部分”用它的发现者的名字——亚美利哥·韦斯普奇（Amerigo Vespucci，1454 — 1512 年）来命名，并说道：“既然亚洲和非洲的名字都来自一位女性，我看不出来任何人有权利反对将这个世界新发现的部分叫作亚美利加洲（America，亚美利哥之地的意思）——这来自它的发现者的名字、一个性格敏锐的男人。”而“America”的字眼，被标注在了那张地图中大概南美洲的位置上。

在我们通常的印象中，美洲新大陆发现者的荣耀，应该属于那个出身于热那亚，在西班牙王室的资助下，横跨大西洋，于1492年8月到达加勒比海诸地，“征服天堂”的航海家克里斯托弗·哥伦布。然而，哥伦布出发时，是带着给印度君主和中国皇帝的国书的，他的目的地是他认为就在跨越“大西洋”对岸的亚洲，加勒比海诸地到现在仍然将错就错地被称为“西印度群岛”。哥伦布把发现的第一块陆地命名为“圣萨尔瓦多”，即“救世主”的意思。他要在这片土地上寻找黄金与香料，并要“传播基督的荣光”。对宗教的狂热信仰和对世俗财富疯狂的追求，才是哥伦布乃至西班牙王室的真实动力。或许是出于同王室合约的利益考虑，或许是真的相信自己的判断，总之，哥伦布到死也没有承认，他到达的并不是亚洲，而是一片欧洲人之前从不了解的新大陆。

亚美利哥·韦斯普奇，是最早公开质疑哥伦布新发现的大陆是“印度西部”或“是亚洲一部分”的说法的人，因为他自己参与的远航也曾多次抵达那片新大陆。那片土地，远远大于预料中的亚洲印度，也同托勒密、马可·波罗等记载的亚洲风情大相径庭。亚美利哥据此认为，这是一片欧洲人之前从未了解过

▲ 描绘亚美利哥·韦斯普奇登陆美洲大陆的木版画 *Amerigo Vespucci rediscovers America*（伦敦国家海事博物馆藏，约1580年，作者 Stradanus Johannes）。

① 小册子拉丁文全称是：*Cosmographiae introductio cum quibusdamgeometriae ac astronomiae principiis ad eam rem necessariis. Insuper quatuorAmerici Vespucii navigationes. Universalis Cosmographiae descriptio tam insolido quam plano，eis etiam insertis，quae Ptholomaeo ignota a nuperis reperta sunt*。中文大意为：《宇宙地理学的介绍，并根据必要的地理及天文学原理增加了亚美利哥·韦斯普奇的四次航程。一张全世界的展示，以立体的和平面投影的方式，也包括了托勒密地理时代未知的、最近刚刚发现的大陆》。

小册子的简称为：拉丁语 *Cosmographiae Introductio*，地图的简称为：拉丁语 *Universalis Cosmographia*，英语 *Universal Cosmography*。

② 欧洲早期研究和绘制全球地理信息的地图常常采用 Cosmographia 的称谓，英文翻译为宇宙地理学或宇宙志，这一叫法应该来自托勒密《地理学指南》的早期拉丁文译名。16世纪早期，随着再版的托勒密作品更名为《地理学》，这种叫法也逐渐消退，改为 Geography（地理学）。

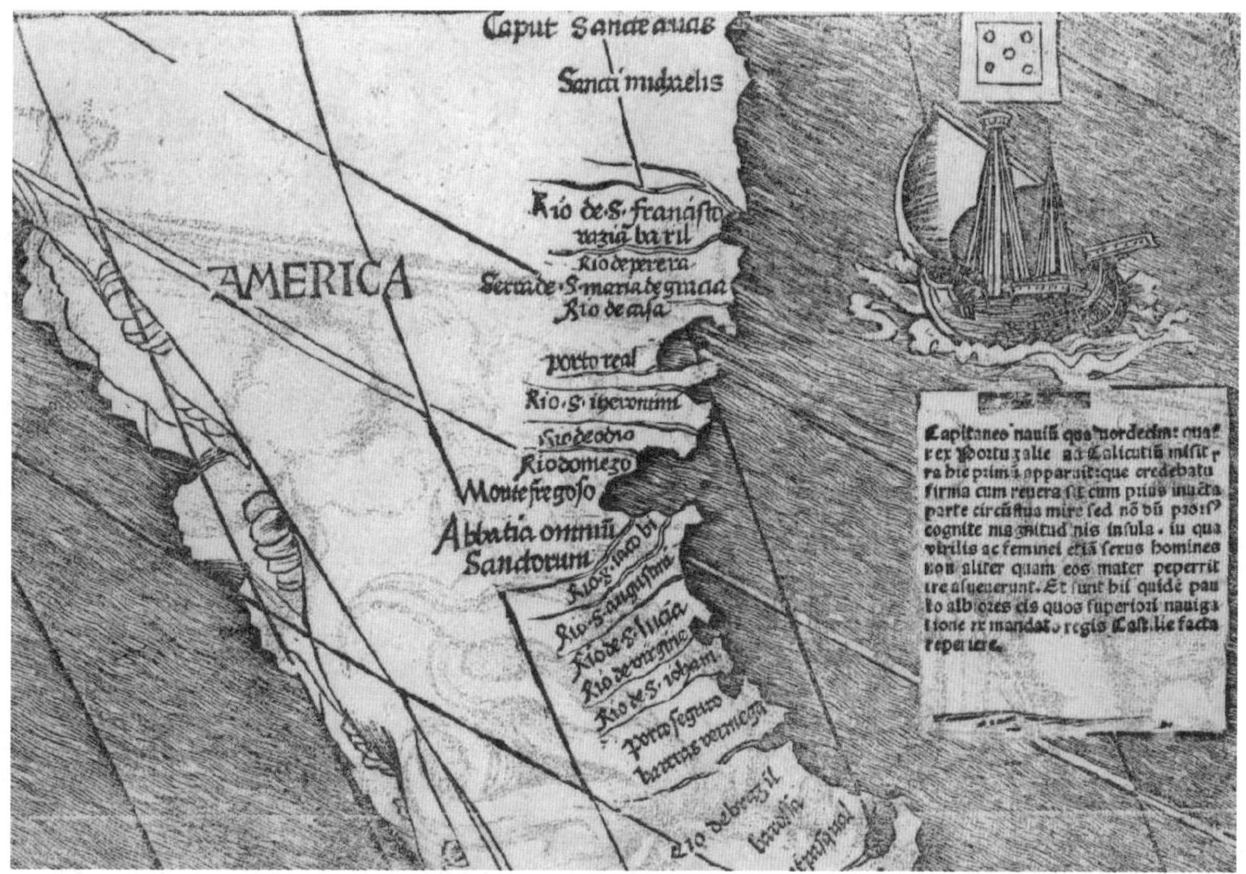

▲ “America”被标注在了地图中大概南美洲的位置上。

的“新世界”。

亚美利哥出生于亚平宁半岛的佛罗伦萨共和国，以现在的标准来看，和出生于热那亚的哥伦布算是意大利老乡。二人都被视为大航海时代的意大利北方城邦共和国的航海家、探险家。但亚美利哥在塞维利亚离世时，已经是西班牙王国的公民。

出生于佛罗伦萨富裕家庭的亚美利哥，自己也是一个成功的商人，并服务于统治佛罗伦萨共和国的美第奇家族。1492 年，当哥伦布说服西班牙王室资助他开启了第一次横渡大西洋之旅之时，亚美利哥正被派往西班牙的卡迪兹港以保护美第奇家族在那里的商业利益，而他也有了在西班牙长期生活居住的机会。1495 年，亚美利哥已经成为西班牙王国西印度探险队重要的合同供应商，并同探险队及王室保持了密切的联系。

亚美利哥一生进行了四次美洲探险，分别是：1497 年 5 月到 1498 年 10 月从西班牙出发的第一次航海，1499 — 1500 年加入西班牙探险家阿隆索（Alonso de Ojeda）探险队，1501 — 1502 年加入葡萄

▲ 佛罗伦萨的亚美利哥雕像（AMERIGO VESPUCCI）。

▲《根据托勒密的传统和亚美利哥·韦斯普奇及其他人的发现绘制的宇宙地理》包含了尺寸相等的十二个部分。

牙探险家贡卡洛（Goncalo Coelho）探险队，1503—1504 年为葡萄王室进行巴西东海岸的探索。而他的美洲探险之旅被世人所了解，常归因于他在世时出版的两封书信：一封是 1502 年左右写给他的赞助人美第奇家族的，后世通常称该信为“新世界（Mundus Novus）”；另一封是 1504 年左右写给佛罗伦萨国会议员索德里尼（Piero Soderini）的，后世通常称该信为“亚美利哥·韦斯普奇关于他的四次航行中的发现的信”。尽管后世有学者质疑亚美利哥那些信件的真实性，以及亚美利哥是否真的有四次前往美洲的探险

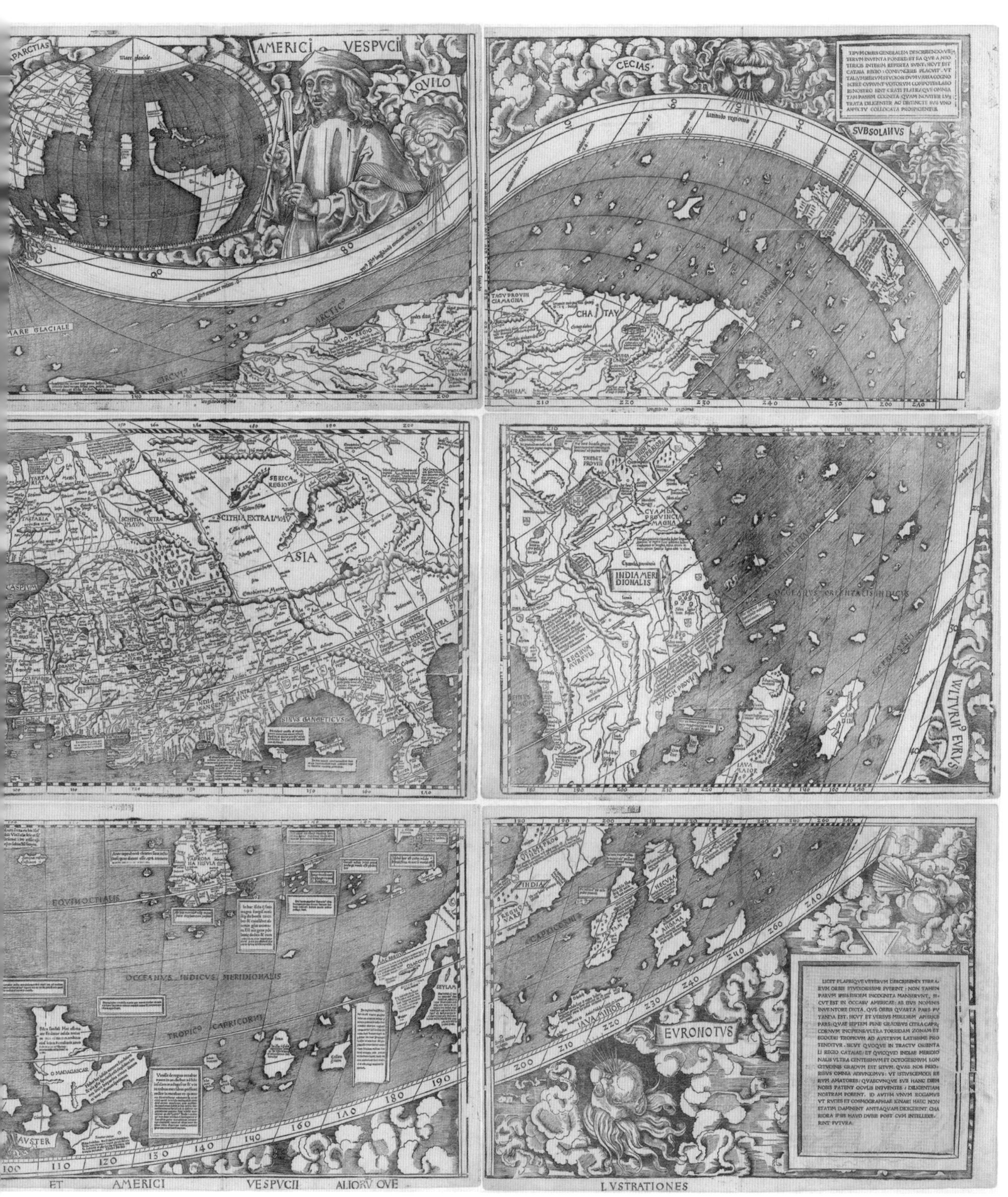

航行，但无论如何，中间的两次探险航行有着完整的历史证据，其探险的足迹直达南美洲东岸今圭亚那、亚马孙河口、巴西及阿根廷的许多地区。

第三次探险回到里斯本之后，在写给他的资助人、美第奇家族的洛伦佐（Lorenzo di Pierfrancesco de'Mddici，1463 — 1503 年）的“探险汇报”中，亚美利哥对于新大陆是“印度或者亚洲大陆某一部分”的观点提出了深深的质疑。这封信，就是上述的在16 世纪早期公开刊印的那封取名为“新世界（Mundus

Novus）”的信。这封信广为流传，特别是在当时的德语地区。而受这封信件观点的影响，并参考了1506年的卡维略地图①，瓦尔德泽米勒制作出了这张“美洲出生证明”。

然而亚美利哥自己也从来未曾料到，他的名字会被用来命名那个“新世界”。关于那个“世界的第四个大洲”、那个欧洲人的“新世界”，是如何获得了“亚美利加洲（America）”名字的问题，在历史的长河中也被淡忘了几个世纪。

直到1839年，一位德国的人文主义学者胡姆波特② 发表了一篇关于这个问题的研究论文，并将他的结论指向了上文提到过的法国东北部的那个小镇Saint-Dié和那本默默无闻的小册子。在16世纪早期的时候，那个小镇子属于神圣罗马帝国（德意志第一帝国）的洛林公国。那个文艺复兴的年代里，一批日耳曼的学者和制图师们，在洛林公爵的资助下，运作着一个人文社团组织。那个组织的核心人物，包括一位叫作马蒂亚斯·瑞曼（Matthias Ringmann，1482 — 1511年）的人文学者和一位叫作马丁·瓦尔德泽米勒的精于绘制地图的教士。根据胡姆波特的研究论文，公爵资助那个社团创办了印刷厂，而印刷厂的第一份作品就是那本马蒂亚斯的《宇宙地理学的介绍》小册子和瓦尔德泽米勒的《宇宙地理》地图。

胡姆波特虽然成功地发掘出了那本小册子及其作者，但小册子提到的那幅应该附带在一起的“一张全世界的展示，以立体的和平面投影的方式，也包括了托勒密地理时代未知的、最近刚刚发现的大陆”的地图，却一直不见踪影。在19世纪30年代，西方人文学者的圈子里一度兴起过寻找这版地图的热潮。然而半个多世纪过去了，所有人依旧一无所获。许多学者宣称，这版地图应该已经没有存世的版本了。

然而不是所有的人都放弃了调查探寻。比如，德国耶稣会的历史学家、地图研究学者费舍尔（Joseph Fisher，1858 — 1944年），利用假日业余时间在耶稣会寄宿学校讲授历史，主题是关于全德国的古老贵族图书馆。1901年夏天，他来到了沃尔富格城堡（Wolfegg castle）。这座城堡直到今天依然孤傲地矗立在德国西南部巴登－符腾堡州的小镇上。在得到了城堡领主沃尔富格王子（Prince of Franz zu Waldburd Wolfegg und Waldsee）的允许后，费舍尔扎进了古老城堡图书馆的丰富藏品中。第三天的时候，他发现了一本皮面装订的对开本的古老图书。那幅被翻遍欧洲寻找了几十年的地图，终于在那一天重见天日。它包含了相等尺寸的十二个部分，然后被小心地装订成了皮面对开本的书籍。事后考据，这张地图最早的拥有者有可能是德国纽伦堡的天文学家、地理学家约翰内斯（Johannes Schöner，1477 — 1547年）。但在被费舍尔发掘出来之前，它同世人“相忘于江湖”已经数百年。这张当年刊印了近千份的世界地图，目前所知完整存世的，只剩这一张遗世孤品。

这幅孤本古地图，全称叫作《根据托勒密的传统和亚美利哥·韦斯普奇及其他人的发现绘制的宇宙地理》③ 。正是在这版地图上，“America”这一字眼第一次被标识在我们现在称其为“南美洲”的区域，那是1507年。这幅地图对于“新大陆”也是一次大胆的猜测，因为麦哲伦“代表”人类完成的第一次环球航行印证了绕过这片新大陆的南端、穿越宽阔的太平洋，才能到达真正的亚洲，那一年已经是1522年。

虽然，“America”作为新大陆的名字，很快在欧洲人印制的一些地图版本中得到了体现，但瓦尔德泽米勒在自己之后的地图中甚至都没有使用过这个名字。因为当时的西班牙人认为，这名字对于第一个到达了“新世界”的航海家哥伦布来说太不公平。事实上，资助了哥伦布第一次横跨大西洋探险的西班牙王室，从来都拒绝使用“America”这个名字。“新世界”叫什么名字的问题，说到底是权力的问题，是关于统治、拥有、殖民及利用这个“新世界”资源的权力的问题。西班牙控制下的南、北美洲及中美洲，直到19世纪早期依然沿用着“新西班牙（Nueva Espana）”的名字。

那个曾出现在德·费尔地图上的西班牙美洲征服者、阿兹特克王国的毁灭者费南德·科尔特斯（Hernán Cortés），为了证明“新西班牙”能够提供难以置信的财富，将大量用金银制作的精美首饰、工具、武器、

① 1506年，意大利人卡维略（Nicolayde Caveri）完全参考了葡萄牙人的1502年《坎帝诺世界地图》（见第五讲），制作了卡维略地图（Caverio Map）。瓦尔德泽米勒充分参考了卡维略地图，制作出了自己的《宇宙地理》地图。

② 胡姆波特（Alexander von Humboldt），德国人文学者。他于1832年发现了欧洲人刻画美洲“新世界”的第一张地图—— *Juan de la Cosa* 的1500年版。不过此图并没有使用America的名字来描述“新世界”。*Juan de la cosa* 是哥伦布第一次、第二次探险队的重要成员。

③ 原文为 *Universalis cosmographia secundum Ptholomaeitraditionem et Americi Vespucii aliorumque lustrationes*，英文翻译为 *The Universal Cosmography according to the Tradition of Ptolemy and the Discoveries of Amerigo Vespucci and others*。

服饰、装饰品等，堆积在神圣罗马帝国皇帝查理五世的脚下。那些金银财富，来自阿兹特克帝国末代国王祖玛二世（Moctezuma II，1466 — 1520 年）。就寻找黄金白银来说，在哥伦布失败的地方，科尔特斯成功了。以波托西银矿为代表的美洲殖民地财富，支持了西班牙王国一个多世纪的殖民扩张与征战。“南美蝴蝶的翅膀”甚至带动了大明王朝的“隆庆开关”。据史料统计，16 — 17 世纪世界上约三分之一的白银，通过贸易流向了中国，其中绝大部分原产于美洲殖民地。

▲ 西班牙殖民者科尔特斯摧毁阿兹特克（佚名）。

德国文艺复兴时期代表性的艺术家丢勒(Albrecht Durer)，在见到科尔特斯掠夺回来的那些精美器物时，禁不住感叹道：“在我生命中的每一天，我从来都没有见过能给我的内心带来如此欢愉的这些物品，因为我从其中看到了美妙的手工艺术，我惊异于异域土地上的人们在物品中精隐的暗喻……”然而，震撼和打动丢勒的那些精美物品，在古老的美洲大地几乎很少有幸存到现在的。那些古老文明中的金银器物，都被融化并重新制作成其他新的、有“价值”的物品。原住民的人口遭到毁灭性的屠戮和消减。古老精美的阿兹特克神庙基石，成为西班牙人崛起的教堂之下的垫脚石。

现在，挂在美国国会图书馆内的这幅“美洲出生证明”，或许只应该称为欧洲人为这片古老大地制作的“美洲发现证明”。对于阿兹特克文明、印加文明等古老的美洲文明来说，他们的“美洲”已消亡在历史的长河里。

▲ 位于德国弗赖堡的瓦尔德泽米勒的纪念匾。

▲ 欧龙斯出版的心形投影地图，1534 年版。

第八讲
王者之心

——记以法国制图师欧龙斯为代表的几幅心形投影地图

“达·芬奇的死，对每一个人都是损失，造物主无力再造出一个像他这样的天才了。”这是达·芬奇最钟爱的学生弗朗西斯科·梅尔兹的叹息。1519 年 5 月 2 日，达·芬奇病逝于法国昂布瓦斯城堡中的克鲁克斯庄园。据说他是在赶来的法国国王弗朗索瓦一世（法语：François I，1494 — 1547 年）的怀中咽下了最后一口气。达·芬奇晚年被弗朗索瓦一世邀入法国，并受到了至高的接待。这位弗朗索瓦一世，又称骑士国王（Le Roi-Chevalier），是法兰西瓦卢瓦王朝第九位国王，被视为开明的君主、多情的男子和文艺的庇护者，被认为是法国第一位文艺复兴式的君主。今天，人们在卢浮宫里见到的法国王室的收藏，包括《蒙娜丽莎》在内，许多都是从弗朗索瓦一世时代才开始的。

不过我们今日的主人公，并非这位法兰西国王，而是那个将自己制作的世界地图献给弗朗索瓦一世的法国著名数学家、天文学家、地图大师欧龙斯·费恩（Oronce Fine，1494 — 1555 年）。欧龙斯于 1534 年出版的这幅地图，采取了一种心形投影的方法。整个地球仿佛一颗人类的心脏，悬浮在砖红色的背景之中。“心脏”之上，欧、亚、非、美四个已知的大洲分布在淡蓝色的海洋之中。最下方“未知的南方大陆”，则是一抹金黄色，沿着中央经线左右大体对称，仿佛自由女神飞翔的翅膀。

这是一颗王者之心，美丽而宽阔，寰宇世界尽在心中。

在这幅地图左下角，是拉丁文写成的献词，大致意思为：“为了向我们伟大的基督、最强大的法兰西国王弗朗索瓦致敬，从我们第一次开始设计制作这幅以人类心脏的形状来描绘整个世界的地图，已经差不多十五年了……同样，心形的地理影像也献给你自己忠诚的读者以及所有心怀善意的人们，我们呈现给大家的是一种睿智而自由的思想……”

欧龙斯出身于学者世家，他的父亲、祖父都是物理学家，欧龙斯本人也在巴黎接受过良好的教育并取得了药学的学位。然而他得到公认的成就都是在数学和天文学、制图学领域。1531 年，他被法国国王弗朗索瓦一世创办的法兰西学院指定为首席数学教授，并一直在那里工作到去世。上文这幅美丽绝伦的“王者之心”地图的落款，也写着“由数学家制作（Regis mathematic facebiut）”。该作品完成于 1534 年，当初是折叠对开，约 51 厘米 ×57 厘米，是欧龙斯一生中代表性的地图作品。在这幅“王者之心”之前的 1531 年，欧龙斯还发表过一幅双心形投影世界地图，其对世界的描述成为未来几十年里许多制图师效仿的模板。虽然地图的投影方式，由较早的托勒密扇形发展到椭圆形状，再发展到双半球，最终墨卡托投影法成为大航海时代绘制世界地图的主流方式。但从视觉效果上来讲，没有比欧龙斯所采用的心形投影方式更引人注目的了。

欧龙斯这几幅地图完成的年代，也是欧洲地理学界对于这个世界到底有几块大陆争论得最激烈的年代。欧龙斯地图中那个未知的南方大陆，几乎统治了整个南半球，拉丁文的注释写着“Terra Australis，Nuper inventa，sed nondum plene examinata”，大意为：“南方大陆，最近刚刚发现但尚未完全探索”。当代的地图学者认为，很多那个年代著名的地图制作者，比如威尼斯的加斯塔尔迪、荷兰的奥特留斯等，后来都曾参考此图中“未知南方大陆”的描述并将其绘制于自己的地图作品之上。这种情况一直持续到 17 世纪末期。那个年代另一个激烈的学术争论是“美洲大陆和亚洲大陆到底是分开还是连接着的”。欧龙斯 1531 年的双心形投影及 1534 年心形投影的地图中，这两块大陆的北端都是连接在一起的。不过，墨卡托在其 1538 年前后的作品中描绘的这两块大陆，在今日白令海峡的部分是分开的，只是误用了《马可·波罗游记》中阿尼安海峡（Anian）的名称，导致这一叫法出现在后期许多其他制图师的作品之中。其实，墨卡托也并没有真实的地理数据支撑自己的判断，他的画法也只是基于那个时代的广泛猜想。丹麦探险家白令带领俄罗斯“伟大北方”探险队，探索到亚洲、美洲分界的白令海峡，那已经是墨卡托之后两百多年的事了。

▲ 欧龙斯·费恩（Oronce Fine，1494 － 1555 年）。

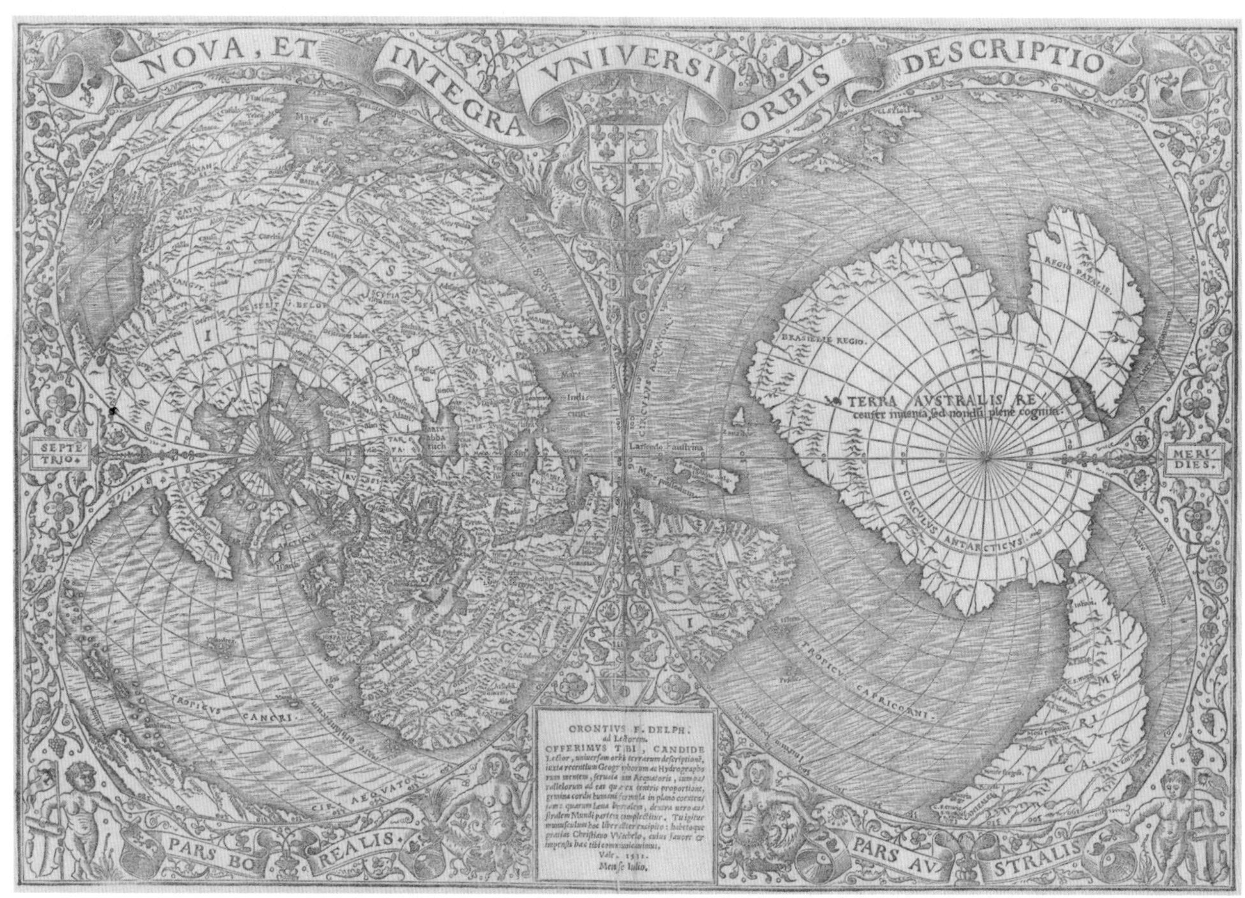

▲ 欧龙斯出版的双心形投影世界地图，1531 年版。

此外，欧龙斯在献词中所述的“我们第一次开始准备……过去了 15 年”的心形地图投影方式，却并非欧龙斯的独创，也并非首创。在地图投影学上，这种心形投影的方式被命名为“斯塔布斯 - 维尔纳（Stabius-Werner projection）”投影法。这一投影法的名字来自两位约翰尼斯——约翰尼斯·斯塔布斯（Johannes Stabius，1450 — 1522 年）与约翰尼斯·维尔纳（Johannes Werner，1468 — 1522 年）。前者是奥地利维也纳的一位制图师，后者则是德国纽伦堡的数学家、天文与地理学家。前者在服务于神圣罗马帝国皇帝马克西米利安一世的宫廷时独自发展出了这种投影方式；后者则在 1514 年自己翻译托勒密的地理学作品之中，推介并完善了这一投影方式。

欧龙斯的“王者之心”，被后人视为应用这一投影方式的代表性作品，其过目难忘的视觉效果成了这一投影方式最好的宣介。其他制图大师（如墨卡托、奥特留斯）也曾在 16 世纪晚期使用这种投影方式制作过亚洲或者非洲的地图。而欧龙斯这版经典的世界地图，后来被其他制图大师以不同方式拷贝或仿制过多次。例如，突尼斯裔的制图师哈吉·艾哈迈德（Hajji Ahmed）在 1559 年于威尼斯出版的六幅木刻版的版本，就是较突出的例子。由于制图师本人穆斯林的属性以及围绕其身世与作品中的诸多谜团，哈吉的版本是地图收藏者眼中不可多得的珍品。此外，还有制图师乔瓦尼（Giovanni Cimerlino）在 1566 年于威尼斯出版的版本，制图师贾尔科莫（Giacomo Franco）在 1586 年于威尼斯仿制的版本，法国制图师皮埃尔圣桑（Pierre Moullart Sanson）在 1702 年于巴黎仿制

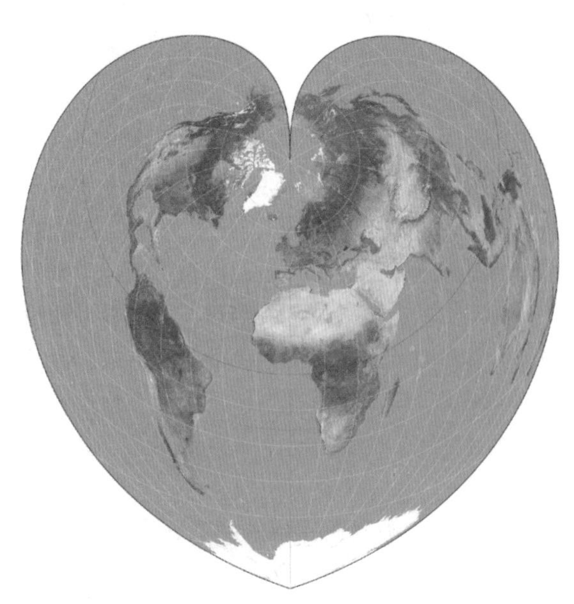

▲ 斯塔布斯 - 维尔纳投影法。

的版本等。

“斯塔布斯－维尔纳投影法”在18世纪逐渐被另外一种心形地图的“伯尼投影法”所取代，这一投影法的命名来自18世纪法国著名皇家制图师伯尼（Rigobert Bonne，1727—1795年）。不过，早在伯尼之前两百多年，席尔瓦努斯（Bernard Sylvanus）的1511年世界地图就已经采用了类似的心形投影方法，并以“第一张欧洲人彩色印刷的地图”而知名，因此“伯尼投影法”有时又被称为“席尔瓦努斯投影法”。

地图投影，就是利用一定的数学法则把地球表面的经、纬线转换到平面上的理论和方法。地球作为一个球体，其表面是一个不可展平的曲面，所以运用任何数学方法进行这种转换，都会产生误差和变形。按照不同的需求缩小误差，就产生了各种各样的投影方式。例如，根据表面划分的投影方式，可以分为：圆柱形投影、伪圆柱形投影、混合投影、锥形投影、伪圆锥投影、方位角投影等；根据保留度量性质的投影方式，可以分为：等形投影、等面积投影、等距投影、心射赤面投影、反方位投影、折衷预测投影等。

“斯塔布斯－维尔纳投影法”和“伯尼投影法”，因为其绘制出的世界地图图形仿佛一颗心脏，也常被称为“心形投影法”。其实这不过是上述二十几种的“等面积投影法”中所包含的两种，都可以视为某种“等积伪圆锥投影法”。其投影中纬线为同心圆圆弧，经线为交于圆心的曲线。中央经线为直线，其余经线为对称于中央经线的曲线。这种投影方法，在中央子午线和标准纬度附近的形状不会变形。另外，在托勒

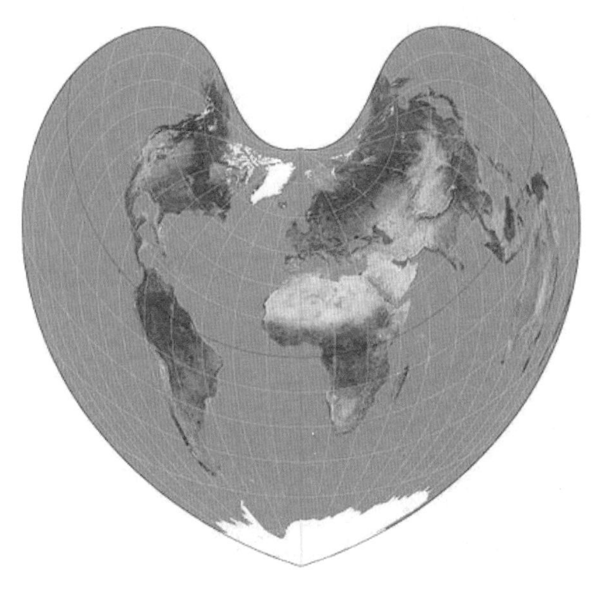

▲ 采用“伯尼投影法”的世界地图，基准纬度线北纬45°。

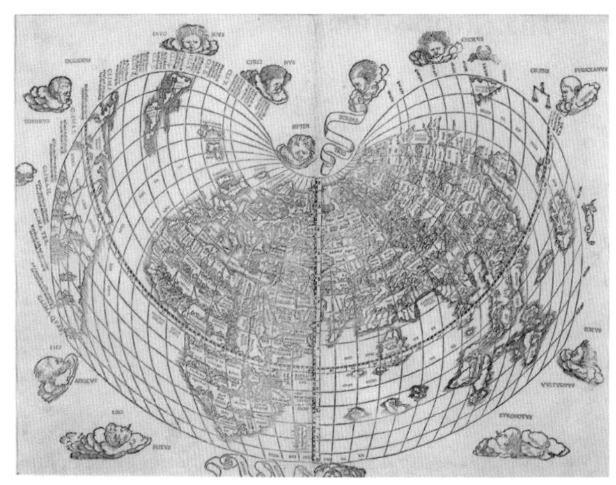

▲ 席尔瓦努斯的1511年世界地图，为“伯尼投影法”的早期作品，比伯尼早两百年。

密等传统投影法中难以表现的极地地区，也可以使用此种投影方式进行绘制。比如，在“伯尼投影法”中，某点在地图坐标内的数值被定义为：

$$x = \rho \sin E$$
$$y = \cot \varphi_1 - \rho \cos E$$

其中：

$$\rho = \cot \varphi_1 + \varphi_1 - \varphi$$
$$E = \frac{(\lambda - \lambda_0)\cos \varphi}{\rho}$$

φ 代表纬度，λ 代表经度，λ_0 是中央子午线的经度数值，φ_1 是标注纬度线的数值。其反向推导公式为：

$$\rho = \pm\sqrt{x^2 + (\cot \varphi_1 - y)^2}$$

其中：

$$\varphi = \cot \varphi_1 + \varphi_1 - \rho$$
$$\lambda = \lambda_0 + \frac{\rho}{\cos \varphi} \arctan\left(\frac{x}{\cot \varphi_1 - y}\right)$$

……

下面这首文艺复兴时期英国玄学派诗人（The Metaphysical Poets）约翰·多恩写的经典情诗，表达的是爱而不是欲，精神之爱远远胜过肉体之爱。他从日常生活和广博的学识中寻找意象，表现了微妙的哲学思辨，令人耳目一新。

THE GOOD-MORROW.（节选）

John Donne

…

And now good-morrow to our waking souls,
Which watch not one another out of fear;
For love all love of other sightscontrols,
And makes one little room an everywhere.
Let sea-discoverers to new worlds havegone;
Let maps to other, worlds on worlds haveshown;
Let us possess one world; each hathone, and is one.
My face in thine eye, thine in mine appears,
And true plain hearts do in the faces rest;
Where can we find two better hemispheres ?
Without sharp north, without declining west?
…

《早安》

——约翰·多恩

……

现在向我们苏醒的灵魂道声早安，
两个灵魂互相信赖，毋须警惧；
因为爱控制了对其他景色的爱，
把小小的房间幻化成大千世界。
让航海发现者向新世界远航；
让无数世界的舆图把他人引诱；
让我们自成世界，又互相拥有。
我映在你眼里，你映在我眼里，
两张脸上现出真诚坦荡的心地；
哪儿能找到两个更好的半球啊？
没有尖锐的北，没有下沉的西？
……

恭喜多恩，他终于可以在“心形投影法”下制作的那一幅幅美丽心灵般的地图之中，找到诗中“没有尖锐的北，没有下沉的西”的两个半球了。

▲ 哈吉在 1559 年于威尼斯出版的 6 幅木刻板版本（土耳其文）。

▲ 法国制图师皮埃尔・圣桑（Pierre Moullart Sanson）在 1702 年于巴黎仿制的版本。

▲ 特斯图第四种投影的世界地图。骷髅头造型的风神极具“海盗”特色。

第九讲

海盗爱地图

——记法国制图师特斯图及其作品

提起海盗，您的眼前会闪过谁的脸：《加勒比海盗》里那个命运离奇而又不太靠谱的杰克船长？在繁忙的马六甲海峡偷鸡摸狗的东南亚小毛贼？端着AK47踩着拖鞋疯狂抢镜的索马里海盗？同他们的鼻祖之一——英国的弗朗西斯·德雷克爵士（Francis Drake，1540—1596年）比较起来，他们都有损于海盗这一古老行业的“职业形象”。德雷克爵士矛盾又传奇的一生，完美阐释了海盗的功利与奉献、血性与谋略、制度与自由。所谓盗亦有道，他从一个私掠船海盗船长，转变为栋梁砥柱的英国海军将领，塑造了挑战西班牙海洋霸权的英国海军，成为大英帝国接下来数百年海上霸业的奠基者之一。

不过，我们今日要介绍的，却并非德雷克，而是另一位海盗鼻祖、德雷克爵士海盗生涯“第一桶金”的“合伙人”、法国私掠船船长、制图师（这也是我们重点关注的头衔）继尧姆·勒·特斯图（Guillaume Le Testu，1509—1573年）。

出生于诺曼底地区勒哈弗市的勒·特斯图，并非生而为“盗”。人之初，也是卿本良民，入“盗”行之前，他算是一名法国皇家政府的“公务员”，一名御用的制图师。

法国北方、大西洋沿岸的诺曼底地区，不光是因为二战时被盟军选为登陆点而闻名，也是一片有着悠久历史传统的土地。它的名字最早来自北欧丹麦人和挪威维京人的定居点。“诺曼”是Northman或法语Normaundie的谐音，即“北方人”。1066年，诺曼底公爵威廉对英格兰的征服史称“诺曼征服”，之后英吉利海峡两岸的英格兰和诺曼底、布列塔尼等地区的统治者长期都是诺曼人和法兰克人。到16世纪初期，诺曼底地区，特别是迪耶普市（Dieppe）、鲁昂市（Rouen）、勒哈弗市（Le Harver）等，成为法国重要的地图产地，不过早期诺曼底地区的地图很大一部分基于葡萄牙人的信息资源，地图上那些葡萄牙人命名的地名就是最好的证据和线索。在法国国王弗朗索瓦一世的扶持之下，地图产业从1530年左右繁盛起来，并且一直延续到1630年左右。百余年间“诺曼底制图流派”代表性的地图或地图集，至少有五十多种流传到今，涉及二十余位著名的制图大师，如皮埃尔（Pierre Desceliers，1500—1553年）、洛兹（Jean Rotz 1505—1560年）、勒·瓦西尔（Guillaume Le Vasseur，1600—1673年），以及本文记述的勒·特斯图等人。

现在，大部分那个时代的诺曼人制作的地图，都被收藏在各大图书馆、博物馆中。它们看上去好像并不是几百年前的军队、商旅和探险者们的导航工具，而更像是一幅幅装饰精美的画作、一幅幅古老的艺术珍品。那些当初绘制了这些地图的制图师们，却不只是后人眼中的艺术家，他们中的许多人本身也是那个时代的商人、经验丰富的航海者、知识渊博的天文学者和数学家。勒·特斯图就是其中的代表，是一位有着丰富数学知识的远洋船长。作为制图师，他的地图以繁复的细节而著称，他和他的作品影响了之后一代又一代的制图师、航海家和探险者。

勒·特斯图绚烂精彩的一生，深深地融入那个大时代的历史背景，那就是包括法国在内的欧洲宗教战争，以及法兰西王国的海外探索与殖民。

1550年，勒·特斯图受法国国王亨利二世的委任，绘制了一张美洲地图，主要区域是法国人当时经常进行贸易的那些地区。1551年6月，他再次受命于这位狂热的天主教法国国王，前往巴西执行探险与勘察任务，绘制巴西海岸线的地图。彼时的巴西，是一片葡萄牙人在几十年间已经建立许多殖民定居点的区域。勒·特斯图指挥的“萨拉曼德”号（Salamandre）最南到达了今日拉普拉塔河口（Rio de la Plata）地区（今阿根廷与乌拉圭的边界）。12月下旬，返航途中，他的船与两艘葡萄牙船只在特立尼达附近发生交火，“萨拉曼德”号受到严重损坏。耽搁到1552年7月，他才返回法国迪耶普港。不过，勒·特斯图不辱使命，成功绘制了南美洲大部分海岸线的地图。

1555年，勒·特斯图又一次受命前往几年前勘绘过的这片南美大陆。这次的探险队是由法国海军中将尼古拉斯·杜兰德（Nicolas Durand de Villegagnon，1510 — 1571年）率领，他们的任务是试图在巴西今日的里约热内卢附近建立一个法国新教徒（胡格诺派）的殖民定居点。

这次从巴西返回法国之后，勒·特斯图专心于他的地图制图工作。到1556年，他的代表作地图集*Cosmographie universelle selon les navigateurs，tant anciens que modernes*，即《古时的和现代的航海者绘制的世界宇宙志》终于问世了。它包含了56幅绚烂多彩的地图作品，其中包括6幅按照不同的投影方式制作的世界地图，有些投影方式在现在看来也是需要极其复杂的数学计算功底的。不过，勒·特斯图在地图投影及制作方面的经验并没有传递给太多的观众，因为这是一部“Pure Hand Made”的手工作品，连同他的一张单幅的世界地图作品，今日都保存在巴黎法国国家图书馆之中，成为举足轻重的镇馆珍品。

勒·特斯图当年把这部地图集献给了他的导师兼赞助人：法国海军上将加斯帕德·德·科利尼（Gaspard de Coligny，1519 — 1572年）。这部地图集的原始素材除了来自勒·特斯图自己的几次航海探险经历外，更多的是来自科利尼上将提供给他的法文、西班牙文、葡萄牙文地图等资料。虽然勒·特斯图的导师及赞助人科利尼上将是当时法国新教胡格诺派的领军人物，这部地图集仍然为勒·特斯图从天主教法国国王亨利二世那里赢得了“皇家领航员”的头衔。

这部地图集包括12张大爪哇岛/南方大陆（Terra Jave le Grand/Terra Australis）的地图，勒·特斯图将它们都绘制在了马鲁古群岛（Moluccas）以南的区域。然而，那个年代并没有关于这一地区确切的地理信息来源，地图集中，勒·特斯图注释到：

“下图包含位于热带南部地区的大爪哇岛的一部分，那里的居民是图腾崇拜者，他们对上帝一无所知。那里生长着丁香、肉豆蔻，以及其他种类的水果和香料……这里是大爪哇岛和小爪哇岛，包括了八个王国，

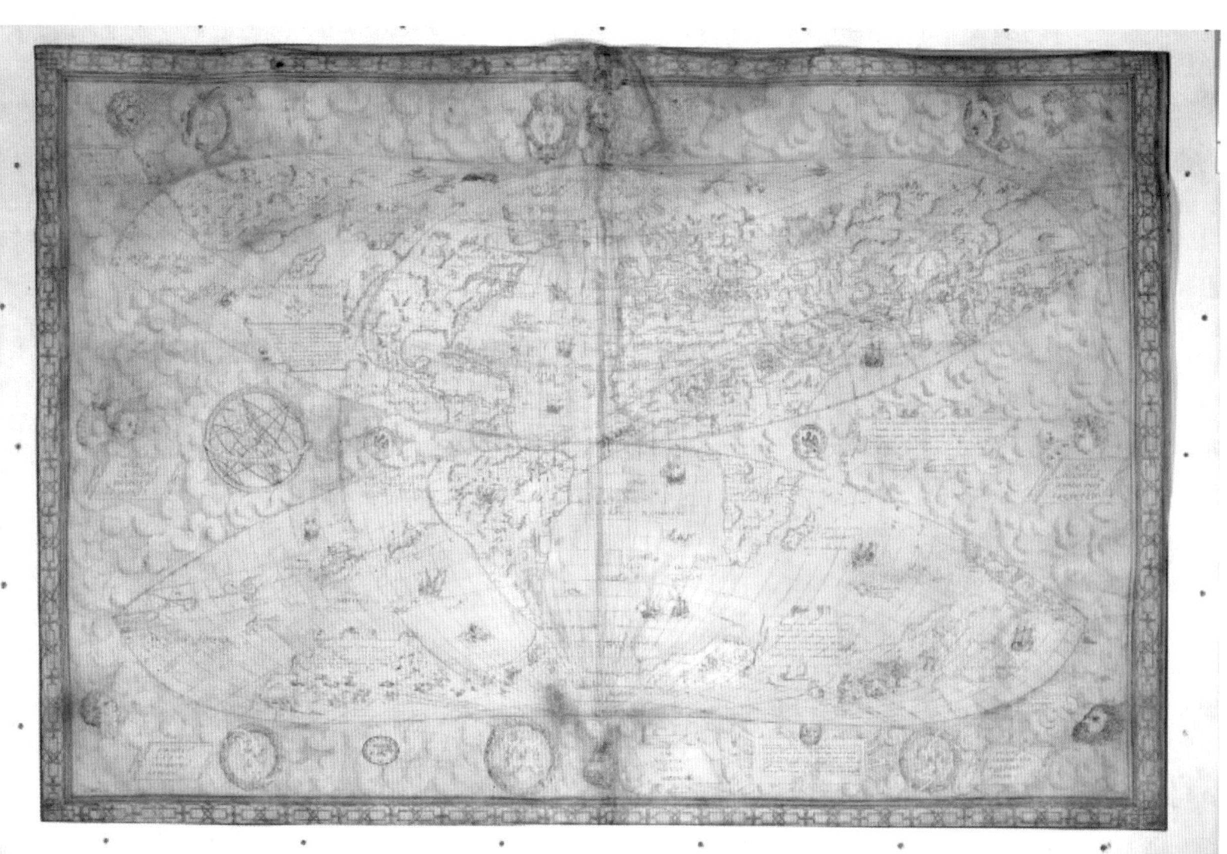

▲ 勒·特斯图地图集中的世界地图，1556年版本。法国国家博物馆镇馆珍品。

他们都是图腾崇拜者，信奉巫师。好几种香料都生长在这两个地区，如丁香、肉豆蔻和其他香料……这片土地是被称为“南方大陆(Terra Australis)”的一部分，对我们来说是未知的，所以，此图标明的只是来自想象和一些不确定的观点，因为有些人说大爪哇岛只是它的东海岸，它的西海岸就是麦哲伦海峡，其中间的所有大地都是连接在一起的……

“这部分是南方大陆的同一块土地，但是它还从未被探索过，因为没有人们发现过它的任何记载，因此，除了想象，没有任何关于它的评述。我一直无法描述它的任何资源，因此，我不打算更多的评述它，直到有更多更充分的发现……”

三个多世纪以后，英国学者爱德华·詹克斯（Edward Jenks，1861 — 1939 年）指出，大英博物馆收藏的一张据说在 1542 年绘制的地图，其对大爪哇岛的描绘，很可能就是来自勒·特斯图的《依据航海者（绘制）的世界宇宙志，古时的和现代的》。詹克斯说，这张地图最早属于一个名叫罗茨的法国水手，该水手后来在英国度过了一段日子。詹克斯评论道：“这一事实给法国人提出的主张带来了一抹色彩，他们的同胞勒·特斯图是澳大利亚真正的发现者。这种说法主要基于一点，即勒·特斯图的名字出现在 1556 年的地图集上，该图中的一片南方大陆以大爪哇岛的方式被勾勒出来。然而，这个事实只能证明，勒·特斯图曾听说过这样一个地方……”

詹克斯的评论说的没错，对于探索“未知南方大陆”的荣耀，应该属于那些一代代勇敢的探险家和航海者。对这片大陆的探索到库克船长时代已经前后历经几个世纪，勒·特斯图这些“道听途说”的早期地图作品，倒是可以视为吹响探索南方大陆的一声号角。据记载，海军上将科利尼随后就曾支持了来自托斯卡纳地区的商人阿尔拜涅（Andr é d'Albaigne）递交给法国的关于在南方大陆建立殖民地的计划。这个活跃于葡萄牙的商人指给法国人“一片富有的、广大的、然而尚未被西班牙和葡萄牙国王发现的南方大陆”。然而随着科利尼于 1572 年的遇害，这个计划也不了了之。当 17 世纪初法国人重新有精力把目光再次投向海外殖民地时，渔业与皮毛资源已经将他们吸引向了加拿大的美洲“新世界”。

勒·特斯图的海盗生涯，也将在那里同时达到顶峰与终点……

▲ 勒·特斯图地图集中的大小爪哇岛地图。

随着天主教与新教之间的矛盾渐趋激烈，1567 年前后法国宗教内战在新教的胡格诺派和天主教派之间终于爆发。像那个时代许多的进步学者一样，勒·特斯图也站在了新教的阵营，支持胡格诺派。这段时间他在制图方面少有新作，而是专心于作为一名私掠船船长的本职工作，也就是“官方海盗船”的船长。我们将在第二十七讲中更多地介绍“私掠船”：16 — 19 世纪，伴随着欧洲列强争夺海上霸权及海外殖民地势力的激烈斗争，“海盗”（私掠船）成为一种所在国允许的“合法行为”。甚至在相当长时间里，一国的私掠船是国家海军力量的重要补充。只要不违背本国的利益，他们可以随意攻击和抢劫敌对国（16 世纪主要针对西班牙）的货船，本国政府还会根据私掠船的战果给予奖励。勒·特斯图陆续做了两年的特许“海盗”买卖，并没有在劫掠行动中被敌国捕获，但却成了法国天主教派的俘虏。按照当时的某些宗教审判制度，勒·特斯图将被监禁四年以上。不过，他应该感谢自己所从事的“海盗事业”，因为这被认定为是一项“对于法兰西王国的公共事业有益的补充”。根据当时法国国王查理九世的命令，勒·特斯图很快就获释了。

读者此时或许已经注意到，法国国王已经由上文的亨利二世变成了此次的查理九世。是的，在勒·特斯图 64 年的一生之中，他先后经历了法国瓦卢瓦王朝的 3 代人和最后 5 位君王。他们分别是：

—弗朗索瓦一世。1515 — 1547 年在位。这个大鼻子骑士国王是法国瓦卢瓦王朝的第九位国王，比较知名的行为包括将达·芬奇迎入法国居住、与奥斯曼土耳其一度结成“渎圣同盟”等。

—亨利二世。1547 — 1559 年在位，弗朗索瓦一世的次子、法兰西瓦卢瓦王朝第十位国王。他的妻子就是意大利美第奇家族的凯瑟琳·德·美第奇（Caterina de' Medici），也是下述三位国王的母亲。

—弗朗索瓦二世。亨利二世的长子，1544 年出生，1559 — 1560 年在位，1560 年 16 岁去世，法兰西瓦卢瓦王朝第十一位国王。

—查理九世。亨利二世的次子，1550 年出生，1560 — 1574 年在位，法兰西瓦卢瓦王朝第十二位国王。他完全受自己野心勃勃的母亲凯瑟琳·德·美第奇控制。

—亨利三世。亨利二世的第三子，1551 年出生，1574 — 1589 年在位，是法兰西瓦卢瓦王朝的最后一位国王。法国的宗教战争在他统治时期达到白热化。

获释后的勒·特斯图继续干着海盗的营生。1573 年 3 月 23 日，在巴拿马的加勒比海沿岸一侧的卡蒂瓦（Cativa）城附近，勒·特斯图意外地遇到了后来闻名史册、不过在当时和他一样只是一名干着私掠船船长勾当的英国皇家“国营海盗”——弗朗西斯·德雷克。当时的德雷克还没有被称为德雷克爵士，但是因为之前的切身经历，德雷克对西班牙和天主教有着太多的新仇旧恨。在获得英国伊丽莎白一世女王的私掠许可后，从 1571 年开始，他以对加勒比海和西印度群岛的西班牙殖民地频繁的袭击与掠夺而闻名。至于勒·特斯图，虽然后人不清楚他出现在那里的使命是什么，但鉴于他同法国天主教早已不在一个阵营之中，执行法国皇家任务的可能性微乎其微。研究者考据他当时可能是在某位佛罗伦萨商人的资助下在加勒比海进行活动。

那一天，勒·特斯图指挥的是一艘 80 吨级的风帆战舰“哈夫雷（Harve）”号，舰上有七十余名船员。德雷克指挥的战舰和人手比勒·特斯图的更小更少一些，不过他在加勒比当地已经发展出了不少土著盟友——西马仑“Cimarron”（这一专有名词主要指在巴拿马地区从西班牙奴隶主手中逃跑出来、并扎堆儿生活在西班牙人法外之地的反抗黑奴）。据资料记载，这次会面中，勒·特斯图向德雷克赠送了一只佛罗伦萨军事将领斯图兹家族（Pietro Strozzi）的宝剑，并表示这是来自法国海军上将科利尼的礼物。这位科利尼正是前文提到的勒·特斯图的导师兼赞助人、法国胡格诺派的领军人物，并已经在去年夏天（1572 年 8 月）发生在巴黎的“圣巴托洛缪日大屠杀”中惨遭杀害。

英国彼时已经算是新教国家，同西班牙的海权争霸正进行的如火如荼。法国皇室虽然偏袒天主教派，但跟天主教西班牙哈布斯堡家族却是世仇，何况勒·特斯图本人还是新教胡格诺派的支持者。所以，当德雷克透露出打算对一队运送大量的金银财宝前往巴拿马农布雷 – 德迪奥斯（Nombre de Dios）地区（今科隆城附近）的西班牙骡队进行突袭打劫时，怀揣着“新仇旧恨”的勒·特斯图，也义无反顾地入了伙。由英、法两条私掠海盗船组成的迷你“联合舰队”，开启了一次举世闻名的打劫之旅。

彼时，西班牙殖民者将开采并提炼于秘鲁和智利等殖民地的黄金白银，在南美洲西海岸的港口装上西班牙人的舰船，一路北上，运送到太平洋一侧的巴拿马城，然后再由重兵护卫的骡队横穿巴拿马地峡（那个年代还没有巴拿马运河），运送到大西洋一侧的农布雷 – 德迪奥斯城（在西班牙语中，这是“上帝之名”的意思）。这座小城是中南美洲最古老的西班牙人殖民定居点之一，那些从殖民地运来的金银财宝，

▲ 位于塔维斯托克（Tavistock）的德雷克雕像底座上的铜板雕刻：伊丽莎白一世女王登上“金鹿”号为弗朗西斯·德雷克授骑士爵位。Joseph Boehm 于 1883 年绘。

▲ 圣巴托罗谬日大屠杀胡格诺派新教徒。由 Francois Dubois（1529 – 1584 年）绘制。作者是一个胡格诺派新教徒，1529 年出生于法国亚眠（Amiens），后来在瑞士定居，尽管他并没有目击这场发生于 1572 年 8 月 23 日的“圣巴托罗谬（SAN BARTHOLOMEW）日”的大屠杀，但是他的代表性画作让他本人和这场大屠杀都广为人知。圣巴托罗谬是基督教中耶稣的十二门徒之一，因热心宣扬福音而殉道。

画面右侧，被两个人从窗口挂出来的白衣尸体，是法国胡格诺派的代表性人物、海军上将加斯帕尔·德·科利尼二世（Gaspard II de Coligny）（1519 – 1572 年），他是当时法国国王查理九世的好友和顾问。

画面左侧最深处，凯瑟琳·美第奇正从卢浮宫的城堡中窥视着街道上成堆的尸体。她是当时法国国王查理九世（Charles IX）的母亲，通常被视为是这场天主教暴徒对胡格诺派新教徒进行大屠杀的幕后煽动者。

再从这里通过舰船运送回西班牙本土。“上帝之名”城濒临一片大沼泽，不容易攻取，但也意味着同样不容易建立用于防守的要塞城堡。海盗“联合舰队”派出的“陆战队”在“上帝之名”小城以东的某个地点偷偷登陆了，同舰队约定好重新汇合的时间地点之后，连同德雷克在当地的黑人盟友，于 4 月 29 日悄悄地抵达了“上帝之名”城南约两里格（11 公里）距离的丛林中。那里是西班牙人运宝骡队的必经之地。在他们设伏之后不久，土著黑人盟友就侦察并通报了骡队抵近的情报，那是一队由近 200 头骡子组成的庞大驮运队，每一头骡子驮运着 300 多磅的白银、黄金及其他珠宝。德雷克和勒·特斯图相信，西班牙人在穿越漫长的热带丛林，就要接近目的地“上帝之名”小城的时刻，可能会因为大意和疲惫而变得疏忽脆弱，这也是“打劫”这批宝藏的最好时机。

“海盗陆战队”也的确一击得手，在损失了一些当地黑人盟友和少数几个陆战队员后，他们很快击溃了西班牙护卫队，截获了近 30 吨的金银，按当时的估值在八万到十万西班牙金比索，绝对堪称是一笔巨大的财富。事实上，由于财富过于“沉重”，“联合舰队”的海盗们很难带着所有的财宝“跑路”，不得不把其中的一部分就地埋藏。勒·特斯图带领的法国人分得了大约价值两万金比索，但是他在刚刚的“劫道儿”活动中运气不佳负了重伤，难以尽快回到舰队的接应点，最终被从城里闻讯赶来追踪他们的西班牙人捕获。德雷克返回舰队的路途虽然也麻烦不断，但总算有惊无险地带着部分财宝逃回船上。英国海盗德雷克还不忘记派出一队小分队试图去援救刚刚一起并肩战斗过的法国人勒·特斯图，算是盗亦有道，也难怪他后来能做到英国的海军上将。然而救援队带回来的却是坏消息：勒·特斯图和他的几个手下被西班牙人捕获，遭受酷刑被逼问财宝的下落，最后都被处死。勒·特斯图的头颅被带回了“上帝之名”城的城里，在市场上被“悬头藁街蛮夷邸间，以示万里”，大概西班牙人也想向海盗们展示一下自己“虽远必

▲ 美丽的风车投影地图，作者勒·特斯图。

诛”的决心吧。多年之后，已经成为大英帝国爵士的德雷克曾重返“上帝之名”小城，试图寻找当年因无法带走而埋掉的那些宝藏，成为另一个传奇故事。

勒·特斯图在他一生最大的一桩“海盗”买卖中丢了性命，劫掠到的财富都成了过眼云烟。但他曾经绘制过的那一幅幅绚烂迷人的古老地图，却被收藏并流传了下来，沉淀为真正的“宝藏”，成为今日法国国家图书馆中珍贵的藏品，讲述着人类文明进步的足迹。

再后来，有一种传说，说在这两位英、法私掠船“海盗船长”数次把酒言欢的恳谈与刀头舔血的合作之中，勒·特斯图向德雷克聊到了自己在地图集中描绘的大爪哇岛、南方大陆，并透露了自己的探险计划。而正是勒·特斯图的这些地理信息和探险计划，激励和启迪了德雷克几年之后绕行南美大陆最南端的麦哲伦海峡，然后一路北上“打劫”西班牙在南美洲西海岸的数个殖民点，并最终完成了穿行太平洋、登陆爪哇岛、从好望角重回欧洲的环球航行壮阔旅程。

▲ 1497 年，货币改革后的西班牙帝国银币——比索（Peso），重约 25.56 克。16 世纪，一银比索等于 8 里亚尔（西班牙货币单位）。

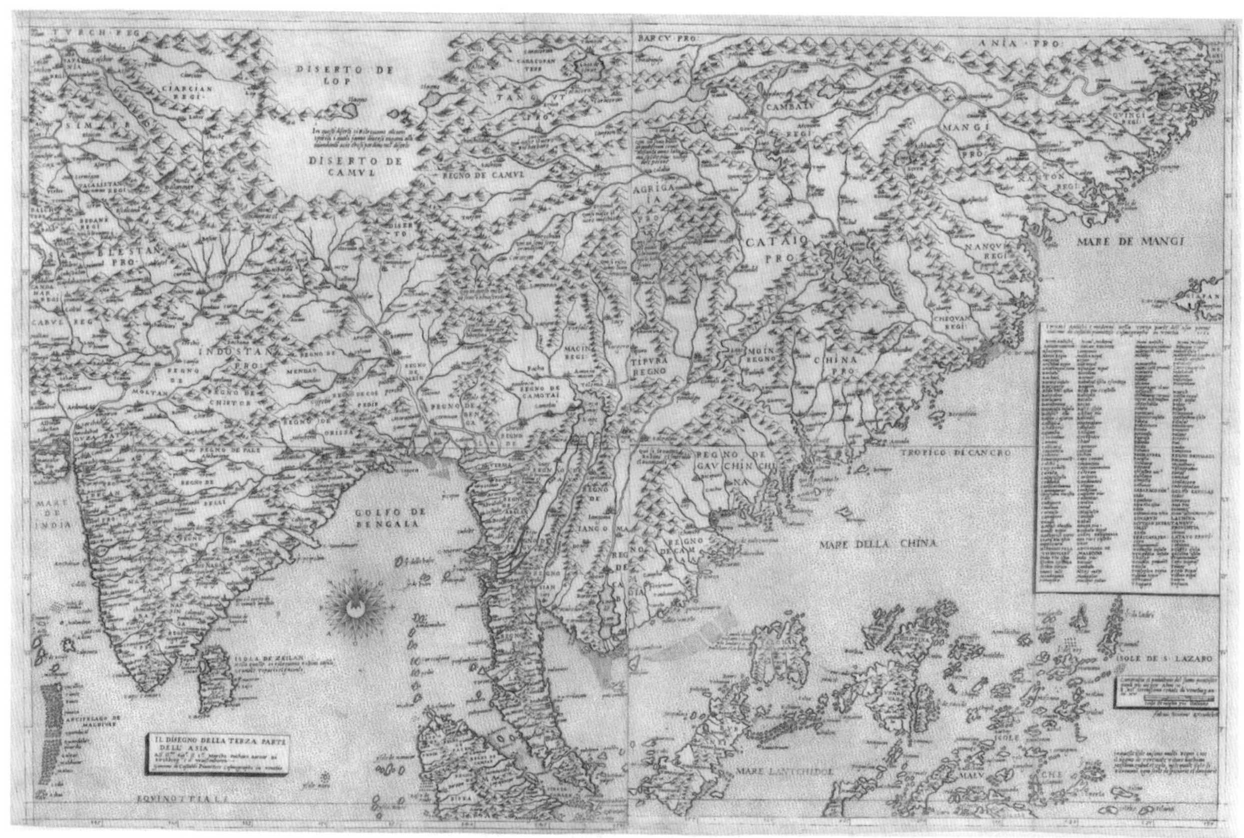

▲ 加斯塔尔迪绘制的亚洲地图，1561 年版。

第十讲
来自威尼斯的水墨山水
——记意大利制图师加斯塔尔迪及其亚洲地图

直到 16 世纪早期，现在被称为“意大利”的大部分地域，仍处于欧洲哈布斯堡王朝的统治之下，近代史上统一、独立的意大利王国要到 1861 年才会出现。在那之前，“意大利”这个名字并不为人所知，人们知道的只是那些从中世纪开始就逐步强大起来的城邦共和国：米兰公国、热那亚共和国、佛罗伦萨共和国、威尼斯共和国等。那些如中世纪的纪念碑一般屹立的古老城堡和闪耀的家族族徽，一直延续到近代。

佛罗伦萨共和国的达·芬奇、米开朗基罗，威尼斯共和国的提香等文艺复兴时期杰出的艺术大师，我们现在已习惯称他们为“意大利人”。在地理与科学制图领域，也有这样一位“意大利”大师，他就是当时威尼斯共和国的贾科莫·加斯塔尔迪（Giacomo Gastaldi，1500 — 1566 年）。在以荷兰为代表的低地国家进入科学制图的黄金时代之前，欧洲的地理与天文科学的中心之一，正是位于今日意大利的北部、文艺复兴发源地的这些城邦共和国。加斯塔尔迪，则被今天的人们视为 16 世纪“意大利”最杰出的地理学家、天文学家、制图师之一。

加斯塔尔迪出生于威尼斯共和国的皮埃蒙特地区。早期他是一名杰出的工程师，比如负责威尼斯周边淡水及海水状况的监管机构“Savi Sopra la Laguna”经常会就一些工程项目向他咨询，并请他绘制相关地图。加斯塔尔迪还是威尼斯（理工）学院的成员，曾被任命为威尼斯共和国的宇宙学者，被誉为“皮埃蒙特最优秀的天文学家”。

大概从1540年代起，加斯塔尔迪专心地转向了地图制作和地理学研究。他在这方面的成就，使得威尼斯共和国的十人委员会也会邀请他前去为道吉宫绘制以亚洲和非洲地图为主题的地图壁画。后人认为，他在地图制作与汇编领域的技艺与成就，堪比墨卡托和奥特留斯。但是现存的资料只有关于他在公共领域所取得的一些成就，对他“私人”生活的“八卦”了解，明显远远地少于同时代的那两位大师。

作家菲利普·伯登（Phillip Burden）认为，加斯塔尔迪在1548出版的《托勒密地理学》，是1513年马丁·瓦尔德泽米勒（Martin Waldseem ü ller）的《地理学》和1570年亚伯拉罕·奥特留斯（Abraham Ortelius）的作品之间最全面的地图集，而且它居然包括了美洲地区的区域地图。其实，对美洲新世界地理信息的详细关注，只不过是加斯塔尔迪对地图制作发展历史的一个小贡献。这本1548年版本的《托勒密地理》，本身也是一项创新：加斯塔尔迪缩小了地图集尺寸的大小，从而制作出了第一本“便携”地图集。

加斯塔尔迪使用铜板雕刻制作印版的技术，也是地图制图技术转变和进步的里程碑。在此之前，大多数地图都是用木刻雕版来印刷的。加斯塔尔迪发展了用铜板制作印版的技术，使得地图雕刻师可以呈现出更高的技艺、更繁复逼真的细节，地图可以更长久地

▲ 威尼斯共和国的道吉宫。威尼斯共和国的最高长官由城邦的贵族选举产生。道吉（Doge），是726—1797年威尼斯共和国当选为最高长官者的头衔，是威尼斯的首席法官和领导人，不过这一头衔并不世袭。道吉宫是最高领导人的“办公场所”。

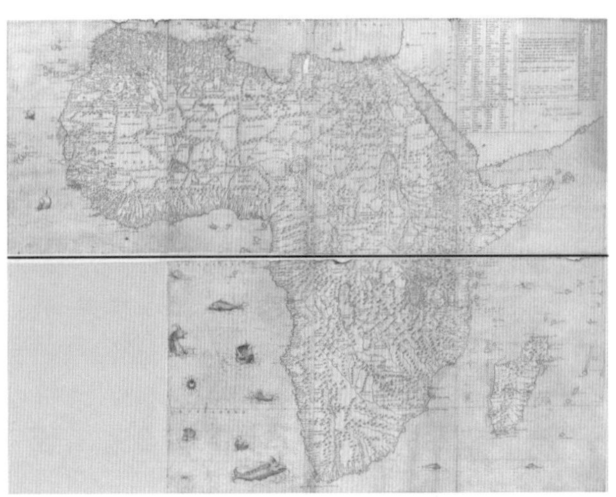

▲ 加斯塔尔迪为威尼斯道吉宫制作的另一幅名作壁画——非洲地图，1564年版。

保存和使用。可以说，加斯塔尔迪和他的地图作品，代表了16世纪地图科学制图发展史上的几个重要节点。

作为制图师，加斯塔尔迪并没有像后期的荷兰同行们那样，动辄成立自己的店铺。他主要为当时的著名出版商工作，如 Nicolo Bascarini 和 Giovanbattista Pedrezano 等。不过他的同时代的“同行们”对他并没有“赤裸裸地仇恨”，反倒坦承和佩服他在地图制作领域的才能与天赋。他的地图作品，经常成为了其他地理学家和制图师的主要信息来源，包括卡莫西奥（Camocio）、贝尔泰利（Bertelli）、卢奇尼（Luchini）等。即使是那本划时代的《寰宇大观》，奥特留斯在他的地图信息来源中，也坦率地列出了加斯塔尔迪的名字。加斯塔尔迪甚至有自己独特的铜雕印版的风格，这让他成为那个时代杰出的大师，也让他的作品在今天依然成为标志性作品，成为16世纪中期“意大利”地图制作历史的一个缩影。

加斯塔尔迪闻名于当代的地图作品，即非描绘整个星球的世界地图，也非他所生活和熟悉的欧陆，而是关于遥远的亚洲和非洲。这张铜版印刷、未上色的1574年版亚洲地图 *Il Disegno Della Terza Parte Dell' Asia*，是加斯塔尔迪的代表性地图作品之一，也是这版地图的最终版本。它可能是16世纪整个欧洲出版的关于亚洲地区的最权威的地图。

这版亚洲地图，走近细看会发现，是由四部分拼接而成的一个完整的挂墙地图，主要包括了现在的中国、印度、东南亚等地域。1559年，这张地图最早出版的时候，只有目前的上半部分；1561年，再版

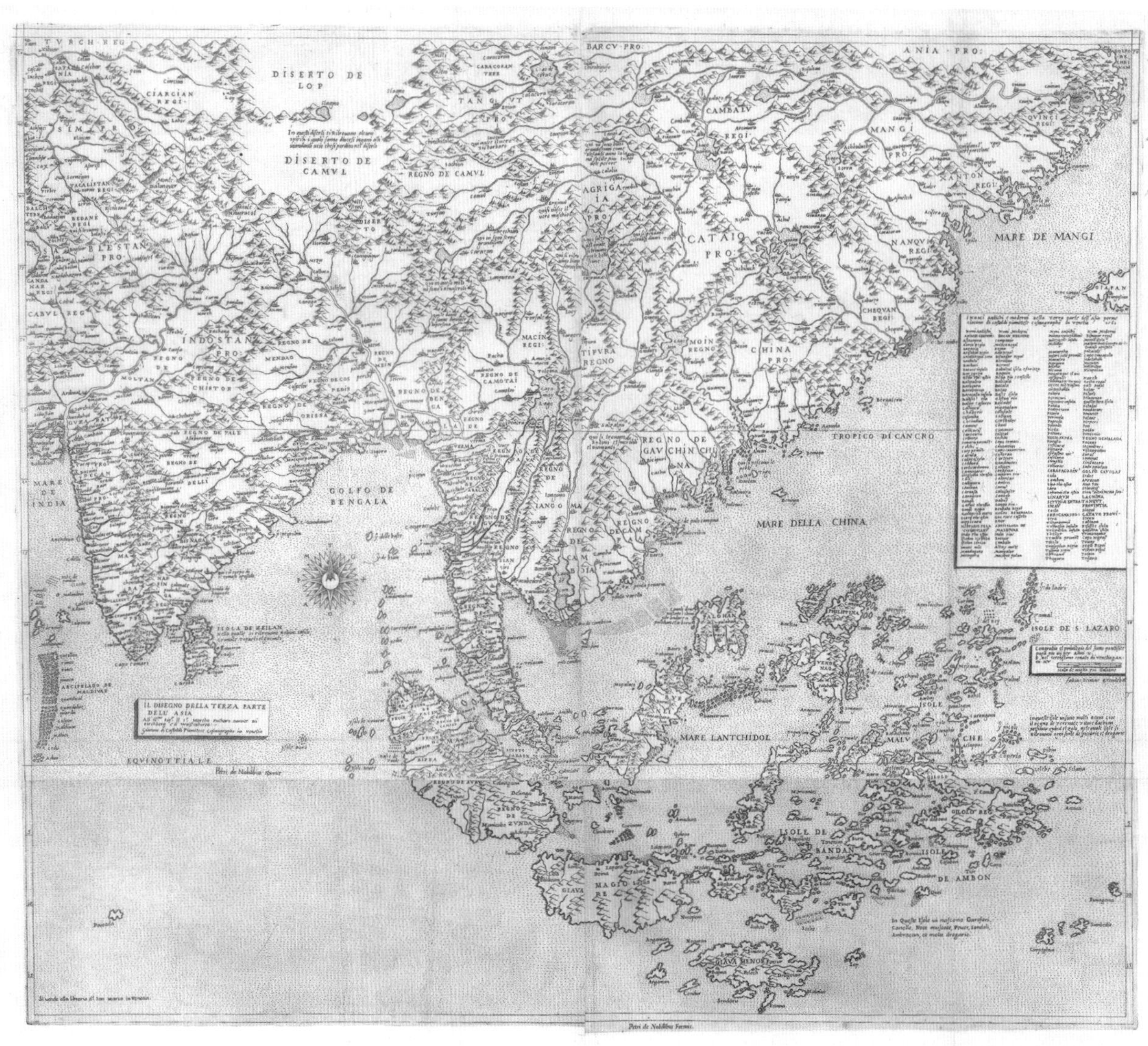

▲ 亚洲地图的最终版本——*Il Disegno Della Terza Parte Dell' Asia*，1574 年版。

增加的部分，才将地理覆盖范围向南延伸到了赤道附近；1565 年，继续向南延伸的部分将远至小爪哇岛（Giava Menor）的所有印度尼西亚和邻近岛屿覆盖进来。可以说，这是一张“分三个阶段才完成的地图”，最下方最后一次补充的部分，比原有的印版要狭窄，色调也有些差异。不过这部分的雕版工，可是出自大名鼎鼎的意大利地图雕刻师保罗·福拉尼（Paolo Forlani）。在左下角的铭文上，我们可以辨认出“si vende…”等字样，那代表着贩卖此版地图的店铺地址。寻踪过去，我们会发现那是威尼斯著名地图出版商贝尔泰利（Bertelli）的店铺。

这个三个阶段才完成的亚洲地图，对于海岸线和大陆轮廓的描绘优于以前所有已知的亚洲地图，对日后荷兰的奥特留斯（Ortelius，《寰宇大观》作者）和德·左德（Gerald de Jode，《世界的镜像》作者）等制图大师产生了深远的影响。在他们的作品中，关于亚洲大陆的地理信息，几乎都选取自加斯塔尔迪的这幅作品。

在这张地图的右侧，加斯塔尔迪列明了地图上大约 100 个地名，并对比着列出了这些地方的古代和“现代”地名。“古人今人若流水，共看明月皆如此”，加斯塔尔迪的“现代”，早已经成了我们的“古代”。我们或许可以依稀分辨出 CANTON（广东）、CAMBALU（北京）等。这些都是意大利人的那本《马可·波罗游记》中对于中国地名所作出的记录，并被那个时代欧洲其他国家的人们广泛引用，但大部分其他的中外地名对于我们来说，或许都需要繁复的考据才能得出一二线索。

在这张地图左侧的名称及献词图框中，我们可以发现“谨以此图献给 Marco Fuchero”[①]，即富格家族的 Marcus Fugger（1529 — 1597 年）。这个富格家族的线索，暗示着加斯塔尔迪能够有机会进入富格家族的图书馆。在 15 — 16 世纪，那里是最重要的文献收藏的图书馆。实际上，富格家族的图书馆，也许是那个时代欧洲最好的私人图书馆，甚至比梵蒂冈教皇的图书馆还要好。加斯塔尔迪能在那里翻找所有的东方旅行者和海外探险家们带回来的地理信息，并将其用于地图编制，这明显要比在咖啡馆里道听途说高效和精准得多。

从地图的绘制实践来说，中西方的古地图有着各自的艺术特性：那个时代的欧洲地图作品，为了强化地图的美观感受，习惯于以多种鲜艳的颜色区分不同地域、并装饰以繁复的神话人物、城市风景、圣经故事等。同时期的中国古代地图上，地物则常以形象画法绘制，充满了东方山水画的风格。从这一点上来说，加斯塔尔迪这张未上色的亚洲地图，看上去好像并非那个时代的欧洲作品，而更像它本身所描绘的、遥远而古老的亚洲一样，充满了水墨山水的悠远意境。

▲ 表现铜版雕刻印刷场景的版画，作者 Jan van der Straet，约 1600 年。

① 富格家族（Fugger Family），在 16 世纪几乎介入和影响了欧洲大部分的经济活动，垄断了欧洲铜市场、开办银行，积累了巨额财富。这个银行家族一度取代了美第奇家族，并接管了美第奇家族的许多财富和政治影响力。

◀ 威廉·巴伦支（Willem Barentsz，1550 － 1597 年）

第十一讲
北极东北航道先驱者的地图
——记荷兰探险家、制图师威廉·巴伦支的极地地图

在挪威和俄罗斯的北方，深入北极圈的高纬度地区，北冰洋的东部边缘地带，有一片世界上风暴最多的水域，在大西洋暖气旋和北冰洋反向冷气旋的影响下，海面上常常巨浪滔天。2000 年 8 月，俄罗斯“库尔斯克”号核潜艇在此沉没，曾让它短暂地引起过世人的关注。更多的时间里，陪伴这片世界角落里孤独、寂静海域的，只有漫长的极昼和寒冷的极夜。这就是“巴伦支海”，它的名字来自 16 世纪荷兰的地图师、探险家威廉·巴伦支（Willem Barentsz，1550 — 1597 年）。我们今天要讲述的一幅早期描绘北极地区地图，正出自他的笔下。

威廉·巴伦支，在成为伟大的极地探险家之前，本来只是荷兰的一名地图制作师。他曾经乘船远航前往西班牙和地中海地区，以便完成一本地中海地区的地图集，并同派楚斯·普朗修斯[①] 联合出版。而他的极地探险家生涯，起因则是为了寻找传说中的“东北航道”。

在 16 世纪 90 年代初，荷兰共和国的主要商人对开辟与东亚的贸易航线非常感兴趣。然而，他们深感关切的是，通往亚洲的已知航线，要绕行好望角和印度洋地区，那些地方处于葡萄牙人的控制之下，而那时葡萄牙人同西班牙人一样，都是荷兰人的敌人。此外，已知航线路途漫长，当时人们认为，任何从西欧经过北极地区通往亚洲的可行航线，都应该比已知

① Petrus Plancius（1552 — 1622 年），参阅本书第十二讲。

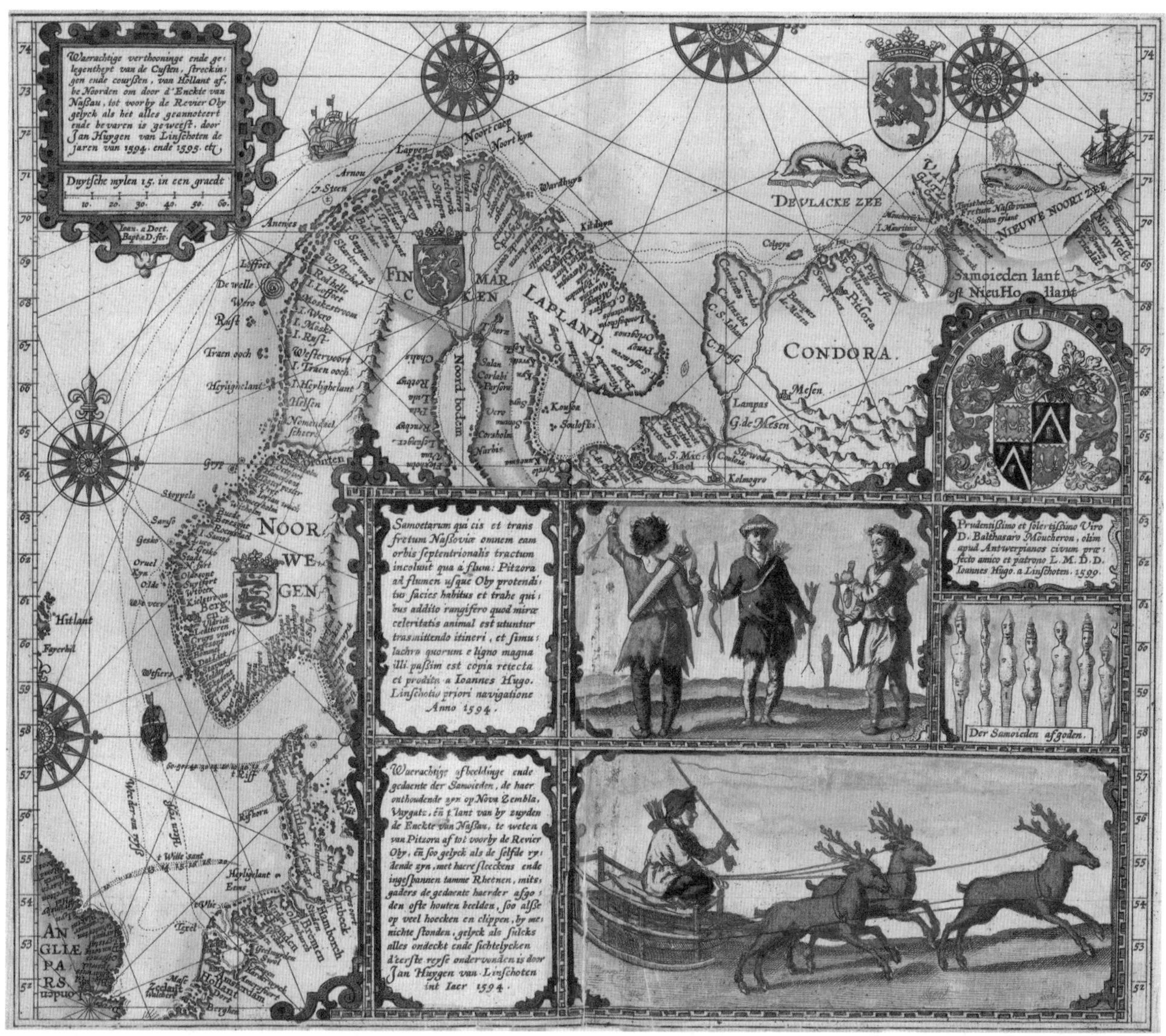

▲ 描绘巴伦支第一次探险的地图，现藏挪威国家图书馆，作者林斯滕（Jan Huygen van Linschoten），1601 年版。

航线更快捷。这个猜想，就是北极东北航道的雏形。那个年代，人们也在试图寻找从北美经过北极到达东亚的西北航道。探险家马丁·弗罗比舍和约翰·戴维斯等人在 16 世纪 70 — 80 年代的各种尝试都以失败告终。但这并不能阻止人类探索和冒险的天性，1553 — 1554 年英国探险家休·威洛比爵士和理查德（Sir Hugh Willough and Richard Chancellor）依然试图在西伯利亚的上方探索东北航道。虽然他们的努力也以失败告终，但关于他们的报道以及他们所取得的进展“说服”了许多人：阿姆斯特丹人就相信，一定存在着这样一条通往东亚的北极“东北航道”。他们把探索的火炬交到了巴伦支的手中。巴伦支本人也相信：在广袤的西伯利亚北方海域，一定存在这样一条联通太平洋的东北航道，而极昼季节里 24 小时永不落山的太阳会融化任何可能存在于这条航道上的冰层。

1594 年 6 月，巴伦支率领一艘由 3 艘船只组成的远征队，开始了第一次探索北极东北航道的探险，那一年他 44 岁。远征队从荷兰本土出发，驶向北方的今喀拉海。在这次航行中，船员们第一次遇到了北极熊。巴伦支的第一次航行到达了新地岛（Novaya Zemlya）的西海岸。在继续北上期间，探险队遭遇了许多巨大的、难以穿越的浮动冰山，被迫返回荷兰。

1595 年夏季，正在领导着荷兰反抗西班牙统治、争取独立的奥兰治亲王莫里斯，对巴伦支的第一次探险赞赏有加，并赞助和委派巴伦支领导了第二次探险，其中包括 6 艘船只和一批打算与中国进行贸易的货物。这次远征，与萨摩耶的土著[①]“野人”（注意，不是萨摩耶犬）和北极熊进行的几次交锋算是不多的

① Samoyedic people，指生活在俄罗斯西伯利亚北方高纬度地区的土著人，通常被认为是乌拉尔族的一支，名称来自俄罗斯语，大意是“西伯利亚的土著”。

值得记录的事迹。但很快在极地冰冻的喀拉海面前，探险队再次被迫返航。

前两次探险的无功而返，让荷兰政府不再直接资助远征队，而是改为了“悬赏”的方式。1596 年，在阿姆斯特丹市议会及商人们的资助下，巴伦支指挥着 3 艘船又开始了他的第三次、也是最后一次极地探险。在这次具有历史意义的航行中，他们不仅发现了斯瓦尔巴群岛[①]（今属挪威），而且到达了北纬 79° 39′ 的地方，创造了人类北进的新纪录。之后，巴伦支探险队继续向东北行进，于 1596 年 7 月 17 日到达新地岛。到 8 月 26 日，他们的船最终被冰封在新地岛北部的某一处海面上，巴伦支和他的 16 名船员不得不成为第一批在北极越冬的欧洲人。

在尝试融化永久冻土失败后，船员们用他们船上的木材建造了一个 7.8m × 5.5m 的小屋，他们称之为 Het Behouden Huys（被拯救的房子）。船上储备的衣物和食品并不足以支持他们越过如此漫长的冬季，船员们在狩猎的过程中甚至杀死过北极熊。直到 1597 年 6 月 13 日，极昼的太阳融化的坚冰终于松脱了对那两条小船的“死亡拥抱”，坏血病的幸存者们终于能将两艘小船重新驶入自由的水域。此时，巴伦支却已经病入膏肓。1597 年 6 月 20 日，47 岁的他在海上离世。到他们最终被其他船只发现并救起时，探险队只剩下 12 名船员了。最终，1597 年 11 月 1 日，历尽艰辛幸存下来的船员们才回到了阿姆斯特丹。

▲ 巴伦支团队的遗物，大部分都收藏在阿姆斯特丹的荷兰国家博物馆（Rijksmuseum Amsterdam）。

① 《斯瓦尔巴条约》，是关于斯瓦尔巴群岛的条约，也是迄今为止在北极地区唯一的具有足够国际色彩的政府间条约。1925 年的北洋政府代表中国签约，使中国成为该条约协约国之一，让中国人有权进入该地区开展正常的科考活动。中国北极地区的“黄河考察站”就在斯瓦尔巴群岛的新奥勒松地区。

那个“被拯救的房子”，在北极荒原上见证着一年年漫长的极地昼夜。直到 1871 年，挪威的海豹猎人和探险家卡尔森[②] 才在新地岛发现了巴伦支探险队当年越冬的房子、营地，以及炊具、残破的衣服、长笛、一些图片等。此时，它已经在冰封雪藏中又度过了 270 多年的时光。

巴伦支的这张极地地图，是北极制图的一个重要里程碑，描绘了他在 1596 — 1597 年第三次极地探险航行的许多细节。今日的我们可以猜想，被困于北极的莽莽冰原之上、被迫在极夜中熬过一日日严冬时，巴伦支有足够的时间去制作一幅精致且极具装饰性的地图手稿，细心描绘他极地探险的“考察”结果。

这张地图详细刻画了远在东部的欧洲极地海岸，最远达图中的“NOVA ZEMBLA”（既 novayazemlya，俄语中的“新世界”，今日汉语翻译为“新地岛”，那是巴伦支探险航程到达的最远地方）。欧洲极地地区东部海岸的测绘非常全面，包括西伯利亚萨摩耶地区的海岸在内，标绘了不下几十种地名。再往东，亚洲最北方的海岸是探险队未曾到达的世界。图中的描绘相对简单，带有推测的性质。而在这之外的最东方，则描绘了传说中的安南（ANIAN）海峡。据说那里是从北极通往太平洋的门户。我们在墨卡托、洪迪斯等许多那个年代的著名地图中都能看到这个传说中的海峡。现在，我们称其为“白令海峡”。

在此图的西部，格陵兰岛和冰岛已经明确地标绘了出来（格陵兰岛是漂亮的花体字）。不过，神话中的“弗里斯兰”（FRISLAND）岛也在西北大西洋露出一角。在格陵兰岛的南部和西部是马丁 · 弗罗比舍和约翰 · 戴维斯（Martin Frobisher and John Davis）在那个时代刚刚发现的海峡和巴芬岛（今属加拿大）的部分地区。再往北是“埃斯特奥蒂兰（Estotiland）”，只不过那也是一个传说中的地方，起源于一个杜撰的 14 世纪威尼斯人的极地旅程。本讲我们提到过巴伦支在第三次探险中发现的斯瓦尔巴群岛，在图中标识为叫作“Het Nieuwe Land”的一段海岸线，位于图中芬兰（Finmarchia）的北方。除了那些地理信息之外，巴伦支的地图上还描绘了 34 幅海狮、海象、船只、鲸鱼以及似鱼似怪的插图。

② Elling Carlsen（1819 — 1900 年）是挪威船长，海豹猎人和探险家，是 1872 年奥匈帝国北极探险队的一员。他也因 1871 年发现巴伦支探险队的越冬小屋而闻名。

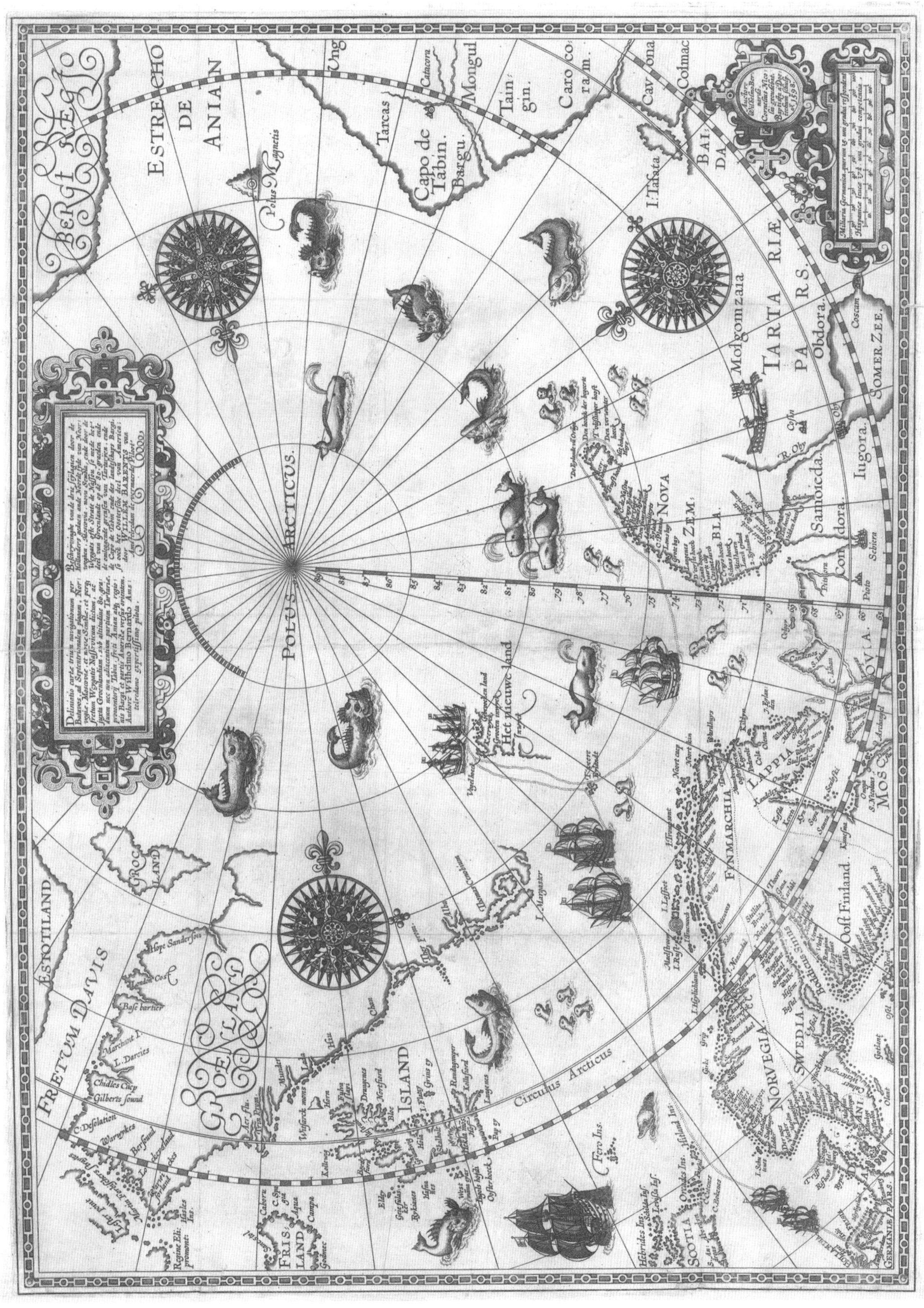
ESTRECHO DE ANIAN
POLUS ARCTICUS
TARTARIÆ PARS
NOVA ZEMBLA
Molgomzaia
Obdora
Samoieda
Iugora
SOMER ZEE
Capo de Tabin
Mongul
Tarcas
Het nieuwe land
FINMARCHIA
LAPPIA
NORVEGIA
SWEDIA
Ooft Finland
ISLAND
GROENLAND
FRETUM DAVIS
ESTOTILAND
FRISLAND
SCOTIA
Circulus Arcticus
Feró Ins.

▲ 巴伦支《北极探险地图》。

▲ 纪念巴伦支北极探险400周年的50欧元纪念币。

我们猜测，这版地图原稿应该是被那些幸存的船员们带回了阿姆斯特丹，最初只是作为一幅单张发行的地图出版的，在那个时期的综合地图集中可以找到几个留存下来的副本。该地图后来出现在林斯滕 (Jan Huyghen van Linschoten，1563 — 1611 年）1598 年的航海图集 *Navigatio ac itinerarium* 中，林斯滕或许是那个年代最伟大的世界旅行者。1576 — 1592 年，他在伊比利亚、非洲和印度的冒险经历使其成为传奇人物，为年轻的荷兰共和国走向全球贸易做出了杰出贡献。在那些航行之后，林斯滕陪同巴伦支完成了他的前两次北极探险航行。因此，在宣传已故朋友的伟大成就时，他有着天生的优势和商业兴趣。林斯滕委托了低地国家最优秀的雕刻师和艺术家之一——Baptist van Deutecum，设计和雕刻了巴伦支的这版极地地图，令这版地图本身也成为了充满晚期文艺复兴风格（Late Mannerist Style）的一件杰作。

2013 年 8 月 15 日，中远海运集团一艘普通商船“永盛”轮从江苏太仓港出发，过白令海峡，驶入北极冰区，横穿俄罗斯北方四海、巴伦支海。9 月 10 日，“永盛”轮历时 27 天，航行 7931 海里，安全抵达荷兰鹿特丹港。中国商船第一次成功地践行了那条 400 多年前人类就在探索的北极东北航道。

虽然巴伦支寻找东北航道的一次次努力都没有成功，但他探索未知的勇气与欲望，激励了未来几代的极地探险家。他的极地地图为所有进一步探索北极地区的先驱者们提供了宝贵的基础信息，也使其成为了人类探险史上最重要的地图之一。

▲ 中远集团“永盛号”货轮成功首航北极东北航道。

▶ 17 世纪，荷兰东印度公司的牌匾。

第十二讲
荷兰东印度公司的指路人
——记荷兰制图师派楚斯·普朗修斯及其世界地图

1595 年 4 月 2 日，荷兰，4 艘帆船载着 248 名船员，驶离了特塞尔港（Texel port）。他们就是荷兰历史上著名的“第一支东印度探险队（也称为第一支努沙登加拉探险队）”。最早的发起者是三名阿姆斯特丹的商人，他们吸引了另外几名商人组建了这个探险的“远方公司”（Far-Distance Company），他们的生活不只是“诗和远方”，梦想中应该还有“昂贵的香料和美丽的姑娘”。探险队的目标，就是寻找绕过好望角、通往东方香料贸易的新航路和新市场……

两年多以后，1597 年 8 月 14 日历尽劫难的探险队终于从印度尼西亚群岛又回到了荷兰的特塞尔港。出发时的 248 人只剩 81 人幸存，近七成的死亡率比攀登珠峰的死亡率还要高上几倍，远洋探险在那个风帆年代里绝对属于排名靠前的“极限运动”。从收益上说，第一次灾难性的探险也算不上“成功”，但东方的大门已经被荷兰人叩开。在未来的几年里，荷兰的商人们最终组成了著名的荷兰东印度公司（VOC），逐步终结了葡萄牙人在东方垄断的香料贸易。“海上马车夫”荷兰人的商船队在接下来的一个世纪里将纵横于全球每一个重要商港。

那只远航探险队的首席领航员叫作凯舍（Pieter Dirkszoon Keyser），在探险的征途中不幸客死他乡，但他成功地完成了另一项任务，并把成果经由弗里德里克① 之手带回了荷兰，交到了任务委托人的手中。他的委托人，也是他的恩师，曾经教给他数学、天文

① 即 Frederick de Houtman。他在第一次探险队中担任凯舍的助手。他的兄长科内利斯（Cornelis de Houtman），是第一次、第二次荷兰东印度探险队的领队，死于第二次探险远征。其实科内利斯在远征之前是荷兰人派往葡萄牙里斯本的“卧底”，以商人身份过着“无间道”的生活。两年多的时间里他收集了大量葡萄牙人通往东方印度尼西亚进行香料贸易的方方面面的信息。1594 年前后他返回荷兰时，林斯滕（就是那个后来参加过巴伦支第一次北极远征队、并制作了第一次远征地图的人）也已从葡萄牙人控制的印度果阿地区返回了荷兰，并也带回了葡萄牙人在东方的各种详细信息。这些信息对荷兰人向东方探险与扩张起到了关键的作用。

▲ 1595 年第一次探险队的船队，Bali Chronicle 绘于 17 世纪。四艘帆船分别是 Mauritius 号、Armsterdam 号、Hollandia 号和 Duyfken 号。

学，教给他航海和制图。探险队出发时，恩师交给凯舍的任务，是观察、测量、标绘南半球天空的星辰，对于当时的欧洲人来说，那还是一片相对陌生的天空。1597 年底或 1598 年初，在同老洪迪斯的合作之下，一个直径 35 厘米的天球仪在他恩师的手中问世了。凯舍转交给他恩师的清单里记载的那 135 颗曾经陌生的南半球星辰，最终构成了这座天球仪上 12 个新的南半球星座。

凯舍的恩师、录星任务的委托人，就是当时荷兰著名的天文学家、地图制图师派楚斯 · 普朗修斯。事实上，“第一支探险队”所使用的通往东方的海图也是普朗修斯在 1592 年发布的，探险队各条船上的领航员许多都是经由普朗修斯之手培训过的。他发展了测定经度的新方法，推进墨卡托投影法在海图上的普及应用。他是荷兰东印度公司的创始人之一，并为之创作过百幅以上的地图。他熟识美洲新世界的探险家哈德孙，坚信连通东西方的北极东北航道的存在并鼓励荷兰人去寻找……

▲ 派楚斯 · 普朗修斯制作的天球仪。

在那段荷兰共和国独领全球贸易黄金年代风骚的岁月里，普朗修斯在航海及制图方面是荷兰人“教父”一般的存在。

派楚斯 · 普朗修斯（1552 — 1622 年），目前为人所知的是他的拉丁名 Petrus Plancius，原名 Pieter Platevoet，出生在德拉诺特（Dranouter），在今比利时西北部西佛兰德省的赫纲兰德附近。年轻时，普朗修斯曾在德国、英国等地学习神学，并成为一名新教的牧师。1585 年前后，在荷兰争取独立的八十年战争中，位于南尼德兰的布鲁塞尔落入西班牙人的手中，作为新教徒的普朗修斯担心遭到宗教审判和迫害，最终逃离了布鲁塞尔并北上到阿姆斯特丹。年轻的荷兰联省共和国张开双臂欢迎这些来自南方的博学多艺的新教“难民”。在阿姆斯特丹，普朗修斯将精力从神学转移到科学，特别是学习和教授天文学、地图制图学、航海理论等。

16 世纪 80 年代，荷兰（当时为尼德兰联省共和国）正处在反抗西班牙人的统治、争取独立的“八十年战争”早期阶段。战争开始之前，荷兰商人尚可以从伊比利亚半岛采购和转卖葡萄牙人和西班牙人控制的东方香料等。随着伊比利亚半岛各个港口对荷兰商船关上大门，荷兰商人被迫将目光投向了对他们来说遥远又陌生的东方。他们要解决摆在面前的两大难题：第一，如何组织起来同他们强大的伊比利亚半岛上的对手竞争，乃至进行战争；第二，学习并掌握如何在未知的海洋上航行。

当时的荷兰商人们拥有着不同于伊比利亚半岛上竞争对手的商业模式。荷兰人以商业立国，商人们在年轻的共和国政府中也占有重要的席位，而非像伊比利亚的对手那样由王权和神权掌控着。荷兰人还建立了世界上最早的股份公司和股票交易所，在持股者中收益共享、风险共担。荷兰的东印度公司（Vereenigde Oostindische Compagnie，VOC）就这样在1602年出现了，并存续了近两个世纪。荷兰人成功地解决了第一个问题，以全新模式组建起商业贸易公司，做好了在东方香料贸易上抗衡葡萄牙人的准备。

第二个问题则主要由普朗修斯为代表的几位荷兰博学之士来解决。他们非常详细地研究了Casa de Contratación（相当于当时西班牙的贸易部）和Casa da Índia（相当于当时葡萄牙的印度贸易部）的海图。当然，安排“卧底”获取海图资料也是之前我们提到的必不可少的环节。荷兰人细致地了解伊比利亚的对手们是如何有效地收集沿途地理和水文资料，并努力地去为自己年轻的共和国建立起一套类似的系统性的制度，训练精选出来的人手收集信息、绘制荷兰人自己的海图。地图历史学家Kees Zandvliet写到：“葡萄牙人觉得，至少对Oude Compagnie公司来说，普朗修斯可以称为首席学者（cosmografomor）。他负责船队所用海图及装备的科学性和实用性，并负责船上领航员的科学知识水平。他为领航员们教授航海课程，然后批准他们为公司服务。等到船队返航时，普朗修斯可以收到他们带回来的航海日志、海图，还包括记录观测到的星体、海岸线等。”这个Oude Compagnie公司，在1602年之前活跃在西印度群岛同荷兰的跨大西洋贸易上。之后该公司引领制图师们为荷兰的东印度公司工作，全力收集信息，以提供更好的、更精准的海图。而其本身也是VOC的发起和创立者之一。

科内利斯率领的“第一支东印度探险队”为了避免同葡萄牙人发生正面冲突，也为了避开当时马来群岛猖獗的海盗，采取了一条相对葡萄牙人的传统航线来说更靠南方的新航线。15个月的航行之后，探险队终于抵达了爪哇岛西北角的Bantam镇，并将这里逐步变为荷兰人远东贸易的据点之一。两年多以后，探险队回到了出发时的特塞尔港。虽然代价昂贵，但事实证明，荷兰人现在不再需要依靠外界的帮助。

▲ 普朗修斯画像，作者 J. Buys Rein. Vinkoeles (1791)。

▲ 普朗修斯教授学员们航海科学，作者 David Vinckboons。

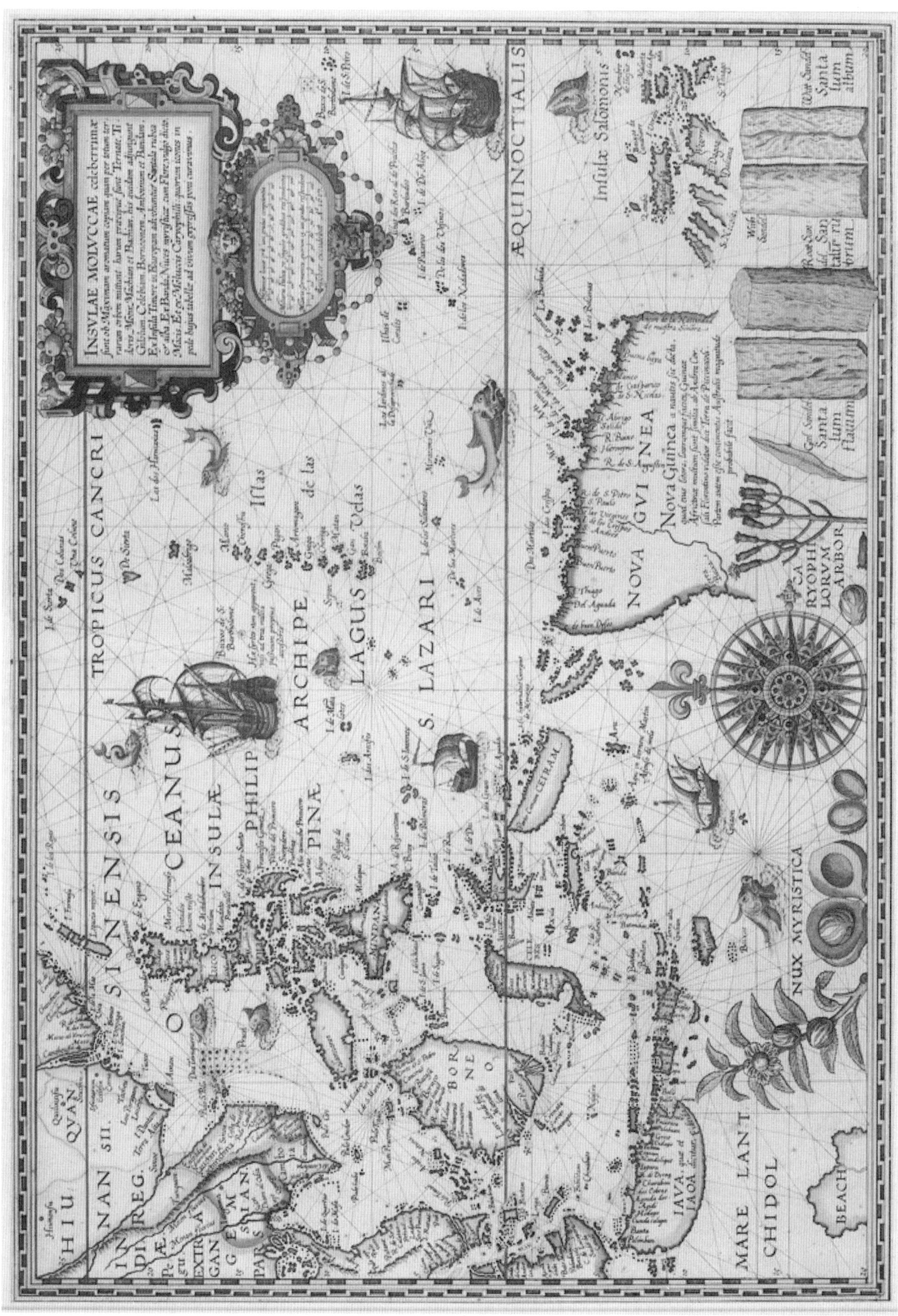

▲ 1592 年，普朗修斯绘制的印度尼西亚及菲律宾群岛的海图。

他们已经打通了往返东印度群岛的大洋航路。挂着三色旗的荷兰商船即将频繁地出入这颗星球上的主要商港，为荷兰航海者迎来“海上马车夫”的名号。

在这个阶段，基于对数学和天文学深刻的理解，普朗修斯认识到了墨卡托投影法海图的先进之处。1594 年，他向荷兰政府申请销售基于墨卡托投影法绘制的海图，并获得了向荷兰的商人们销售新版海图的 12 年独家授权。可惜的是，今天我们尚没有发现流传下来的普朗修斯基于墨卡托投影法绘制的海图。不过，普朗修斯一生中还有不少其他优秀的地图作品，1594 年版的世界地图[①] 就是其中的代表。

在地图制图的艺术史上，普朗修斯这幅世界地图是一件里程碑般的作品：第一次用人物形象来寓意其所代表的地域，配合人物周边丰富的动物、植物、景色等的描绘，对地图四周的外围边框进行了精心而繁复的装饰。包括地图本体在内，图中每一寸都覆盖着丰富的信息、充满着艺术感的图像。欣赏这张地图可以说是品味一场名副其实的视觉盛宴。

从左上角开始，按顺时针方向，地图周边所描绘的寓意人物及场景分别代表了欧洲、亚洲、非洲、麦哲伦尼卡、秘鲁阿那、墨西卡那。每一个局部小插画中都有一位女子代表着那个区域的某些特定的品质，背景则代表着那个区域特有的风景、植物、动物、名族等。当然，这些都是从当时欧洲人的视角，代表着欧洲人对外部世界的感知。

欧洲（Europa）：欧罗巴女神[②] 金色的项链和皇冠以及手中的权杖，暗示着她的皇家身份。她的脚下踩着装饰着十字架的球体，右手边是一个丰饶角[③]，强调了欧洲的丰盛与富饶。丰饶角的下方堆放着书籍、天球仪、琴、号角、头盔、火枪，象征着艺术、自然哲学、战争，所有这些都被欧洲人视为自己对世界的重要贡献。这大概也包括了战争，因为在欧罗巴女神的不远处就是欧洲人步兵部队的战斗场景。在更远一些的地方，则是吹着长笛的牧羊人和遍地牛羊，一片田园牧歌的景色。

如果我们比较图上其他几个地区，就会发现“欧罗巴”是唯一没有坐在动物身上的寓意人物，与其他地域相比，暗示了欧洲人自负的文明程度。利用女子的形象寓意地理区域——特别是欧洲、亚洲、非洲和美洲，在整个 17 世纪到 19 世纪的地图作品中颇为流行，但将文明划分为不同等级的总体看法变化并不大，其中欧洲总是处于最高的文明等级，或许是欧洲帝国从不停歇的海外殖民与扩张的历史，给了他们这种自以为是的自信吧。

亚洲（Asia）：寓意亚洲的女子坐在树下犀牛的背上，脚下是装满黄金和珠宝的盒子，身上穿着盛装，裤脚和袖口镶嵌着金色的饰边儿，手中拿着一棵树（或许是寓意着农耕），另一只手里拎着一个阿拉伯风格的香炉。亚洲区域的背景同欧洲区域一样，也是战场交织着亚洲风格的田园风景。其实细看这个寓意亚洲的女子的轮廓，她可能更接近波斯人或者阿拉伯人或者突厥人，反正在她身上很难看出东亚或者东南亚女子的模样。或许在那个年代，小亚细亚和波斯、阿拉伯区域才是欧洲人所认知的亚洲。欧洲人的“远东”，真正的东方帝国，对他们来说依然遥远、模糊、神秘。

非洲（Africa）：与前两个大陆的寓意女子不同，“非洲”女子并没有华丽的衣着，夸张的大帽檐之下，是丰腴的身体，只在腰间围绕了一块遮羞布。她的手中拿着弓箭与长矛，寓意着非洲人的渔猎日常。只是她手中的一把优雅的遮阳伞，仿佛不应该属于那个时代的非洲。她坐在一只凶猛的鳄鱼背上，大象、蜥蜴、蛇、鸵鸟、狮子等伸展在她的面前。更远处，有人正在把赤裸的尸体放入坟墓之中，几座金字塔清晰可见，在欧洲人的视野中，那可能是与非洲相关的唯一文明标志。

麦哲伦尼卡（Magallanica）：这可以说是寓意人物插图中相对奇幻的部分。“麦哲伦尼卡”是以人类第一次环球航行的探险家麦哲伦命名的（尽管这个为西班牙国王探险的葡萄牙人并没有活着回到旅程的终点）。“麦哲伦尼卡”只是那个时代想象中的、在不同版本地图上表现为大小形状各异的“未知南方大陆”的众多名字之一，是一块被认为为了平衡地球上

① 普朗修斯的这版地图，在收藏市场上并不常见，因为它从未以地图集的形式刊印过。这张地图由于被荷兰人林斯滕未加改变地收录于他的那本 1596 年版《航路》*(Itinerario)* 中，并在 17 世纪多次重印而得以留存后世。根据 World Cat 的数据，收藏这版地图的机构有普林斯顿、耶鲁、伊利诺伊州立大学和约翰·卡特·布朗图书馆、密歇根大学威廉·克莱门斯图书馆、巴黎国家图书馆和德国的两个图书馆。但是，藏品地图也并不总是完全彩色的，早期地图黑白印刷再手工上色也比较常见。约翰·卡特·布朗和巴黎国家图书馆收藏的版本就是未上色的。

② 欧罗巴女神，希腊神话中的腓尼基公主，被爱慕她的宙斯带往了另一个大陆，后来这个大陆取名为欧罗巴。

③ 丰饶角（Cornucopia），艺术作品中装满水果和鲜花、形似动物角的装饰物。

ORBIS TERRARVM TYPVS DE INTEGRO

EUROPA

Polus Arcticus

Circulus Arcticus

AMERICA

MEXICANA

Anno Dⁱ. 1492 à Christophoro Columbo nomine Regis Castellæ primum detecta

NOVA FRANCIA

Tropicus Cancri

Circulus Aequinoctialis

MAR DEL ZUR

MAR DEL NORT

OCEANVS PERUVIANUS

PERUVIA

Tropicus Capricorni

EL MAR PACIFICO

Hanc continentem Australem nonnulli Magellanicam regionem ab eius inventore nuncupant.

Hæ regiones cuidam Hispano apparuerunt, cum disiectus a classe in hoc Australi vagaretur Oceano

TERRA AUSTRALIS MAGALLANICA

Circulus Antarcticus

Polus Antarcticus

Fretum Magallanicum

Terra del fuego

Azores Insulæ al. Flandricæ

La Bermuda

Las dos Hermanas

Los Monges

Insula Salomonis

Brasilia

MEXICANA

PERUANA

Ioannes à Doetecum iunior fecit.

Aries

Taurus

Auriga

Gemini

Cancer

Leo

Vrsa maj.

Corona A.

Ara

Fera Lupus

Corvus

LTIS IN LOCIS EMENDATUS auctore Petro Plancio 1594.
ASIA
Polus Arcticus
OCEANUS TARTARICUS
EUROPA
ASIA
AFRICA
IAPAN
Philippinæ
OCEANUS INDICUS
Aequinoctialis
Aequator
MARE LANTCHIDOL
OCEANUS
AETHIOPICUS
De Iava minori
MAGALLANICA
TERRA AUSTRALIS
Circulus Antarcticus
Polus Antarcticus
MAGALLANICA
AFRICA

的北方大陆，“必须”得存在的一块南方大陆。寓意“麦哲伦尼卡”的女士穿着欧洲风格的系带上衣，又高又硬的驳领，及地的长裙。她两支手里都拿着奇异的植物，坐在大象身上。在她身后，一座火山正在喷发；在她面前，是一群裸身骑着战象的兵团，地面上和天空中的动物形象也都亦幻亦真。如果说“一张白纸，好画图画”，那未知的南部大陆就是这个空白的画布，描绘着梦幻般的想象世界。

秘鲁阿那（Peruana）、墨西卡那（Mexicana）：这两块区域的名字，在地图中分别标识在今日的南美洲和北美洲区域。自1492年哥伦布“发现”新大陆以后，南北美洲这个对于欧洲人来说的“新世界”，也是他们海外殖民和扩张的重点区域，是“资源、财富、战争”的同义词。寓意插图中，“秘鲁阿那”女士和“墨西卡那”女士都袒胸露乳，只有头饰与遮羞布。她们都坐在凶猛的动物身上，手中或是战斧或是弓箭，仿佛在守卫着她们脚下成箱成袋的金银。她们的背景中都有“愤怒”喷发的火山，以及食人族赤身裸体做着“人肉烧烤”的恐怖细节描绘。只是远处海面上，代表着欧洲人的三艘高桅杆帆船已经出现在海平面上，“人肉烧烤”大餐即将被打断，更恐怖的殖民统治与资源掠夺的大戏就要上场。

这张绚烂斑斓、引人注目的世界地图，是由那个时代荷兰的雕刻大师扬·范·多特库姆（Jan van Doetecum）雕制的铜板。它是欧洲科学制图史上，第一张使用寓意人物代表不同地域、配以华丽的装饰作为地图外围边框的作品，并在中央部分插入了浑天仪和罗经盘等具有象征意味的专业性工具。两半球连接处上下的两个小圆球，绘制的是南北天球上形象的星座图案。这些装饰风格和手法，将成为未来一个世纪里，众多世界地图绘制者争相模仿的标杆。

抛开其外围绚烂奇幻的人物与景物，这张世界地图的本身也蕴含了那个时代丰富的地理信息。

地图的主体部分主要由左右分布的东西两个半球构成。然而不论是东半球还是西半球，巨大的南方大陆都是其醒目的特征，这个南方大陆就是上文中我们提到的、梦幻的“麦哲伦尼卡”女士所代表的“MAGALLANICA”大陆。根据当时流行的大陆平衡理论，16世纪的地图制图者，包括地图大咖墨卡托在内，习惯将当时对欧洲人来说还相当陌生的南半球投射为一片巨大的南方大陆，并且由于墨卡托的影响力一度普及了“MAGALLANICA”这一词汇。不过此地图中，“MAGALLANICA”一词的下部还标识着“TERRA AVSTRALIS”字样，这是拉丁文“南方大陆”的意思。时间证明，后者的名称“Australis”后来更受到普遍的接受和欢迎[①]。麦哲伦海峡南岸的火地岛（Terra del Fuego）此刻也被描绘为南方大陆的一部分，直到17世纪才被欧洲人认知为只是一个岛屿。

地图中描绘的亚洲，南部大陆向北冲起来，将新几内亚（NOVA GUINEA）都包括了进去。新几内亚左侧的“南方大陆”突出部分，标注着Beach、Maletur、and Lucach字样的地名。这三个地名其实都是来自《马可·波罗游记》，是游记中属于爪哇岛（Java）中的区域。爪哇与南部大陆的这种混淆源于一个错误。最初，马可·波罗使用阿拉伯语称爪哇岛为“大爪哇”，称呼苏门答腊岛为“小爪哇（Java Minori）”。但他还说，后者是世界上最大的岛屿，因此给后人造成混乱。1532版的《马可·波罗游记》（巴黎和巴塞尔印刷）就因为这种混乱而出现印刷错误，而地图制作者依旧引用了其中的信息。普朗修斯在他的这版地图中遵循了这些信息，虽然在他自己之前1590年版本的世界地图上，新几内亚还是一个大的圆形岛屿。其实，这张1594年版本的世界地图上，大多数太平洋地区的岛屿与地名都是西班牙语，日本的轮廓则是使用了葡萄牙人路易斯·特谢拉（Luíz Teixeira）的信息。此时，荷兰人对于遥远东方的地理信息，还没有自己的一手资料，依然处在“道听途说”的阶段。

普朗修斯地图中的北极极地部分，也显得与众不同。普朗修斯一生都是东北航道的坚信者和倡导者，他支持和鼓励了巴伦支的三次极地探险航行。只是在那个风帆年代里，极地东北航道对人类几乎是不可逾越的自然力量。图中对极地区域的描绘上，新地岛（Noua Zemla）和环绕极点的其他（猜测的）岛屿之间有着大片的公开水域，那正是他坚信并鼓励荷兰人前往探索的东北航道区域。非洲的黄金与奴隶贸易、东方的香料贸易、美洲的白银与蔗糖贸易，那些异域的巨大财富吸引着年轻的荷兰共和国，但那些大部分都是荷兰人的宿敌老牌西班牙帝国的地盘。实力稚嫩的荷兰人，在开始的时候要先从避开西班牙和葡萄牙在大西洋及印度洋上的贸易据点开始。虽然图上极地的这些地理信息在现在看来是如此异想天开、一厢情

① 澳大利亚的英文“Australia”一词源于拉丁文“avstralis”，意为南方，地图中“Terra Avstralis Incognita”，既是拉丁语“未知的南方大陆”。

▲ 亨德里克・弗鲁姆（Hendrik Cornelisz Vroom，1562 – 1640 年），荷兰黄金时代的代表性画家，是荷兰海事及海洋风光画派的奠基人。他创作于 1600 年左右的 Mauritius – Detail uit Het uitzeilen van een aantal Oost-Indiëvaarders 是其代表作之一，画面高 104 厘米、宽 199 厘米，现藏于阿姆斯特丹荷兰国家博物馆。

该作品描绘了画面中间的“毛里求斯”号三桅大帆船及荷兰东印度公司（VOC）的其他武装商船正在穿过北海的马斯迪普海峡（Marsdiep Strait）的情景。海峡南岸、北荷兰省的登海尔德市（Den Helder），在荷兰东印度公司贸易活动中扮演了重要的角色，城市中聚焦了为庞大船队提供补给、维护、修理的工匠与丰富物资，是荷兰东印度公司武装商船远航前的重要集结地。

愿，但寻找和打通“东北航道”一直对荷兰人有着巨大的吸引力。

让我们还是回到这张地图的时间原点吧——1594 年。那一年，荷兰人巴伦支正率领着他的第一次极地东北航道探险队驶向陌生的新地岛；那一年，将在第二年率领荷兰第一支东印度探险队的科内利斯尚在葡萄牙的里斯本以商人身份过着“无间道”的生活；那一年，荷兰人林斯滕一年前从他效力多年的葡萄牙人的东印度大本营——果阿地区终于返回荷兰，并带回了遥远的东方的一手信息，此刻正加入了巴伦支的第一次远航探险队驶向极地。但是这些大航海时代荷兰人的“英雄”，彼时尚无法直接提供任何关于遥远的东方与陌生的北方的地理信息，普朗修斯只能依靠其他前人的信息（其中大部分是西班牙人和葡萄牙人的信息），描绘出荷兰人通向东方和未来的航程。

四百多年前，为了各自民族和国家的财富与荣耀，欧洲各国的探险家们上演了一幕幕史诗般的海上远征，其中伴随着残酷的搏杀、坚忍的意志、异域的财富、仰慕的荣耀、交织的科学与宗教，还有冷暖难测的人性、绝望中的希望。四百多年后，他们都被视为人类大航海时代的豪杰、智者，其中伴随着科学智慧、探索精神、地理发现。这一切甚至成为了人类命运共同体共同的伟大财富。

第十三讲 万历十六年一张英文版的欧洲航海总图

——记荷兰制图师瓦格纳及其代表作品

1588年，这颗星球的东方，大明王朝，是万历十六年。那一年，日本史上对基督教的第一次禁令《伴天连追放令》已颁布一年，葡萄牙人的耶稣会势力被驱逐，西班牙人的方济各会传教士趁机取而代之在京都、大阪各地传教。丰臣秀吉对此采取了默许的态度。

1588年，这颗星球的西方，夏，西班牙国王费利佩二世，组建了著名的西班牙无敌舰队（Spanish Armada），为报复英国伊丽莎白一世女王对玛丽的处决，誓言要入侵英国本土。

还是1588年，一本名为《水手的镜像》（*Mariner's mirror*）海图图集的英文版本在伦敦出版发行。这是英国乃至欧洲最重要的早期海图资料之一。历史像个狗仔队，仿佛永远只喜欢王族间恩怨情仇，所以比起无敌舰队的名号来，现在即使业内人士知道此书者寥寥无几。

伊丽莎白一世，英国都铎王朝的最后一位君主，手握红白玫瑰交融的家族徽章统治英格兰近半个世纪。她在位时，英格兰从封建社会向资本主义过渡，并逐步成长为欧洲最强大的国家之一，被认为是英国君主专制历史上的"黄金时代"。而在那之前的英国，在全球事务中远未占据主导地位，西班牙、法国等才是当时的欧洲强国。那些依据欧洲探险家们的地理探索和发现而不断更新、不停绘制的地图与海图，用拉丁文、法文、荷兰文、西班牙文、德文等版本紧锣密鼓地出版发行着，英文版本还不是出版商的一个必然选项。

上面讲到的这本英文版《水手的镜像》翻译自1583年荷兰制图师瓦格纳出版的 *Spiegel der Zeevaerdt*。从原书名可以看出，首版时它并不是一本英文读物。直到1588年，无敌舰队入侵英国的那一年，英国政治家安东尼·阿什利才开始组织人手将其翻译并印成英文版本。正如其在序言中写到的那样：*Spiegel der Zeevaerdt* 的拉丁版本，并不能满足英国航海家的需要，所以在克里斯托弗·哈顿爵士的"训诫和掌控"下，他承担了将该海图图集翻译成英文的任务，并按其拉丁文意思译名为 *Mariner's mirror*。

这版英文的海图集，所有海图印版都需要重新雕刻制版，多名雕版师参与其中，其中17幅都有雕版师的签名[①]，包括了1张由约德卡斯·洪迪斯（Jodocus Hondius）雕版的欧洲海图总图。没错，这个洪迪斯就是我们会在后面第十七讲介绍、后来成长成为荷兰黄金制图家族"掌门"的老洪迪斯。而这张欧洲海图总图也是老洪迪斯早年在伦敦做"伦漂"期间重要的雕版作品之一。

这张海图总图，主要涵盖了欧洲大陆、英伦三岛、冰岛、西地中海区域，包括了北欧波罗的海沿岸和地中海北非沿岸，对海岸线以及沿岸港口有着非常详尽的描绘。

除了那些装饰海图的纹章、帆船、海怪及指南针玫瑰等，连那个传说中的巴西岛（Brazil）也出现在了这个海图中。它就在爱尔兰岛的西部、嘉德骑士勋章的上部，样子仿佛如一粒不小心掉到图上的咖啡豆。这个巴西岛和现在的巴西扯不上关系。据考此巴西岛的名称，来源于爱尔兰东北部古老氏族之一的布雷斯尔（Breasail）。在爱尔兰的民间传说中，这个神秘的小岛每七年才会从不断笼罩它的浓雾中现身一天。它最初可能只是中世纪晚期到大航海时代

① 英文版海图制版中，10张是由西奥多·德·布里（Theodore de Bry）完成，3张由约德卡斯·洪迪斯（Jodocus hondius）完成，3张由奥古斯丁·雷瑟（Augustine Ryther）完成，1张由扬·鲁特林格（Jan Rutlinger）完成。这些雕版师当时都在伦敦生活和工作。

▲《水手的镜像》（*Mariner's mirror*）封面。

▲ 由约德卡斯·洪迪斯（Jodocus Hondius）雕版的欧洲海图总图（英文版）。

早期某次海洋测绘实践的产物。在15世纪80年代，英国布里斯托的商人社团还先后派遣了两支探险队试图寻找这个地方。但直到16世纪，这个传说中的神秘岛，依然在奥特留斯和墨卡托等人绘制的海图上位置不定地徘徊于大西洋之中。不过此时，地理学家已经开始将该地点称为“巴西礁”而非“巴西岛”，并推断它可能是一处浅滩或受潮汐影响的礁盘一部分。从这个意义上来说，瓦格纳的这版海图集既是那个年代一种实用的航行辅助工具，但同时也隐含了那个年代的地图夹杂着推测与传说的“狂想曲”风格。

密密麻麻的恒向线（Rhumb Line），是海图区别于普通地图的另一大特点。恒向线是地球上两点之间与经线处处保持角度相等的曲线。恒向线航线不是航程最短的航线，但却是操作极为方便的单一航向航行的航线。在墨卡托投影方式的海图上，恒向线表示为从起始点到目的点的一条直线。例如图中某两个港口间的航路，就有了可供参考的恒向线航线。

此图左上部，还标绘了比例尺说明：“English Leagues：20 in a degree”，即20英国里格为1°。海图的上部是原始荷兰版的比例尺说明“Dutche Leagues 15 in a degree”，即15荷兰里格为1°。当时一英国海上里格的长度单位为5.556公里，按图中比例尺20英国里格为1°，则1°=111.12公里。我们知道，当今航海通用的长度单位为“海里”，即地球椭圆子午线上一分的弦长，为1852米，1°=60分×1852米=111.12公里，与此图中20英国里格为1°的比例尺完全吻合。看来至少三四百年前，欧洲人就已经精确地掌握了地球子午线的长度。

瓦格纳的这本《水手的镜像》，是欧洲人第一次使用印版进行印刷的海图，也是关于欧洲及西大西洋沿岸地区最早的印刷版的海图。这张1588年英文版本中洪迪斯雕版的海图总图，是那本海图集中篇幅最大的一张。黑白色调的应用，让此图有了一丝东方水墨山水的韵味，图中左侧的嘉德骑士徽章① 则标明了它的英国版身份。在更早几年的非英文版本中，还可以见到此图的彩色版。那个年代的欧洲各国语言的拼写，一眼还真不容易看出区别，但代表了英国身份的嘉德骑士徽章，在图上显得格外抢眼。

① 嘉德骑士勋位是英国的最高骑士勋位（Most Noble Order of the Garter），由英王爱德华三世创立于1348年，并一直延续至今日。纹章上的座右铭“Honi soit qui mal y pense”为中古法语，现代英语意为：Shame on him who thinks evil of it。

《水手的镜像》的原作者瓦格纳，全名为卢卡斯·詹森·瓦格纳（Lucas Janszoon Waghenae，1533/34 — 1606年），是荷兰16世纪的海图制图师、航海家。他出生在北荷兰的港口城市恩克赫伊曾（Enkuizen），被后人认为是北荷兰制图学校的奠基者，在荷兰海图绘制的早期发展史上占有重要地位。

瓦格纳在1550 — 1579年曾经长期工作和生活在海上，并做到了大副的职务。这些经历无疑大大增加了他在航海和制图方面的实际知识，为其日后制图师的职业打下坚实基础。他的第一份出版物，就是那本著名的1583年版《水手的镜像》。这部作品初版推出之后被重印并翻译成多种欧洲文字，成为那个时代出版的海图集的榜样和标杆。瓦格纳之后还出版过两部著作，分别是1592年的《航行宝藏》（*Thresoor der Zeevaert*）和1598年的《恩克赫伊曾海图图书》（*Enchuyser zeecaertboeck*），今天也都成为了解那个时代航海与制图的重要历史资料。

1606年，瓦格纳于贫困潦倒中离世，市政当局为此还破例将其养老金的发放延长了一年，以资助其遗孀的生活。这让人真不知道该庆幸那时荷兰就已经建立了养老金制度，还是该叹息人类的某些杰出的灵魂总是命运多舛。

▲ 代表英国最高骑士勋位的嘉德骑士徽章。

▲ 奥特留斯的《寰宇大观》

第十四讲
创世纪
——记荷兰制图大师奥特留斯及其代表作品《寰宇大观》

当人们考虑到浩瀚的世界和所有永恒时，人类的事情意味着什么？

——马库斯·图留斯·西塞罗（Marcus Tullius Cicero）

这是一句摘自古罗马帝国执政官、哲学家西塞罗的名言，它出现在今日我们要介绍的几张古老的地图上。这几幅地图，出自亚伯拉罕·奥特留斯（Abraham Ortelius，1527 — 1598 年）1570 年出版的《寰宇大观》中。

《寰宇大观》，原名 *Theatrum Orbis Terrarum*，英文 *Theatre of the World*，首版时包含 53 张地图，它是目前人们普遍公认的最早一本近代地图集。从英文的字意来看，它应翻译为《世界的剧院》。不过，其中的 Theatre，最初来自希腊语的 θέατρον（théatron），意思是“看”；译成拉丁语后变为 theatrum，意思是“观看（节目）的地方”。orbis 应该是“圈”“区域”的意思。鉴于地“球”的概念那个年代还没有今日这般明确，orbis terrarum 译为“世界区域”更合理一些。综上所述，《寰宇大观》应是比较贴合原意的中文译名。

亚伯拉罕·奥特留斯早期的地图雕刻生涯，是从安特卫普圣路加公会的地图装饰工开始的。不过他明显具有商业天赋，通过贩卖书籍和地图等为自己带来不菲的收入。作为一个职业的地图“倒爷儿”，他在欧洲各地旅行过，足迹遍布当时荷兰等低地国家、德国、法国、英格兰、爱尔兰、意大利等。1554 年，在参加法兰克福书籍和印刷展览会时，他结识了“地图圈”的另一位大咖——杰拉德·墨卡托（Gerardus Mercator）。1560年，在陪同墨卡托在特里尔、洛林、普瓦比瑟等地（当时英国、法国的地名）旅行途中，他似乎深深地被墨卡托吸引和影响了，开始认真地从事起地图与地理科学的研究。从此，世界上少了一个成功的“地图倒爷儿”，人类多了一名杰出而伟大的科学地理学家。

奥特留斯在1564年发表了他“弃商从艺”后的第一张地图——一幅类似于八叶型的世界地图（这张伟大的地图唯一现存副本收藏在巴塞尔大学的图书馆），之后还陆续发表了埃及、亚洲、西班牙等地区的地图。直到1570年5月20日，他在安特卫普出版发行了地图集《寰宇大观》，这是人类地图史上里程碑式的作品。

这本《寰宇大观》的出版被后人视为标志性事件。它彻底改变了欧洲文艺复兴时期受过良好教育的阶层所乐于接受和欣赏的地图表现方式，使《寰宇大观》成为那个时代地图制作及发表行业的标杆。后人通常将这本地图集的出版，视为16世纪荷兰进入地图制图黄金时代的开端。

▲ 亚伯拉罕·奥特留斯，作者 Peter Paul Rubens。

1575年，奥特留斯被任命为西班牙国王费利佩二世的地理学家。这个国王是哈布斯堡家族的西班牙国王，1588年派出著名的西班牙无敌舰队试图入侵英国本土。彼时，英国都铎王朝的最后一位国王伊丽莎白一世在1559年加冕后，正带领着英格兰进行着深刻的变革。不过在她那个时代，英格兰还远没有后来日不落大英帝国的实力，而是在努力地汲取着欧洲大陆在大航海时代和文艺复兴时期兴盛起来的先进的科学知识。16－17世纪的世界地图作品，使用英文的并不多见，大多数都使用拉丁文、荷兰文、法文、弗拉芒文等。《寰宇大观》出版以后的40多年，英国地图学家约翰·斯皮德将他那本描绘英国本土郡县的地图集称为《大不列颠帝国的大观》。

我们下面所要介绍的几张引人入胜的地图，包括了世界地图和四大洲地图共五张，均摘自早期版本的《寰宇大观》。

刻着西塞罗名言的世界地图，是基于加斯塔尔迪（Gastaldi）的地图作品和杰拉德·墨卡托那张著名的1569年版第一次使用了墨卡托投影方式的地图。事实上，《寰宇大观》的大部分地图都是从世界各地的其他一些地图制作者的作品中提取的。奥特留斯从来不避讳这一点，在第一版的《寰宇大观》中就提供了87名作者的名单。但这并不影响《寰宇大观》成为一部跨时代的伟大作品。事实上，正是由于奥特留斯精心寻找和遴选那个时代最佳的区域地图，不断地汇编、添加和更新到他的作品中，才使一些几乎不可能被现代人所认识和了解的作者和作品借助《寰宇大观》流传了下来，在今天仍然可以被人们研究和欣赏。

美洲地图，在16世纪可能是唯一被广泛查看和复制的有关美洲的地图。在加利福尼亚半岛的形状方面，它比后期的许多地图还要准确。

亚洲地图，摘自奥特留斯发表于1567年的亚洲地图，地理信息源自加斯塔尔迪（Gastaldi）。图中对明王朝疆域的刻画应该主要来自那个时代的商人和探险家记录的信息。1567年，明朝隆庆皇帝朱载垕同时开放了“海禁”和“银禁”，诏令“朝野上下率用银”，从此中国开始了大规模进口白银。据统计，自16世纪中叶至19世纪初，西班牙从美洲殖民地横越太平洋，经菲律宾运到中国的白银，占美洲新大陆白银总产量的3/4，也同时吸引着海上马车夫“荷兰人”

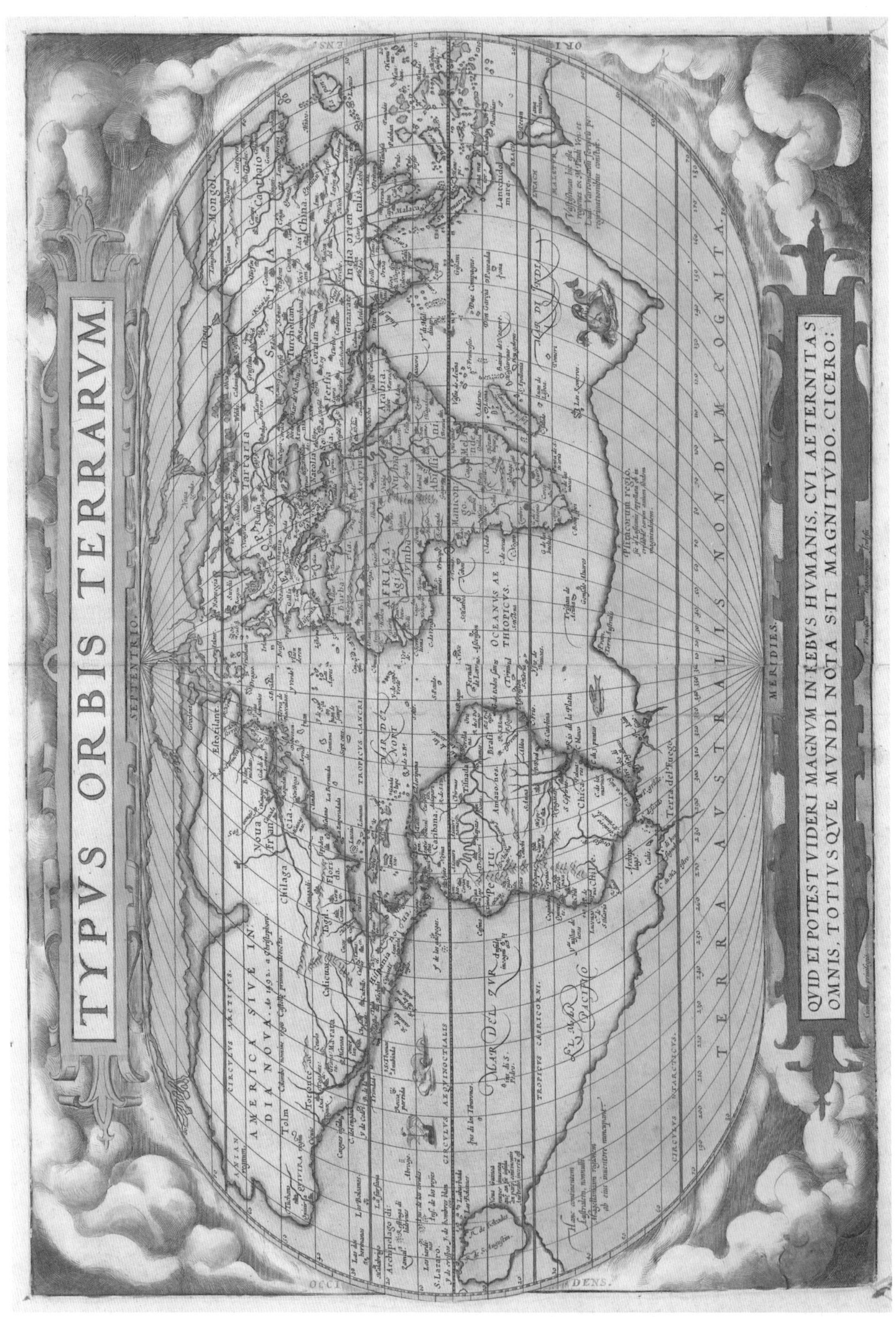

▲ 奥特留斯《寰宇大观》中的世界地图。

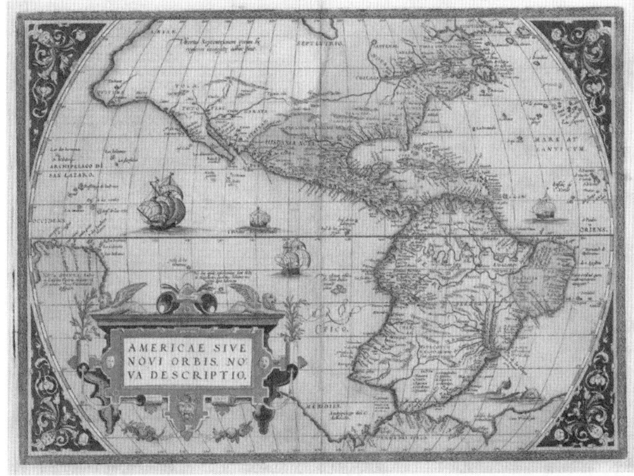

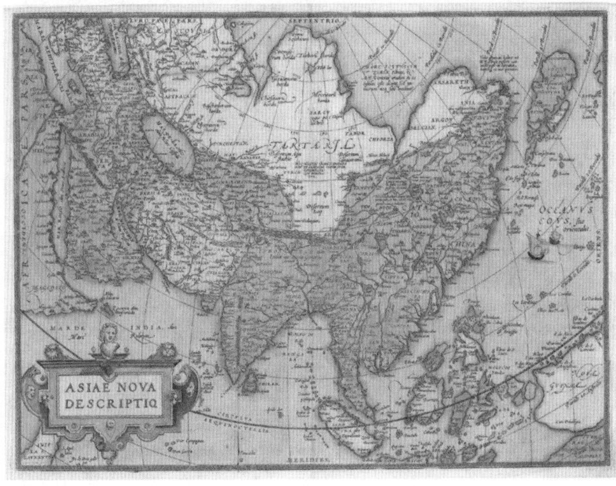

▲ 奥特留斯《寰宇大观》中的各洲地图。

的目光开始关注遥远的东方。

非洲地图，也是基于加斯塔尔迪 1564 年版本的地图。图中，非洲东海岸、马达加斯加岛东南部，一场风帆战舰时代的大海战正进行得如火如荼；非洲西海岸，大西洋上点缀着几个似鱼似怪的生物；大西洋的对岸、赤道下方的区域还绘制了部分巴西的东部海岸线。

欧洲地图，大部分来源于墨卡托的作品，但俄罗斯部分取自詹金森的地图作品，斯堪的那维亚取自马格纳斯（Olaus Magnus）的作品。在欧洲部分的左上角，半裸的欧罗巴女神正坐在一头宙斯化身的公牛的背上，与宙斯都回首盯着欧洲的方向，欧罗巴的目光中却有些忧心忡忡。

1598 年 6 月，与世长辞的亚伯拉罕·奥特留斯被安葬在安特卫普的圣米切尔修道院。这时，那本《寰宇大观》地图集在 28 年间已经陆续出版了 25 个版本，包括拉丁文、意大利文、德文、法文和荷兰文的版本，被广为流传。修道院里，在他的墓志铭上，刻着“Quietis cultor sine lite，uxore，prole”。意思是“安静地履职，没有指责、妻子、后代”。

没有妻子和后代的奥特留斯，除了留下了划时代的地图作品，还留下了一个伟大的“预言”—— 大陆漂移学说。他是第一个强调美洲海岸和欧洲、非洲大陆之间具有几何形状吻合性的人。在他的作品《地理百科全书》（*Thesaurus Geographicus*）中，他写到：“美洲被地震和洪水从欧洲和非洲撕裂……如果有人拿出世界地图，并仔细思考三大洲海岸的轮廓，那么破裂的痕迹就会显露出来。”三个多世纪以后，奥特留斯对大陆漂移的地理学假设已经被证明是正确的。

▲ 墨卡托 *Atlas* 地图集封面。

第十五讲
墨卡托的伟大遗产
——记墨卡托投影及《阿特拉斯》（Atlas）地图集

在古希腊神话中，有一位名叫阿特拉斯（Atlas）的巨神。他站在大地的极西之地，永恒地支撑起众神们居住的天堂。海之女神卡吕普索（Calypso）和天空之中的七姊妹星团[①]都是他的女儿。据说大西洋的名字来源也跟他有关："Atlantic Ocean"意味着"阿特拉斯的海洋"。尤其"难能可贵"的是，古希腊人认为他还是一位精通哲学、数学、宇宙学的巨神。

1595年，佛兰德斯[②]的地图学家鲁莫德·墨卡托（Rumold Mercator，1545—1599年）出版了一本地图集，用了"阿特拉斯"的名字来为其命名，全称为 *Atlas Sive Cosmographicae Meditationes de Fabrica Mundi et Fabricati Figura*，翻译成中文的意思是《阿特拉斯或宇宙创建时的宇宙观冥想，以及创建的宇宙》。能把它用普通话翻译成这样，已经算是尽力了。接下来，我们还是用《阿特拉斯》（*Atlas*）"这个更简单的名字来指代它吧。

这本地图集，是鲁莫德·墨卡托的父亲——杰拉德·墨卡托（Gerard Mercator，1512—1594年）的遗著。他在这本巨著问世的前一年离世了，没能亲眼见证它的辉煌：在它之前，阿特拉斯是一位撑起天堂的博学巨神的名字；在它之后，人们渐渐淡忘了这个远古巨神，"Atlas"成为欧洲多种语言中"地图集"一词的标准释义。虽然人们将第一本近代意义上的地图集的荣誉，颁给了1570年奥特留斯(Abraham Ortelius）的那本《寰宇大观》，但墨卡托以一本著作的名字，创建了多种语言中"地图集"这个统一的词汇，已经足以证明，他的 *Atlas* 是人类地图史上另一本划时代的巨著。

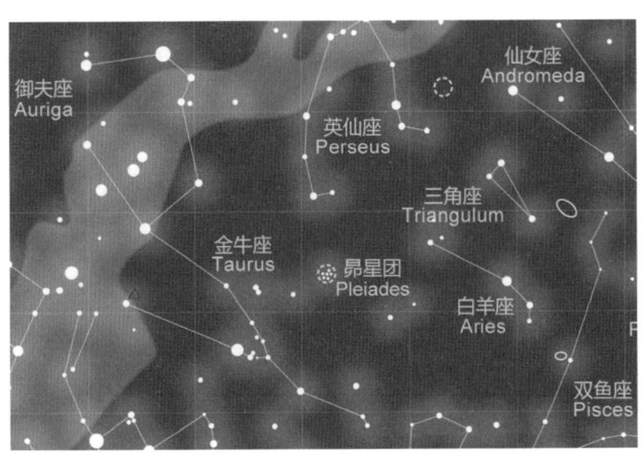

▲ 昴星团，又称七姊妹星团。

① 昴星团，又称七姊妹星团，英语 Pleiades，梅西耶星云星团表编号 M45。

② 大体包括今日比利时西部大部分地区，安特卫普位于其东北部。

鲁莫德·墨卡托，是杰拉德·墨卡托的第三个儿子，在全部6个孩子中排行老五，而他只能算是老墨卡托留给后人的地理科学"遗产"之一。杰拉德·墨卡托，是地图发展史上，乃至人类科技史上一个伟大的名字。今日，德国杜伊斯堡有以他的名字命名的影剧院和大街，文化与城市历史博物馆（Kulturund Stadthistorisches）也主要是纪念他的生平与成就，杜伊斯堡大学在20世纪90年代还用他的名字为学院改了名，比利时有"墨卡托博物馆"，布鲁塞尔的街头也竖立着他的雕像。

1512年3月5日，杰拉德·墨卡托出生在今比利时安特卫普西南的一个叫作鲁佩蒙德（Rupelmonde）的小村庄里。他是一个并不富裕的鞋匠家庭的第七个孩子，父亲在他14岁时离世，作为牧师的叔叔成为他的监护人，并资助他进入了当地一所不错的学校开始学习。之后他又进入鲁汶大学（University of Leuven）学习哲学、神学等。几位后来成为那个时代著名医学家、政治家、神学家的同学是他的终身挚友。在1532年毕业时，他本可以选择继续深造神学、医学、法学等，他的叔叔也希望他成为一名神职人员，但像许多二十多岁的年轻人一样，他已经对神学研究和科学观察之间的矛盾充满困惑。他离开鲁汶前往安特卫普后，在那里岁月静好地思考了一段哲学问题。他的广泛的阅读和他那段生命中的时光一样充满了不确定性，除了发现了更多的圣经神学世界和现实地理世界之间的矛盾性，他以前的学业依然无法和眼前文艺复兴时代的世界达成和解。1534 年底，22 岁的墨卡托回到了鲁汶，仿佛已经为自己的生命找到了方向，开始全身心地投入到地理、数学和天文学的研究中。

杰拉德·墨卡托一生中的前 40 年都在尼德兰度过，直到 1552 年从鲁汶搬到了今日德国的杜伊斯堡。他从来没有说明这一举动的原因，但后人猜测其遭受的牢狱之灾可能是主要推手。在低地国家，天主教对不同宗教异议人士变得越来越不宽容。在那个宗教改革的动荡时代里，墨卡托作为科学的精英，也没能幸免地在 1543 年遭遇过半年多宗教法庭的牢狱之灾。他的名字出现在一张路德派教徒的名单上，名单里还包括了雕塑家、建筑师、前大学校长、僧侣等。墨卡托与路德派的主要改革者之一菲利普·梅兰希顿是密友，但他也是主教 Perrenot 的朋友。我们不知道当时到底发生了什么离奇的故事，那张名单上的人，有的被斩首，有的被烧死，还有两名女子被活埋，无数人遭受酷刑，而墨卡托则侥幸被活着放了出来。

墨卡托从未将他的牢狱生涯记录于任何纸面之上他在鲁汶继续生活了约十年，并全身心地投入到自己的工作中。最终，他选择了宁静的杜伊斯堡小镇。那里，没有政治和宗教骚乱的影响，是他才华开花结果的理想之地。在那里，他度过了后半生的 40 多年

▲ 1551 年墨卡托制作的天球仪，在当时属于售价昂贵的奢侈品。

▲ 杰拉德·墨卡托（Gerard Mercator，1512 – 1594 年）。

时光，他在地图史上的主要成就几乎都是在这段时间里取得的。

总之，关于杰拉德·墨卡托的生老病死、爱恨情仇、伟大平凡，有着厚厚的传记和史料，难以在此详细赘述。墨卡托除了在神学、哲学、历史、数学和地磁学的研究上颇有造诣，在“地图”行业里的影响力更是遍布那个时代的每个角落。后人将墨卡托视为“荷兰地图制图学院”的创始人之一，认为是该学校一个世纪黄金时代（约 16 世纪 70 年代— 17 世纪 70 年代）最著名的人物。在他那个时代里，他不但是一位有成就的地图印版雕刻师、优秀的地球仪和科学仪器的制造者，还是世界上最杰出而著名的地理学家。

让我们还是回到地图的世界里，回到那本刊印后轰动世界的巨著 *Atlas*。*Atlas* 一共收录了 107 张地图，其中 102 张都是老墨卡托在他去世之前就已经编写完成并陆续出版过的地图。它包括了：

—1585 年地图合集里的 51 幅近代地图（16 幅法国、9 幅涵盖了今日比利时和荷兰等地、16 幅今日德国等地，以及部分其他地区地图）；

—1589 年地图合集里的 23 幅近代地图（16 幅今日意大利及克罗地亚等地、3 幅巴尔干半岛、4 幅希

腊等地地图）；

—1595 年以 *Atlas* 的名字出版时加入的 28 幅近代地图（16 幅大不列颠、4 幅丹麦王国、8 幅极地和北欧及波罗的海等地域地图）。

熟悉地理测绘或者航海的人士或许已经有了疑问，因为那张代表了墨卡托在地图史上地位与成就的 1569 年世界地图，并没有出现在这本 *Atlas* 里啊？

的确，那张 1569 年地图是单独出版的，名为 *Nova et Aucta Orbis Terrae Descriptio ad Usum Navigantium Emendate Accommodata*，英文表述为 *A new and more complete representation of the terrestrial globe properly adapted for use in navigation*。在此勉为其难地把它翻译成中文，大概的意思是《一张新的和更完整的地球表述 恰当地适应了航海的使用》。这张地图的伟大之处在于：墨卡托投影方式第一次被展示到世人面前。

这张 1569 年原图是一个大型平面地图，是用墨卡托自己雕刻的铜板作为印版，印刷出十八幅独立的区域地图，每张尺寸为 33 厘米 ×40 厘米，边界约为 2 厘米。所以，拼接以后，完整的地图尺寸达到了 202 厘米 ×124 厘米。所有单张印版涵盖的经度均为 60°。纬度方面，第一排 6 张覆盖 80° N 至 56° N，第二排覆盖 56° N 至 16° S，第三排覆盖 16° S 至 66° S。不过这种排版方式后来遭受过好事者的“批判”，理由是“以欧洲为核心的思想在作祟”。

这张大型地图，据推测当时的印刷数量至少也有数百张，但到 19 世纪中叶时，巴黎的法国国家图书馆藏品是唯一已知的一幅。截至目前，全世界也只发现了 4 幅，分别收藏在法国国家图书馆、巴塞尔大学图书馆、鹿特丹海事博物馆，以及布雷斯劳大学图书馆（Stadt Bibliothek of Breslau，现波兰弗罗茨瓦夫大学图书馆）。其中，以巴塞尔大学图书馆版本的“品相”最为完好。

自从大航海时代，人们认识到地球并非一个平坦的无限大地，而是一个三维的球体，想要完整地将其表现到二维平面上，就变成了一项“不可能的任务”。人们发明了许多种投影方式，但无论哪种都必须牺牲一些真实的属性。400 多年前，以这张地图为代表，杰拉德·墨卡托发明等角正圆柱投影法，以扭曲面积为代价，使经度线和纬度线在平面上都表现为一条条垂直相交的直线，让航海家们只需要将起点和终点在平面上连成一条直线，就可以知道航线与经纬线的夹

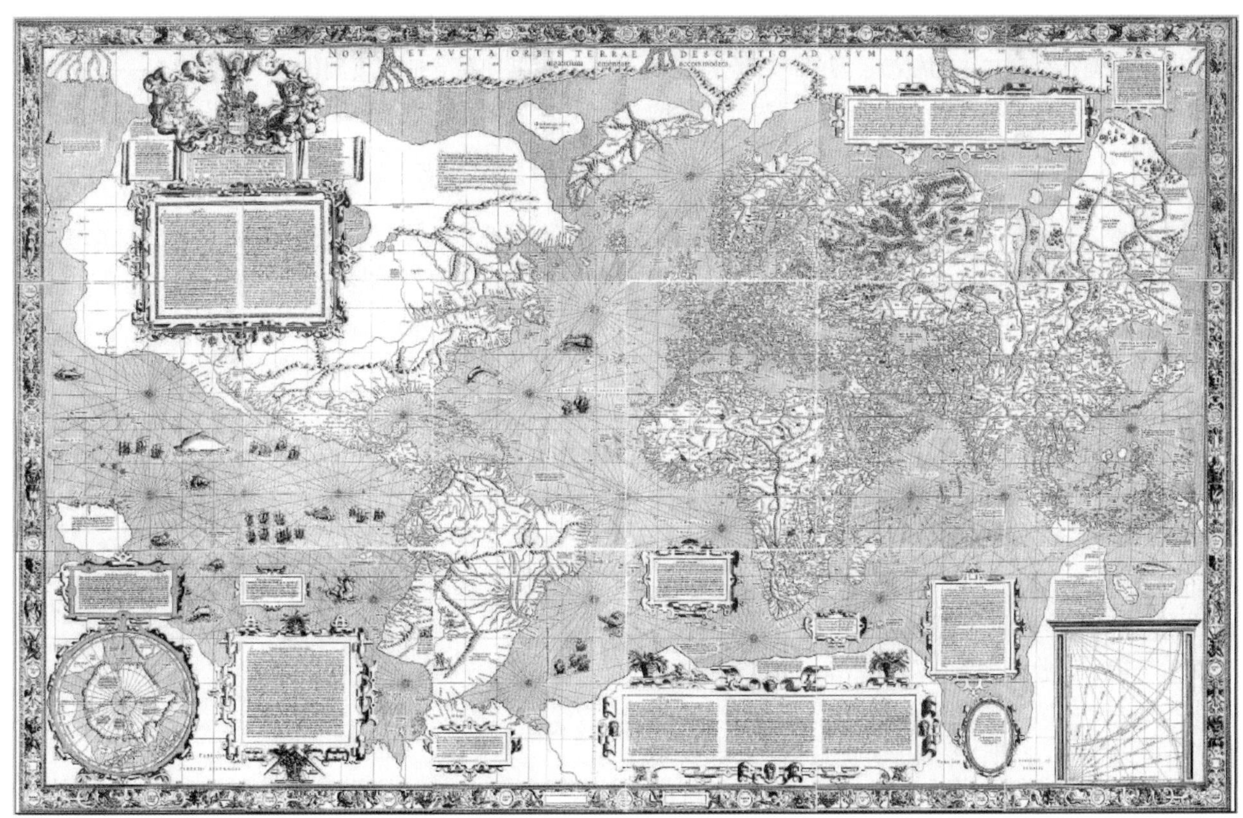

▲ 代表了墨卡托在地图史上地位与成就的 1569 年版世界地图。

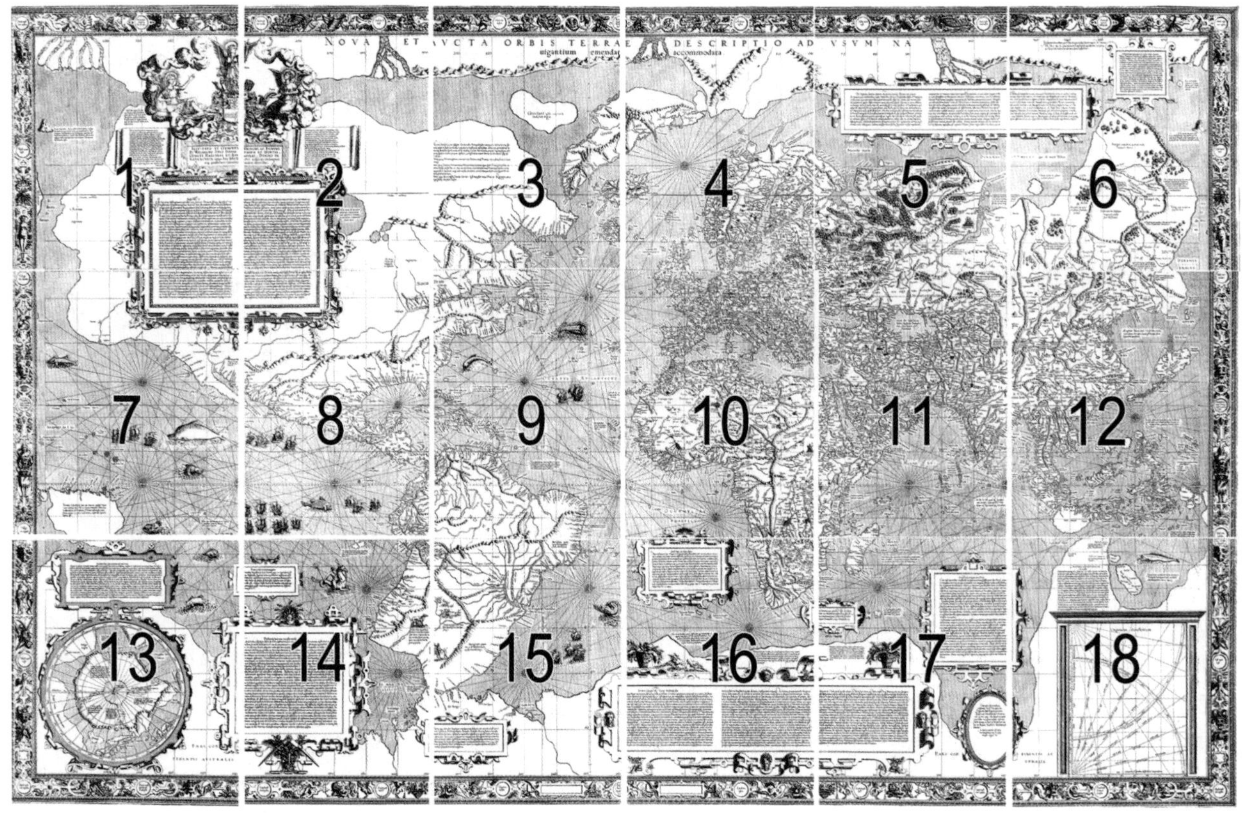

▲ 墨卡托 1569 年世界地图，包括 18 张独立的局部图。

角角度。这种我们称之为等角航线的方法，极大地方便了航线与方位的确定，第一次使航海者用直线（即等角航线）导航成为可能。到了 17 世纪初期，使用墨卡托投影法制成的海图、地图，以及等角航线，已经被欧洲列强在全球扩张的航海、贸易、探险、战争中普遍采用。时至今日，墨卡托投影法仍为最常用的一种海图乃至地图的投影方式。

杰拉德·墨卡托和他的墨卡托投影法，是地图发展史上的重要里程碑。在他身后，托勒密“统治”了 15 个世纪的传统观念正走下神坛、走入历史；在他眼前，近代地图学发展的广阔道路正笔直地通向未来。

或许，在那个时代，鲁莫德·墨卡托还没有深刻意识到父亲的这幅以墨卡托投影法描绘的世界地图的伟大之处；或许，这幅 1569 年版的世界地图过于庞大的面积不适于收入地图集之中。总之，1595 年鲁莫德未能将其收入那本 *Atlas* 之中。*Atlas* 中除了老墨卡托的 102 幅区域地图外，还包括了三张墨卡托家族孙辈们完成的亚洲、非洲、美洲地图，一张鲁莫德制作的欧洲地图和一张鲁莫德制作的世界地图（见后页跨页）。

鲁莫德这张世界地图，其实最早于 1587 年在日内瓦就已经进行了首次出版印刷[①]。但很明显，该地图的地理信息内容，仍是基于他父亲老墨卡托的那幅划时代的 1569 年世界地图。加之该地图也是老墨卡托在世期间指导他完成制作的，所以这是一张拥有墨卡托家族名字的世界地图，也可以看作是地图发展史上弥足珍贵的作品之一。

这张世界地图的左边是西半球。南美洲的西岸在图上呈现出明显突出的形状，是老墨卡托在他的那张“1569 年世界地图”上表现出来的显著特点。我们今天知道，南美大陆最南端的火地岛（Tierra del Fuego）[②] 是一个独立的岛屿，离南极大陆还有一段宽阔的海洋，但是在这张图上，火地岛是一个巨大的南方大陆的一部分，这个南方大陆一直延续到在东半球的那一半地图。

① 鲁莫德在将其收入 1595 年的 *Atlas* 中时，地图下面的文本部分做了一些修改。另外，这张图在 17 世纪初期再版时，在 1603 年以后的版本中，图下方的文字都被取消了。再版的雕版因为开裂的原因，在抬头部分都有一道或两道裂缝。这也是区别该图早期版本和后来再版版本的一个显著标识。

② 1520 年 10 月，航海家麦哲伦发现了以他命名的麦哲伦海峡时，首先看到的是当地土著居民在岛上燃起的堆堆篝火，遂将此岛命名为“火地岛(Tierra del Fuego)”。他当时认为火地岛是南方大陆的一段北岸。

在靠近北极的部分，即今日美国的阿拉斯加荒原，被标记为了“Anian Regnum”。“Anian”这个名称，据考应是来自彼时的“安南国”（今日越南一带）。马可·波罗在他的游记（第3卷第5章）中提到过的大海湾[①] Tonkin 湾旁边的“安南”，在这张地图上却被“移植”到了北美大陆的西北海岸。其实第一个做出这样标注的是意大利著名制图师贾科莫·加斯塔尔迪（Giacomo Gastaldi）1562年的世界地图。很明显，墨卡托在这里应该是受了同时代其他制图师的影响。在那个年代里，即使最好的地图大师也不可能亲自走遍世界的每一个角落去核实所获得的地理信息的真伪。如何在各种皇家和民间的地理大发现的信息汇总中去伪存真，也是颇考验制图师的功力。

但是，此地图中建议的那条通过阿尼安海峡（El ftreto de Anian）联通欧洲与中国的最短航道，是真实存在的。到18世纪中期的时候，这条理论上的北极西北航道已经频繁地出现在各种地图上。吉柏特爵士 (Sir Humphrey Gilbert) 论述北极西北航道的文章曾激励多少探险者前仆后继。虽然他自己于1583年的一次探险中遇难，但寻找并打通西北航道仍然是许多世界闻名探险家的理想。如法国探险家卡蒂埃 (Jacques Cartier)、命名了德雷克海峡的弗朗西斯·德雷克（Francis Drake）爵士、环球探险的库克船长、命名了哈德孙湾的亨利·哈德孙（Henry Hudson）等，虽然均以失败告终，不少人甚至付出了生命的代价，但人类探索这颗星球的努力从来没有停止过。

顺着“安南”继续向南，会发现图中的“奎维拉（Quiuira）”字样。这里，指的是1541年西班牙探险家弗朗西斯科·巴斯克斯·德·科罗纳多（Francisco Vasquez de Coronado）所寻求的传说中的七个黄金之城。当年，科罗纳多徘徊在今日的亚利桑那州和新墨西哥州，并最终前往现在的堪萨斯州。尽管他从来没有找到过传说中的黄金之城“奎维拉”，但他的名字今日却依然徘徊在美国西南部的土地上——举世闻名的科罗拉多大峡谷就是遵从了他的名字。

此图的右半部分代表着东半球。日本列岛看上去是一个单独的、圆形的岛屿。东南亚的岛屿排列以当时的标准来看相对还算准确。在南方，Beach、Maletur、Lucach 这些地名的出现，再次揭示了这张墨卡托地图可能使用了《马可·波罗游记》中记载的信息（或是借鉴了同一时代意大利制图师的信息）。在南方大陆更远的西部、同非洲最南端隔海相望的是“Psittacorum regio”，在杰拉德·墨卡托的1569年版世界地图上也出现过这个字眼。据说最先到达和记载了这个地方的欧洲人应该是葡萄牙水手。不过一篇中国人考据《坤舆万国全图》的长篇论文认为，Psittacorum 是拉丁语鹦鹉的词源，这个“Psittacorum regio”就是中国人很早就称为“鹦哥地”的澳大利亚。

总之，今日的人们耳熟能详的这颗行星上的许多角落，对于墨卡托制作这幅地图的那个年代的欧洲人来说，都仿佛如《冰与火之歌》中的维斯特洛大陆一般难窥全貌，只是一个又一个充满魅力和风险的诱人传说。由于充满谬误的地理资料来源，以及那个年代缺乏关于磁偏角的可靠数据、面临在海上准确确定经度的重重困难等，墨卡托的这幅地图，对那个年代的导航员来说，仍然没有太大的实际用途。这些也解释了墨卡托的投影法，直到几十年后，随着科技和地理信息的配套发展才被广泛用于海图及导航。

但不管哪一个版本，这幅世界地图都保持了那个年代地图应有的艺术水准：在东西半球周围环绕着令人印象深刻的丝绦带，有点像中国人的镂空如意纹。地图上点缀着帆船、海怪、美丽的花体字等令人愉悦的装饰元素。在顶部的中心，是一个刻画着黄道十二宫、天赤道、天顶等的天球模型，与底部中心的一个精致的指南针遥相呼应。

其实在墨卡托自己的眼里，无论是1569年的墨卡托投影、还是他没来得及见面的 *Atlas*，恐怕都不是他自己最满意的成就。在他的心中，有着一个更加艰巨和庞大的事业，也是远远超出他对地理和制图兴趣的事业，我们今日称其为 Cosmographia——宇宙志。

老墨卡托为此列出的大纲包括五个主要部分：（1）世界的创造；（2）天空的描述（天文学和占星术）；（3）地球的描述：包括近代地理学、托勒密的地理学和古代地理学；（4）家族谱和国家历史；（5）年表（编年史）。这种胸怀，或许只有丹青耀史的司马迁才能惺惺相惜吧。

老墨卡托最先着手的是“年表（编年史）”。这是自世界开始以来所有重大事件的清单，都是根据他对《圣经》的文字解读，还有至少123位其他作家的

① 今中国的北部湾（Beibu Gulf），英文旧称为 Gulf of Tonkin。Tonkin 原为越南北方地区的旧称。

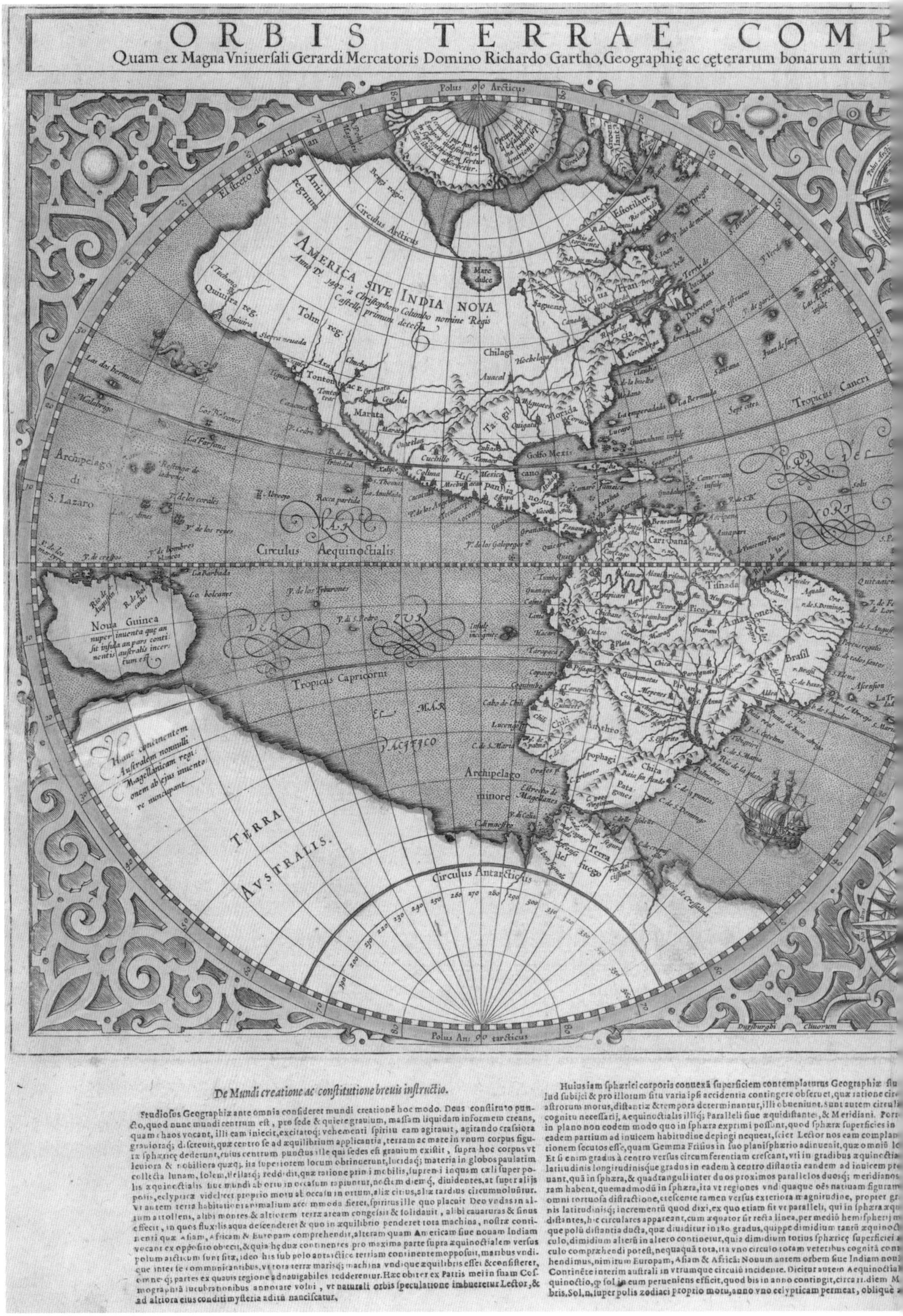

ORBIS TERRAE COMP

Quam ex Magna Vniuersali Gerardi Mercatoris Domino Richardo Gartho, Geographię ac cęterarum bonarum artium

De Mundi creatione ac constitutione breuis instructio.

Studiosus Geographiæ ante omnia consideret mundi creationē hoc modo. Deus constituto puncto, quod nunc mundi centrum est, pro sede & quiete grauium, massam liquidam informem creans, quam chaos vocant, illi eam iniecit, excitatoq; vehementi spiritu eam agitauit, agitando crassiora grauioraq; discreuit, quæ centro se ad æquilibrium applicantia, terram ac mare in vnum corpus figuræ sphæricę dederunt, cuius centrum punctus ille qui sedes est grauium existit, supra hoc corpus vt leuiora & nobiliora quæq; ita superiorem locum obtinuerunt, lucidaq; materia in globos paulatim collecta lunam, solem, stellasq; reddidit, quæ ratione primi mobilis, supremi inquam cæli super polis æquinoctialis siue mundi ab ortu in occasum rapiuntur, noctem diemq́, diuidentes, at super alijs polis, eclypticæ videlicet proprio motu ab occasu in ortum, aliæ citius, aliæ tardius circumuoluũtur. Vt autem terra habitationi animalium accommoda fieret, spiritus ille quo placuit Deo vndas in altum attollens, alibi montes & altiorem terræ aream congessit & solidauit, alibi cauaturas & sinus effecit, in quos fluxilis aqua descenderet & quo in æquilibrio penderet tota machina, nostræ continenti quæ Asiam, Africam & Europam comprehendit, alteram quam Americam siue nouam Indiam vocant ex opposito obiecit, & quia hę duæ continentes pro maxima parte supra æquinoctialem versus polum arcticum sunt sitæ, ideo his sub polo antarctico tertiam continentem opposuit, maribus vndique inter se communicantibus, vt tota terræ marisq; machina vndique æquilibris esset & consisteret, omnesq; partes ex quauis regione adnauigabiles redderentur. Hæc obiter ex Patris mei in suam Cosmographiā lucubrationibus annotare volui, vt naturali orbis speculatione imbueretur Lector, & ad altiora eius conditi mysteria aditū nanciscatur.

▲ *Atlas* 中唯一的世界地图

cans & ad 23 cū dimidio gradus ab illo versus vtrumq; polū recedens, vbi tropicus Cācri & Capricorni notantur. Meridiani sunt circuli per Aequinoctialis sectionē quāuis & polos mundi descripti, ideo meridiani dicti quod in illo constituto sole meridies fit omnibus qui sub eodem in eodē hemisphario duobus polis terminato habitant.

Nunc quid hi circuli mutationis, quæue accidentia in regiones & diuersas sphæræ partes adferant, audi. Meridiani longitudinem locorum & longitudinis siue horarū differentiam duorum quorumlibet locorum indicant. Constituerunt autem Geographi initium longitudinum in meridiano, qui per occidentalissimam insulam Canariarum ducitur, & inde versus orientem longitudinem computant, quia proprius astrorum motus, per quem longitudines locorum obseruantur, ab occasu in ortum tendit. Differētia autem longitudinis duorum locorum ex distantia meridianorū vtriusque, quæ in Aequinoctiali patescit, cognoscitur. Vt si Meridiani illorum 30. gradibus in Aequatore à se inuicem distent, erit differentia longitudinis eorum 30. gradūum, & duarum horarum differentia, ita vt cum in occidentaliore fuerit hora decima, in orientali erit duodecima: duabus enim horis sol ab orientalioris meridiano peruenit ad occidentalioris meridianū motu diurno, etenim 24. horis totum globum terræ ambit. Præterea diuiduntur meridiani in 360. gradus, quemadmodum Aequinoctialis, & numerantur ab Aequinoctiali vtrimque ad polum 90. gradus, qui versus polum Arcticum designant latitudinem boream, versus Antarcticum vero meridionalem, & quotquot in eodem meridiano eodemque hemisphærio polis terminato sunt loca diuersæ latitudinis, eandem semper eodem momento horam numerant, vt cum vnus computat horam 8. cum dimidia, reliqui omnes tantundē numerant. Paralleli item circuli (quos minores vocant, quia eorum planities nō per centrum mundi transit) à Meridiani gradibus designātur iuxta eorum latitudinem, sic tropici duo Cancri & Capricorni gradum latitudinis 23. cum dimidio in meridianis omnibus occupant: Arcticus autem & Antarcticus circuli 66. cum dimidio qui circuli zonas quinque comprahendunt, inter duos tropicos sitam, torridam vocant, quod sol perpetuò supra eam versans omnia ibi torreat & intensum calorem adferat, duæ inter tropicos & Arcticum Antarcticumque temperatæ dicuntur, quod medio modo inter calidissimam & frigidissimam se habeant, reliquæ intra Arcticum vna, & intra Antarctici altera, frigidæ sunt, vtpote à sole remotissima. Rursum quia in diuersa latitudine etiam diuersa fit quantitas diei cuiusque, distinxerunt vniuersam latitudinem ab Aequinoctiali ad polum vsque per certos aliquot Parallelos, in quibus primus latitudinē notat, in qua maxima dies maxima que noctes super perpetuam æqualitatem, quæ est in Aequinoctiali quadrāte vnius horæ excedit, secundus illam in qua dimidia hora, tertius in qua tribus quadrantibus, & sic deinceps donec parallelorum vicinitas per semihoras tantum differentias consideraret, tādem etiam per horas integras, dies, hebdomadas, menses, ita vt sub polo vnus tantum dies vnaque nox totum annum emetiantur. Inter hos parallelos continuerunt Veteres quinque spacia quæ climata appellarunt, primum à tertio parallelo ad quintum vsque, secūdum hinc ad 7. tertium ad 9. quartum ad 11. quintum ad 13. Huc vsque putabant orbem habitari, vlterius non, propter immensus frigus: ab Aequinoctiali etiam vsque ad tertium vtrimque parallelum (quod est medium torridæ zonæ) propter nimium æstum inhabitabilem credebant, posteriores tria climata versus polum addiderunt, at tandem inuentum est totam vndiq; terrā habitabilem esse, & sub Aequinoctiali temperatiorem opinione calorē esse, propter breuiorem Solis præsentiam, vt qui perpetuo 12. tantum horis supra horizontem manet, in frigidissima autem zona propter longissimos dies æstate calidiorem opinione aërem esse, noctiumque propter radiorum raritatē ac debilitatem minus infrigidari. Vale & fruere.

著作，是对曾经存在过的每一个帝国的家谱和历史汇编而成的。他将对日月星辰运动的了解和数学计算应用其中，比对古巴比伦、古希腊、希伯来和古罗马等历法，进而将时间起源追溯到基督诞生之前的 3965 年。那本 400 页的鸿篇巨著编年史一经问世便受到整个欧洲学者的关注与好评。墨卡托一度认为，那才是他最大的成就。在此之后，1578 年他的托勒密的地理学出版；1595 年他的遗著 *Atlas* 里包括了“世界的创造”[①] 和“现代地理学”。只是，他构想中的“古代地理学”和“天空的描述”，已经再也没有机会去研究和发表了。

时光荏苒、岁月穿梭，墨卡托的那些神学构想和过时的地理信息已经被人们渐渐地忽略和淡忘了。唯有墨卡托投影法，作为地图科学发展史上的里程碑之一，成为他一生中最伟大的遗产。

▲ 墨卡托的墓志铭。

① *Atlas* 的第一部分，包括 27 页的文字部分，介绍关于神学的起源、世界的创造、元素的创造（如动物、植物、太阳、月亮、星星、人等），以及人类的堕落，最后通过基督得到救赎。第二部分才是地图，并且每个部分都有自己的扉页、献词和前言，每个国家也都有简明扼要的历史描述、皇家族谱、教会层次、大学名单，乃至当时的经济状况。文本中提到的每个地方都给出了最新的地理坐标。

▶ 科内利斯·德·佐德的《世界的镜像》（*Speculum Orbis Terrarum*）1593 版封面。

第十六讲

地图大盗与《镜像中的世界》

——记荷兰制图师德·佐德父子及其代表作品

美国耶鲁大学有一座外形别致的现代建筑，叫作贝奈克珍本图书及手稿图书馆（Beinecke Rare Book & Manuscript Library），是贝奈克家族送给耶鲁大学的一件礼物，其财政独立，由耶鲁大学和图书馆共同营运管理，是世界上最大的珍本图书及手稿博物馆之一。2005 年 6 月 8 日，在图书馆阅览室地面上意外发现的一把 X-ACTO 牌手术刀成为了 FBI 后续破案的关键线索。警方据此拘捕了已经年近半百的爱德华·福布斯·笑脸儿三世（Edward Forbes Smiley III）[①]。尽管“笑脸儿三世”坚称自己是无辜的，警

① Smiley 在英语本意中有“笑脸”的意思。

方还是在他身上搜出三张地图，同他在图书馆借阅书籍中丢失的正好吻合。而此时此刻，大西洋彼岸的伦敦大英图书馆，也已经向当地警方报案并指控“笑脸儿三世”为其失窃物品的作案嫌疑人。

一年之后，“笑脸儿三世”终于供认，在数年间，他曾先后在6所机构中（除上述两处，还包括波士顿公共图书馆、哈佛大学霍顿图书馆、芝加哥纽伯瑞图书馆和纽约公共图书馆）盗得古旧珍本地图97幅，按当时的市值估算超过三百万美元。此次如果不是在耶鲁大学失手被捉，他本来的目标是此处珍藏的古老地图集《世界的镜像》（*Speculum Orbis Terrarum*）。

这本古老的地图集，出自荷兰制图师杰拉德·德·佐德（Gerald de Jode，1509 — 1591年）之手，大约于1578年左右在安特卫普出版。这一年，他的独子科内利斯·德·佐德（Cornelis de Jode，1568 — 1600年）只有10岁。老来得子的杰拉德终年82岁，在那个人均寿命五十来岁的年代里算是高寿了。继承了父亲地图制作出版事业的科内利斯却在32岁英年早逝，不免令人唏嘘。

杰拉德·德·佐德，出生在荷兰的格尔德兰省尼姆根市（Nijmegen），靠近德国边境。不过关于他的早期生平资料寥寥，比较明确的记载是他于1547年加入了安特卫普的圣路加公会。这是一个在早期欧洲（特别是尼德兰等低地国家）的各个城市中普遍存在的一种组织，名字取自《圣经》中艺术家的守护神圣路加，组织成员也以画家、雕刻匠人等为主。安特卫普的圣路加公会是其中最有影响力的一个，一直存续到1795年前后。通过从当地政府获得授权或许可，圣路加公会在规范和管理城中各种艺术品的制作、

▲ 贝奈克珍本图书及手稿图书馆（Beinecke Rare Book & Manuscript Library）。

▲ 杰拉德·德·佐德（Gerard de Jode），作者 Hendrick Goltzius。

交易、认证等所有重要环节处于权威和垄断的地位。注册并取得了会员资格的杰拉德，也意味着获得了在安特卫普从事相关行业的“官方许可”，而他所从事的行业正是地图制作与出版印刷。

鉴于各种资料经常将本书之前提到的地图大师墨卡托、奥特留斯等人介绍为尼德兰人或佛兰德斯人，本章后面要介绍的几位著名制图大师也被视为尼德兰人、荷兰人或佛兰德斯人，模糊的“国籍”经常让人颇感困惑，我们有必要在此用尽量少的篇幅，把这三个地理名词和背后的历史背景做个简单介绍。

简单来说，这三个地理名词在历史上的地理区域概念是不同于现在的。然而，有时候人们会游走在历史与现实之中，不自觉地把历史与现实的地理概念混淆在了一起，尤其当它们的历史地域本来就交织不清时。

今“荷兰”，全称为“尼德兰王国”，荷兰语为Koninkrijk der Nederlanden，英语为The Kingdomof the Netherlands。其本土包含12个省，因“南荷兰”“北荷兰”两省长期以来是“尼德兰王国”中最发达、富庶、人口最密集的地区，人们已经习惯性地用“荷兰”指代整个尼德兰王国。尼德兰王国的公民们本身也并不拒绝在称呼中将“荷兰”等同于“尼德兰”。

佛兰德斯（Flanders）是西欧的一个历史地名，大约位于比利时北部地区，包括今东佛兰德斯省、西佛兰德斯省、佛兰芒布拉班特省、安特卫普省、林堡省，与现在的荷兰王国无关。

历史上的尼德兰包括现在的荷兰、比利时、卢森堡，远大于现在的“尼德兰”的地域概念。

历史上的荷兰大约指荷兰伯国，相当于现在的荷兰西部的沿海地区。

历史上的佛兰德斯(Flanders)指佛兰德斯伯国，相当于现在的今比利时西部沿海地区，远小于现在“佛兰德斯地区”的地域概念。

可见，历史上“尼德兰（Netherlands）”的地域概念，一下子涵盖了现在的西欧三国。所以广义上说，称这些地图大师为尼德兰人，十有八九不会说错。

历史上的这三个“尼德兰”国家，都有漫长的历史沿革，难以在此一一追溯。不过，到16世纪上半叶时，这些地方都被统称作“低地”，这也正是“尼德兰(Netherlands)”一词的含义。这些低地上的伯国、公国、郡县、主教属地等，绝大部分都属于哈布斯堡家族统治下西班牙王国的“北方省”和“南方省”，是西班牙王国本土以外的欧洲领地，也就是常说的“西属尼德兰”。

历史书本上经常提到的文艺复兴及启蒙运动、宗教改革运动、资产阶级革命等，在16世纪中叶前后终于在西属尼德兰地区引爆了“尼德兰革命”。

1568—1648年被视为是荷兰人民反抗西班牙的统治、争取独立的八十年，也被称为“荷兰八十年战争”。1579年，以荷兰为代表的七个北方省成立了“乌得勒支联盟”，共同对西班牙作战。这通常被视为近代荷兰的开端。1588年，七个省份进一步联合起来，宣布成立“尼德兰联省共和国”，但直到1648年西班牙国王菲利普四世签订《明斯特条约》，承认“尼德兰七省联合共和国”独立，它才在“法理上”正式成为欧洲第一个资产阶级共和国。

不过，西属尼德兰南方、北方的革命斗争结果却全然不同。

1576年9月4日由布鲁塞尔起义开始的尼德兰南方各省反对西班牙统治的斗争，比北方省的乌得勒支联盟还要早。然而，1579年南方各天主教省份成立了阿拉斯同盟，宣布效忠西班牙国王费利佩二世，保持天主教。但安特卫普、根特等南方城市加入了反西班牙统治的北方各省结成的乌得勒支联盟。西班牙驻尼德兰总督法尔内塞率军镇压尼德兰南方各省、市的起义。1582年后，佛兰德斯及布拉班特大部及根特(1584年9月)、布鲁塞尔(1585年3月)等重镇相继为法尔内塞的军队占领。安特卫普被围城十三个月。安特卫普保卫战，是尼德兰革命中最大的战役之一，虽然反抗者进行了惨烈的战斗，但在内忧外患矛盾重重之下，最终于1585年8月17日向法尔内塞投降。安特卫普城沦陷后惨遭屠城。尼德兰南方的独立战争宣告失败，西班牙人维持了在西属尼德兰南部的统治。

从此，西属尼德兰分裂成两个部分：北部形成了世界上第一个独立的资产阶级共和国“尼德兰联省共和国”，并在接下来的岁月里成为西班牙全球殖民霸权的最有力挑战者。1602年，荷兰东印度公司成立，荷兰的海上贸易及金融霸权初具雏形。而西属尼德兰南部则仍然处在西班牙统治之下，在之后漫长的历史演变中，逐渐形成了现在的比利时王国。

在第十四讲中，我们介绍过奥特留斯第一本近代地图集《寰宇大观》是1570年在安特卫普出版的。1575年他成为西班牙国王任命的地理学家。墨卡托家族的*Atlas*于1595年出版，但是墨卡托早在1552年便因宗教迫害而从位于尼德兰南方省的鲁汶搬到了德国的杜伊斯堡。而出版了这本遗著的墨卡托长子

▲ “燃烧的安特卫普市政厅”，作者丹尼尔（Daniel Van Heil）于1650年创作。丹尼尔是弗莱芒巴洛克风格的风景画家，以描绘火灾、废墟和萧飒冬日风景而闻名。

▲ 弗鲁姆（Vroom Hendrick Cornelisz）1617 年作品。描绘 1602 年 10 月 3 日荷兰舰队在英国海岸撞击西班牙单层甲板的 Galley 型大帆船，现藏于荷兰国家博物馆。

鲁莫德，一生中大部分时间都在伦敦工作生活。墨卡托的佛兰德斯“老乡”洪迪斯（Jodocus Hondius）也是辗转伦敦多年，最后于 1593 年前后前往荷兰的阿姆斯特丹定居，再没有回到儿时成长的故乡南方省根特（Ghent）。

安特卫普，现在是比利时第一大海港城市，在 16 世纪中期一度是低地国家的制图活动中心。那是一个汇聚了杰出的制图师、印刷商、书商、雕刻家和艺术家的伟大城市。现在比利时的另一大城市鲁汶，则是学术的中心。鲁汶大学以实用数学、地球仪及其他天文仪器制作和地图绘制而闻名。这所大学是低地国家中最古老的大学，也是科学和实用制图学方面最古老的中心。正是在鲁汶大学几位杰出学者［如杰玛·弗里斯修斯（Gemma Frisius）、杰拉德·墨卡托（Gerald Mercator)］的影响下，低地国家的地图制图才获得了其历史地位与影响。然而伴随着安特卫普在尼德兰革命战争中的陷落，尼德兰地区的经济、文化、金融中心逐步转向了北方荷兰的阿姆斯特丹，那里成为新的地图制图及出版业的中心。

始于安特卫普的 16 世纪 70 年代，并在阿姆斯特丹一直延续到 17 世纪 70 年代，是地图制图与出版史上“尼德兰制图的黄金时代”。一位位制图大师为地图制作的科学与艺术带来了前所未有的进步，一本本出版物也成为制图史上一个个引人注目的里程碑。现存的每一个版本，都可以说不仅仅是那个时代地理信息的宝贵载体，更是一件件古老优秀的人类艺术作品。至于他们古老的低地故乡到底该叫作尼德兰还是佛兰德斯，反倒变得不那么重要了。

让我们把话题重新回到德·佐德父子。加入了安特卫普圣路加公会之后，杰拉德早期主要出版刊印其他制图师的作品，比如加斯塔尔迪的 1555 年版世界地图、奥特留斯 1558 年版 8 页幅面的世界地图等。而他自己代表性作品、被四百多年后的“地图大盗”觊觎的两卷本《世界的镜像》（*Speculum Orbis Terrarum*），出版于 1578 年。杰拉德·德·佐德把这部地图集的竞争“对手”，暗自设定为那部 1570 年由奥特留斯出版的人类第一本近代地图集《寰宇大观》。

其实杰拉德的这部地图集手稿早在 1573 年就已经准备就绪，但直到 1578 年才最终获许出版。史学家推测这很可能是由于奥特留斯在“地图圈”的影响力和他对地图册制作方面的特权，影响了杰拉德作品的出版。正如上文所说，奥特留斯在 1575 年被任命为西班牙国王费利佩二世的皇家地理学家，而安特卫普所在的南尼德兰长期都处在西班牙哈布斯堡王朝势力控制之下。

早 8 年面世的《寰宇大观》广受欢迎并取得了商业上的成功，但杰拉德的《世界的镜像》却一直销售寡淡，多年不见起色。杰拉德一直在暗暗筹划一版幅面更大、内容更丰富、制作更精细的改进版。然而，到 1591 年离世之前，他都没能完成这项工作。1593 年，25 岁的科内利斯替父亲完成了心愿，他同出版商阿诺德（Arnold Coninx）合作，并为这个新版的《世界的镜像》加入了 10 张新地图。即使同时代的制图师也承认，在一些细节和风格上，这部新作甚至比《寰宇大观》更优秀。不过，此时的《寰宇大观》已经有了法文、德文、荷兰文、意大利文等多个文字的多个版本。此外，同时代的制图师们还给了《世界的镜像》另一个评价：抄袭。《寰宇大观》的作者奥特留斯并不忌讳他图集中的作品来自多位制图师，并引用了他们的名字和出处。一定程度上，他把自己视为是一个地图集成者。然而杰拉德的地图集中大部分自己署名的作品，却被认为抄袭自一些葡萄牙、西班牙、意大利制图师的作品，并且在整体风格上也有剽窃《寰宇大观》之嫌。或许是因为顶着“盗者”的名头，第二版《世界的镜像》的销路同第一版的命运一样惨淡。

科内利斯在 1600 年 32 岁时英年早逝，德·佐德家族的地图印版及版权都卖给了当时的地图出版商简·巴普蒂斯特·弗里斯（Jan Baptist Vrients）。这位简一点也不简单，因为他还收购了奥特留斯《寰宇大观》的雕版版权，几乎垄断了当时安特卫普地图出版的市场。后世研究者认为，简收购德·佐德作品的真实目的，主要是为了抑制这个地图版本同《寰宇大观》（那才是他主推的产品）的市场竞争。这种做法造成德·佐德的传世作品稀少，顶着“盗者”名头的《世界的镜像》反倒成为现在地图收藏市场上被地图大盗“青睐”的珍品。数百年后的这种情况肯定是那位简不成想到的。

1593年第二版《世界的镜像》中，新添加进去的两幅极地投影世界地图和一幅“中华王国”地图，是这部地图集中的珍品。

16世纪末期，大航海的践行者主要还是葡萄牙和西班牙两国，荷兰刚刚崛起，英、法更是后来者。虽然人类已经有了几次伟大的“环球航行”，但南半球未知的南方大陆依然谜团重重，欧洲人对于今日澳大利亚、新西兰的认知如同盲人摸象，更别说更高纬度的南极大陆了。北半球的高纬度地区也一直是“生命禁区”，探险者们努力拼凑着北美洲北部大陆与海洋的轮廓，然而传说中通向富饶亚洲的北极东北航道、西北航道除了吞噬掉许多探险者的生命与船只以外，一直杳无踪影。欧洲人的海外探索发现以及成熟的贸易航路，都主要集中在中低纬度地区。在这种大的历史背景条件下，以南、北极地为中心视角的两幅极地投影地图，会给每一个初见者留下深刻印象。

▲ 1570年奥特留斯出版的地图集《寰宇大观》封面。

需要指出的是，这种迷人的双半球极地投影，对于赤道附近地区的陆地的形状（也就是地图中的边缘区域）具有明显衰减变形的效果。再加上受那个时代的“能力”所限，地图测绘也远不如今日精准，想要在此图中分辨准确的岸线和岛屿是不现实的，不过我们依然能够看出南北半球明显的大陆轮廓。在北半球那幅地图上，北美洲和亚洲大陆是分开的，中间是那条传说中的阿尼安海峡通道（Streto de Anian，即今白令海峡的位置）。在阿尼安海峡的出口处，横亘着日本（Japan）。北极圈内，既有欧洲人已经有所了解的格陵兰岛（Groonlant），也有莫名其妙的加利福尼亚（Califernia）。北极点的位置四周，是花瓣一样的四块陆地，中间的水道则仿佛暗示着传说与推测中的东北和西北极地航道是真实存在的，并且会穿越北极点。南半球的极地投影就更加简单，一块未知的南方大陆占据了整个画面。这是大陆平衡学说中推测必定会存在的一块陆地。欧洲人从航海探险者带回来的碎片般的信息中推测着这个南方大陆的轮廓，尚不知道今日的澳大利亚、新西兰以南还有着巨大冰封的南极大陆。南美大陆南端巴塔哥尼亚（Patagones）则隔着狭窄的麦哲伦海峡，几乎快要同未知的南方大陆连为一体。这种误解直到1615年勒梅尔绕过合恩角才开始逐渐消除。非洲大陆南端同未知南方大陆相隔遥远，因为葡萄牙人早已打通了绕行好望角的东行路线，欧洲人对马达加斯加岛已不再陌生。但是未知南方大陆在亚洲方向几乎同赤道附近的印度尼西亚群岛连接到一起。大爪哇岛（Java Maior）是葡萄牙人和荷兰人在香料贸易航线中已经熟悉的岛屿，从那里前往今日澳大利亚北岸的确很容易。荷兰人后来对澳洲大陆的探索，也的确有好几次都是从荷属巴达维亚（今雅加达）出发的，但完整的澳大利亚大陆轮廓直到库克船长18世纪70年代的探索后才逐渐明朗起来。如果以这幅地图来看的话，这片未知的南方大陆仿佛把今日的澳大利亚和南极洲已经融为一体了。

虽然这些混杂着真实与想象的极地地理轮廓与

▲ 德・佐德 1593 年第二版《世界的镜像》中的极地投影世界地图。

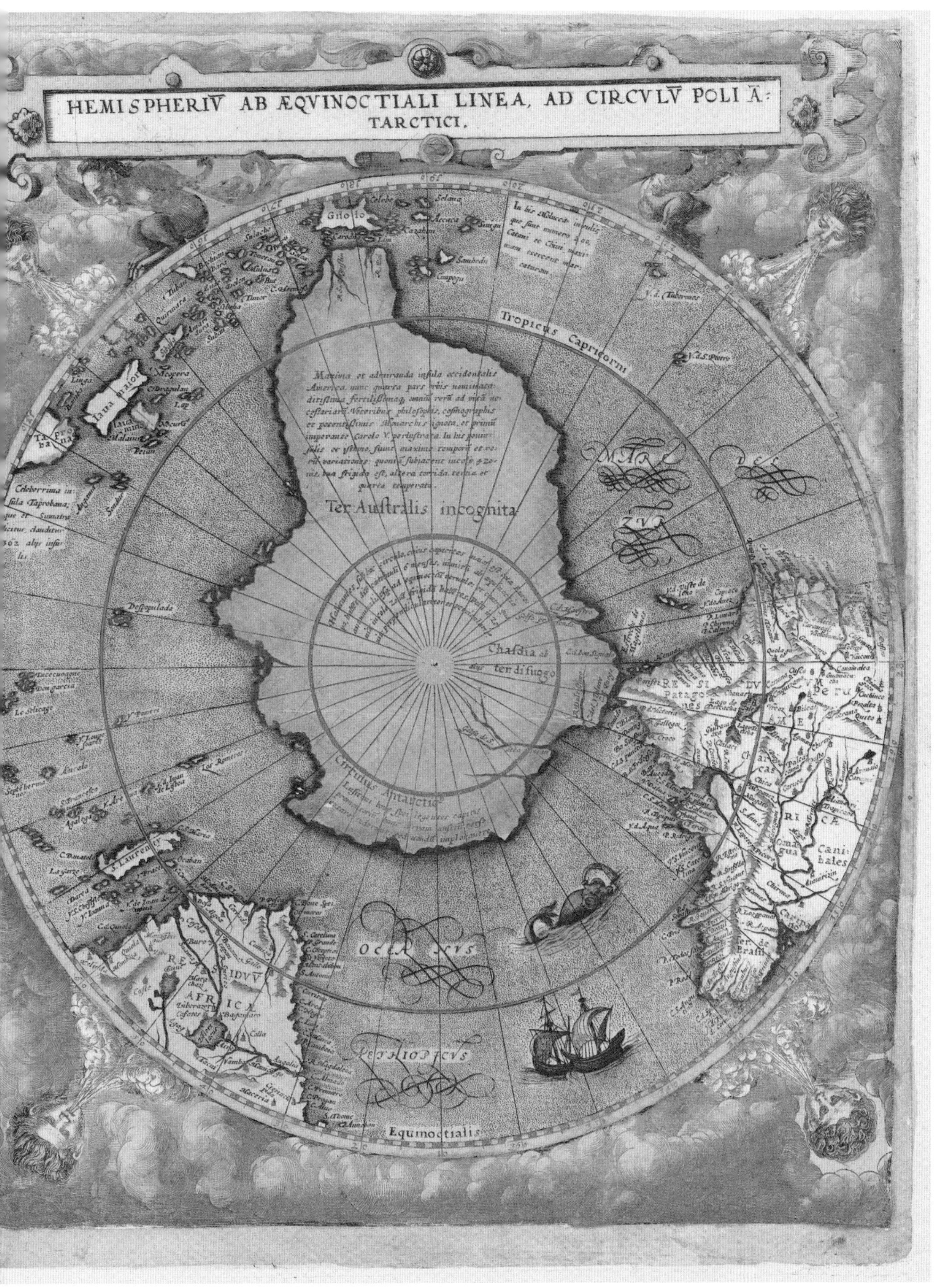
HEMISPHERIV AB ÆQVINOCTIALI LINEA, AD CIRCVLV POLI A-
TARCTICI.
Tropicus Capricorni
Ter Australis incognita
Circulus Antarcticus
OCEA NVS
AETHIOPICVS
Equinoctialis
AFRICA
Caniba
hales
Ter de
Brasil

我们现在所了解的实际地理信息简直是天差地别，但在那个时代里，这些绚烂的地图依然是科学与探索精神的绝佳载体。

当代著名地图研究学者罗德尼（Rodney Shirley）认为，这两幅极地投影地图同法国制图师波斯特尔（Guillaume Postel，1510 — 1581 年）1578 年版的世界地图描述的许多地理特征相吻合。德・佐德的这两幅图，应该就是以波斯特尔的作品为地理信息来源的，绘制风格也受到了波斯特尔的较大影响。

这位波斯特尔，制图师只能算是他的一项“副业”名头。他首先是法国的语言学家、天文学家、外交家，其次是一位基督教的普救说者、犹太教的学者。出生于诺曼底的一个小镇、在巴黎接受了良好教育的波斯特尔，熟悉闪米特语族的希伯来语、阿拉伯语、叙利亚语，同时还掌握了古希腊语和拉丁语。他的语言天赋首先吸引了法国宫廷的注意。在 1536 年，当法王弗朗索瓦一世同奥斯曼帝国苏莱曼大帝结成短暂的“鸢尾花与新月的渎圣同盟”时（参见本书第八讲），波斯特尔就是法国派驻奥斯曼帝国大使的翻译。他同时还被委派，为法国皇家图书馆收集那些珍贵的东方手稿。那些手稿至今还收藏在巴黎的法国国家图书馆之中。为了收集手稿，波斯特尔在 1548 — 1551 年还进行过另一次前往圣地和叙利亚的旅行。回到法国后不久，他被法国最权威的皇家学院（Collège Royal）任命为数学教授和东方语言学教授。

其实早在 1537 年他在皇家学院求学期间，波斯特尔已经对地理学和天文学表现出极大的兴趣。1561 年，在对自己之前的论文及地图扩编的基础上，他在巴塞尔出版了《宇宙学学科汇编》（*Cosmographicae Disciplinae Compendium*）。这本书的一大亮点是波斯特尔提出的五大洲概念：亚洲（Sem）、非洲（Cham 或 Chamesia）、欧洲（Lapetia）都没有什么变化，但是他将当时称为亚特兰蒂斯的美洲大陆（Atlantides）重新分成了美洲（Boreal）和南方大陆（Terra Austral）两部分。麦哲伦海峡以南的区域，都被视为南方大陆，并且他给了这个大陆一个独创的名字，即 CHASDIA。1578 年，在他出版的极地投影世界地图上，南半球上“CHASDIA”这一字眼出现在非洲、美洲、马鲁古群岛对应的南部。虽然这一字眼和这种分法早已被遗忘，但正是从这些蛛丝马迹之中，后人寻找到分辨德・佐德的地图同波斯特尔的地图之间关联的丰富线索。此外，波斯特尔地图中，未知的“南方大陆”上还描述着“CHASDIA seu Australis terra, quam Vulgus nautarum di fuego vocantalii Papagallorum dicunt”字样，大意是说“CHASDIA 或者南方大陆，普通水手称其为火地岛，其他人则称其为‘鹦哥地’”。中国学者在研究《坤舆万国全图》的文章中称，是中国人最早发现了澳洲大陆。因为据考中国人最早称呼为“鹦哥地”的大陆，就是现在的澳大利亚。至于波斯特尔地图上南方大陆的“鹦哥地”同那个时代的中国是否有所关联，还有待进一步考据。

1593 年版《世界的镜像》中另一幅珍贵的地图是《中华王国》（*China Regnum*）。原版书中在地图之后还接有两页拉丁文字的关于那时中国的描述。

以现在的地理测绘的科学标准来看，这是一张在地理位置、地名、时间轴、坐标系都存在诸多“谬误”的地图。但是在地图收藏家的眼里，这却是一幅最早在欧洲印刷的中国地图之一，代表着一段地图发展的历史，被视为 16 世纪罕见的、最令人垂涎的中国地图，价格不菲。据说这是西方关于中国的第三张“中国地图”。WorldCat① 中只列出了 5 个机构拥有这一

▲ 波斯特尔（Guillaume Postel），作者 Andre Thevet 于 1584 年创作。

① *WorldCat* 是一个联合目录，其中列出了 170 个国家和地区的 72000 个图书馆的馆藏。这些图书馆参与了在线计算机图书馆中心（OCLC）的全球合作。

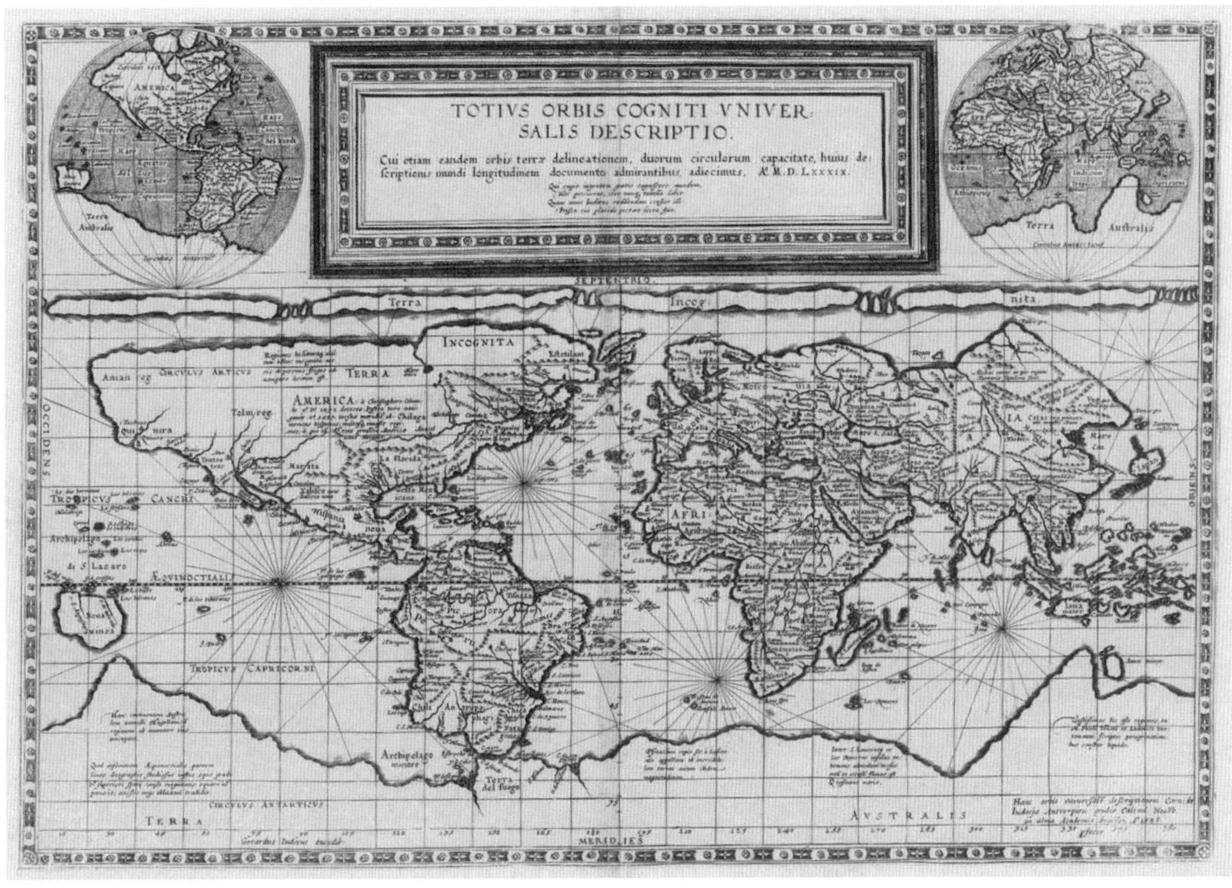

▲ 科内利斯·德·佐德绘制的地图《已知的世界》（*Totius Orbis Cogniti Universalis Descriptio*）1593 年版 。

版本的中国地图，因此它也成为许多地图收藏家最渴望收藏的地图之一。不知道开篇那位“笑脸儿三世”的手术刀，当时是否就是瞄准了这幅地图。

在这张地图的周边，装饰着华丽的图文字带、文本框和四个角落的小插图。这些插图小品也是最早的欧洲人对中国生活的描述或者想象之一：左上角的画面应该是用鸬鹚捕鱼，右上角的画面是沿海、沿江人民常见的船屋生活方式。但对于欧洲人来说，这些却都是值得节选和强调的东方生活的瞬间。在左下角，一名三头男子正在被两名男子崇拜着；在右下角， 一辆帆船车沿着一条道路由风力驱动着，仿佛能听到它一路奔走发出吱吱作响的声音。只是这两个画面，对于现在的中国人来说有些陌生，不知它们是当时真实的生活场景还是欧洲人的道听途说。总之，这些插画、文字，连同主图中的各种地理信息，最早为欧洲人提供了关于中国及亚洲深处生活的一瞥。

据香港大学图书馆介绍，这也是欧洲第一张呈现朝鲜半岛和佩切利湾（Gulf of Pecheli，北直隶湾的音译，即今渤海湾）形状的地图。其实在 16 世纪晚期之前，欧洲不管是对中国，还是对整个东北亚的关注和了解都是非常有限和贫乏的。看此图朝鲜半岛的形状，一定会让现在的人大跌眼镜。别说是朝鲜半岛了，如果不说明图中黄色色调区域代表的是明王朝版图的话，没有人能看出来那是中国的海岸线轮廓，与现代人早已熟悉的形状大相径庭。

图中醒目的红黄相间线条横竖相交，将地图分割成大体四个区域，但两条分割线条并不是我们熟悉的赤道和零度子午线，而是一条东经 140° 的经度线和一条约北纬 46.5° 左右的纬线。图中上部和下部红色的纬度圈则是北半球的北极圈和北回归线。这张图为了表现以中华帝国为中心的亚洲地图，整个布局都向北上移了。

根据地图中北纬 35° 线的位置看，朝鲜半岛和日本南部的纬度还是相对准确的。“Cangoxima”应是日本南部城市鹿儿岛，现在英语拼写为 Kagoshima，同图中拼写发音基本一致。同朝鲜半岛隔海相望的对马海峡现在英文拼写为 Tsushima，图中标示为“XIMA”。其实在大航海时代，六分仪的应用及对天体的熟练观察，定位纬度已经相对的容易和精确了，但是经度的定位一直是一个难以突破的技术瓶

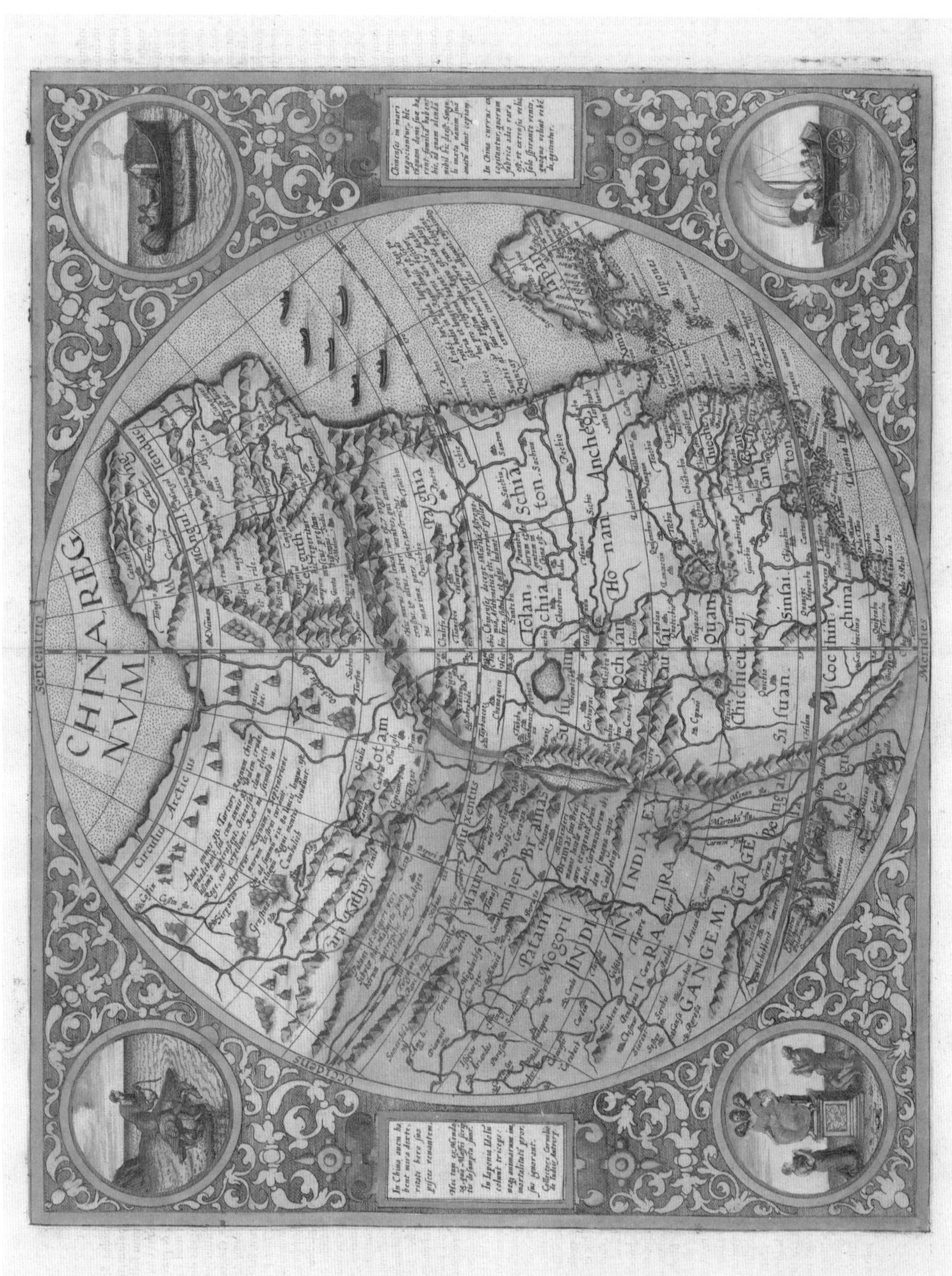

▲ 1593 年版《世界的镜像》中的中华王国地图。

颈，是 17 — 18 世纪最棘手的科学难题之一。两百多年的时间里，整个欧洲的科学界，从伽利略到牛顿，都试图从天空的星体中寻找解决方案。而约翰·哈里森却独树一帜提出了用机械方法的解决方案——完美计时功能的“航海钟”就是解决这个难题的一项伟大发明。所以，我们也只能原谅这幅 16 世纪末的中华帝国地图，毕竟它已经跨越了东经 160° 线，比在地球上的实际位置向东推进了 4000 多公里。

如果说此图的这个局部还基本反映了对马海峡两岸相对准确的地理位置关系的话，那接下来我们挑选的两个代表性地标可能就有较大的“谬误了”。一个是“Quinsay”（发音类似于“行在”，了解中国南宋历史的读者可能已经联想起了什么），指的是杭州；一个是“Cambalu”（汗八里），指的是北京。钱塘江水系注入杭州湾的位置在此图中已经跑到了朝鲜半岛的北边，高达北纬 40° 左右。Cambalu（北京）的位置更是标注到了高达北纬 60° 左右。《世界的镜像》第二版出版于 1593 年，那是明朝的万历二十一年。北京城彼时早已是大明王朝的都城，此图却将其画在了长城以北、中华王国的疆域之外。虽说如此，但是 Cambalu（北京）的位置又在一定程度上反映了所处的华北区域永定河水系。这些彼此矛盾的地理信息，也反映着那个时代甄别和处理来自不同渠道的地理信息，包括这些信息在时间上的及时性和空间上的彼此关联性，对制图师的功力是个极大的考验。

之所以挑选这两个地点——北京和杭州，是因为那本在西方最早介绍中国的《马可·波罗游记》。马可·波罗 1299 年完成了他的游记，在 1324 年逝世前已被翻译成多种欧洲文字，广为流传。在那本游记之中，马可·波罗着墨最多的就是 Cambalu(北京)和 Quinsay（杭州），这也是那个年代西方对中国了解的主要信息来源。《马可·波罗游记》中关于东方的地名也被欧洲许多文献继承了下来。据考，“汗八里”（北京城）的词源 Khanbaliq 来自突厥语，意为“大汗之居处”。马可·波罗“到访”中国的年代，北京城正作为元朝蒙古的大都，可是到了本图刊印的年代，北京城已是明朝的都城了。德·佐德的地理参照系和时间参照系在此都出了点问题。

如果再把目光转向此图的左上部分，可以见到花体字 Kara Kithay 字样，也拼写做 Kara Khitai，或 Qara Khitai。写到此，很多读者估计已经根据读音揣测出来，这应该是 1124 — 1218 年契丹族建国在天山南北的“西辽”，史称“哈喇契丹”，时间上对应的是南宋时期，后来也是被崛起的蒙古灭亡掉了，大部分演变成了察合台汗国。此图刊印的明王朝时期，天山以南的这一片广大地区已经是东察合台汗国分化出来的叶尔羌王朝（今喀什、叶城为中心的南疆广大区域），耶律契丹早已经被逐出这片土地。对于一幅 16 世纪末期的“地图”来说，这已经不仅仅属于空间的误差，而是三百多年的时间“延滞”了。从这个局部来说，德·佐德把一幅“当代”的世界地图画成了三百年前的“历史地图”了。

但是另一方面，在中国之外，这张地图又对印度北部地区做了很好的处理， 包括对复杂且仍然相当鲜为人知的恒河及其支流的情况有相对详细的描述。在中国和印度边境，那片高大绵长的喜马拉雅山脉也在此图中有恰如其分的表现。

德·佐德承认，制作此图期间使用了胡安·冈萨雷斯·德·门多萨（Juan Gonzalez de Mendoza，1545 — 1618 年，西班牙作家，西方最早研究中国的历史学家之一）和乔瓦尼·皮埃特罗·德·马菲（Giovanni Pietro Maffei，1533 — 1603 年，意大利耶稣会教士、作家）等人的地图信息。而这两位的地理信息又来自哪里呢？毕竟，在那个年代，即便是皇家赞助的制图师也没有能力亲自游历全球搞实地测绘。这张地图上还出现了“Nanquin”的字眼，按照中国学者的考据，就是明代官话或方言中“南京”读音的转写。只是中国学者考据的并非这个《世界的镜像》，而是那本《寰宇大观》。1584 年，再版的《寰宇大观》中加入了一张由葡萄牙人巴尔布达绘制的中国地图，明朝都城和陪都“南京（Nanquin）”才第一次出现在欧洲人的地图中。“它是欧洲传世地图中首幅以中国整体作为描绘的主题，也是最先标出明朝全部 15 个省级政区（两京十三藩）地名者，成为之后数十年内诸多欧版中国地图的蓝本，影响甚为深广”。德·佐德的《中华王国》是不是也“借鉴”了他的竞争者《寰宇大观》中的地理信息呢？

让我们“胆大心细”地推测一下：一定程度上来说，这是德·佐德父子根据形形色色的欧洲探险家、商人、耶稣会士、历史学者等的“道听途说”而“东拼西凑”出来的关于中国的地图，充满了许多并不存在于同一个时空中的地理信息。但是这些地理信息的“谬误”和时间上的“延滞”，却恰恰为我们考据东西方在那几个世纪中的时空交流，提供了更多的宝贵线索。那些潜藏在山川河流中的“蛛丝马迹”，为我们提供了许多“按图索骥”的乐趣。比如图中的“COCHIN CHINA”，即“交趾支那”，是 18 世纪末期法国殖民地越南的流行称谓，可是在这张 16 世纪的地图上就体现了出来。这段历史的变迁是如何发生的呢？又比如图中的“Focchieu”“Canton”，作为一个中国人，不难猜出应该表现的是“福州（府）”“广东”。那个珠江口刻画的也非常详细和远超画面比例，是因为反映了它对中国的商业重要性吗？是因为沿海地区最早的对外交往才让他们的地理信息被了解和刻画的更详细吗？

《旧唐书·魏徵传》中记载着中国人所熟知的句子：“夫以铜为镜，可以正衣冠，以史为镜，可以知兴替。”《世界的镜像》仿佛刻画的正是历史的身影。对于一个中国人来说，在这张古老地图上寻找的恐怕早已不是数百年前的“中国”本身，而是自己在欧洲历史这面镜子中照出了什么样的“镜像”。古图考据的乐趣，或许莫过如此吧。

▲ 1613 年 *Atlas* 封页图案，图为墨卡托与洪迪斯。

第十七讲

一幅 400 年前欧洲人的世界地图

——记荷兰制图师洪迪斯家族及其代表作品

准确地说，这是一幅来自 391 年前的世界地图，它映射出当时欧洲人眼中世界地理的雏形。这张地图首次出现在 1630 年版本的《墨卡托－洪迪斯地图集》（*Mercator-Hondius Atlas*）中。图中，一块巨大的南方大陆若隐若现（TERRA AVSTRALIS IN COGNITA），但是还没有现在的澳大利亚或者新西兰的概念，更别说南极大陆了。一百多年以后，詹姆斯·库克船长的远航才使新西兰和澳大利亚真正进入欧洲人的视野。

在亚洲，在那个时代欧洲人的地图上，朝鲜半岛居然连个轮廓也没有。菲律宾描绘得还是令人很满意的，因为吕宋岛的巨大面积令人印象深刻。可以说，那时的欧洲人对东亚的地理认识还是一片混沌。制图师们的地理信息，通常来源于不同的探险者或者商旅，无论在准确性和实效性上都差强人意。譬如，此图作者的另一幅亚洲地图中，北京居然在不同地点出现过三次：一次叫 Combalich，在 Kitaisk 区域；一次叫 Cambalu，在 Cataia 区域；一次叫 Paquin，在 Xuntien 区域。这些地理信息暗含了《马可·波罗游记》的元朝时期直到明清时期北京名称变化的历史缩影。

在北美洲，现在加利福尼亚州的轮廓看上去更像是一个岛屿。密西西比河的原始概念已经在图上标绘了出来，但是庞大的五大湖区的身影却没有一丝踪迹。弗吉尼亚的名字很是突出。在北部，亨利·哈德孙最早到达和探索的区域用他的名字标了出来（现在的哈德孙湾附近）。在西部，已经有一片广大的陆地被标注为新不列颠尼亚（Nova Britannia）。在它的南方的大片陆地则被标注为新英格兰（Nova Anglia）。在那个时代，不列颠尼亚和新英格兰明显代表了来自欧洲的不同王国与势力，但其中的分分合合，只能向历史课本寻求答案了。

在南美洲，勒梅尔海峡（Le Maire）标绘在地图上，似乎暗示着火地岛和未知的南方大陆之间似乎有着狭窄的水道。而实际上，那是南美大陆和南极大陆之

▲ 老洪迪斯笔下的弗朗西斯·德雷克爵士。

间的世界上最宽广、最深邃的海峡——德雷克海峡。1578 年英国环球探险家、私掠船船长弗朗西斯·德雷克最先发现了它。后人就用他的名字命名了这个海峡。然而，德雷克本人最后并没有航经该海峡，而是选择行经较平静的麦哲伦海峡进入了太平洋。在德雷克之前，那个海峡可能已经存在了亿万年，只是碰巧英国人后来为它取了一个世人皆知的名字而已。

不过，让人觉得蹊跷的是，在这张地图并没有标绘德雷克海峡。要知道，在当时的英格兰，老洪迪斯（洪迪斯家族“掌门”，此地图作者的父亲）在宣传弗朗西斯·德雷克的“事迹”方面发挥了重要作用。弗朗西斯·德雷克在 16 世纪 70 年代后期曾环球航行，老洪迪斯据此在 1589 年制作了一张著名的 New Albion（新阿尔比恩。阿尔比恩是大不列颠岛最古老的称呼）海湾地图，其地理信息基于德雷克航行日记和目击者对这次旅行的描述。这是描绘德雷克最早在北美西海岸建立英国人定居点的地图。为德雷克爵士绘制的画像也是老洪迪斯的著名作品之一。所以，唯一合理的解释，就是那个时候，德雷克爵士自己也不知道，日后会有一个世界上最宽阔的海峡被叫作德雷克海峡。

总之，除了欧洲、地中海、非洲等已经被欧洲人所熟悉和了解的地域，这个世界地图其他部分的轮廓和我们今日所熟悉的世界地图是如此的格格不入。

在今天，人们凭着地图出行已经是生活的基本技能，但 400 年前如果有人试图按照这张世界地图去做环球旅行，那和今天的我们试图根据牛顿的万有引力定律去做星际旅行的难度差不多。那是因为，从欧洲开始的大航海时代，近代地图学的概念才逐渐的形成。彼时，比例尺、投影方式、等高线、等深线、经度纬度线等这些现代地理概念，以及测量手段、测绘工具等，还没有发展成熟，并融入地图科学之中。这颗星球上的许多角落，仍然只是来自探险家和水手们的传说，仍然有待人类去发现和探索。

不过，就是这样一张地图，却是 17 世纪世界上最著名的地图之一——洪迪斯（Hondius）家族著名的装饰性世界地图之一。

说起来，洪迪斯家族同我们之前介绍过的地图圈专家墨卡托家族还算是“老乡”。两家都是佛兰德斯人（Flanders）。两家也都是为了躲避佛兰德斯的宗

教迫害而“背井离乡”。老墨卡托的后半生四十余年在德国的杜伊斯堡度过。老洪迪斯则辗转伦敦，1593年前后才定居在阿姆斯特丹。

1593年，原产于小亚细亚的郁金香传入荷兰，离“郁金香泡沫”破灭还有44年。这一年，荷兰还叫作尼德兰七省联合共和国。26岁的莫里斯亲王已担任共和国军事长官多年，正奋战在抗击西班牙人统治、拓展并保卫共和国疆土的战场上，只是最终也没能重新统一分裂的南北尼德兰。荷兰独立的八十年战争按历史课本从1568年算到1648年。1648年西班牙签署条约正式承认荷兰独立的时候，荷兰的商业繁荣事实上已经到达了一个顶峰，1602年成立的荷兰东印度公司已经拥有遍布全球的分支机构和近全球一半的贸易额。伴随着荷兰独立、强盛和走向世界舞台的八十年战争，荷兰地图制图也进入了黄金时代。

老洪迪斯不光如前文所述同英国的德雷克爵士有过交往，在1605 — 1610年还曾经受雇于英国另一位著名地图师约翰·斯皮德（John Speed），为其 *The Theatre of the Empire ofGreat Britaine*（《大不列颠大观》）刻制印版。

1604年，洪迪斯家族的“掌门人”约德卡斯·洪迪斯（Jodocus Hondius，1563 — 1612年，即老洪迪斯），从墨卡托家族孙辈的手中，买下了那本著名的 *Atlas* 的印版。在那个时代，版权（Copyrights）是实实在在的。1606年，再版的 *Atlas* 里面，已经加入了36幅洪迪斯家族自己的地图作品（包括西班牙和葡萄牙）。只是老洪迪斯仍然谦逊地把自己列为出版商，并谦逊地承认地图册中的大多数地图是由墨卡托原创的。再版的地图集依然被称为 *Atlas*。老洪迪斯把制图人的荣耀仍然归于墨卡托家族，只是在标题页加入了自己和老墨卡托的画像“合影”，所以后人将此之后的版本习惯称为 *Mercator-Hondius Atlas*。然而历史上，这对地图圈的“老乡”，其实从未有过一面尘世之缘。

不过，老墨卡托或许应该感谢老洪迪斯这个会做生意的“老乡”制图师。在老洪迪斯的运作之下，墨卡托家族的 *Atlas* 再获荣耀，而洪迪斯家族也是名利双收。

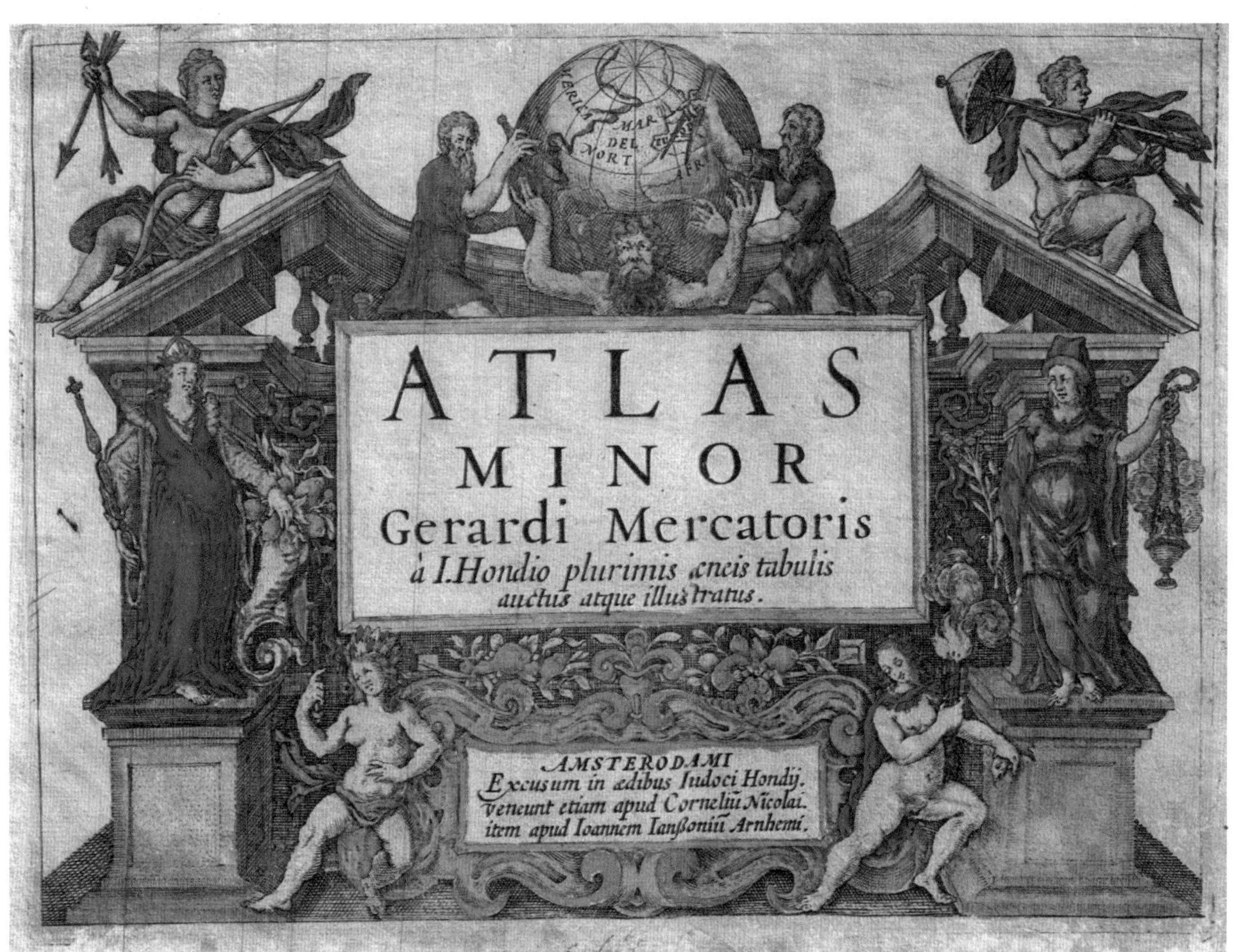

▲ 便携式地图集 *Mercator Hondius Atlas Minor* 的封面，1607年版本。

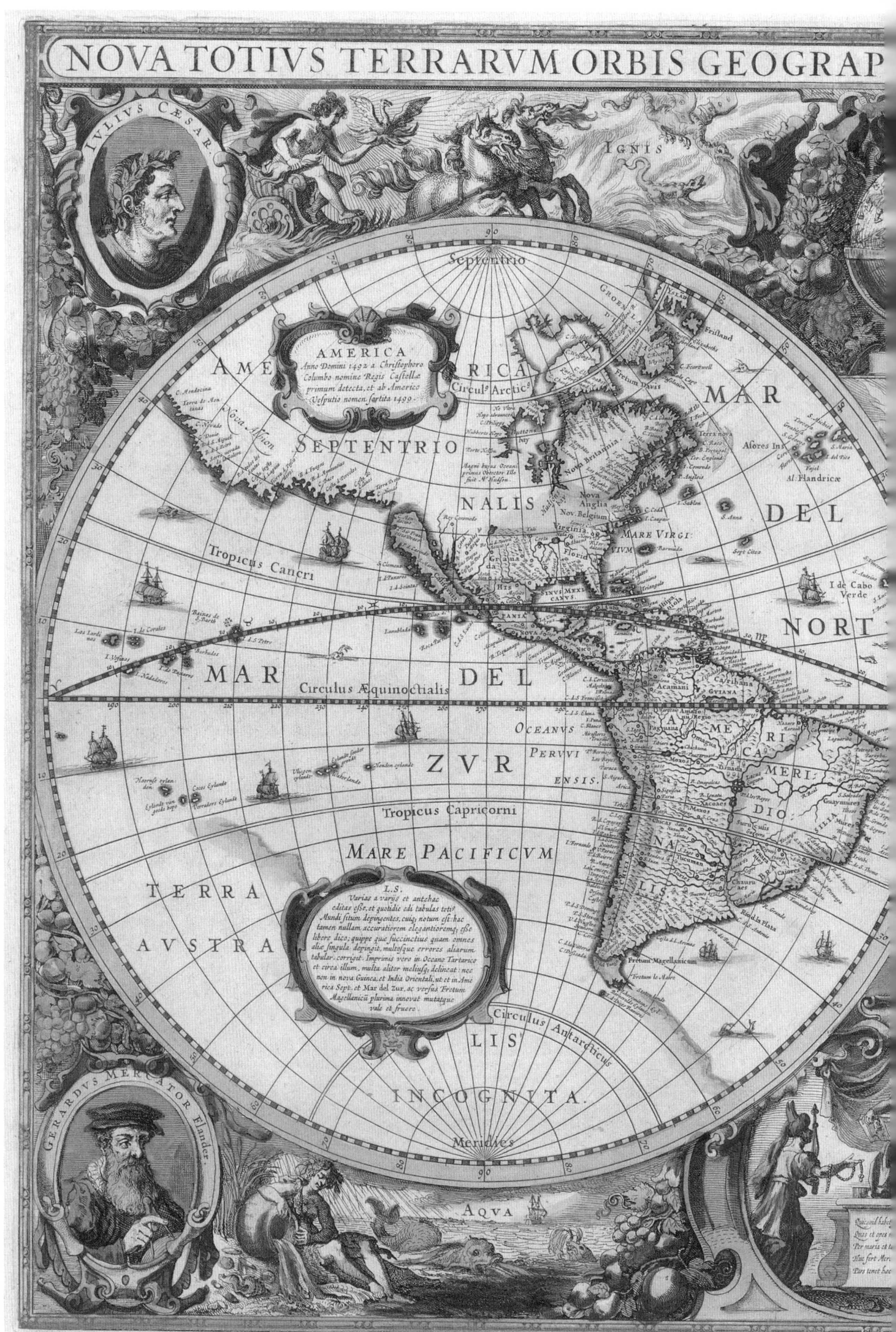
NOVA TOTIVS TERRARVM ORBIS GEOGRAP
IVLIVS CÆSAR.
IGNIS
Septentrio
AMERICA
Anno Domini 1492 a Christophoro
Columbo nomine Regis Castellæ
primum detecta, et ab Americo
Vespucio nomen sortita 1499.
AME RICA
SEPTENTRIO NALIS
Circul. Arctic.
Nova Albion
MAR DEL
Tropicus Cancri
Circulus Æquinoctialis
MAR DEL ZVR
OCEANVS
PERVVI ENSIS.
Tropicus Capricorni
MARE PACIFICVM
TERRA AVSTRA LIS INCOGNITA.
L.S.
Varias a varijs et antehac
editas esse, et quotidie edi tabulas toti
Mundi situm depingentes, cuiq. notum est: hac
tamen nullam accuratiorem elegantioremq. esse
libere dico; quippe quæ succinctius quam omnes
aliæ singula depingit, multosque errores aliarum
tabular. corrigit. Imprimis vero in Oceano Tartarico
et circa illum, multa aliter meliusq. delineat: nec
non in nova Guinea, et India Orientali, ut et in Ame
rica Sept. et Mar del Zur, ac versus Fretum
Magellanicũ plurima innovat mutatque
vale et fruere.
Circulus Antarcticus
Fretum Magellanicum
Meridies
GERARDVS MERCATOR Flander.
AQVA
Groenlandia
Fretum Davis
Nova Britannia
Terra nova
Nova Anglia
Nov. Belgium
Virginia
Florida
MARE VIRGI NIVM
Açores Ins.
I. de Cabo Verde
NORT
AME RICA MERI DIO NALIS
Guayana
Brasil
Rio de la Plata
Frisland

AC HYDROGRAPHICA TABVLA. Auct: Henr: Hondio.
AËR
CLAVDIVS PTOLOMÆVS ALE.
Septentrio
MARE
ATLAN
TICVM
MARE TARTA
RICVM
OCEANVS
CHINENSIS
OCEANVS
ÆTHIOPICVS
MAR DI
INDIA
MARE LANT
CHIDOL
TERRA
AVS
TRALIS IN
COG
NITA
Doctissimis Ornatissimisq; Viris D.D. Davidi Sanclaro, Antonio de Willon, et D. Martinio, Matheseos in illustriss. Academia Parisiensi Professoribus eximiis in veræ amicitiæ D.D. Henr. Hondius A°. 1630.
Meridies
TERRA
IVDOCVS HONDIVS Flander

1612年，老洪迪斯去世后，他的儿子亨里克斯·洪迪斯（Henricus Hondius，1597 — 1651年）已经在父亲的培养下成长起来，并接管了家族企业，继续发布新版本的《墨卡托－洪迪斯地图集》。1623年，在第五版的《墨卡托－洪迪斯地图集》出版时，他自己的名字第一次出现在这本地图集中。再后来，他与他的姐夫简·詹森纽斯[①]（Johannes Janssonius）合作，继续扩大和出版家族的地图集作品。该图集系列被后人称为《墨卡托—洪迪斯—詹森纽斯地图集》。据统计，1609 — 1641年洪迪斯家族一共制作出版了29个版本（包括一个英文版）的*Atlas*。此外，他们以更紧凑的形式出版了地图集*Atlas Minor*，开辟了更广泛的买家市场。在其二人合作努力下，1638年的地图集已经是3册的大部头作品，并被命名为*Atlas Novus*，包括单独的一册今意大利地区的地图。到1660年版本时，进一步扩展到11册，命名为*Atlas Major*，有荷兰文、拉丁文、法文、德文等多个版本，没有英文版本。

在两代人的努力之下，洪迪斯最终成为17世纪荷兰地图制作黄金时代的一个著名家族。在这个家族的影响下，阿姆斯特丹也一度成为17世纪世界的制图中心。

从欧洲大航海及文艺复兴的时代开始，西方制图学者都注重地图的美学特性。一些制图师为了表达对他们赞助人的感激（通常是一些富有的皇室或贵族），甚至专门制作华丽的地图献给赞助人。本文的这张世界地图虽不是一份礼物，但依然保持了对美学的追求：在此地图的四角依次细致地描绘了托勒密、尤利西斯·凯撒、墨卡托、老洪迪斯（地图的右下角）的人物肖像。地图的边框上绘有丰富华丽的装饰，一些古希腊罗马神话和《圣经》中的故事、人物也被装饰到地图的四周。古老的花体字、鲜艳明快的色彩对比等手法的适用，都是为了进一步达到美化地图的目的。

这些古老的地图，往往更像一幅幅艺术珍品，除了传递着人类不断地探索和发现的地理信息，本身也拥有着很高的美学欣赏价值。西方古地图的装饰性传统一直延续到近现代科学制图之中。在西方绘制的一些当代地图中，仍然能够看到传统艺术与美的影子。

---

① 简·詹森纽斯，1588 — 1664年，英文也拼写做Jan Jansson，荷兰制图师出身于荷兰出版商世家。其妻子伊丽莎白·洪迪斯1627年去世。其与亨里克斯·洪迪斯在17世纪30年代设立了合伙企业，并将地图集的出版发行规模进一步扩大。

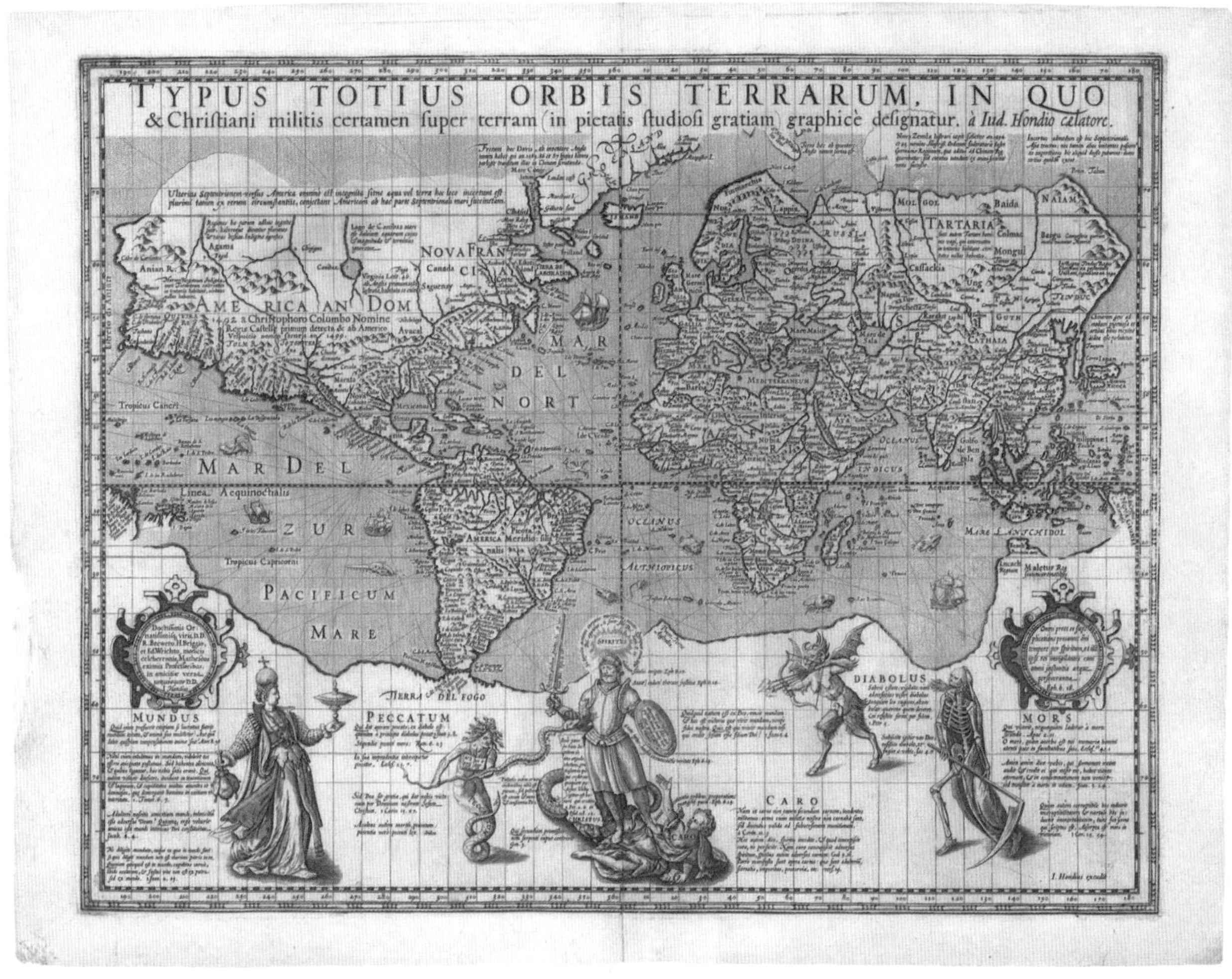

▲ 洪迪斯的《基督骑士地图》。

第十八讲

险些被“基督骑士”抢了荣耀的数学家

——记英国制图师怀特及其作品

在上一讲《一幅400年前欧洲人的世界地图》里，我们曾介绍过荷兰制图大师约德卡斯·洪迪斯（Jodocus Hondius，即老洪迪斯）。在做“伦敦漂”的那些日子里，他同英国的探险家德雷克爵士、制图师约翰·斯皮德等有过许多交集。他还购入了荷兰制图巨匠墨卡托家族的*Atlas*印版版权。借着“墨卡托”名字的光环，洪迪斯家族的地图生意不断发扬光大。

1597年，洪迪斯曾经出版过一幅名字冗长的地图，后世一般称其为*The Christian Knight Map*，即《基督骑士地图》[①]。这幅地图的上半部分是当时欧洲人“已知的世界”地图，下半部分则描绘了一个身着重甲的骑士同一些妖魔鬼怪抗争的画面。这幅地图同墨卡托和英国都有着直接的联系。

① 原拉丁文为*Typus Totius Orbis Terrarum, In Quo & Christiani militis ceramem super terram (in pietatisstudiosi gratiam) graphice designatur*。这版地图现在所知存世的有6张，由欧洲的几家机构收藏，包括伦敦的不列颠图书馆和皇家地理协会。

它之所以成为地图史上的一幅著名作品，并非只是因为出自洪迪斯之手，而是因为它承载了两层含义：第一层含义是将地图作为宗教宣传和政治隐喻目的的早期作品之一。代表科学的世界地图与宗教神话传说场景结合的画面，让这幅地图充满了神秘色彩。地图下方的场景显示，基督教骑士正同黑暗世界的各种统治者作战。洪迪斯从一幅由荷兰画家麦登·德沃斯（Maerten de Vos，1532 — 1603 年）[①] 原创的画作中汲取灵感，将其场景重新构图在这幅世界地图的下方：MORS 代表了古罗马神话中的“死神”，DIABOLUS 则是欧洲多地神话中“恶魔”的化身，PECCATUM 是神学拉丁文中的“罪恶”，CARO 代表了“肉体的欲望”，MUNDUS 则代表了拉丁文中“世俗的虚荣”。而那位身着重甲、高举利剑的欧洲骑士，头顶被圣灵（Spiritus）的光环所保护着，地图研究者辨别出那是当时法国波旁王朝的开创者、国王亨利四世的肖像。

“这是最好的时代，也是最坏的时代”，历史或许从来如此。譬如，波澜壮阔的大航海时代，伴随而来的是残酷血腥的全球殖民地争夺；文艺复兴推动了科学、文化、思想的启蒙，催生了宗教改革运动，但伴随而来的是残酷血腥的宗教战争。神圣罗马帝国的农民起义、西班牙帝国镇压尼德兰的独立运动、西班牙派出无敌舰队试图入侵英国本土的行动，无不同宗教改革有着千丝万缕的联系。而彼时的法国国王亨利四世，也正处在对抗西班牙人和欧洲天主教势力的关键时刻。宗教改革与战争是贯穿于那个时代的另一条主线。直到 16 世纪初期，欧洲的主流信仰仍然是天主教，包括西班牙、法国等国家。西班牙人同摩尔人抗争了几个世纪才光复了基督的荣耀。他们对于宗教有着近乎狂热的虔诚。但英国却逐渐把经过宗教改革的新教定为国教，尼德兰和北欧等国也逐渐接受了新教。在天主教众眼中，新教是异端，必须铲除，于是英国成了西班牙下一个要征服的国家。然而，此时的苏格兰女王玛丽却因国内叛乱逃到了英格兰。

▲ 麦登·德沃斯的原作 *SPIRITVALE CHRISTIANI MILITIS CERTAME*。

① 该荷兰画家同荷兰另一位制图大师亚伯拉罕·奥特留斯也有过合作，共同创作了圣地地图。鉴于当时的版权保护制度，互相“借用”其他人作品中的形象或构图时有发生。

她也是同父异母的姐姐、英国女王伊丽莎白一世的合法继承人。玛丽是天主教徒，骨子里又是法国人，而法国又与西班牙国王所在的哈布斯堡家族是世仇。如果玛丽在英格兰继位，英格兰可能会重新回到天主教阵营，却有可能和法国结盟，这让西班牙国王费利佩二世异常纠结。英国女王伊丽莎白一世更纠结，因为逃亡过来的玛丽始终是王位的威胁者，其背后牵涉的利益集团又太庞大。在软禁玛丽 20 年后，翅膀硬了的伊丽莎白一世在 1587 年 2 月 9 日忍不住处决了玛丽。而费利佩二世也终于找到了一个入侵英国的完美理由，只是他的无敌舰队实在不给力。

法王亨利四世原本是新教胡格诺派的支持者，在合法继承王位以后，为了平息法国国内的争议而皈依天主教，但依然准许胡格诺派在法国大力传播他们的新教信仰。这幅地图也仿佛暗示着亨利四世名义上是天主教徒，但精神上却依然是一个新教教徒。而同是新教教徒的洪迪斯，则希望借助绘制这幅基督骑士的地图，招集英国和整个欧洲的新教徒们聚集在法国国王亨利四世的麾下。

这幅地图的第二层（也是更重要一层）含义是在地图史上常被视为大师墨卡托去世（1594 年 12 月）以后第一幅使用墨卡托投影法绘制的世界地图。不过，虽然这幅地图在地图史上的“名气不小”，但是其背后的故事却并不像地图本身那么光彩。

洪迪斯当时并不真正理解墨卡托投影法的数学计算原理。事实上，连墨卡托自己也从未完整地阐述过他的投影法的数学计算问题。以现在的知识体系来看，这需要三角函数微积分方面的计算，这是 16 — 17 世纪里的“世纪难题”之一。为了解决它，被苹果砸过脑袋的艾萨克·牛顿也深陷其中。据说直到 1668 年苏格兰数学家詹姆斯·格雷戈里才有了完整的解决方案。别问我为什么总是“据说”，因为我对“数学家”和“数学”都不太熟，只知道洪迪斯这幅地图中墨卡托投影法的计算和绘制来自他的另一个数学家、他的英国“朋友”、地图制图师爱德华·怀特。怀特当时针对墨卡托投影法发展出了一种算法（类似于我们现在称之为“黎曼积分”的数学理论），并将自己研究多年的手稿在 1596 年借给了“朋友”洪迪斯，要求他发誓：没有自己的许可，洪迪斯不可以对外披露手稿的内容。然而洪迪斯到底没有抵抗得住“人性的诱惑”，还是在没有取得怀特认可的情况下，将怀特对墨卡托投影法的研究与计算成果应用到自己的这版《基督骑士地图》之中，并于 1597 年公开发表。

不知道洪迪斯后来是否在基督面前忏悔过自己的这一不知是有心还是无意的过失，又或者他认为为了宣扬基督的荣光就可以打破世俗道德边界，反正木已成舟之后，他曾轻描淡写地写信向怀特道歉。然而敷衍的道歉无法平息怀特的愤怒，1599 年怀特发表了自己代表性的著作《导航中的某些错误》（*Certaine Errors in Navigation*）。书中首次详细解释了墨卡托投影的数学基础，还没有忘记在该书序言中谴责昔日“朋友”洪迪斯的欺骗与贪婪。他自嘲地写道：“但是，在墨卡托投影法是如何运作方面，我既不是从墨卡托，也不是从其他人那里学来的。在这一点上，我真希望我像他（墨卡托）一样聪明，让自己保持足够的谨慎。”

这个爱德华·怀特（Edward Wright，1561 — 1615 年），是英国的制图师，也是一位优秀的数学家。同那个时代许许多多的制图师一样，没有天文学家、数学家、探险家一类的资历和功底，都不好意思说自己是地图制图学家。

1561 年 10 月 8 日，怀特出生在诺福克郡加尔

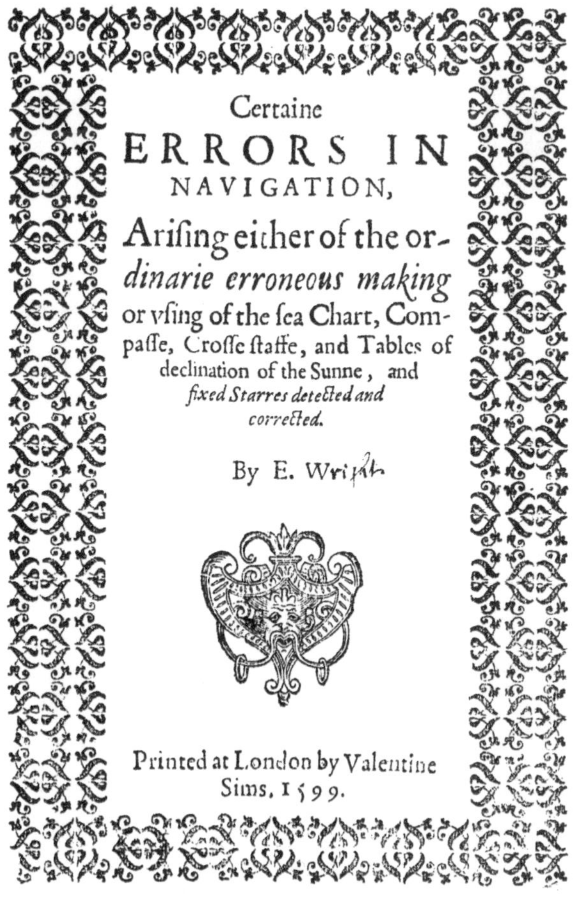
Certaine
ERRORS IN
NAVIGATION,
Arising either of the ordinarie erroneous making
or vsing of the sea Chart, Compasse, Crosse staffe, and Tables of
declination of the Sunne, and
fixed Starres detected and
corrected.

By E. Wright

Printed at London by Valentine
Sims. 1599.

▲ 1599 年第一版《导航中的某些错误》封面。

▲ 剑桥大学冈维尔与凯斯学院， Cai Loggan 于 1690 年创作。

维斯敦的一个中产家庭，是家里的第二个儿子。1576 年，怀特以类似于今日公费生的身份（Sizar）考入剑桥大学冈维尔与凯斯学院（Gonville and Caius College），这意味着他只需要缴纳较低的学费，就能获得学院免费提供的食宿，而这一切常常是以毕业后留在学院继续服务为条件的。怀特在 1580 年获得艺术学学士，1584 年获得艺术学硕士学位。在接下来的 1587 — 1596 年十年时间里，他都被该学院聘任为研究员，并且同一众专家校友成为密友，比如数学家亨利（Henry Briggs）、天文学家海顿（Christopher Heydon）、埃塞克斯伯爵罗伯特（Robert Devereux）等。不了解这个冈维尔与凯斯学院不要紧，因为它只不过是剑桥大学史上的第四所学院，至今才诞生过 12 位诺贝尔奖的获奖者，那个曾经整天坐在轮椅上的物理学家史蒂芬・霍金也不过是它的另一名数学教授（院士）而已。

在被聘任为学院研究员的第三年（1589 年），也就是西班牙无敌舰队入侵英国未遂的第二年，英国女王伊丽莎白一世要求怀特加入到坎伯兰伯爵率领的前往大西洋亚速尔群岛的探险队中。探险队的使命之一是抓捕西班牙人的各种大小舰船，怀特的使命则是随队进行航海导航方面的研究。而对怀特的任命程序也是“英国式”的，女王要给学院下达命令，要求学院准许怀特为了这一皇家使命而离开学院，而学院也用一种英国式的“外交”语言将其表述为“准许怀特进行一次皇家风格的休年假”。这仿佛也成了一个传统，直到今日，每个学期结束，冈维尔与凯斯学院的学生必须得到学院导师的批准才可以离开学院，否则将会被罚款。坎伯兰伯爵率领的探险队，其实就是英国人从那时起逐渐发展起来的私掠船队。这是一种由本国政府认可甚至资助的针对敌国的海盗行为。德雷克、丹皮尔、雷利爵士等都是这支英国“海盗”队伍中的代表性人物。而怀特也被他的同事揶揄为“史上唯一一位被冈维尔与凯斯学院准许为了参加海盗活动而休年假的研究员”。

1589 年 6 月 8 日，怀特搭乘着坎伯兰伯爵的“胜利”号离开普利茅斯港，同年 12 月 27 日返回法尔茅斯港。虽然后世传闻怀特更早的时候还参加过德雷克船长率领的私掠船队在西印度群岛的远征，但英国官方及学院的历史资料都不支持这种说法。这次往返英国本土和亚速尔群岛之间的远航，很可能就是怀特一生中唯一的一次远航。回到剑桥的怀特继续着他的研究员生涯。几年之后，他从剑桥搬往伦敦生活，1594 — 1597 年协助海登进行太阳的观测活动并帮助海登制作了多种天文仪器。1595 年的时候他在伦敦圣米切尔大教堂迎娶了乌苏拉（Ursula Warren），并在第二年辞掉了学院研究员的工作，专心在伦敦工作和生活。他们的儿子在 1612 年也成为了凯斯学院的一名公费生，但却在 20 岁时过早离世，这对怀特是个沉痛的打击。

怀特曾为亨利王子制作过一个木制浑天仪（Armillary Sphere），设计为可展示 17100 年里的运动轨迹模型（如果这个仪器可以运行那么久的话）。该仪器在英国内战时流失，后来 1646 年在伦敦塔内被数学家摩尔（Jonas Moore）重新发现。这只是怀特一生中众多作品中的一件。

回到 1599 年怀特出版的那部代表作《导航中的某些错误》，书中包含了一幅怀特大约于 1595 年绘制的坎伯兰伯爵亚速尔群岛探险队的航路地图。虽然只是一个局部区域性的地图，但这幅图才是墨卡托 1569 年那幅墨卡托投影法绘制的世界地图之后，第一张应用墨卡托投影法绘制的地图。而这部《导航中的某些错误》，也被怀特"献给"坎伯兰伯爵。在这部书 1592 年的手稿中，怀特就在序言中写道："第一次被（坎伯兰伯爵）打动了，并且获得了持之以恒的动力，将我的数学研究，从大学学堂里的理论研究，转向到航海导航中的实践应用。"

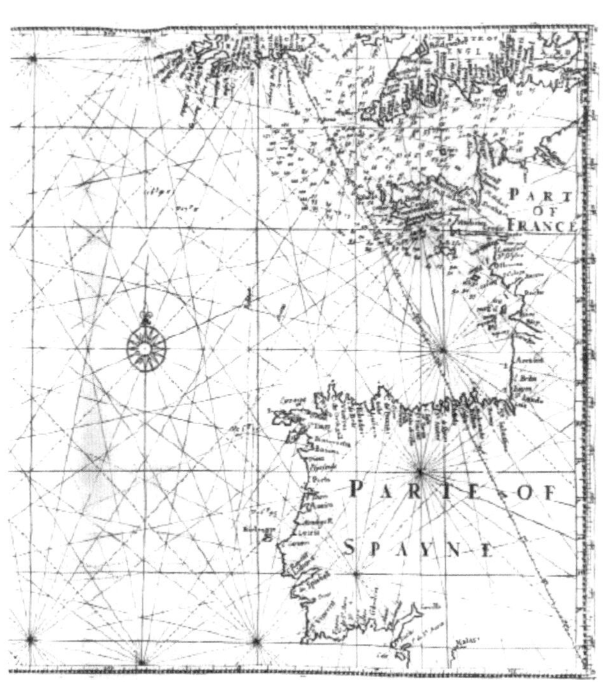

▲ 怀特 1595 年创作的基于墨卡托投影法绘制的前往亚速尔群岛地区的地图。

早在 1592 — 1593 年，怀特协作数学家和天文学家埃默里・莫利纽克斯（Emery Molyneux）进行地球仪和天球仪的绘制。现存最早的地球仪通常被认为是德国制图师马丁・贝海姆（Martin Behaim）于 1492 年前后制作的，埃默里 1592 年前后制作的地球仪则通常被认为是在英国制作的最早的地球仪作品。怀特在此期间绘制了自己基于墨卡托投影法的第一幅世界地图，其中纠正了墨卡托本人早期作品的许多错误，后人常将其称为怀特—莫利纽克斯（Wright-Molyneux）世界地图。然而这幅世界地图首版并非出现在怀特自己的作品中，而是出现在他为英国作家理查德・哈克卢特（Richard Hakluyt ）1599 年版的《英格兰民族重要的航海、航行和发现……》（*The Principal Navigations, Voiages, Traffiques and Discoueries of the English Nation, 1599*）一书第二卷绘制的插图之中。怀特在 1610 年第二版的《导航中的某些错误》中编入了此世界地图。

在地球上， 平行于赤道的纬度圈的长度，随着从赤道向南北两极移动而逐渐变小。因此，在 墨卡托投影中，当一个三维的地球被放到二维的矩形地图时，需要将每一根平行的纬度线拉伸到同赤道的一样的长度。怀特用"球体像膀胱一样膨胀在空心圆柱内"来形象地解释墨卡托投影：想象这个球体均匀地展开，球体上的经纬线以相同的比例逐渐延长，直到膨胀的球面的每个点与圆柱体内部接触，然后再将圆柱体打开为二维矩形。这个过程保留了原始地球表面的局部形状和角度特征，但代价是不同纬度地区扩张比例不同，越往高纬度，扩张比例越大。在这个投影方式图上的恒向线被描绘成直线，这对于大部分处于中低纬度的大洋航线来说是非常便捷实用的。

1599 年《导航中的某些错误》的第一版包含了一份 6 页的简略表。在 1610 年的第二版中，这个简略表被怀特扩展到了 23 页，以平行纬度线每一分为间隔列出计算结果。怀特的目的，是让任何制图师或领航员都可以通过查阅该表为自己在需要的地域构建出一个墨卡托投影法的恒向线网格系统。而这张表格也确实非常精确。美国地理学教授马克・莫莫尼耶（Mark Monmonier）曾写了一个计算机程序来复制怀特的计算。结果显示，对于一张 3 英尺（0.91 米）宽的墨卡托投影法的世界地图来说，怀特的计算定位结果与计算机程序的结果在地图上只有 0.00039 英寸

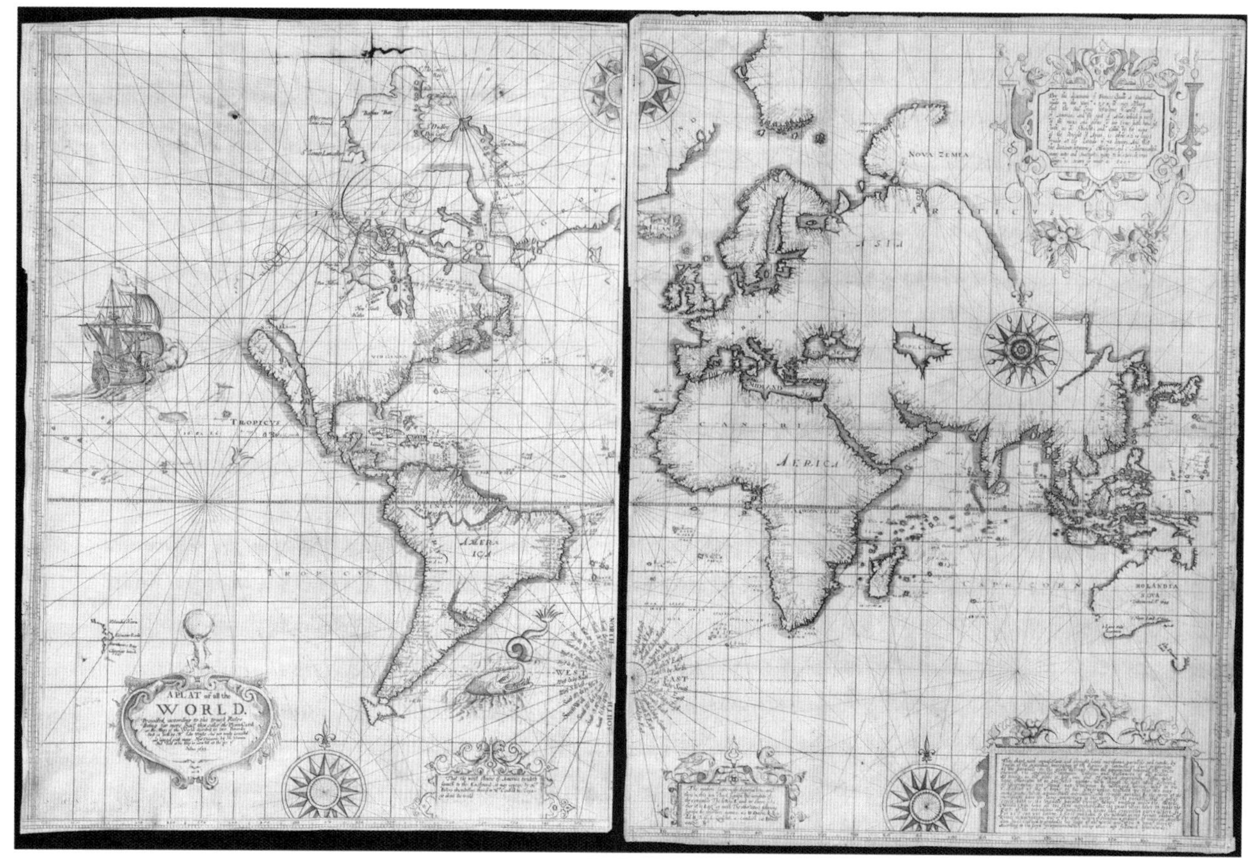

▲ 怀特－莫利纽克斯（Wright–Molyneux）1600 年版世界地图。

（0.0099 毫米）的误差，其实际意义是在大洋航线上只有大约 400 米的定位误差。这在那个时代是非常惊人的成就。

怀特在数学及其他科学领域的成就远不止一本《导航中的某些错误》，在那个没有计算机的年代里，我们不清楚为了那 23 页的表格，怀特计算了多长时间；也不清楚类似于伦敦新运河之类的水利监理一类的事务占据了他多少精力。总之，或许他自己始终还觉得计算与结论不够完美，才把 1592 年前后就已经有初稿的《导航中的某些错误》一拖再拖。事实上，老洪迪斯借阅手稿并未经许可便借用到自己的《基督骑士地图》只是其一。在此之前，怀特还曾将手稿中的计算表格部分借阅给托马斯（Thomas Blundeville）和威廉姆（William Barlow），并允许他们“引用”在各自的出版物中，但只有后者在出版自己的《领航员的供给》（1597 年版）一书时披露了怀特的名字，而前者在自己的《练习》（*Exercises*，1594 年版）一书中只字未提怀特。此外，1595 年大名鼎鼎的德雷克爵士西印度群岛探险队中著名的领航员亚伯拉罕（Abraham Kendall）在航行中去世，他也曾借阅过怀特的手稿图表并私下抄录了一份。这份图表在他去世后被带回伦敦，并一度被认为是亚伯拉罕自己编制的。直到这份图表被辗转交到了坎伯兰伯爵的手上，再次被怀特看到，怀特才意识到自己的研究结果已经被“隐姓埋名”地应用到航海实践之中。

老洪迪斯的“背叛”只是“压垮”怀特的最后一根稻草，促使怀特仓促地在 1599 年发表了第一版《导航中的某些错误》，但这依然是一部历史性的作品。之后怀特并没有停止继续完善它的脚步，在 1610 年的第二版中的各种改进包括了：如何确定地球大小的测量建议、使用十字测天仪（Jacob’s Staff）进行星体观测时如何纠正视差误差、对于太阳和恒星位置的星表数据进行修订。这是基于他与海顿（Christopher Heydon）使用 6 英尺 (1.8 米) 大的象限仪进行长期观

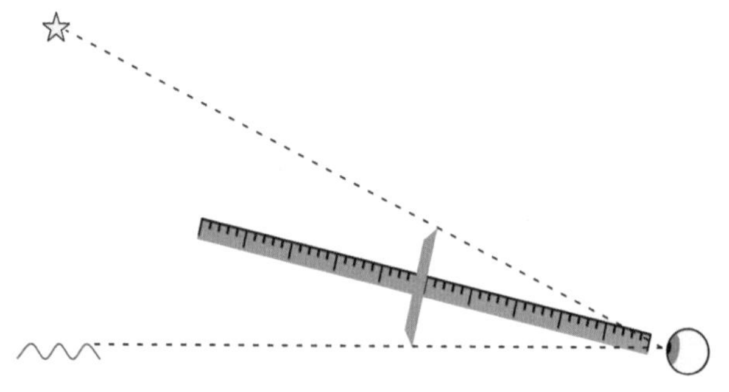

▲ 利用十字测天仪（Jacob's Staff）测量星体高度。

测、一份世界不同地区磁偏角变化的详细附表。该表表明磁偏角现象并非由磁极造成。此外，怀特还在第二版中收录了罗德里戈·萨莫拉诺的 *Compendio de la Arte de Navegar*（《航行艺术汇编》，塞维利亚，1581 年，第 2 版）的英文译本。

现在，当大家在介绍《基督骑士地图》时，都不会忘记顺带说一句，这幅继墨卡托本人之后第一次使用墨卡托投影法绘制的世界地图，并不是来自老洪迪斯的创造。《导航中的某些错误》以及其中的地图作品，是这位数学家留给地图制图史的宝贵财富。“基督骑士”无法抢走这本应属于爱德华·怀特的历史荣耀。

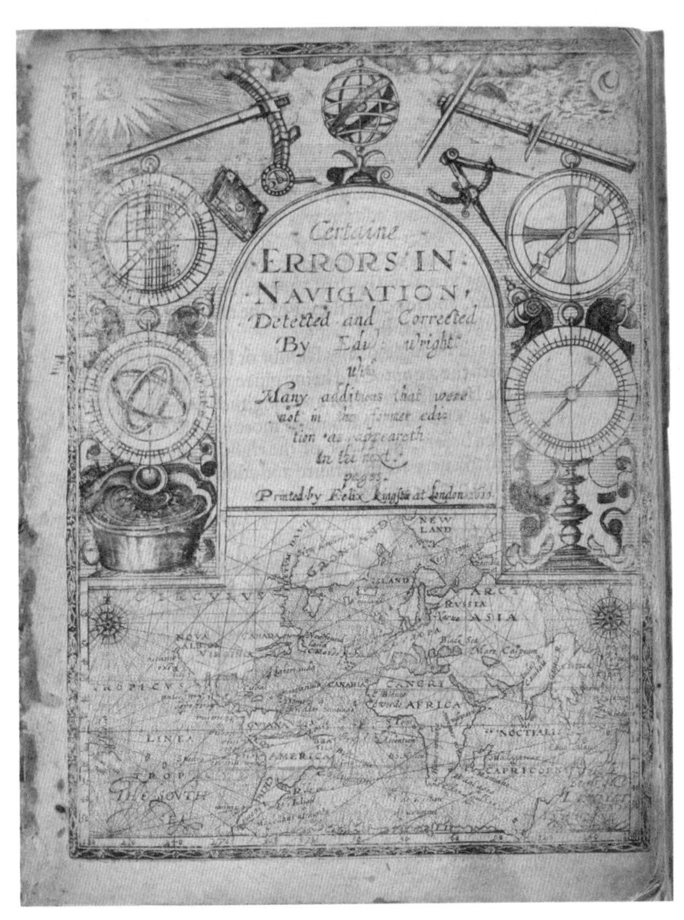

▲《导航中的某些错误》1610 年第二版封面。

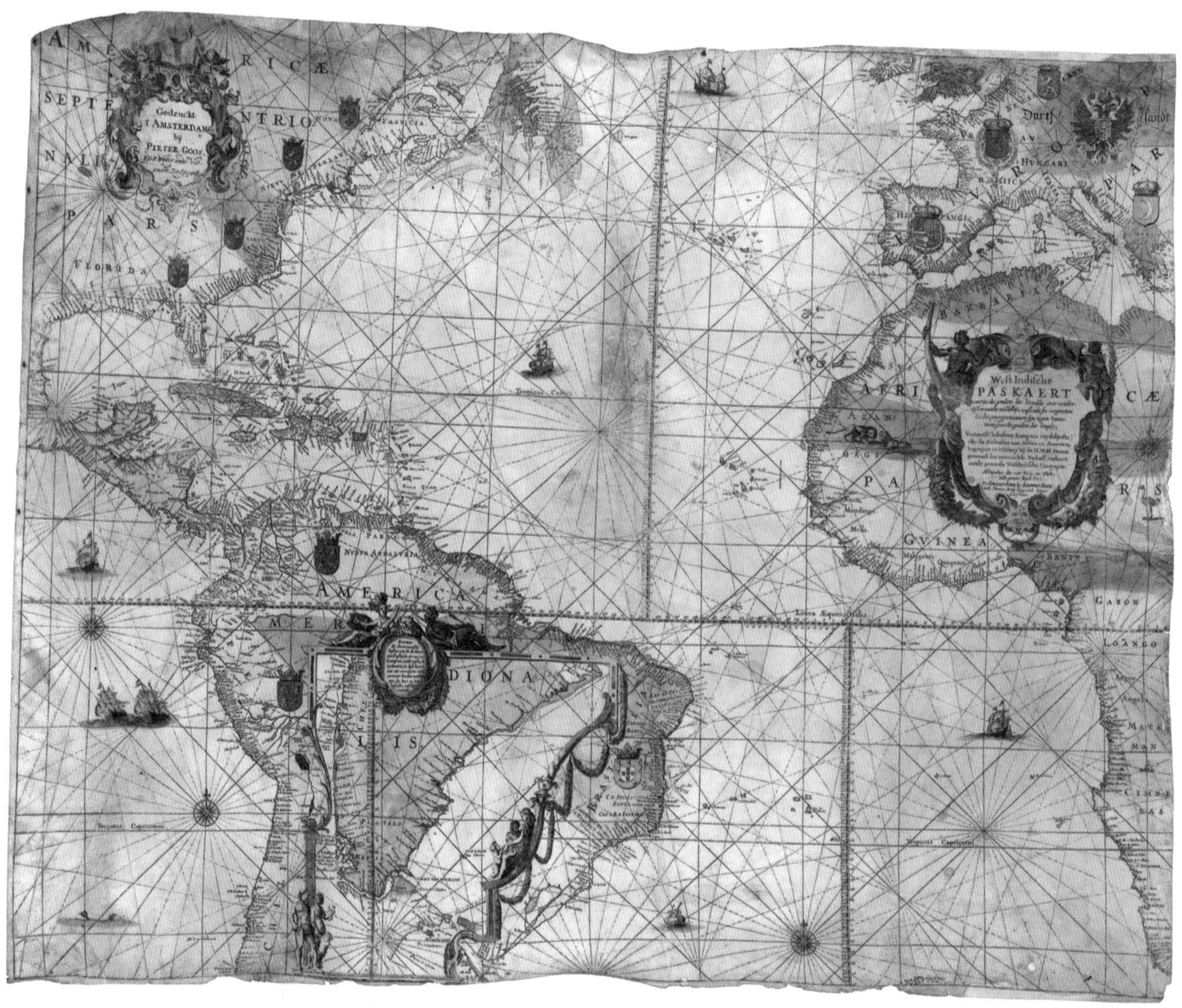

▲ 印制在上等羊皮纸上的“布劳－古斯－鲁兹”版的《西印度群岛 大西洋》海图。

第十九讲

古老羊皮纸上的珍贵海图

——记荷兰制图师威廉·布劳及其《西印度群岛 大西洋》海图

牛郎、织女和天鹅座的天津四等三颗 α 星组成的“大三角”，让天鹅座在夏夜的星空中并不难寻找。1600 年 8 月 18 日，在天鹅座的“左翅”下，突然出现了一点之前未被人们注意过的蓝光。现在，我们知道它是一颗“超巨星的高光度蓝变星”。在那一年，它的星等突然增加到 3 等[①]。在 5000 光年之外遥远的地球上，最早捕捉到这一抹蓝光的是一个叫作威廉·布劳的人。后来，欧洲人将其命名为“天鹅座 P 星”，中文称“天津增九”。最早的那位观测者威廉·布劳，是荷兰的天文学家、数学家。当然，他还有另一个本文所关注的身份：地图制图师和出版者。

威廉·布劳（Willem Janszoon Blaeu，1571 — 1638 年，有时简写为 Willem Jansz. Blaeu），出生在

① 天文学上用星等来表示星星的明暗。星等数越小，星越亮。每相差 1 等的亮度大约相差 2.512 倍。肉眼能够看到的最暗的星约为 6 等星。

北荷兰的阿克马（Alkmaar），位于阿姆斯特丹北 40 公里处，是一座在荷兰的独立战争中抵抗过西班牙之围的“英雄城市”，现在仍以传统奶酪交易闻名。不过彼时，威廉·布劳家并不制作奶酪，而是一个成功的鲱鱼商人家庭（就是瑞典人暗黑料理“鲱鱼罐头”的那种鲱鱼）。他即非贵族后裔也非神学门第，命中注定应该和鲱鱼打一辈子交道，但他却偏偏对科学产生了浓厚的兴趣。

1594 年，当他的老乡巴伦支率领荷兰的第一次极地东北航道探险队起航的时候，23 岁的威廉·布劳已师从丹麦著名天文学家第谷·布拉赫（Tycho Brahe），潜心于数学、天文学研究和科学仪器制作等领域，并获得了制作地球仪和天文学仪器等的资格。从丹麦回到荷兰后，他成立了自己的公司，开始制作销售科学仪器和地球仪，并且从事地图制作和出版服务工作，当然也包括了普通的出版服务。他的客户除了当时荷兰颇有名望的作家、诗人、天文学者，也包括类似法国大哲学家笛卡尔（Descartes）这样的客户。但是，威廉·布劳一生更大的成就，仍然是在地图制图和出版领域。1633 年，他被任命为荷兰东印度公司的官方地图制作者之一。后人将其视为荷兰地图制图黄金时代的代表性人物之一。

▲ 威廉·布劳（Willem Janszoon Blaeu，1571 – 1638 年）。

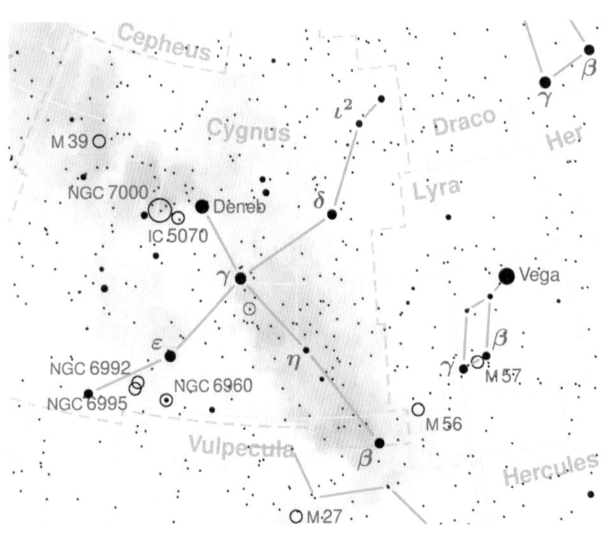

▲ 图中红圈所在既是天鹅座 P 星，中文称天津增九。

我们在此介绍的这张印制在上等羊皮纸（Vellum）上的 17 世纪海图，就是威廉·布劳的代表性作品之一。这一版本的海图，目前所知存世的只有两张，一张收藏在华沙的波兰国家图书馆（Biblioteka Narodowa）中。另一张私人手中的藏品在交易市场的叫价达数百万人民币，被称为“一级的科学与艺术文献、海图制图史上重要的标志、低地国家在 17 世纪制图史上的重要贡献之一”，这就是“布劳 – 古斯 – 鲁特”（Blaeu–Goos–Loot）版的《西印度群岛 大西洋》[①]（*West Indische Paskaert*）海图。

布劳的这张海图，是大西洋两岸及美洲加勒比海水域的总图。令人惊讶的是，这张古老的羊皮纸海图居然是从一个整张的雕版上印制出来的，完整尺寸为 39 英寸 ×32 英寸（约 99 厘米 ×82 厘米）。在那个时代里，这样整张的雕版版面明显是一个 XXXL 的尺寸。在当时的技术条件下，制作这样一个不同寻常尺寸的雕版要付出很大的努力。这也从侧面说明了作者对这个海图的重视程度。很明显，这样做的目的是便于将海图完整印制在更为耐用的整张羊皮纸上而不是普通纸张上。在那个时代，制作大张羊皮海图的主要目的就是用于大洋之上航线设计及航行使用。

这张海图的珍贵性之一是：印制在羊皮上的大

① 西印度群岛其实跟印度无关，它位于南美洲北面、为大西洋及其属海加勒比海与墨西哥湾之间有一大片岛屿，是拉丁美洲的一部分。把这些岛群冠以“西印度”名称，实际上是来自哥伦布发现新大陆时的错误观念，但一直沿用至今。

幅海图，现在已经非常少见。由于羊皮纸的耐用性，长久以来一直是制作海上使用的海图的首选介质。存世的几乎所有羊皮纸海图，当初都是为了在大洋上的长期使用目的而制作的。在那个时代，纸质海图通常被用于印制地图册等，供商人、银行家和其他在陆地上工作的人使用。在海上使用时，纸质海图缺乏羊皮纸海图那种可反复使用的耐久性和耐候性。一张羊皮纸海图可以在每次航行完成后擦除掉它的航迹，为下一次远航提供一个干净的海图模板，因而可以被反复用于为每一次航行设计和记录航迹。羊皮纸海图被广泛应用于 15 — 18 世纪欧洲人的一次次地理发现、殖民地贸易、海洋争霸战争中。也正是因为羊皮纸海图是航海者在海上频繁实际使用过的“日常工具”，能够跨越漫长的岁月完整地保存下来并非易事，所以它才更受到当代收藏家和收藏机构特别的青睐。

这张海图的珍贵性之二是：它代表了墨卡托投影方式在航海海图中最早的实际应用。地图历史学家博登（Burden）说：“威廉·布劳（William Blaeu）的这张《西印度群岛 大西洋》（*West Indische Paskaert*）具有里程碑的意义，它是第一个使用了墨卡托投影方式的北美海图。”其实布劳的第一版《西印度群岛 大西洋》图于 1621 年印制，但是并没有使用墨卡托投影方式，从而极大地限制了它作为一种实用的导航工具的有效性。实际上，绝大部分那个时代的海图都是一些小幅地图，包括出现在麦地那航行手册的不同版本中的，以及类似的意大利制图师卡莫西奥和贝尔泰利等人的地图作品中的。这些海图即使再富丽堂皇，其装饰性和象征性远大于实用性。而布劳的这张使用了墨卡托投影法绘制的《西印度群岛 大西洋》海图，最早刊印版本据考约在 1626 — 1630 年之间。有收藏家曾经仔细查阅过在此版海图之前印制的大西洋两岸及加勒比海地区其他海图，也认同了博登的上述说法。即使不是第一张，布劳的这版海图也是最早使用墨卡托投影法绘制并实际应用于航海的海图，这才使它有了长久的生命力和实用性。大西洋、加勒比海沿岸、北美洲东海岸、非洲西海岸、西欧沿海都呈现出跟现代地图基本一致的轮廓。虽然陆上部分的信息比较简单，但沿海的港口和城市却星罗棋布，标绘得非常详实。

这张海图的珍贵性之三是：在于它揭示了一段荷兰西印度公司、东印度公司的殖民航线历史。布劳的这张海图是使用了在该地区航行过的荷兰西印度公司领航员提供的第一手资料绘制出来的。西方一些手稿和资料揭示了当年荷兰的东印度公司前往好望角和东印度的航迹线也曾出现在这版海图上。很明显地，往返于东印度航线的荷兰船只也在使用这版海图作为大西洋航段的导航工具。不过这版海图与荷兰西印度公司的联系最为密切，作为荷兰西印度公司北美、加勒比海和南美洲的主航海图被使用了几十年，作为横渡大西洋航行的主要航行指南超过 80 多年。

西印度公司是荷兰联省共和国时代的另一家“特许公司”，荷兰语为 Geoctroyeerde West-Indische Compagnie，常缩写为 WIC。它的成立晚于 1602 年成立的荷兰东印度公司，官方章程记载的成立的时间是 1621 年，但当时荷兰正处在同西班牙的八十年独立战争期间（1568 — 1648 年），以答应退出亚洲与美洲的贸易为前提条件，才与西班牙签署了十二年停战协议。荷兰人在此期间同海外贸易的商船以悬挂第三国旗帜的方式继续经营着，所以实际上荷兰的西印度公司从 1609 年便已经处在积极的营运之中。特许权准予荷兰西印度公司在大西洋奴隶贸易中，以及在巴西、加勒比和北美等荷兰殖民地拥有司法管辖权。该公司可以运营的地区涵盖了从北回归线南至好望角之间广阔的西非和美洲地域，其中包括南太平洋和新几内亚东部。在很大程度上，该公司是 17 世纪荷兰在美洲统治其广阔但短暂的殖民地的工具。

上述的珍贵之处是现在的收藏者归纳的。此外，这张地图作为另一种“对领土的政治宣言”，在一定程度上还反映了当时的“新世界”——北美洲的地缘政治版图。这才是此张地图历史意义上的珍贵之处。

此海图早期刊印的版本没有标明印制日期，也未注明特别的授权，很可能表明它是荷兰东、西印度公司内部使用的资料，并没有公开印制，一般公众无法获得。[地图学家斯奇尔德（Schilder）推测] 推断这版海图最早不早于 1621 年，最晚不晚于 1630 年。因为海图上有一些信息源自荷兰欧赫米特

▲ 1645 年西印度公司为巴西利亚殖民地铸造的金币。

▲ “新尼德兰”（Nieu Nederland）“大胆”地穿越了图上今纽约和新英格兰的大部分地区。

（L'Hermite's）[①] 上将 1623 年至 1626 年前往火地岛的航程，并且 1630 年左右布劳出版了一本关于这版海图的小册子。

17 世纪上半叶，正是荷兰人对西半球的殖民意愿最高峰的关键时期，这张海图所代表的某种重大意义，使得其地位得到了进一步的提升。图中，代表着荷兰人在北美新大陆势力的“新尼德兰”（Nieu Nederland）字样“大胆”地穿越了图上今纽约和新英格兰的大部分地区。“新尼德兰”东北部是新法兰西（NOVA FRANCIA）。而英国的北美殖民地领土仅限于中部的大西洋沿岸，标注着弗吉尼亚（VIRGI）的字眼，当时英国人的势力在“新尼德兰”地区事实上的存在并没有反映在图上。图中，欧洲四个大国(西班牙在弗吉尼亚的西南面)的皇家徽章，非常整齐地一个接着一个排列着，分别代表着四个大国在北美洲殖民地的势力范围，就好像当时四个大国在北美洲大陆上的殖民地之间存在着清晰的领土划分一样。

实际情况是，即使在 17 世纪 20 年代，这版海图开始在荷兰东、西印度公司内部使用期间，这种殖民地势力的排列也不过是代表了荷兰殖民者所渴望的政治版图而已。随着接下来几十年间英国人在北美洲东北地区的迅速扩张，等到 17 世纪 90 年代，当这个海图公开发布的时候，荷兰人在“新世界”的生存空间早已经被极大地压缩了。曼哈顿所在的哈德孙河口地区以及美国东北地区殖民势力范围已经被英国人抢夺了过去，此图中这种殖民地域的划分就更加站不住脚了。

既然提到了今日纽约的曼哈顿，我们不妨多唠叨两句：1609 年，代表荷兰东印度公司探寻极地“西北、东北航道”的英国人亨利 · 哈德孙，误打误撞地发现了哈德孙河口这块宝地（其实比他早的西班牙探险家也曾经抵达过这里）。比他晚的 1620 年那艘著名的“五

① 欧赫米特，即 Jacquesl' Hermite（1582—1624 年），有时也写作 Jacques le Clerq，是荷兰著名商人、探险家、海军上将，以其率领荷兰舰队在 1623 – 1626 年的环球航行而闻名。当时他的舰队旗舰为“阿姆斯特丹”号。舰队穿过勒梅尔海峡进入太平洋，沿着南美大陆北上，试图在今秘鲁、厄瓜多尔沿岸建立荷兰人的殖民地，但并不成功。1624 年，舰队封锁秘鲁卡亚俄港口期间，欧赫米特因痢疾和坏血病而病故。

月花”号从英国起航时的最初目的地也是哈德孙河口，但他们都阴差阳错地错过了历史的“路口”，最终哈德孙的大名成了这块宝地上欧洲人熟悉的名字。1626 年，荷属美洲新尼德兰省总督彼得花了大约现值十几个巨无霸汉堡的价格，向美洲印第安人买下河口的曼哈顿岛，并于 1633 年在这里建造了第一个教堂。1653 年，曼哈顿成为新尼德兰省省府，并被命名为新阿姆斯特丹，但实际的欧洲殖民者不过千人。

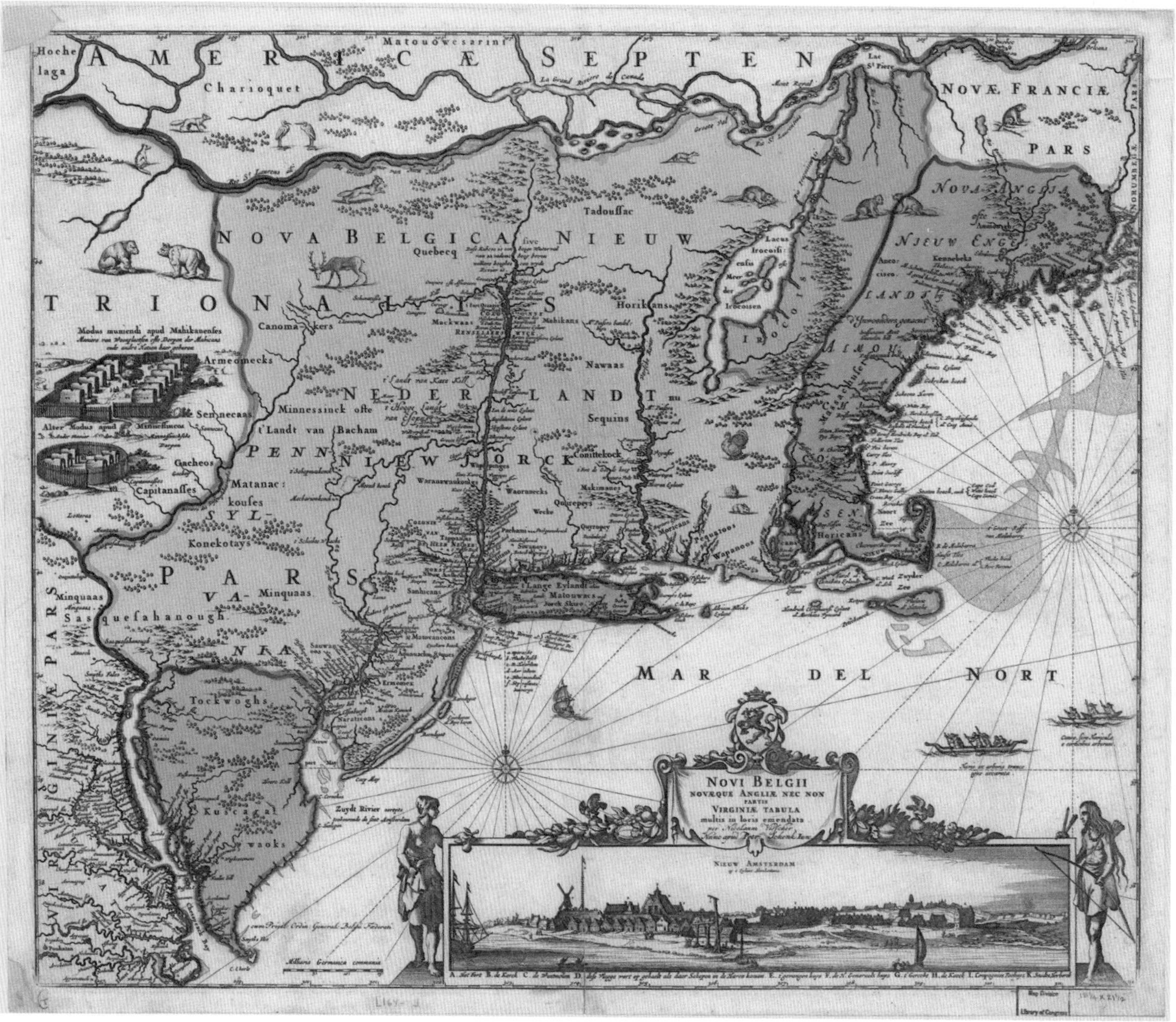

▲ 1685 年重印的 1656 年版北美东岸地图。

▲《阿姆斯特丹风光》，作者 Jan Saenredam（1565 － 1607 年），1606 年版，现藏于阿姆斯特丹的荷兰国家博物馆。

英国人也一直看好这块风水宝地。对自己的实力超级自信的大英帝国宣称整个哈德孙河流域都是英国的土地。到了 1664 年，英国的约克公爵派了一队人马，直接把曼哈顿这块地从荷兰人手里抢了过来，并于 1686 年 4 月 27 日改名纽约（新约克）并建市。

虽然在北美洲殖民地势力范围争夺的过程中处于下风，但荷兰人早已对加勒比和南美洲投下了贪婪的目光。这种殖民扩张的野心在此图的制作过程中生动地体现了出来：对比威廉·布劳 1621 年版本的此海图时，本文介绍的这版改用墨卡托投影法的海图中，荷兰殖民势力的覆盖范围被描绘得进一步扩大了。与他早先的海图相比，这个版本包括了巴西所有的大西洋海岸及部分的今阿根廷海岸，直到拉普拉塔河口。大约在这张海图被荷兰人投入使用的同一时期，荷兰人在 1630 年强行占领了巴西的伯南布哥（Pernambuco）地区，以便从巴西价值不菲的食糖贸易中分一杯羹。因此，在这张图中所标识的巴西海岸也意味着荷兰人当时在该地区的真实殖民存在。

在南美洲的最南部，1616 年荷兰航海家勒梅尔（Le Maire）和斯豪腾（Schouten）先后发现了著名的勒梅尔海峡和合恩角（以斯豪腾的出生地命名）。在此之前，欧洲各国通往遥远东方的主要航线，都是沿着大西洋一路南下，然后一条是葡萄牙航海家迪亚士探索出来的、经非洲最南端好望角进入印度洋的“东行航线”，沿途已经遍布葡萄牙人的势力；另一条是西班牙人探索出来的，经南美大陆南端狭窄的麦哲伦海峡进入太平洋的“西行航线”，被西班牙人紧紧扼守。麦哲伦海峡南岸的火地岛，一度被欧洲人认为是难以逾越的南方大陆的一部分。这也是大航海时代的后起者英国和荷兰等国，试图在伊比利亚双雄控制的既有航线之外，积极探索和开拓大陆北端的“西北航道”“东北航道”的主要原因。此海图中，南美洲大陆南端的勒梅尔海峡已经清晰地标绘了出来，合恩角以南八百公里宽的德雷克海峡更是西班牙人难以封锁的通向太平洋的宽广天地。

至于这版海图的制作者威廉·布劳，和他的大儿子约翰尼斯·布劳（Johannes Blaeu），都被认为是 16 — 17 世纪荷兰地图制图学黄金时代的著名人物。1638 年老布劳去世后，他的两个儿子（小儿子科内利斯·布劳）接手了家族的生意，大儿子约翰尼斯还接手了父亲在东印度公司的水文测量工作。在以后的日子里，约翰尼斯修订并大大扩展了他父亲在世时的地图集 *Atlas Novus*。1662 — 1672 年，他的杰作 *Atlas Maior* 问世，先后刊行了拉丁文、法文、德文、西班牙文版（没有英文版），包含了 594 幅地图、3000 多页文字，是 17 世纪欧洲刊印的最大也是最贵的书籍。这本地图集同奥特留斯 1570 年的那本《寰宇大观》一样，被视为荷兰制图黄金年代的代表作和大师级的作品。今天，布劳家族的作品在地图收藏市场上仍有销售，其原版的地图作品依然是珍贵而稀罕的收藏品。

在约翰尼斯去世的前一年，即 1672 年，布劳家族的制图公司遭受过一次毁灭性的火灾。幸运的是这个海图的雕版保存了下来，并在 1674 年被雅各布（Jacob Robijn）购得，之后又很快地流转到了彼得·古斯（Pieter Goos）的手中，在 1675 年 3 月去世前重新发行了这版海图，图上已经有了他的版权标记。在17世纪90年代的某个时候，这张海图的雕版又流落到了约翰内斯·鲁兹（Johannes Loots，1665 — 1726年）的手中。鲁兹是他那个时代活跃的海图出版商。此时这版海图距离最早作为荷兰东、西印度公司内部使用的资料已经过去了半个多世纪，这也是1695年公开刊印的这版《西印度群岛 大西洋》海图被称为“布劳–古斯–鲁兹”版本的原因。这张图后来在很长一段时间里，成为许多其他阿姆斯特丹的地图绘制和出版者描述这一地区的其他海图的参考原图。比如那个时代另一位以出版海图闻名的出版商库伦（Johannes van Keulen），基于此版海图出版的1580年库伦版本的《西印度群岛 大西洋》海图，也是今日欧美地图收藏市场的宠儿。

关于威廉·布劳的地图，还有一个小插曲：他的地图和荷兰绘画大师维米尔的画作间居然还有着交集。1638年，老布劳离世时，维米尔还只是一个6岁的孩童。1658年，26岁的维米尔将老布劳1621年版的《荷兰与西弗里斯兰》地图作为背景描绘到了自己的那幅《士兵与微笑的女孩》的画作中。在维米尔传世不多的作品中，以布劳的地图作品作为背景的画作就有三幅。三百多年前，维米尔还只是一个穷困潦倒的画师，那些当时象征着高贵与富有的墙壁装饰地图，被他敏锐地捕捉到自己的画作之中。三百多年后，维米尔的画作已经成为当代人公认的稀世珍品。

▲ 版权标记——图中文字：“Gedruckt / t'AMSTERDAM / bij / PIETER GOOS，/ Op t'Water Inde Ver / gulde Zee Spiegel”。

人们在欣赏这些传世杰作的同时，也在欣赏着画作中三百多年前的地图作品。大师在画作中描绘的光影，仿佛真的把人们又带回了那个大航海的时代。这可能是威廉·布劳生前从没来有预料到的吧。

◀ 维米尔将老布劳1621年版的《荷兰与西弗里斯兰》地图作为背景描绘到了自己的那幅《士兵与微笑的女孩》的画作中。

▶ 维米尔的油画《绘画的艺术》（*TheAllegory of Painting*）。背景中的地图是1636 年版的荷兰地图。

第二十讲
十二凯撒看世界
——记荷兰制图师詹松·费舍尔及其世界地图

第二次世界大战期间，希特勒为自己的家乡策划过一个未曾完工的艺术博物馆——“领导者的博物馆”（Führermuseum），选址位于今奥地利城市林茨（Linzer），靠近希特勒的出生地布劳瑙，所以通常也被称作林茨艺术画廊。他幻想着用战争期间“购买”或抢夺的整个欧洲最优秀的艺术品来“装点”这座博物馆，从而将林茨变成纳粹德国的“文化之都和欧洲最伟大的艺术中心之一，多瑙河上最美丽的城市，使维也纳也黯然失色”。

▲ 维米尔油画《天文学家》，创作于 1688 年。

荷兰著名画家维米尔[①] 的油画——《绘画的艺术》（*The Allegory of Painting*），有时也被称为《画室里的画家》，就是那批欧洲“最优秀的艺术品”之一。1940 年 11 月 20 日，希特勒通过自己的“经纪人”汉斯花费了 182 万帝国马克将其“购入”囊中。1945 年二战结束时，这张画作和其他一批艺术杰作在奥地利某个小镇的盐矿废墟中被“解救”了出来。现在，它被永久地收藏在维也纳的奥地利国家博物馆。

在维米尔的许多画作中，那个时代装饰墙壁的地图成为显眼的背景。17 世纪是荷兰地图制图黄金时代的鼎盛时期。荷兰出版的大幅地图成为西欧贵族和富有商人最青睐的墙壁装饰，被称为 Wall Map，即墙壁地图。像维米尔这样的艺术家敏锐地捕捉到这些墙壁地图作为艺术对象的重要性，并将其表现在自己的画作之中。《地理学家》《士兵和微笑的女孩》《读信的女人》《持水壶的年轻女子》等，都能看到画作背景中清晰的墙壁地图。上文所说的曾被希特勒收藏的那幅《绘画的艺术》也是这样。

虽然现在维米尔的画作价值连城，但在当时那个时代，维米尔还是默默无名。比起他的画作来，背景中的地图本身，反倒更被当时的人们视为一幅幅艺术的杰作、一件件优雅又高贵的作品。

在《绘画的艺术》中，画家对背景中挂墙地图上的光影进行了逼真而细腻地描绘，成为画作中令人欣赏赞叹的细节之一。而这幅地图便来自荷兰的地图制作和出版商费舍尔家族，是克莱斯·詹松·费舍尔在 1636 年出版的。它显示了尼德兰七省联合共和国时代 17 省的地理信息，旁边还绘有 20 个荷兰著名城市的景色。现在在巴黎的国家图书馆和瑞典的国家博物馆还可以看到费舍尔的这版地图。

克莱斯·詹松·费舍尔（Claes Janszoon Visscher，1587 — 1652 年），是荷兰制图黄金时代的一名制图师和出版商，生于阿姆斯特丹，死于阿姆斯特丹。他从父亲那里学会了雕版、制图、印刷，并将家族发展成为那个时代大的地图制作与出版商之一。他的儿子费舍尔一世（Nicolaes Visscher I，1618 — 1679 年），他的孙子费舍尔二世（Nicolaes Visscher II，1649 — 1702 年），也都成为了阿姆斯特丹汇聚了众多地图公司的那条卡尔弗尔（Kalverstraat）大街上的知名人物。而家族生意的扩张，也是因为老费舍尔与时俱进，紧紧抓住了那个时代的“发展机遇”，虽然这和地图行业关系不大。因为那个时代新教的宗教改革，旧版《圣经》被认为是过时的和杜撰的，费舍尔家族抓住了刊行新版《圣经》的机会，不但麾下网罗了众多那个时代受人尊敬的绘图员，而且为“费舍尔”这个家族企业名称做足了“Marketing”的功课。

有时，克莱斯·詹松·费舍尔的名字也被写作 Nicolas Joannes Piscator。“Piscator”是拉丁语“渔夫”的意思，相当于现在英语中的“Fisher”。而“渔夫”在 1630 年前后也的确成为了其家族产品的徽标——一种今日我们称其为“logo”的东西。这个小渔夫 logo 经常被悄悄地放置在图中近水的某处位置。费舍尔家族的地图印版几个世纪以来经常被后来的印刷者重复使用，他们在不知情的情况下拷贝了整张印

▲ 费舍尔家族的小渔夫 logo。

① 维米尔（Johannes Vermeer，1632—1675 年），同老乡梵高等许多伟大的艺术家一样，生前并不知名，一生穷苦潦倒，英年早逝。但现在他的作品都被视为荷兰最伟大的艺术作品，而他则是“荷兰黄金时代的绘画大师”，与哈尔斯、伦勃朗等齐名。

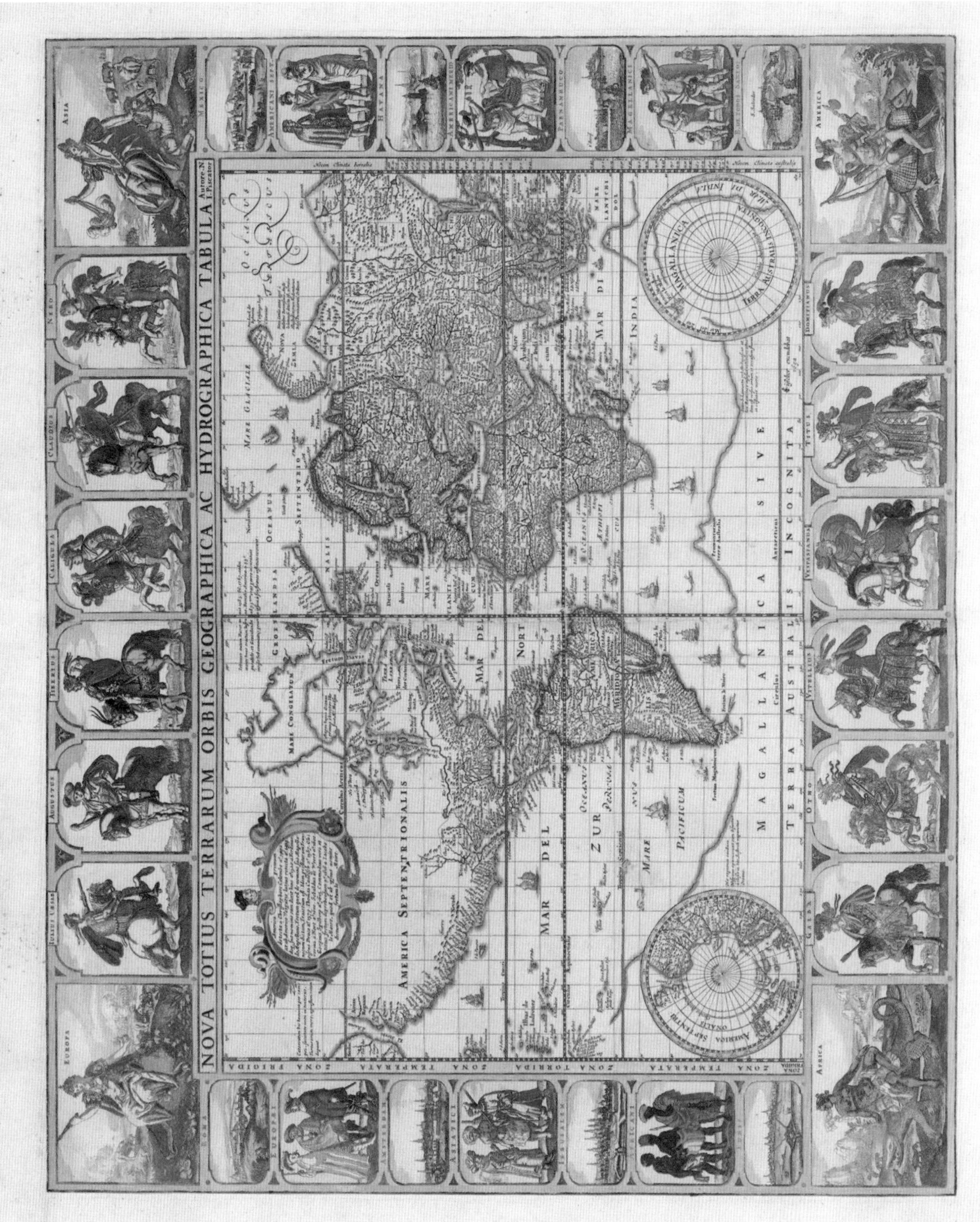

▲ 克莱斯·詹松·费舍尔的《十二凯撒世界地图》（*Twelve Caesars World Map*），是其地图作品的代表作之一。

版，包括了那个小渔夫 logo。这一“线索”使得后人有机会按图索骥地追溯到那些《圣经》或者地图等印刷品的最初版本来源。

克莱斯·詹松·费舍尔的《十二凯撒世界地图》（*Twelve Caesars World Map*），是其地图作品的代表作之一。

之所以被称为《十二凯撒世界地图》，是因为这张“世界地图”的上下部分被一共 12 位古罗马帝国的皇帝[①] 给“包围”了。“包围圈里”有我们在历史课本上看到过的凯撒、奥古斯都、尼禄、提图斯等。他们身着甲胄，跃马战场，一个个栩栩如生。

除了十二凯撒，地图的四角还描绘了四大洲的

① 图中 12 个古罗马帝国的皇帝，从左至右排列，分别是恺撒、奥古斯都（屋大维）、提比略、盖乌斯·卡利古拉、克劳狄乌斯、尼禄、加尔巴、奥托、维特里乌斯、韦帕芗、提图斯、图密善。

"形象代言人"，左右两侧则间隔着描绘了六组"服装模特"和八组城市景观。"服装模特"显示了每个地区的着装模式，包括欧洲人、亚洲人、非洲人、北美人、南美人和麦哲伦尼西人（Magellanici）。在当代，已经没有"麦哲伦尼西人"这个概念，从其词源来看应该是指第一个完成全球航行的伟大探险家麦哲伦发现麦哲伦海峡时，海峡附近的火地岛及南美大陆最南端巴塔哥尼亚区域的原住民。地图中的八个城市景观，是那个大航海时代欧洲人生指南中"一生一定要去的八大景点"，包括了罗马、阿姆斯特丹、耶路撒冷、突尼斯、墨西哥城、哈瓦那、帕南布哥（位于今巴西东北部）和巴希奥·托多斯·桑托斯（今墨西哥西北部）。

在这一幅地图的右下部分，可以发现 1652 年的字样，是这幅地图的最终版本出版年份，而这一地图的早期版本在 1639 年便已出版发行。从图中横平竖直、垂直相交的经纬度线可以看出，费舍尔在此图的制作中已经采用了墨卡托发明的正圆柱投影法。17 世纪早期由亨利·哈德孙发现的哈德孙湾已经标绘在北美大陆的东北边缘。在麦哲伦海峡更南端，1616 年才发现的勒梅尔海峡（Fretum Le Maire）也清晰地标绘了出来。这些细节都反映出，这张地图及时更新了航海家和探险者们在那个时代所发现的、最新的地理信息。

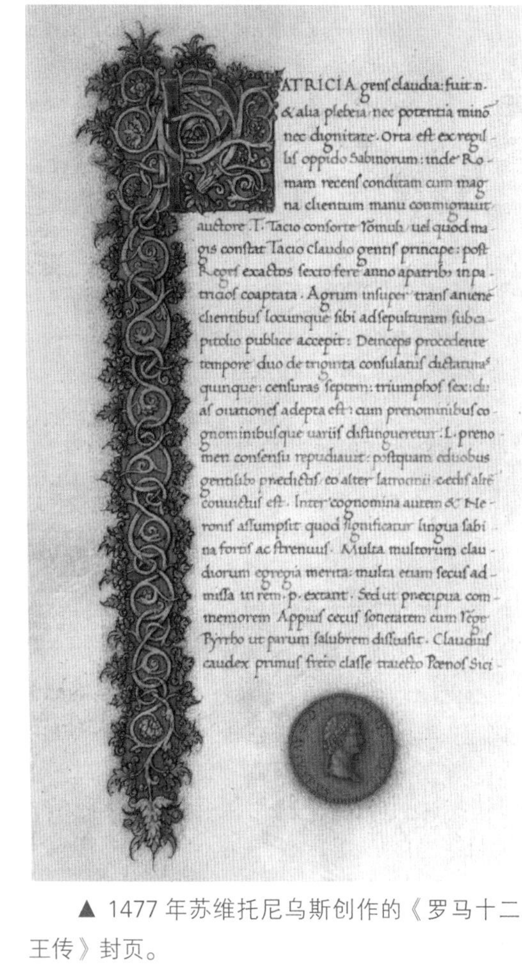
ATRICIA genſ claudia: fuit n.
& alia plebeia nec potentia mino
nec dignitate. Orta eſt ex regil
liſ oppido Sabinorum: inde Ro-
mam recenſ conditam cum mag
na clientum manu commigrauit
auctore T. Tacio conſorte romuli: uel quod ma
gis conſtat Tacio claudio gentiſ principe: poſt
Regeſ exactos ſexto fere anno a patribus in pa-
triciof coaptata. Agrum inſuper tranſ anienē
clientibuſ locumque ſibi ad ſepulturam ſub ca-
pitolio publice accepit: Deinceps procedente
tempore duo de triginta conſulatuſ dictaturas
quinque: cenſuras ſeptem: triumphoſ ſex: du
aſ ouationeſ adepta eſt: cum prenominibuſ co-
gnominibuſque uariiſ diſtingueretur: L. preno-
men conſenſu repudiauit: poſtquam e duobus
gentilibus predictiſ eo alter latrocinii caediſ altē
conuictuſ eſt. Inter cognomina autem & Ne-
roniſ aſſumpſit quod ſignificatur lingua ſabi-
na fortiſ ac ſtrenuuſ. Multa multorum clau-
diorum egregia merita: multa etiam ſecuſ ad-
miſſa in rem. p. extant. Sed ut precipua com-
memorem Appiuſ cecuſ ſocietatem cum rege
Pyrrho ut parum ſalubrem diſſuaſit. Claudiuſ
caudex primuſ freto claſſe traiecto Poenoſ Sici-

▲ 1477 年苏维托尼乌斯创作的《罗马十二帝王传》封页。

但另一方面，虚构的美洲加利福尼亚海岸线曲曲折折向北伸展，一直通向那个传说中的安南（Anian）海峡，仿佛距离今天的东北亚只有几公里。在奥特留斯的《寰宇大观》中、在墨卡托的 *Atlas* 中，我们都见过这一熟悉的地理信息，或许它来自更早的威尼斯地图学家加斯塔尔迪地图中的地理信息。那个传说中的北极东北航道通向太平洋的入口（现在我们称其为白令海峡）在那个时代依然只是个传说，而探索极地东北航道的先驱者、荷兰探险家巴伦支已经离世多年。图中"Magellanica Sive Terra Australis Incognita"① 的文字告诉人们，未知的南方大陆也依然只是另一个传说。早期荷兰人探索过的部分今澳大利亚的北方海岸线在此图中已经显现了出来。但那时的人们猜测，这一海岸线应该只是"未知南方大陆"的某一部分边缘，图中的信息仿佛也支持了这一揣测。彼时，欧洲人尚没有明确有关今澳大利亚或者南极洲的概念。

环绕那个世界的"十二凯撒"，其实来自古罗马历史作家苏维托尼乌斯创作的记述罗马帝国前 12 位帝王的历史著作《罗马十二帝王传》。这本史书开创了西方史学传记体的先河，一定程度上可以看作是罗马帝国的《史记·本纪》。那个同中国大汉王朝差不多同时代的中国史称"大秦""拂菻"的罗马帝国，发源于今意大利平宁半岛，东征西讨，南征北战，最终扩张成为世界古代史上跨越欧、亚、非三大洲、国土面积最为庞大的一个帝国。

15 个世纪之后，十二位罗马帝王如圆桌骑士般齐聚环绕着这张世界地图，仿佛隐喻着罗马帝国野心与扩张的幽灵正在欧洲的大地上复活，伴随着大航海的不只是"美好"的文艺复兴，还有欧洲列强血腥与文明交织的全球殖民活动。

① "Magellanica Sive Terra Australis Incognita"——拉丁语"Terra Australis Incognita"，是"未知的南方大陆"的意思。这正是今澳大利亚的英文"Australia"的词源，即源于拉丁文"australis"，意为南方。"Magallanica"的名称来自麦哲伦的名字"Magallanes"，反映了一个假设，即麦哲伦在他的环球航行期间（1519—1522 年）曾与这片土地有所联系。在墨卡托和普兰修斯等人的世界地图的影响下，"Magallanica"一词被当时的人们所了解，但最终事实证明，后者（即 Terra Australis Incognita）在命名澳洲大陆时变得更加受人们欢迎。

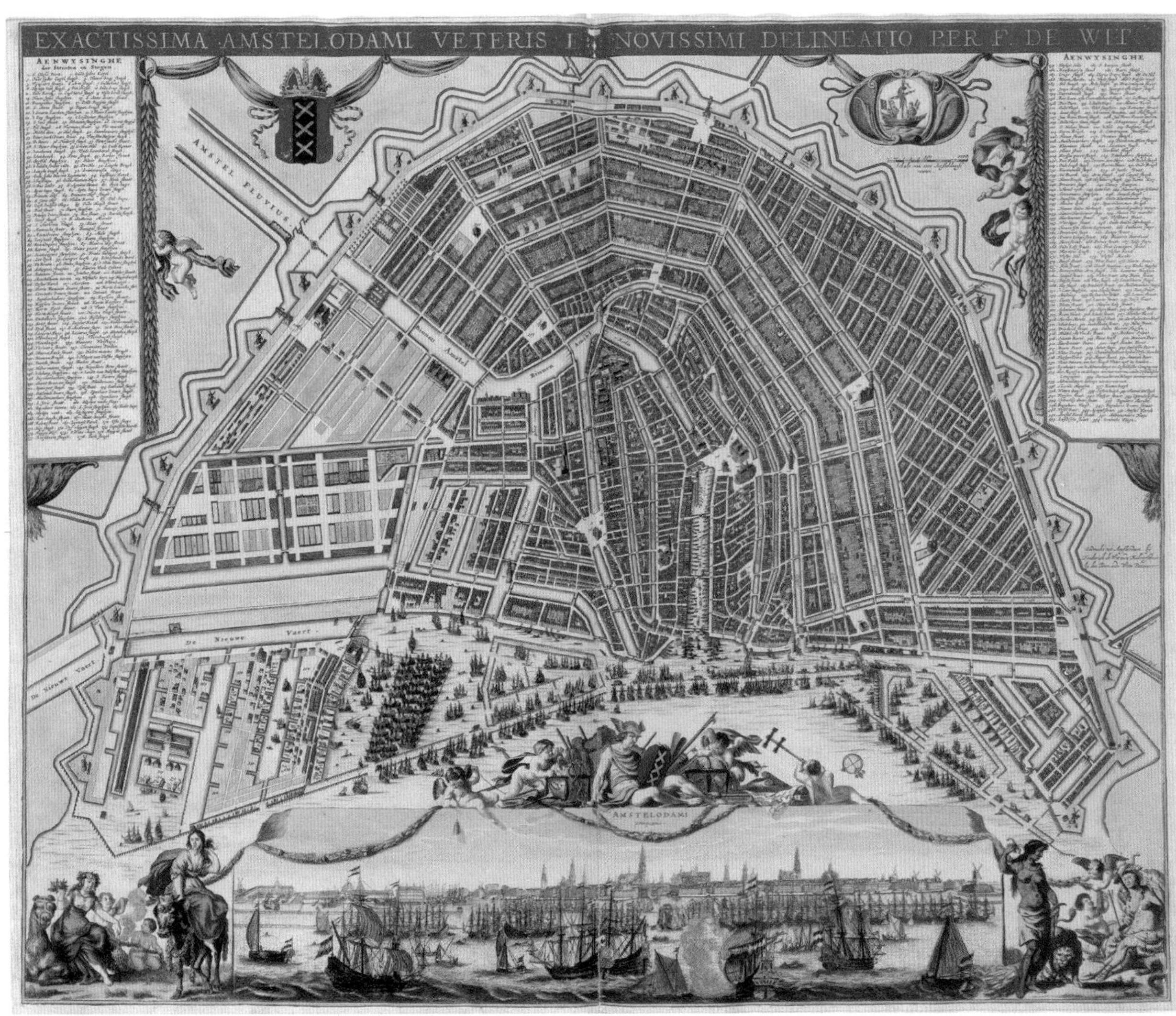

▲ 阿姆斯特丹，作者德·维特创作于 1688 年。

第二十一讲
阿姆斯特丹“骡马市大街”上的精品地图店
——记荷兰制图师德·维特及其代表作品

在现在荷兰繁华的大都市阿姆斯特丹，有一条古老而著名的商业大街——卡尔弗尔大街（Kalverstraat），它位于大坝广场和薄荷塔（Munttoren）之间。就像中国很多古老的城市一样，古老中世纪的阿姆斯特丹也曾为了保护城市免受攻击而修建过城墙[①]。薄荷塔所在地最早就是城墙的一个城门，而这

① 17世纪早期，中世纪的阿姆斯特丹城墙被环绕城市的一系列军事堡垒所慢慢替代。在德·维特17世纪早期的作品中可以清晰地看到环绕阿姆斯特丹的26座堡垒（类似于棱堡或瓮城）。19世纪时，这些堡垒被城市外围要塞所构成的防御线进一步取代。

条卡尔弗尔大街的本意是“Calf Street”，即“牛犊大街”。从1486年到17世纪早期，这里曾进行着热闹的牲畜交易。在北京市繁华的宣武门地带也有一条这样的商业街——“骡马市大街”，而现在的北京也是早已没有城门和骡马了。“骡马市大街”和“牛犊大街”的前世今生倒是有异曲同工之妙。

17世纪中叶，是荷兰制图业黄金年代的晚期，但也是最鼎盛的时期，卡尔弗尔大街上已经没有了牲畜的交易，取而代之的是林立的地图行业的制作、印刷、销售商铺。1654年，一家叫作“三只螃蟹（De Drie Crabben）”的地图公司也在这条大街上开门营业了。一年之后，公司改名为“怀特海图（De Witte Pascaert，也有“白海图”的含义）”。这个名字后来闻名于那个时代的欧洲地图行业。他的创建者，就是荷兰地图大师弗里德里克·德·维特（Frederick de Wit，1629 — 1706年）。

然而，出生在荷兰小城市高达（Gouda）的德·维特，并非生来就拥有大城市阿姆斯特丹的市民资格。1648年，年仅19岁的德·维特就来到了大城市发展，从事地图刻板等工作。那正是荷兰制图黄金年代的鼎盛时期。德·维特创立自己的印刷店铺——“三只螃蟹”时也不过26岁。但直到1661年，32岁的他通过与阿姆斯特丹市民玛瑞娅[①] 结婚，才于第二年获得了阿姆斯特丹的“户口”——阿姆斯特丹的市民权，并于1664年成为当地圣路加公会[②] 的会员。1694年，已经65岁高龄的德·维特因为在地图方面杰出的成就（那个时代荷兰在制图行业领导全球），获选为

▲ 1660年左右，德·维特绘制的威尼斯城市地图。那时的城市地图更像是一幅城市版画。

① 玛瑞娅，Maria Van der Way，1637 — 1711年，是阿姆斯特丹一个富裕的天主教商人家庭的女儿。她同德·维特育有多名子女，但只有一子存活到成年。德·维特1706年去世后，玛瑞娅继续运营着店铺，出版和编辑德·维特的地图作品，直到1710年。

② 圣路加公会（荷兰文：Sint-Lucasgilde，英文：Guild of Saint Luke）是由画家、木刻家、制版工匠组成的行业工会性质的兄弟会组织，所在城市的市民权是加入的首要资格。其组织对于从业者有着举足轻重的作用。该组织形式自15世纪以来流行于下莱茵和尼德兰地区，其名称源于天主教信仰中画家的主保圣人圣路加。

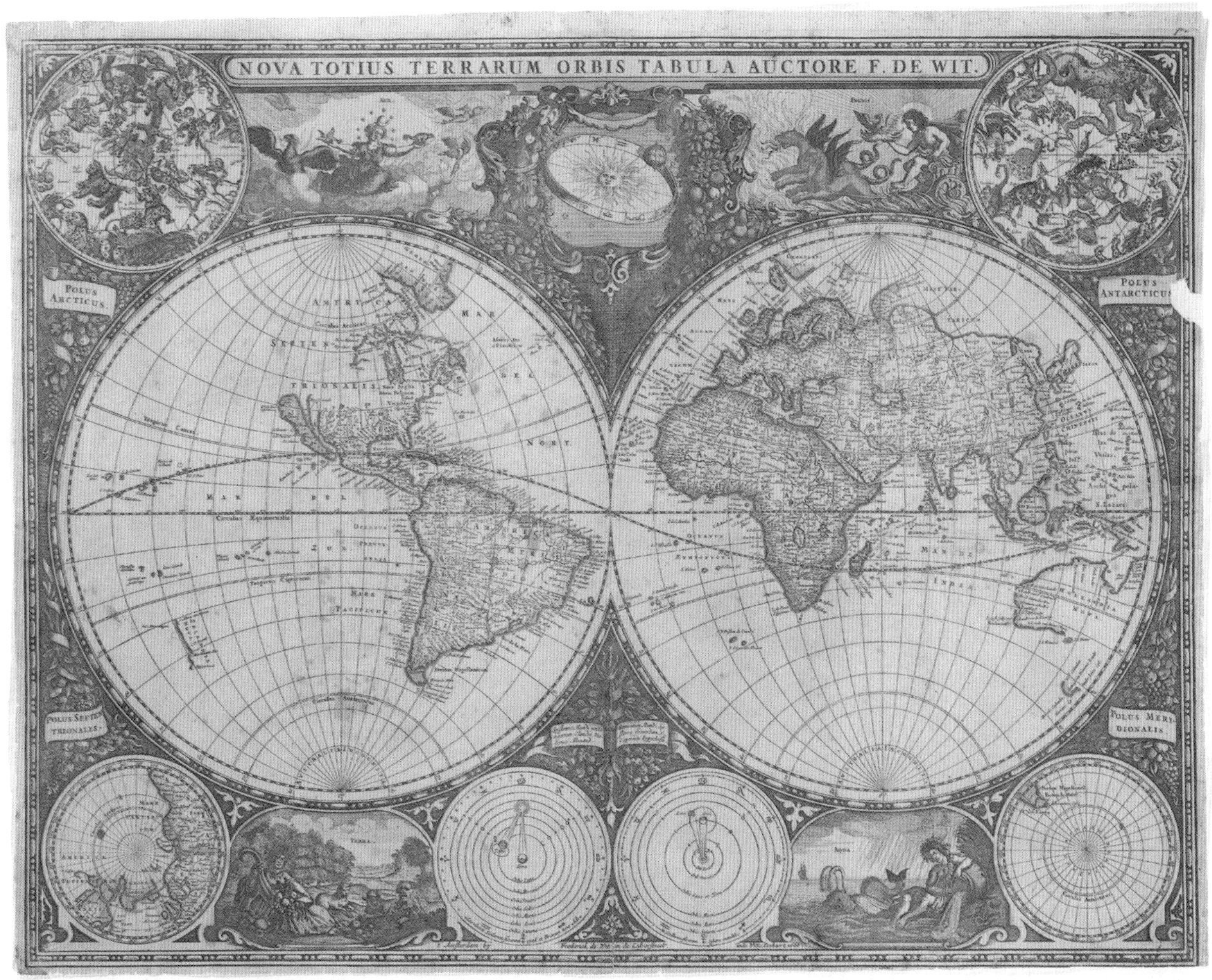

▲ 1660 年，德・维特绘制的第一版世界地图。

阿姆斯特丹“好市民”。这些几百年前的异国往事，对于中国人来说却好像不难理解。

作为荷兰制图黄金年代的代表性人物之一，德・维特的早期作品也是从刻制城市版画开始的。作为职业制图师，他的一生可以称得上是“高产”：

已知的他的第一幅地图作品是他于 1648 年在高达居住时绘制的荷兰哈莱姆城市地图。

1649 年，搬来阿姆斯特丹之后，他刻制的荷兰城市里杰尔和多尼克的城市地图，被佛兰芒历史学家安东尼乌斯（Antonius Sanderus）作为插图，收入到那本著名的《佛兰德斯插画》(*landria Illustrata*)之中。

德・维特第一次负责刻制海图印版是在 1654 年，既他开立自己印刷商铺的当年。

他的第一张世界地图出现在 1660 年前后[1]。

他的地图集（册）作品最早于 1662 年问世。早期只是一些对开的小幅作品，但是通过购买其他制图师的版权及自己制作印版等方式，到 1671 年的时候他已经出版了包含 100 张大型对开地图的地图集。17 页、27 页或者 51 页一些对开版本的小幅地图集也仍然在售卖。

到 17 世纪 70 年代中期的时候，多达 151 张地图和海图组合成的大型地图集也可以在他的店里买到。地图集的价格依据尺寸、地图的数量、色彩质量不同从几个荷兰盾到三四十荷兰盾不等（折算成现在美元的价值约合几十美元到三四百美元不等）。

在 1675 年左右，德・维特出版了一本新的航海

① 地图台头名称“NOVA TOTIUS TERRARUM ORBIS TABULA AUCTORE F.DE WIT.”（约 43 厘米 ×55 厘米）。拉丁语大意为：Nova=new，新的；totius=whole，完整的；terrarium orbis=world，世界；tabula=tablet，平面的。

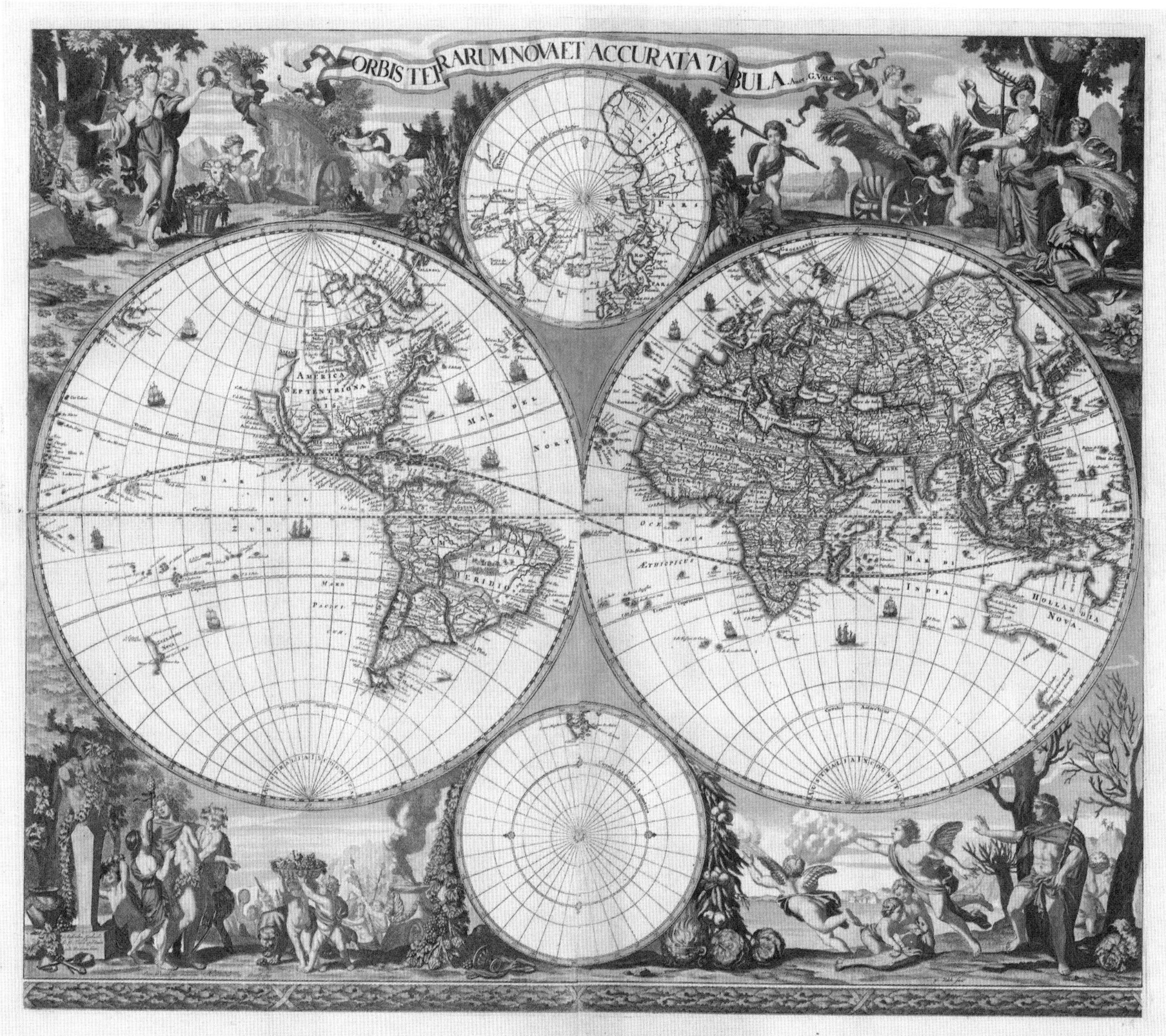

▲ 制作于 17 世纪 90 年代，由杰拉德・瓦克[1]出版的德・维特的世界地图，到现在依然品相完好，色彩艳丽。

地图集。此图集中的海图取代了 1664 年的早期海图。那些早期作品只有极少数流传到了现在。

德・维特于 1689 年申请并获得了荷兰及西弗里斯兰省的 15 年专利权，这是当时对出版及销售地图的一种类似于今日"版权保护"的制度。不过当时的版权专利常常只在签发地能够得到保护，缺乏跨地区的保护措施，更不用说在不同国家之间了。

1695 年，德・维特在著名的"布劳出版公司"印版拍卖会上获得了大量的城市地图，随后开始出版荷兰的一个城市地图集。

据研究者统计，德・维特一生发表的作品应不少于 158 张地图和 43 张海图。

1660 年，德・维特绘制的第一版世界地图，是应亨德里克（Hendrik Doncker）之邀为其地图集制作的。德・维特参考了约翰尼斯・布劳（威廉・布劳之子）1648 年版的世界地图。这也是德・维特极少的几张标注了绘制时间的作品之一（时间标注在中折线右边的下划线处）。正如后人所评价的那样：有时候判断德・维特地图出版年份是一件挺困难的活儿，因为德・维特经常不在自己的地图作品上标注年代。他的名字在地图上也不固定，经常写为 Frederic、Frederik、Frederico，乃至拉丁文 Fredericus。而他的一版地图常常一印好多年。

德・维特还延续了威廉・布劳（Willem Blaeu）、费舍尔（Nicholas Visscher）等人绘制大型墙壁地图的传统。他的作品包括几版由 4 页、8 页或者 12 页局部图组合而成的大幅装饰墙壁用的世界地图，其中许多被 17 世纪后期著名的意大利地图制造商（包括 Stefano Scholar，Pietro Todeschi 和 Guiseppe Longhi 等

① 杰拉德・瓦克（Gerard Valk 或写作 Gerrit Leendertsz Valck，1652—1726 年）和他的儿子莱昂纳德（Leonard）是 18 世纪荷兰杰出的地球仪制作商和地图出版商，在 18 世纪的前半期几乎享有完全的垄断地位。

人）复制和重新发行。由于这些大型地图被作为装饰性的艺术品来使用，并且通常都拥有不小的尺寸，于是成为在欧洲那些富有的人和统治精英的家中或办公场所悬挂供炫耀的物品，所以这些地图通常很少能完好地保存到现代。少数流传到现代的作品在被发现的时候，也常常都处于严重的残损状态。这张制作于 17 世纪 90 年代，由阿姆斯特丹杰出的地图出版商和雕刻师杰拉德·瓦克出版的装饰墙壁用的世界地图，到现在依然品相完好、色彩艳丽，无疑是使人垂涎的一件作品。这也是德·维特的一幅代表性杰作，由多页作品组合而成一幅完整的墙壁地图。这幅古地图成为地图收藏者眼中的珍品。瓦克出版的作品以精美的雕刻和高艺术品质而闻名，这也使他成为荷兰制图黄金时代后期最优秀的出版商之一。

这张地图核心部分由一张双半球世界地图以及两个极地投影小图组成。地图的四周则刻画了四季的人物形象（从左上角到右下角）：春天，半裸舞蹈着的珀尔塞福涅（Persephone，宙斯之女，被冥王劫持娶作冥后）正被天使戴上春天的花环；夏天，谷神（Ceres）带来了小麦的收获；秋天，在森林之神（Satyrs）和小天使的陪伴下，狄奥尼索斯（Dionysis，希腊神话中葡萄丰收、酿葡萄酒的神）正在收获葡萄；冬天，由一个手持棍棒的强壮的人所代表，身前的北风之神（Boreas）正在劲吹，近处还有两位正在切鱼的小天使。这些人物和故事，对于西方人来说，就仿佛中国人对于《西游记》的场景和人物那么熟悉。

这张华丽的地图，依旧没有时间落款，据推测应该是在 1690 — 1700 年出版的。推断的“证据”部分来自地图本身：放大细看，左下角带着花环的雕像的基座上出现了一些印记：“by G. valck op d' dam inde wackeren hont”，这是瓦克及其地址。瓦克和他的家人大约在 1690 年才搬进了这所房子。这里是另一个地图世家洪迪斯家族（Hondius）曾经居住过的地方。

1706 年德·维特离世，他的儿子是个鱼商，对地图生意没有兴趣。在他的妻子接手经营他的公司 4 年之后，德·维特自己的印版也变成了清算拍卖会中的拍品。那本 1675 年海图集中的 27 版海图拍卖给了阿姆斯特丹的印刷销售商路易斯·雷纳德（Luis Renard）。他在 1715 左右开始以自己的名义出版这些海图，之后又将印版卖给了伦尼埃（Rennier）和乔舒亚·奥滕斯（Joshua Ottens），并由他们一直出版到 18 世纪中期。德·维特拍卖会上的其余印版大部分都流向了那个时代的另一位荷兰制图师——彼得·莫蒂埃（Pieter Mortier）。他的儿子科内利斯·莫蒂埃（Cornelis Mortier，1699 — 1783 年）同约翰内斯·考文斯（Johannes Covens I，1697 — 1774 年）合作成立的“考文斯与莫蒂埃”出版公司（Covens & Mortier，1721 — 1866 年），后来成长为 18 世纪欧洲大的制图及出版公司之一。

今天，许多特种藏品图书馆、稀有地图图书馆、大学、私人收藏家都有德·维特的地图作品。据不完全统计，这些藏品大约包括了 121 本地图集和数千幅散装的地图。拥有这些藏品的机构包括：阿姆斯特丹大学图书馆、乌得勒支大学图书馆、莱顿大学图书馆、布鲁塞尔皇家图书馆、奥谢尔地图图书馆、哈佛地图收藏馆、耶鲁大学贝内克图书馆、美国国会图书馆、巴伐利亚州立图书馆、柏林图书馆、奥地利国家图书馆、匈牙利国家图书馆，还有接受了威廉·迪克森遗赠藏品的澳大利亚新南威尔士州立图书馆等。

▲ 怀特海图（De Witte Pascaert）出版的德·维特地图集封面。

◀ 尼古拉斯·德·费尔（Nicolas de Fer，1646－1720 年）。

第二十二讲
法国皇家制图师笔下的早期北美大陆
——记法国制图师尼古拉斯·德·费尔的美洲地图

18 世纪初期，欧洲爆发了持续十多年的“西班牙王位继承战争”，其本质是法国波旁王朝与奥地利哈布斯堡王朝为争夺西班牙王国的控制权，而引发的一场欧洲大部分国家参与的大战。为了遏制法国吞并西班牙而再次独霸欧洲的局面，几乎半个欧洲组成了“新大联盟”对抗“太阳王”路易十四的法国。法国最后仍赢得了战争的胜利，腓力五世成为西班牙波旁王朝的首位君主[①]。但法国也为战争付出了高昂的代价，其军事力量遭到严重削弱，一度失去欧洲霸主地位。欧洲列强在本土及海外的殖民地形成了新的国际政治格局。

① 腓力五世被承认为西班牙国王，继承西班牙本土和海外殖民地。但原属西班牙的西属尼德兰（今比利时）和意大利南部受奥地利管辖。从此，西班牙在欧洲的领土损失大半，失去传统的欧洲大国地位。

西班牙王位继承战争的结束，使法国重新燃起了对西半球的兴趣。西班牙的战争债务为法国在该地区的殖民扩张提供了机会。法国在当时北美大陆的“法属路易斯安那”[②]拥有大量的财富，在南美大陆拥有有利可图的西班牙矿业利益，在阿卡普尔科（今墨西哥南部）和马尼拉之间从事着利润丰厚的跨太平洋白银贸易。在那个时代，英国探险家威廉·丹皮尔代表英国政府进行的成功海外探险，以及荷兰人东、西印度公司在广袤大洋上的探索与贸易暴利，也都进一步刺激了法国人海外殖民扩张的“好奇心”。

② 1803 年，美国政府从急需战争经费的拿破仑法国手中，花费 1500 万美元（6800 万法郎）购买了约 214 万平方公里“法属路易斯安那”的土地。这个金额在当时属于天文数字般的巨资，而购买的领土面积也几乎等同于当时美国购地前的全部国土面积。这一事件史称“路易斯安纳购地案”。

本文要介绍的这张标志性的美洲地图，就是那个大的时代背景下的产物。此图左侧中下部，法国皇室蓝的底色之上，三朵金色鸢尾花就是路易·亚历山大·波旁——那个“路易·法国的达芬[①]”的徽章。它代表着法国皇室的波旁家族，也代表着这是一张有“皇室”为其背书的地图。此地图的制图师，尼古拉斯·德·费尔，是那个时代法国最杰出、最有成就的地图制作者之一。1690 年，他成为“路易·法国的达芬”的官方地理学家，后来又成为西班牙国王腓力五世（即上文中法国波旁王族在西班牙的第一任国王）和法国国王路易十四的御用地理学家，在西班牙和法国皇室的支持下取得了许多地理学上的成就。

作为一名地图经销商的儿子，德·费尔在 12 岁的时候就已经开始学习地图制作与雕版等技艺。关于他的已知最早的作品是 1669 年朗格多克（Languedoc）运河的地图，另外也可以在《地理地图保护术》（*Methode pour Apprendre Facilement la Geographie*，1685 年修订版）中找到他早期的一些地图雕版作品。1697 年，他出版了自己的第一本世界地图集。不过，他一生中最著名的地图作品应该首推最早发表于 1698 年的美洲地图（当时为墙壁地图，即为了装饰墙壁的目的而制作的地图）。1713 年，德·费尔在巴黎出版了一套 15 张极具吸引力的墙图，侧重于对美洲“新世界”的探索以及商业、贸易格局的描绘。其中最引人注目的一张，就是基于上述 1698 年版本修订的一张美洲地图。本文介绍的这个版本，在地图下方还有描述美洲的发现、商业、贸易等的大段文字，这在他的美洲地图作品中亦属于比较少见的。该图原作（含文字部分）约 75 英寸 ×46 英寸（190 厘米 ×117 厘米），属于正常的墙壁地图尺寸。

这张以美洲为中心的地图，将习惯站在舞台中央的欧洲和非洲海岸移到了最右端，法兰西只是图右上部的一个角落。东亚海岸、日本、几内亚群岛、部分的澳大利亚大陆则居于此图的最左侧。澳大利亚大陆在这个图中已经不像再早期那样被叫作“未知的南方大陆”，但是也不叫作“澳大利亚”，而是标为“NOUVELLE HOLLANDE”，即“新荷兰”。在北美洲，五大湖区的轮廓已经清晰详细。“加拿大新法兰西（NOUVELLE FRANCE OU CANADA）”的字眼标绘在圣劳伦斯河整个流域。“路易斯安那（LOUISIANE）”的字样则跨越密西西比河两岸。密西西比河的支流以及最终注入墨西哥湾的河口三角洲也都有细致的描绘。只是现在的加利福尼亚半岛仍然被刻画为一个被海峡同大陆分割的岛屿，这应该是根据尤西比奥·基诺神父在 1695 年之前收集的信息刻画的。

▲ “路易·法国的达芬”徽章。

在美洲大陆的东西两侧、宽阔的留白部分，代表了浩瀚的太平洋和大西洋。几条栩栩如生的小帆船，正航行在代表着探险与贸易的航路之上。如果放大地图细看，那一条条航路上还印着探索发现者的名字和年代，并同地图中美洲大陆顶部所描绘的九位探险家的圆形肖像遥相呼应。肖像引导出来的绶带上简短描述了他们辉煌的成就，包括哥伦布、韦斯普奇、麦哲伦、德雷克、威廉·斯豪腾、奥利弗·努特、赫米特和丹皮尔，主要是英国人、荷兰人、葡萄牙人、意大利人[②]，只有一个罗伯特·卡维尔是法国人。不过法国人在这方面倒是表现的非常大度，毕竟那个时代的这些探索者是属于全人类的勇士。

在这张地图的左上角，有一幅描绘了“大场景”的小插图：河狸正在尼亚加拉瀑布下修建着自己的“水坝”。在这张地图的右上角，有另一幅小插图：新鲜的鳕鱼被捕获、加工，准备装船出运。这两个局部，后来成为了同时代另一位英国著名的制图家赫尔曼·摩尔（Herman Moll）的灵感来源。这幅法国人地图上的两个小插图，被移植到他的关于北美殖民地的英语地图作品中，成为构成摩尔《被发现的世界》（*World Described*）地图集的 30 张大型地图作品中最著名的两张——俗称“河狸地图”与“鳕鱼地图”，用以宣传和支持英国的全球政策和殖民主张。

① “法国的达芬”（Dauphin of France）是对 1350 — 1791 年法国王位继承人的一种称号。这里的路易，指的是当时法王路易十四的大儿子、王太子——路易·亚历山大·波旁。不过他在路易十四之前去世，并没有继承王位。他的父王路易十四在位长达 72 年 3 月 18 天，是欧洲历史上在位最久的独立主权君主。法王路易十五则是路易十四的次曾孙。

② 地图上标注的是那个时代的“国家”或者“民族”的字眼，比如以他的名字命名了美洲的韦斯普奇标注的是佛罗伦萨人，哥伦布是热那亚人，因为当时还没有意大利人的概念；奥利弗·努特（英语拼做 Oliver van Noort）是第一个环球航行的荷兰人，不过此时标注为乌特勒支人（Utrecht），而现在的乌特勒支是荷兰的一个省；德雷克和丹皮尔当时属于盎格鲁人（Anglois），而非英国人（British）。

▲ 1713 年版尼古拉斯・德・费尔的美洲地图。

▲ 九幅著名探险家的圆形肖像，肖像引导出来的绶带上简短描述了他们辉煌的成就。他们是属于全人类的勇士。

“鳕鱼地图”场景描绘的是纽芬兰以外的鳕鱼渔场。自16世纪初以来，鳕鱼渔业对欧洲殖民国家来说是一个重要的经济因素。现在纽约东北方向的科德角，英文 Cape Cod 的本意就是“鳕鱼角”，那是英国移民到达美洲大陆的第一站。1620年11月的某一天，在历经了无尽的海上漂泊后，“五月花号”到达了充满希望的鳕鱼角。95年后，在赫尔曼的“鳕鱼地图”发布时，关于捕鱼权的斗争正是法国和英国北美殖民地政策争论的焦点之一。“河狸地图”上，赫尔曼·摩尔则特别关注了主要的港口街道，因为他知道，这些对于英国人在北美大陆的进一步扩张非常重要。“河狸地图”被认为是“法国和英国之间，关于将各自北美殖民地分开的、边界之间持续争议的第一个也是最重要的地图文件之一”。

在尼古拉斯·德·费尔这张地图的底部，用对当地居民和各种代表性动物（甚至包括了一只企鹅，法语 Pinguin，让我们来找找看）、植物的描绘，组成了边界轮廓，分隔出仿佛是港口和城镇一般的布局，又在其中勾画出黄金和白银开采、狩猎、烹饪、制糖、人类祭祀等场景。很多不起眼的局部常常隐含着丰富的历史信息。比如此图最右下角关于维拉克－鲁斯（Vera-Cruz）的描绘，标识了“Decente de Fernand Cortez ala Vera-Cruz en 1519”的字样，画面描绘的正是1519年4月21日，星期五。在天主教的日历中，这一天是“圣日星期五”，或者叫作“‘维拉·克鲁斯’（即基督受难的十字架）日”。曾参与过征服古巴的西班牙殖民军首领费尔南德·科尔特斯正好在这一天在这里登陆。后来，科尔特斯就把这里命名为“维拉·克鲁斯的富饶之地”，用以纪念他到达的日子。今天，维拉·克鲁斯已经成为墨西哥最古老的城市。如果您有耐心和乐趣在这些古地图之中拿着放大镜细细查找，就会发现许许多多那个时期的历史线索。

美洲新世界同古老欧洲交锋与碰撞的各种报道，经常见诸于那个时代的欧洲报刊之中。尼古拉斯·德·费尔在地图上的这些装饰性描绘，很多就是根据那些报道的生动插图改编而成的。这些生动而细腻的场景，为那些试图研究欧洲殖民者入侵对美洲当地社会造成影响的人，提供了一个影像的盛宴。这张地图，仿佛既暗示了资源开发与贸易带来的经济发展的机会，也暗示了千差万别的民族之间、不同的习俗与文明之间不可避免的冲突。从这个角度来说，尼古拉斯·德·费尔这幅全景风格式的地图，是难得的关于那个时代的地理和历史信息百科全书。

▲ 赫尔曼·摩尔的“河狸地图”（局部）。

◀ 纪尧姆·德利勒（Guillaume Delisle，1675 – 1726 年），作者 Adam Christian Gaspari，Christian Gottlieb Reichard 作于 1802 年。

第二十三讲

地图风格从艺术到科学的转变

——记法国制图师纪尧姆·德利勒及其世界地图

美国驻华大使馆在介绍美国历史的微博上，有这样一篇文字：“在美国建国初期的历史上，路易斯安那购地案（Louisiana Purchase）是一桩大事。”1803 年，美国政府以总额 1500 万美元（6800 万法郎）的价格，从法国手中购买了超过 214 万平方公里的土地（大约 7 美元一平方公里），一举将当时美国的面积拓展了一倍。不过，值得指出的是，这样一项关乎后世美国国力扩张的交易，在当时却遭到许多人的反对。同时，1500 万美元的交易总额，也大大超出当时国家财政的承受能力。

谈到路易斯安那购地案，需要将法属路易斯安那的版图与现在的路易斯安那州区别开来，因为当时所谓的路易斯安那比现在的路易斯安那州的面积大很多，两者完全不可同日而语。美国购买了法属路易斯安那后，将国土从大西洋沿岸向西扩到落基山脉，从墨西哥湾向北扩到加拿大。整个购地面积约为现在美国领土的近四分之一，难怪时任总统托马斯·杰斐逊要将购地案称为“给予我们后代的充足贮备和多方面的自由祝福……”

法国地图学家纪尧姆·德利勒在 1718 年绘制的《法属路易斯安那》（*Carte de la Louisiane et du Cours du Mississippi*），就真切地反映了 18 世纪法国在北美新大陆殖民地势力范围，可以让我们真切地感受到那片 18 世纪广袤的美洲新世界。该地图北起五大湖区域，南至墨西哥湾，东起大西洋沿岸无数的殖民定居点，向西一直延伸到太平洋沿岸的落基山脉。由于其准确而细致地描绘了密西西比河流域及墨西哥湾地区，尤其是密西西比河下游及入海口地区详实的信息，使其成为那个时代所有后续密西西比河流域地图的源地图。这版地图在欧洲得到广泛传播，并持续印刷了许多年。

纪尧姆·德利勒（Guillaume Delisle，也称为Guillaume de l'Isle，1675 — 1726年）是法国17世纪末、18世纪初的地图制图师，以其精确的欧洲及美洲新大陆等地图作品而闻名。

他的父亲老德利勒在巴黎的知识界享有盛誉，学习过法律，也教过历史和地理，并担任过多位贵族领主的导师，其中包括后来成为法国路易十五摄政的奥尔良公爵费利佩二世。老德利勒还和被称为“法国（地图）制图师之父”的尼古拉斯·桑森（Nicolas Sanson）有过合作。虽然德利勒的母亲在他出生后不久就去世了，但在父亲的悉心教导和广阔人脉的辅助之下，德利勒和他的两个同父异母兄弟最终在科学领域开展了类似的职业生涯。为了完善自己的科学知识与技能，德利勒曾拜卡西尼（Jean-Dominique Cassini）为师，学习数学和天文学，并获得了出色的科学制图基础，“科学”制图也成为他后期地图作品的标志。他的第一本地图集大约在1700年出版。1702年，年仅27岁的德利勒就成为了法国皇家科学院的成员。在32岁左右，德利勒搬到了巴黎。此时，欧洲的地图出版中心已经由阿姆斯特丹逐步转移到了巴黎，大部分地图的制作和发行都在巴黎进行。在塞纳河的左岸，聚集着许许多多地图绘制、雕版和发行代理人的店铺与商社，德利勒的地图生意也在这里繁荣昌盛起来。

▲ 卡西尼（1625 - 1712年），出生于意大利的法国天文学家。美国宇航局环绕土星的探测器“卡西尼”号就是以他的名字命名的。

1718年，在上述那张《法属路易斯安那》出版不久，8岁的法国国王路易十五[①] 授予他“Premier Géographe du Roi.”的称号，大意为“国王的首席地理学家”。这不光是一个荣誉称号，还是一份收入丰厚的皇家“家教补习班”工作。此时，他在事业上的成就已经超越了父亲老德利勒。

作为皇家科学院的成员，他随时可以了解那个时代的科技进步，尤其是在天文学和地理测绘方面。根据那个时代最新的天体观测数据，德利勒在重新计算纬度和经度方面做出了杰出的贡献，并将这里重新整理归纳的经纬度信息应用在他的地图作品中，成为经纬度数据准确性的标杆。很快，他的地图数据便被当时的其他地图制作者广泛引用，包括查特兰、科文斯·莫蒂埃和阿尔布里齐。

像他那个时代的许多地图制图师一样，德利勒不可能为了获取地理信息而和那些探险家一起去各地探索和旅行，而主要在办公室里绘制地图。地图上的地理信息依赖收集来的各种数据，地图的质量取决于那些为他提供第一手资料的信息网络是否足够可靠、足够广泛。鉴于他的家族地位与声誉，德利勒可以获得那些从美洲新世界返回的探险者们的最新的信息，这使得他比竞争对手更有优势。但他的地图对于当时最新探索的地区的描绘都是基于已经获得的最新的实际资料，没有可靠情报和信息来源的则不会勾勒任何幻想的轮廓。当无法确认信息来源的准确性时，他也会在他的地图上清楚地表明。

① 路易十五（1710 — 1774年），法国波旁王朝的君主，1715年9月1日五岁时接过了曾祖父路易十四的法国王位。上文所说的奥尔良公爵费利佩二世成为当时的法国摄政。路易十五于1723年2月15日（他的13岁生日）开始亲政。路易十五在位59年，是法国历史上在位时间第二长的君王，仅次于他的曾祖父路易十四的72年。

▲ 法国地图学家纪尧姆·德利勒在 1718 年绘制的法属路易斯安那地图。

在荷兰制图的黄金时代里，荷兰人制作的地图艺术装饰程度很高。对于从以艺术装饰为导向的地图过渡到以科学方法为导向的地图风格转变，法国人德利勒则起到了重要的促进作用。他一再强调，科学作为地图制图核心元素具有特别的重要性。

虽然德利勒以精确详实的欧洲国家地图和类似“法属路易斯安那”的美洲新大陆区域地图而闻名于那个时代，但在他的作品中也不乏世界地图的精品。科文斯 & 莫迪埃（Covens & Mortimer）出版公司[①] 在 1730 年前后出版的这幅纪尧姆·德利勒双半球的世界地图，就是其中的佼佼者。在一定程度上，这幅地图也反映出欧洲老牌帝国 18 世纪上半叶在海外探索及殖民扩张的脚步与野心。

这幅华丽的双半球地图，在其边缘的四角描绘了四个极地投影的小图，让人们能够从不同的角度观察地球。左上角是南半球，右上角是北半球。下面的两个角落的小图重复了这种对称性，但是采用了倾斜的、透视的投影方式，并大致以巴黎及其对立面为中心。在所有四个小图中，那些相对未知的极地区域也都突出地表现了出来，空白的地理信息等待着人类的探索和填写。

德利勒对地图从装饰风格向科学风格的转变起到了促进作用，但并不意味着德利勒的地图会放弃必要和适度的装饰。这版地图的标题就是用一种“卡图奇（Cartouche）”风格的边框括了起来。围绕着卡图奇框架两侧的四位女性，分别代表欧洲、美洲、非洲和亚洲。一条丝带舒展在整个地图的顶部，丝带上的字体：Nova Orbis Tabula ad Usum Serenissimi Burgundiae Ducis，大意为“这是一张奉献给勃艮第公爵的新的世界地图”。地图中央的底部边缘是出版商的详细信息，不过“科文斯 & 莫蒂埃”出版公司的信息仿佛从一个海怪般的大鱼的嘴里吐出来的。

① 科文斯 & 莫蒂埃，是阿姆斯特丹的一家出版公司，经营时间 1721 — 1866 年。皮埃尔·莫蒂埃（1661 — 1711 年）是出生于莱顿的地图雕刻师和制图师，1681 — 1685 年在巴黎生活，并获得了在阿姆斯特丹出版法国地图的权利。他的儿子科内利斯·莫蒂埃（Cornelis，1699 — 1783 年）与约翰内斯·科文斯一世（Coverns I，1697 — 1774 年）联手创办了“科文斯 & 莫蒂埃”，并成长为 18 世纪欧洲大地图公司之一。

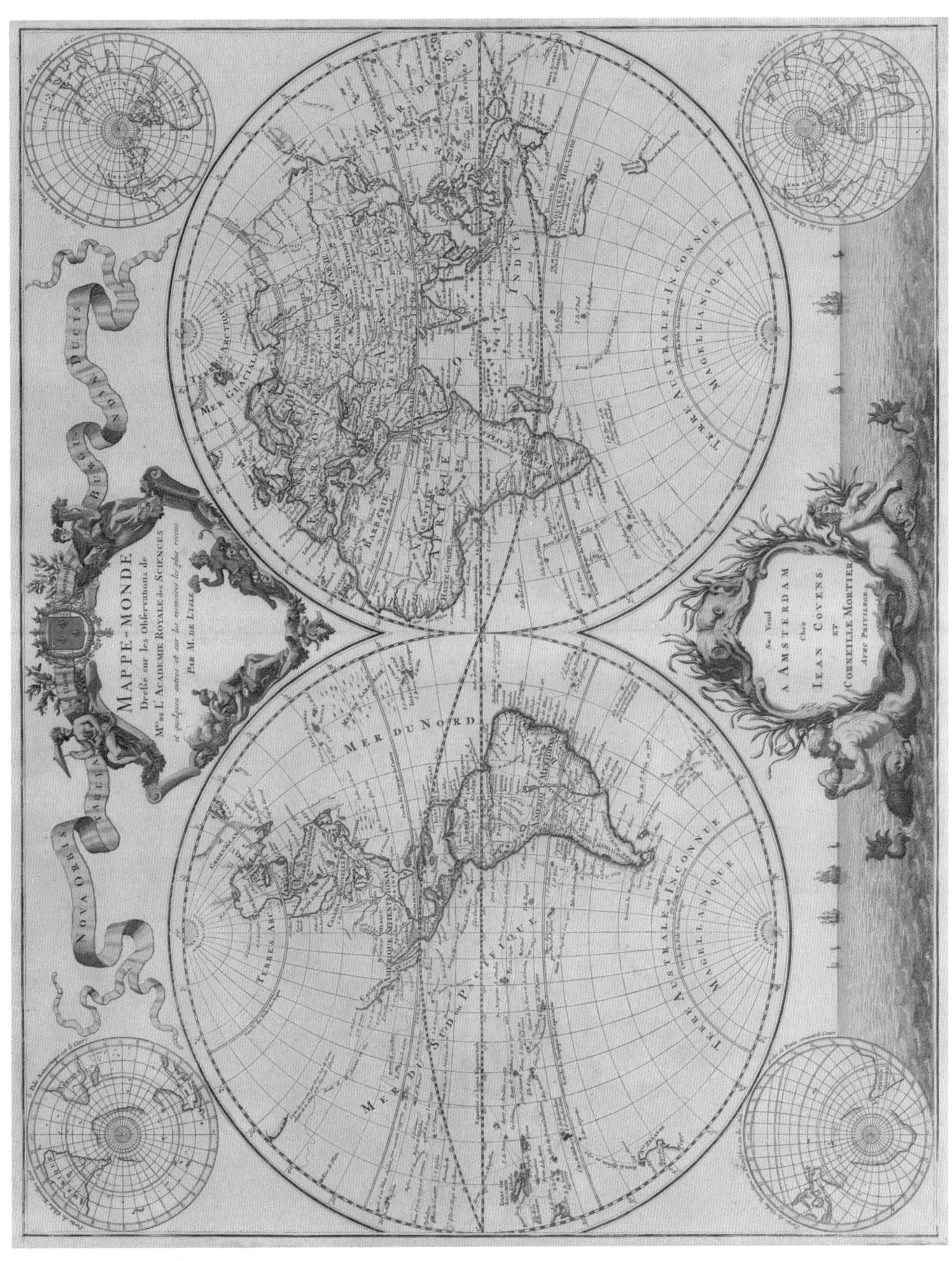

▲ 纪尧姆·德利勒创作于 1730 年的双半球的世界地图。

海怪的大嘴构成了围绕着出版公司信息的框架，周围环绕着飘荡着的海草。框架的左边是一个吹着螺号的“美男鱼”，右边则是抚摸着一条大鱼的“美人鱼”。大海延伸在地图底部的背景中，海平面线上是许多大大小小的帆船。

地图西半球的中心是南北美洲，以及其东西两侧广阔的大西洋和太平洋。那个时代对北美洲西北海岸的探索尚不完整，所以这版地图上，加利福尼亚看上去是一个形状奇怪的半岛。在那时的北美洲大陆上，欧洲殖民者已经建立了大量的殖民定居点，那里不光有五大湖地区的“加拿大新法兰西（CANADA OU NOUVELLE FRANCE）”，还有墨西哥地区的“新西班牙（NOUVE LLEESPAGNE）”，英国人的“弗吉尼亚（VIRGINIE）”和“新约克（New York 纽约）”等。地图东半球的大片区域则主要是欧、亚、非洲的广袤大陆。这里的粗略轮廓已经和我们现在所熟悉的地理信息非常接近，但如果放大些看，其中的细节信息又和现在大相径庭。

这张地图的亮点，是东、西半球的大洋上，那些弯弯绕绕、或交叉或平行或纠缠不清的航路。淡淡的线条上面，还标注着缩略的航路信息。不妨让我们来看看，其中都隐含有哪些故事。

在西半球更远的西北角，一条航线曲折而来直达新西班牙，那是一条通向东半球北亚东海岸的航线，被贴上了达·伽马的标签。不过此“达·伽马”，并非我们熟悉的那个 1497 年替葡萄牙王国打通前往印度的贸易航路、并担任过葡萄牙人印度总督的那个“瓦斯科·达·伽马”，而是他的孙子——胡安·达·伽马（Juan Da Gama，1540 — 1591 年）。当年，胡安曾被指控在东印度与西班牙人进行非法交易，只能逃离被葡萄牙人控制的澳门并航行到日本。之后，他向东继续突进，穿过太平洋到达了“新西班牙”。他是最早从中国穿越北太平洋达到北美洲的欧洲探险家。据说航行中他看到了北太平洋上的一些陆地。这些陆地最初在葡萄牙的海图上被显示为小岛，但后来在各种传说和不同版本的地图中膨胀成一片大陆，被称为“伽马大陆（Gamaland）”，吸引了不少航海家前往探寻。在 18 世纪，俄罗斯人穿越西伯利亚并到达西伯利亚和阿拉斯加之间的白令海峡后，主动探索太平洋的北部边缘。俄罗斯人的“伟大北方探险队”由丹麦探险家维图斯·白令（Vitus Bering，白令海峡就是以他的名字命名）带领，其中的一个目标之一就是探查传说中的“伽马大陆”。直到更晚一些时候，英国著名的库克船长在探险航程中仔细探查过北太平洋区域，都没有发现任何传说中大陆的影子，“伽马大陆”的神话才逐渐平息。

这只是这张地图上众多的航路轨迹和著名人物的故事之一。西半球的另一个亮点是埃德蒙·哈雷的“冰川航路”。

这个哈雷，就是那个以他的名字命名了哈雷彗星的英国第二任皇家天文学家埃德蒙·哈雷（Edmond Halley，1656 — 1742 年）。1700 年前后，哈雷说服英国海军部给了他一艘“帕拉莫尔（Paramore）”号考察船，作为一个流动实验室，用来研究地球的磁场变化。在第二次航行中，哈雷把“帕拉莫尔”号带到了南大西洋。在那里，他几乎将“帕拉莫尔”号撞毁在高耸的冰山脚下。1700 年 3 月 30 日，哈雷在给英国海军部长约西亚·伯切特（Josiah Burchett）的信中写道：“在南纬 52.5°、（伦敦起算的）西经 35°的位置，我们落入了巨大的冰岛群之中。它是如此令人难以置信的高大雄伟，让我不知如何描述我的想法。一开始，我们以为它是一片有着陡峭悬崖的陆地，只是上面覆盖着冰雪，但很快，当我们站上去的时候就发现我们想错了，那里除了冰雪什么都没有，我估测它不低于二百英尺（约 60 米）高，前面的一个（冰）岛至少有 5 英里（约 8 公里），我们在 140 英寻（约 256 米）的深度仍然未能探测到陆地，但我认为这个冰山搁浅了。考虑到冰比水更轻，它漂浮时露出水面的部分也不会超过八分之一……”。那个时代，哈雷无法想象一个漂浮的实物会如此之大，大到令人心生敬畏。而这段冰山之旅的航路，也在这张地图中刻画了出来（西半球右下角）。

在这幅法国人的地图中，遍布着英国人、荷兰人、西班牙人、葡萄牙人探险家开拓与征服的航路足迹。东半球上夏蒙特的航路，是不多的法国人的足

▲ 埃德蒙·哈雷，作者 Richard Phillips（1681 – 1741 年）。

迹，也是不那么充满战火与殖民血腥历史的航路。亚历山大・夏蒙特（Alexiandara Chevalier de Chaumont，1640 — 1710 年）是法国“太阳王”路易十四于 1685 年派往暹罗王国（泰王国古称）的首任大使，同他“顺道儿”的还有 1684 年暹罗王国派驻法兰西的两位回程大使。他的使命是寻获有利可图的贸易协定，说服暹罗王国信奉天主教。作为一名外交官，他的两个任务一个也没有完成。不过，他描写的 17 世纪暹罗王国生活的回忆录，倒是为其获得了旅行作家的美誉。

在这张地图东、西两半球的南部，依然见不到南极大陆的影子，只有“未知南方大陆（Terre Australe Inconnue）”的字眼。如果细看的话，会发现“新西兰（NleZEALANDE）”和所罗门群岛被描绘在了西半球的最西边，而“新荷兰（NOUVELLE HOLLANDE）”、今澳大利亚的“塔斯马尼亚岛（Terre de Diemens，当时称为“冯・迪门之地”，分别被描绘在了东半球的东侧，现在大洋洲的两个部分在这张地图上却相距遥远，并且澳大利亚陆地的海岸线轮廓依然并不完整，东岸的岸线在图中一片空白。这些有限的地理信息，是以阿贝尔・塔斯曼为代表的荷兰探险家们，在 17 世纪对南半球艰辛探索的结果。连接着那些地名的淡淡航线上，标识着“Route d'Abel Tasman l'an 1642”的字样，那是对塔斯曼 1642 年探险航程的致敬。“荷兰”与“西兰”只是当时尼德兰联省共和国的两个省，冯・迪门则是一位荷兰东印度公司的总督，至于“新荷兰”日后怎么变成了“澳大利亚”，那片未知的南方大陆“Terre Australe Inconnue”和澳大利亚又是什么关系？我们会在后面第二十九讲中慢慢道来。

此地图中，在广袤的大洋之上，是那个时代的欧洲各国探险家和航海者们的航线与足迹交织最密集的区域。除了上面所述的那些航程，图中还标绘有 1520 年麦哲伦著名的环球航行、1616 年荷兰人勒梅尔与斯豪腾发现南美大陆最南端勒梅尔海峡和合恩角的航线、西班牙探险家麦地那（Mendana）1568 年和 1595 年在太平洋上探索南方大陆的两次著名航程、第一个进行过三次环球航行探险的英国人威廉・丹皮尔在 1686 年的航线等。在遥远的北方极地附近，还标记了荷兰人在 1670 达到的最高纬度点。

大航海时代人类群星的轨迹，在这张古老的地图上多有体现。

▲ 1685 年 10 月 18 日，夏蒙特向暹罗国王递上路易十四的国书，作者 JEAN BAPTISTE NOLIN。

◀《照亮海洋的新火炬》（*De Nieuwe Lichtende Zee-Fakkel*）1681 年版。

第二十四讲
照亮海洋的新火炬
——记荷兰制图师冯·库伦家族及其代表作品

荷兰，国土面积大概等于两个半北京，总人口比北京常住人口还要少上几百万，自然资源匮乏。但就是这样一个弹丸小国，在人类历史上却有过一段耀眼的辉煌。在 16 世纪末到 18 世纪中叶的一百多年中，荷兰一度垄断了世界的贸易与海运，建立了世界级的金融霸权。

17 世纪中叶，资产阶级革命后的英国处在“护国公”克伦威尔的领导下。资产阶级出身的他是典型的重商主义者，无法坐视另一个资产阶级共和国荷兰垄断欧洲乃至世界贸易。几十年前，当荷兰抗争西班牙的统治并进行独立战争时，英国人一度给予荷兰人许多支持，因为抗衡西班牙也符合英国人的利益。但现在，崛起的英国同荷兰的传统霸权已经针锋相对。

1651年，英国议会通过《航海条例》，不允许第三国的船舶承运英国和英国殖民地间的货物，用意直指“海上马车夫”荷兰。《航海条例》成为二者白热化对决的导火索。1652 — 1674年，在短短的二十多年时间里，英国同荷兰便先后爆发了三次英荷战争。以海战为主的英荷战争，其战役强度、密度、损耗都是史无前例的。荷兰人奇袭泰晤士的“梅德维河口大捷”更是海战史上的奇迹，也是英国海军史上的奇耻大辱。三次战争中，英国赢得了第一次，荷兰赢得了第二、第三次。但事实上，战争中没有绝对的赢家，英荷双方的国力均受到不同程度的损害。尤其是第二、第三次英荷战争的结果，使得法国坐收渔翁之利，获得了大片海外殖民地的土地与商贸利益，国力直线上升而超越荷兰，成为欧洲新的最强霸权。

17世纪80年代，也是地图制图史上的“荷兰制图黄金年代（1570 — 1670年）”逐渐接近尾声的年代。当第三次英荷战争结束的时候，阿姆斯特丹繁华大街上那些曾经辉煌的地图制图家族，如布劳（Blaeu）家族、墨卡托（Mercator）家族、洪迪斯（Hondius）家族、费舍尔（Visscher）家族、古斯（Goos）家族、唐克（Doncker）家族等，或者已经倒闭、转让，或者后继无人、日暮穷途，法国巴黎正在成为新的“世界制图中心”。不过其中，也有一些例外：在这个时代里，一个荷兰制图师有机会获得了许多前竞争对手的印版、特许权和库存等制图资源，通过自己家族几代人的努力，将荷兰人在制图史上的故事又延续了两百年之久，这就是冯·库伦家族。

开创这个制图世家的第一代人，是约翰内斯·冯·库伦（Johannes van Keulen，1654 — 1715年）。据记载，他的父亲是一名制作航海钟的匠人，不过应该只是一个普通的匠人，因为真正能够供航海时准确测量经度所使用的精密航海钟，要等到一个多世纪以后才由英国钟表匠哈里森制造出来。约翰内斯于1678年娶妻，同年生子，即在设立自己的店铺、

▲ 阿姆斯特丹新桥，作者 C Commelin 创作于1693年。

开创制图世家之前，家族的第二代人杰拉德·冯·库伦就诞生了。1679年，在阿姆斯特丹新桥（Nieuwe Brug）的东岸，约翰内斯设立了自己的店铺——“In de Gekroonde Lootsman”（In the Crowned Pilot，即“皇冠上的领航员”或“加冕的领航员”的意思）。他对自己的“定位”是图书和海图的销售者。但随着公司的发展，他已远不只是一个销售商，还是那个时期荷兰的出版商、仪器制造商，更是地图史上荷兰著名的专注于海图的制图师和出版商，是冯·库伦地图家族的开创者。

1680年，约翰内斯从荷兰（此处“荷兰”指荷兰共和国的荷兰省）与西弗里斯兰省获得了制作及销售地（海）图的专利权（当时也叫作特许权）。这是对约翰内斯印刷出版的海图、航行指南、地图、海岸资料等给予专利保护，因为这些专业的出版物都是需要花费大量金钱、时间、专业技巧才能制作出来的。这也是现在知识产权保护制度的早期雏形。不过那时候的专利保护制度，尚缺乏现在国际公约的效力与手段，专利权只在特许状颁发地能受到比较好的保护。会不会有人在甲地买下原版，带去乙地拷贝，再在乙地甚或丙地销售，在那个时代完全属于凭良心的事儿

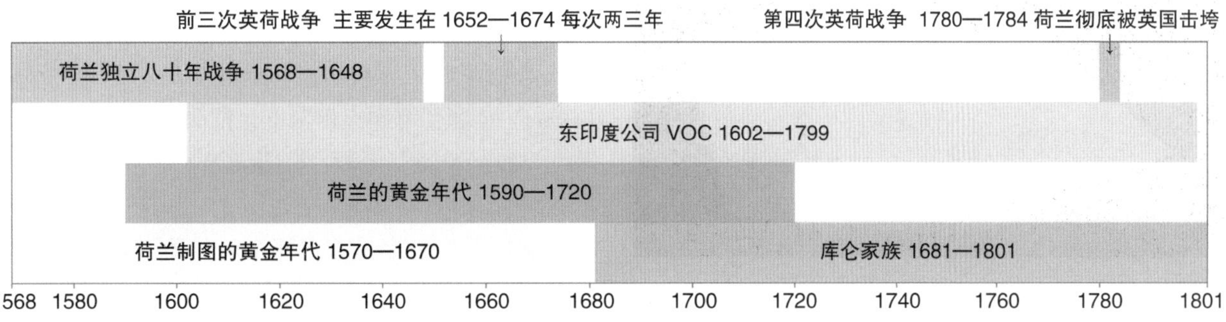

▲ 相关历史事件时间进度比照图。

了。至于荷兰制图师制作的地图中局部的信息和插图，出现在法国制图师的作品之中，算不算是侵犯知识产权，在那时更是无人深究的小节。

正如我们前面所述，许多曾经辉煌的荷兰制图家族在这个时期已经走向没落。比如布劳父子开创的布劳家族，他们那套《首要地图集》（*Atlas Maior*）包含了 600 多张地图、海图，是 17 世纪最大型、最昂贵的地图集，在“对阵”家族的竞争者、洪迪斯家族的《墨卡托－洪迪斯地图集》中占有很大优势。然而，1672 年冬日里的一场大火彻底摧毁了布劳家族在阿姆斯特丹繁华地区的店铺，当时估算的损失就有 38 万多荷兰金币。简·布劳也在火灾后的第二年离世了。布劳家族幸存下来的印版、仪器、特许权、库存资源等在拍卖会上一部分流向了弗里德里克·德·维特的手中，还有很大一部分流向了库伦家族的开创者约翰内斯的手中。约翰内斯后来获得了对于已购买的、火灾中幸存的或者之后修复的布劳家族的印版、仪器、地图等的特许权。这些资源对于他开创后来的海图帝国有着极其重要的作用。约翰内斯后来又聘请到了制图师、数学家克莱斯（Claes Jansz Vooght）加入进来，以弥补自己一些经验上的不足。

天时、地利、人和之下，从 1681 年开始，约翰内斯·冯·库伦一生中最重要的作品——海图集《照亮海洋的新火炬》（*De Nieuwe Lichtende Zee-Fakkel*）诞生了。

这本海图集，在冯·库伦家族创始人这一代的手上先后出版了 5 个部分（5 册）。1681 年首版时，只出版了前两部分。

▲ 1689 年版 *De Nieuwe Lichtende Zee-Fakkel* 中的地图，荷兰海事博物馆藏。

第一部分范围包括：北海、荷兰须德海（Zuider zee。随着荷兰拦海大堤的建成，现在的须德海已经沧海桑田）岸、丹麦及挪威沿海、芬兰湾到圣彼得沿海及波罗的海。

第二部分范围包括：欧洲西部的主要航线，法国、西班牙、葡萄牙沿海直到直布罗陀海峡。

第三部分于 1682 年出版，范围包括从地中海、直布罗陀海峡直到土耳其沿海。

前三部分也是欧洲海域传统贸易航线的重要海图。

第四部分、第五部分分别于 1684 年、1683 年出版，不过人们尚未搞清楚为何第五部分先于第四部分出版。地图历史学者分析可能是受东、西印度公司在那个时代对海图的严格管控的影响，造成的进度受阻。这两部分海图主要包括了北美洲、巴西、加勒比海、拉丁美洲其他地区、西部非洲等航线资料。对于荷兰的西印度公司来说，这些地区是非常重要的贸易区域。

当这 5 卷版的海图出版完成之际，约翰内斯·冯·库伦终于可以为自己骄傲了。他的确是那个时代最进步、最完善的海图制作及出版商。那个年代的画家和铜版蚀刻大师扬·吕肯（Jan Luyken，1649 — 1712 年）绘制的精美插图和配饰，为这本海图集的脱颖而出增添了精彩一笔。在之后的一个多世纪里，《照亮海洋的新火炬》先后采用多种语言多次出版，一直持续到 1790 年前后。约翰内斯开创了一个领先且富有成效的海图“王朝”，而这个“王朝”的生命一直延续到了 19 世纪晚期。

《照亮海洋的新火炬》本是具有航海导航功能的海图集，但出版后不久，由于受到当时法国风格的影响，以“简洁清爽”的描绘方式出版了法语版本的海图集，名称也非常简洁，就叫作 *Zee-Atlas*（海图集）。后人常把倾向于导航功能的地图集版本称为“Zee-Fakkel”（即“海洋火炬”），把简约海图集的版本称为“Zee-Atlas”（即“海图集”）。

版权保护制度尽管在那个时代还不够完善，但已经极大地促进了地图行业的知识产权交流和交易。1693 年，约翰内斯·冯·库伦进一步收购了同时代

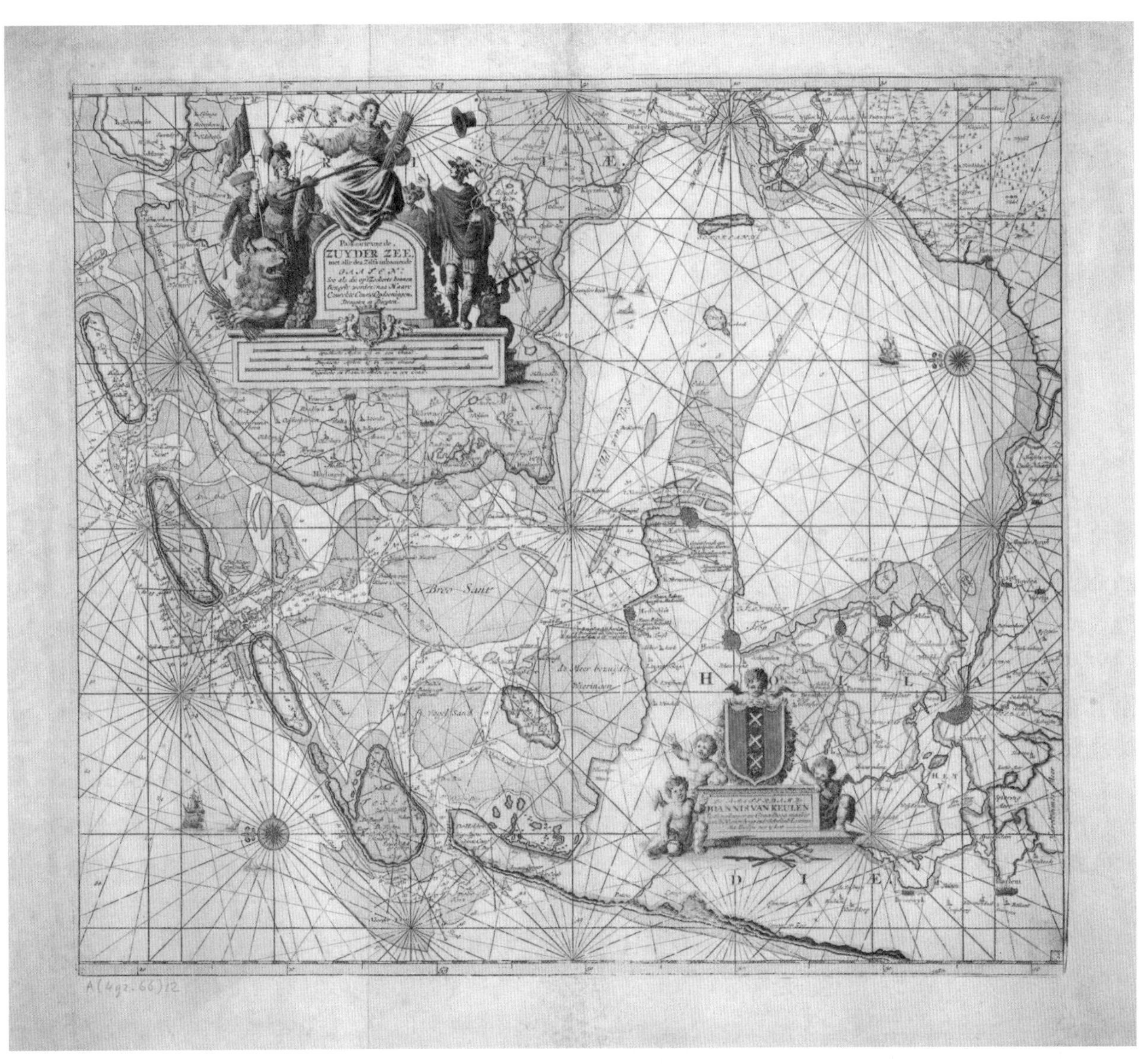

▲ 须德海（Zuider zee）地图，约翰内斯·冯·库伦创作于 1680 年。

另一位制图名家唐克（Hendrick Doncker，1626 — 1699 年）的以《航海的黄金艺术》（*Het Vergulde Licht der Zeevaart*）为代表的海图集版权。而这部海图集，则是唐克 1668 年从克莱斯·亨德里克[①] 手中购买的版权。此地图集的作者是那个时代制图界的权威之一。该书从 1660 年面世以后，长期作为荷兰海军常用的教科书之一。唐克的这笔收购，25 年之后为他从冯·库伦家族那里带来了五千荷兰金币的收益。1699 年唐克去世，按照协议，他的绝大部分印版及库存都变成了冯·库伦家族进一步发展的基石。

需要提请注意的是，5 卷本的《照亮海洋的新火炬》缺失了对于荷兰人来说非常重要的从欧洲前往印度、太平洋、东南亚香料群岛的航线海图。这是因为当时的荷兰东印度公司（VOC）尚不允许民间公开制作和销售这些地区的海图及航行资料。而将这部分的海图资料最终补充到《照亮海洋的新火炬》之中，成为冯·库伦家族后几代人的目标之一。

1715 年，约翰内斯·冯·库伦与世长辞。同一年离世的，还有那位欧洲历史上在位时间最长的君王，在 1672 年暗中挑拨、引发并直接参与了第三次英荷战争的法国“太阳王”路易十四。

同父亲共事多年、耳濡目染成长起来的冯·库伦家族第二代掌门人杰拉德·冯·库伦（Gerard van Keulen，1678 — 1726 年）时年已经 37 岁。在父亲弥留之际，他就已经执掌起了公司运营的各项事务。1712 年，他从荷兰官方取得了家族多年前协议收购的《航海的黄金艺术》的专利权。他本人则通过对

① 克莱斯·亨德里克，Claes Heyndricx Gietermaker，也写作 Claes Heijndricksz Giettermaker，1621 — 1677 年，荷兰著名数学家、学者、作家。

布劳家族特许权的继承而成为了荷兰著名东印度公司的制图师。鉴于东印度公司庞大的全球航运网络、财富和权力，东印度公司制图师的地位堪比其他国家的皇室制图师。杰拉德将海图集中的作品制作成大尺寸的单张幅面，以满足一些顾客的需求，并谨慎处理着单张大幅海图与整本海图集的销售价格体系。在两代人的持续苦心经营之下，冯·库伦家族已经是那个时代在海图、地图、图书、航海仪器领域著名的制作、出版、销售商。

杰拉德唯一的儿子、约翰内斯的孙子、冯·库伦家族未来的第三代传承者约翰内斯二世·冯·库伦（Johannes II van Keulen，1704 — 1755 年，西方的一世和二世不是直接上下辈的情况很常见）在祖父离世的时候也已经 11 岁了，不过在父亲离世的时候才 22 岁。好在他得到了母亲的“辅佐”，继续打理着这个制图家族的生意。约翰内斯二世在 40 岁的时候获得了东印度公司制图师的职位，同父亲一样服务于东印度公司。

作为冯·库伦家族的第三代人，约翰内斯二世最大的成就是 1753 年获得了荷兰政府的许可，终于刊印了《照亮海洋的新火炬》的第六卷——前往印度、东南亚香料群岛的航线海图。虽然同前五卷相比，第六卷只有海图，缺乏对沿岸的航海资料及文字描述，并且采用了许多其他制图师的作品，比如古斯（Goos）、莫蒂尔（Mortier）、奥腾（Ottens）等，但它仍然是个进步，曾经神秘的印度及香料群岛航线终于呈现在普通大众的眼前。

▲ 1712 年版《航海的黄金艺术》（*Het Vergulde Licht der Zeevaart*）。

第六卷出版后仅仅两年，1755 年约翰内斯二世就去世了。不过此时，《照亮海洋的新火炬》已经采用不少于 4 种语言出版发行，包含了超过 130 幅世界各地的航线及海图。

家族第四代人杰拉德·赫斯特·冯·库伦（Gerard Hulst van Keulen，1733 — 1801 年），在父亲去世时也刚好才 22 岁，也仍旧是在自己的母亲（第三代遗孀）的辅佐下，开始接手家族的制图王国。其实杰拉德·赫斯特还有一位兄弟科内利斯（Corneilis Buys Van Keulen）。第三代掌门人去世的当年，他的遗孀将家族产业分割给了两个儿子，海锚工厂给了科内利斯，而地图产业则由杰拉德·赫斯特继承了下来。仿佛只有杰拉德·赫斯特具有制图家族的 DNA，不仅继承了家族的海图产业，而且还继承了前两代人在荷兰东印度公司任职的制图师资格。杰拉德. 赫斯特的才能不止局限于制图行业。1785 年，他用家族印刷出版资源发表了《关于焦油和漆煤的品质和用途的描述》一书。他还发明过一种航海用的四角卡尺。1787 年，他被东印度公司委任为“负责确定海上长度和改进海图事务”的三位专员之一。然而他依然没有忘记家族事业的根本，1790 年出版了 6 卷改进版的冯·库伦家族地图集，名称也变成了《照亮海洋的大号新火炬（De Nieuwe Groote Lichtende Zee-Fakkel）》（荷兰海事图书馆等许多地方收藏此书）。

在同原配凯瑟琳娜(Catharina de Veer)的婚姻中，杰拉德·赫斯特没有生育子女。原配去世后，1769 年他再婚的妻子只带过来一个女儿，冯·库伦家族的海图王国“基因”就此断续了。1801 年，杰拉德·赫斯特去世以后，冯·库伦的制图公司由雅各布家族继承（Jacob Staats Boonen，Jacob Swart senior，Jacob Swart junior）。“冯·库伦”的名字被继续使用过一段时间，但公司的辉煌却已不再。最终，这家海图制图王国在 1885 年解体了。

“大号的新火炬”并没能继续照亮“皇冠上的领航员”家族的前行之路。

当冯·库伦家族的第四代人于 1790 年出版《照

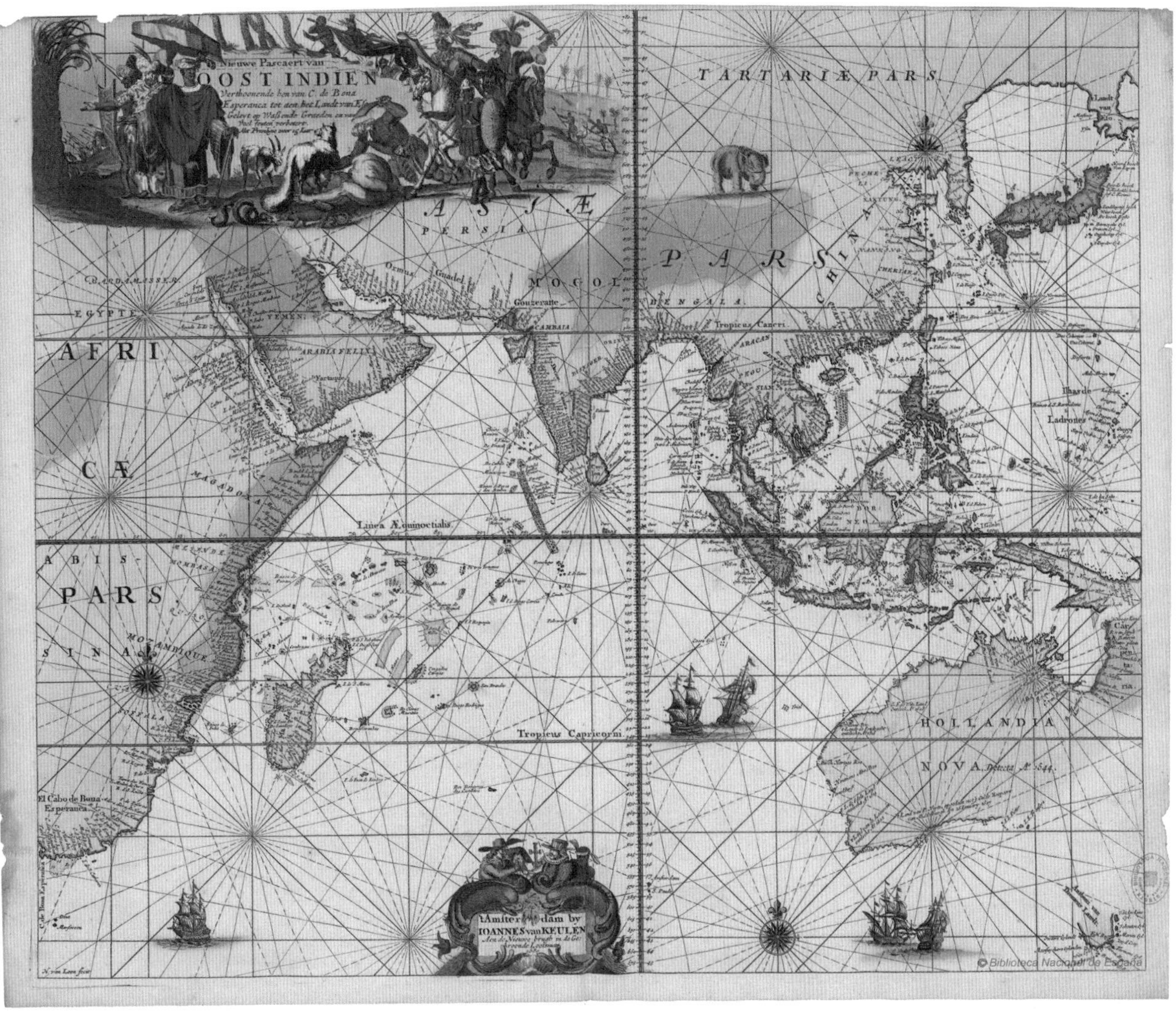

▲ 远东、东南亚、澳大利亚海图，作者约翰内斯·冯·库伦创作于 1680 年。

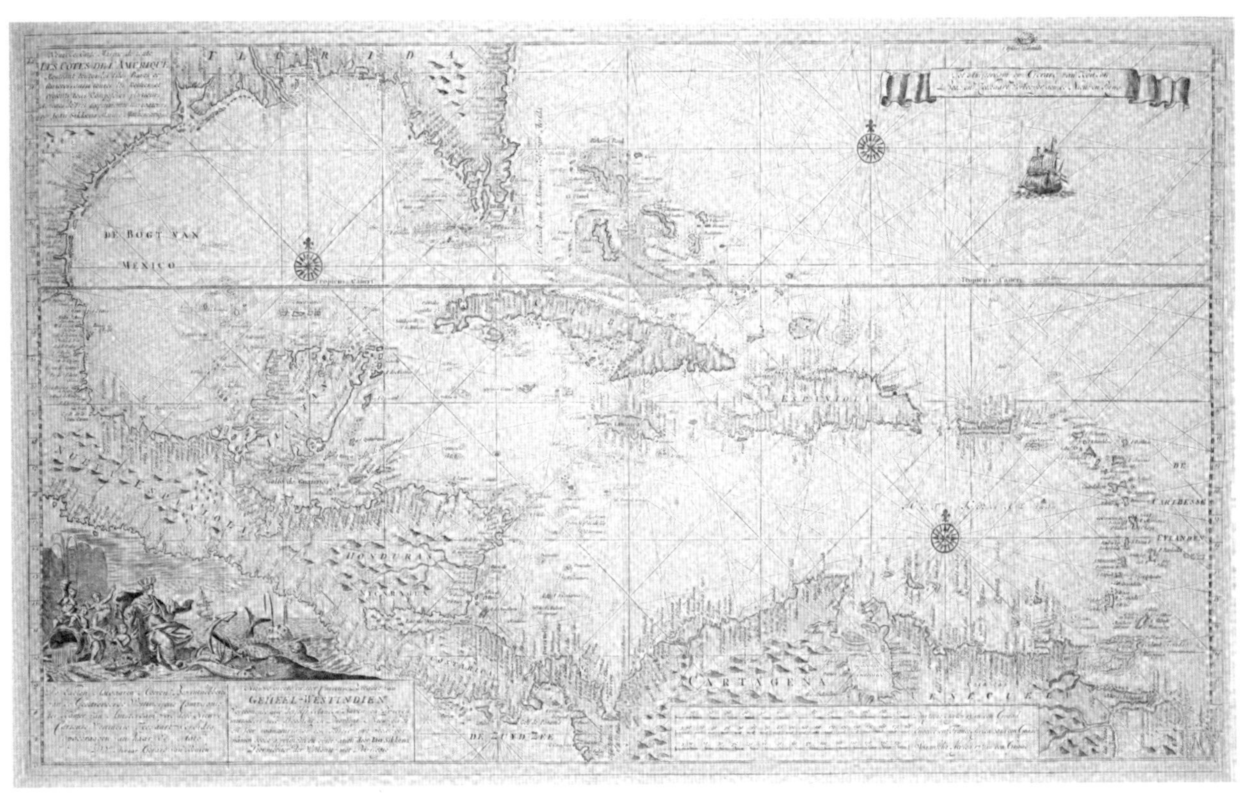

▲ 冯·库伦家族第二代掌门人杰拉德·冯·库伦出版的墨西哥湾、加勒比海地区地图。

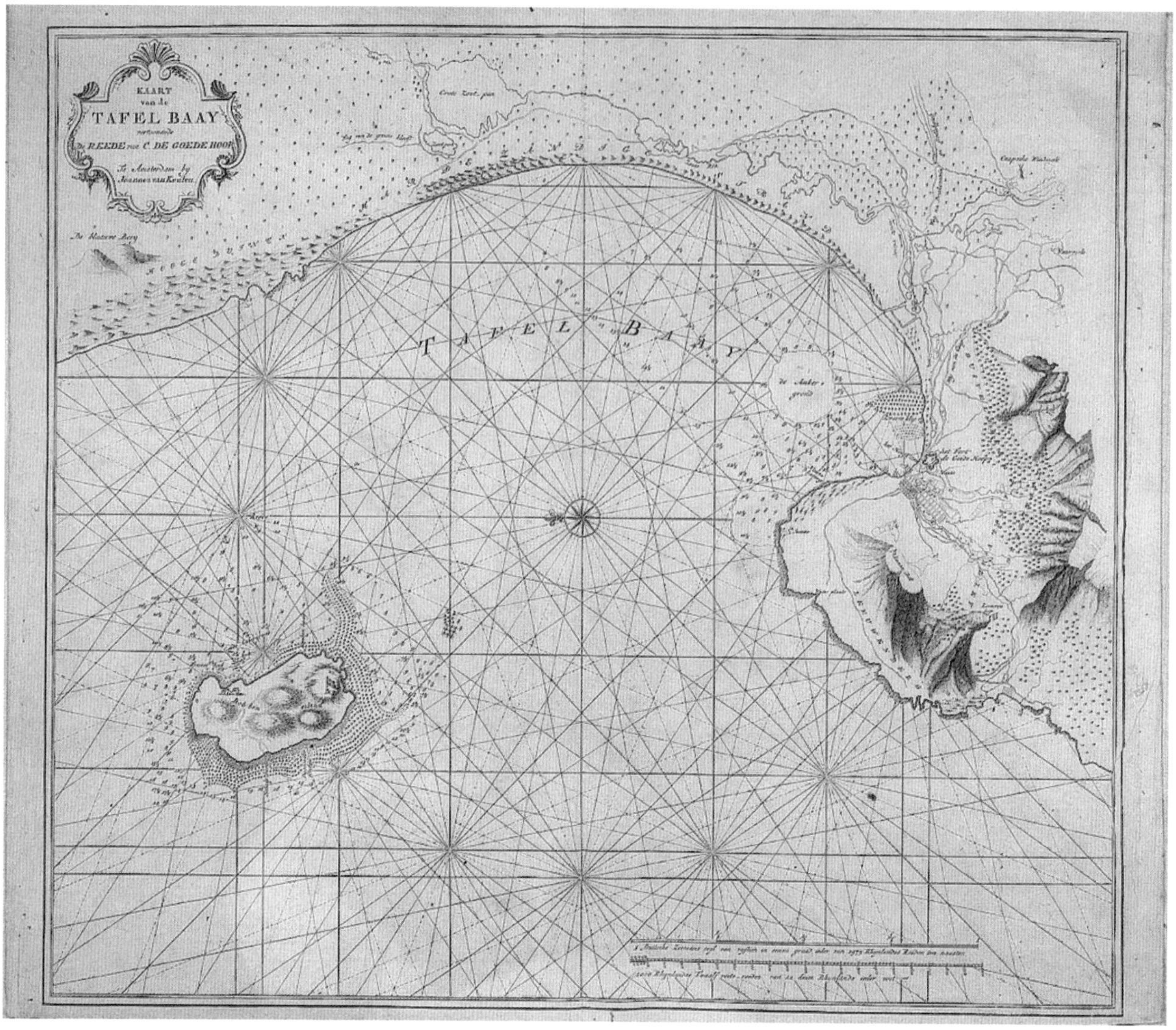

▲ 冯・库伦家族第三代约翰内斯二世・冯・库伦 1753 年出版的波特兰风格桌湾海图。

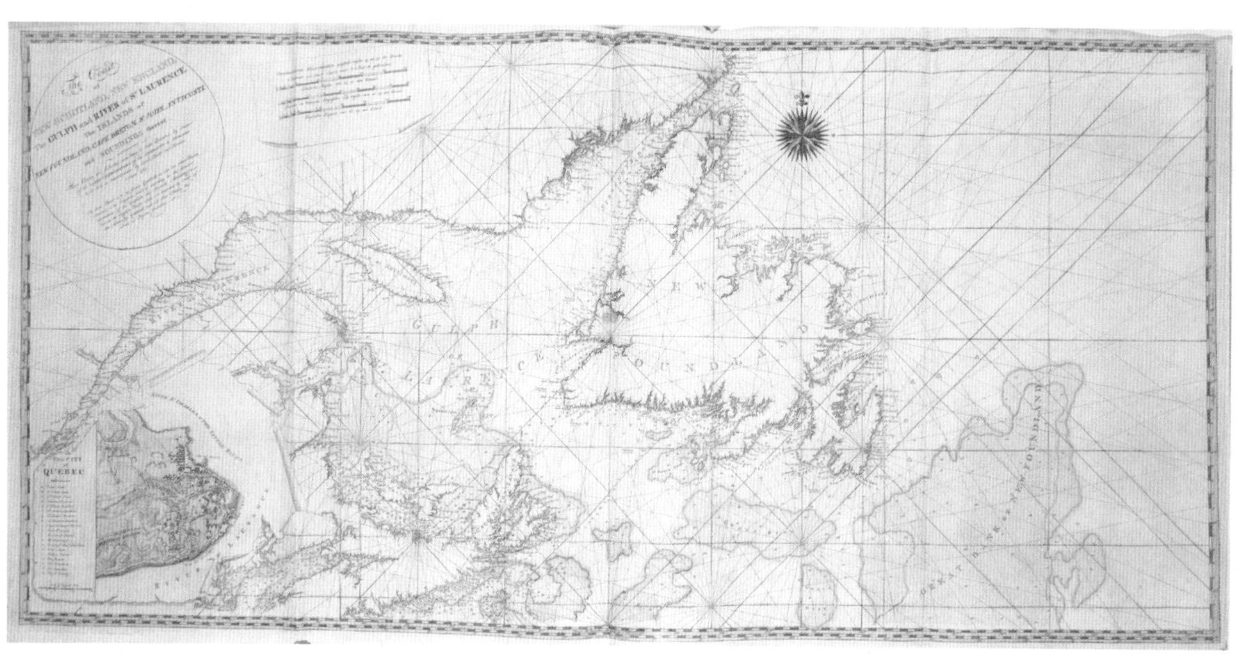

▲ 冯・库伦家族第四代杰拉德・赫斯特・冯・库伦出版的魁北克地区海图。

亮海洋的大号新火炬》之时，那个世界同他曾祖父所在的世界相比，已经发生了太多的变化：1783 年 9 月 3 日，英美签署《巴黎条约》，美洲大陆上一个叫作美利坚合众国的崭新国家正逐渐登上世界的舞台。1789 年 7 月 14 日攻陷巴士底狱标志着法国资产阶级革命的爆发，古老的法兰西也正经历着史诗一般的转变。而荷兰，在经历了第四次英荷战争之后，也早已经不再是那个强大的“黄金年代的荷兰”了。

第四次英荷战争，从 1780 打到 1784 年。英国以荷兰支援美国独立战争为由，在 1780 年单方面废除当初威廉三世所主导英荷同盟的各种条约，主动发起了第四次英荷战争。在第三次英荷战争过去一个多世纪以后，英国已经崛起成为海洋霸权之一。靠着优势的海军，英国把重商业轻军备的荷兰彻底打垮。虽然在美国独立战争中英国失去了北美十三州，但打垮荷兰人却为大英帝国带来“意外之财”。英国趁机掠夺荷兰丰厚的商队物资与殖民地，原本在一百年内向荷兰人借贷的巨额国债，也以战争为借口而免付利息，并在战后以低价向荷兰商人收购。长久以来都是全世界金融中心的阿姆斯特丹，其金融地位战后被伦敦所取代。曾经辉煌的荷兰东印度公司，亦因战败而深陷经济危机，巨大赤字和衰弱的国力让其无力回天，最后在 1799 年宣布破产解散。当初在 17 世纪叱咤风云的“海上马车夫”及其统治下的殖民帝国，随着战败而崩溃衰落，成为欧洲强权“邻居”们轻视的对象，连带促成了 1787 年荷兰的爱国者革命。1795 年，荷兰被法国占领，共和国灭亡了。法兰西第一共和国掌控下的荷兰傀儡政府巴达维亚共和国成立了。

冯・库伦海图家族的辉煌，肇始于荷兰共和国的黄金时代。随着共和国的灭亡，冯・库伦家族的辉煌也走到了尽头。“荷兰东印度公司制图师”的称号曾经有多荣耀，此刻就有多寂寥和无奈。冯・库伦地图家族一个多世纪的发展与兴衰，或许需要站在更高的历史高度，从更长的时空维度去观察，才能更深刻地理解国家、民族的发展、兴衰对于身处其中的个体的命运意味着什么。

▲《照亮海洋的大号新火炬》封页。

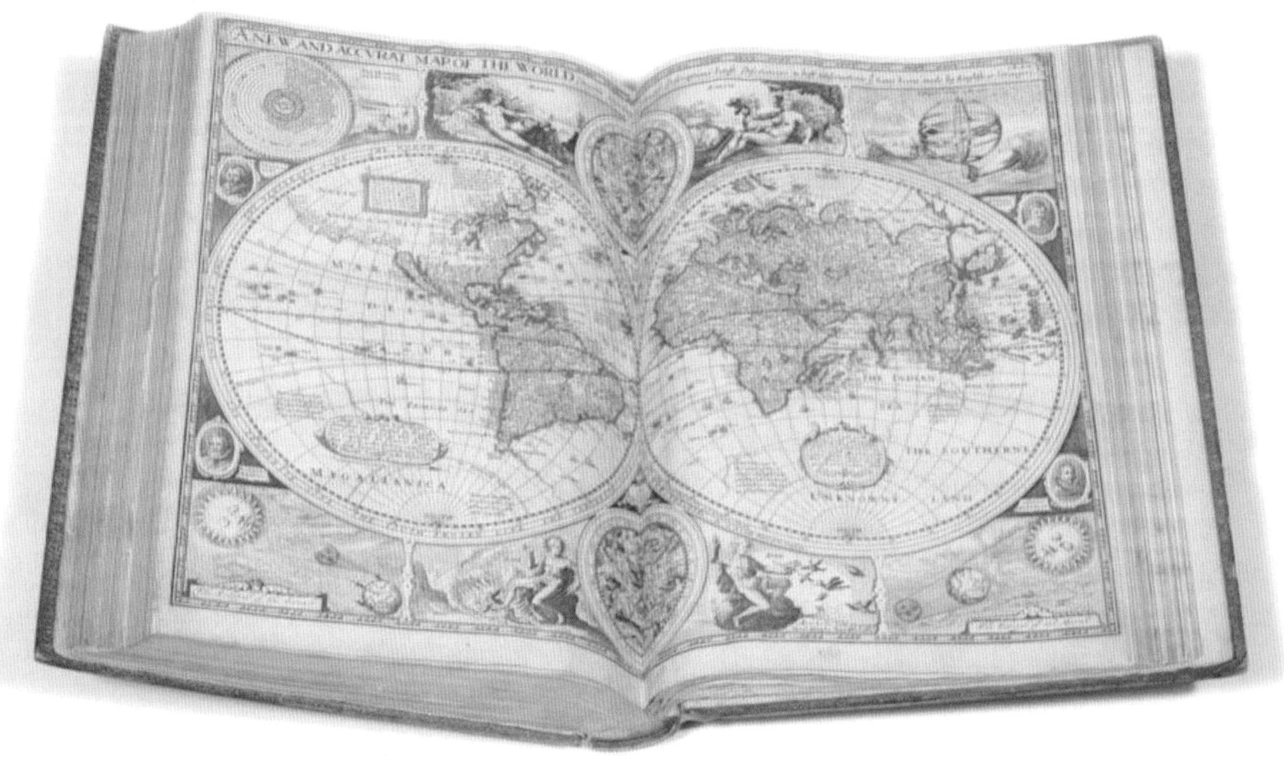

▲《大不列颠帝国的大观》中的世界地图。

第二十五讲
从裁缝到学者
——记英国制图师约翰·斯皮德及其代表作品

这张华丽的双半球形式的世界地图，是在英国出版的最早的世界地图。它的制作者约翰·斯皮德（John Speed，1551 — 1629 年）是英国都铎王朝末期[①] 到斯图亚特王朝早期最著名的地图制图师和历史学家，被英国人称为“俺们英国的墨卡托”。

约翰·斯皮德诞生于柴郡的一个裁缝家庭，早年在伦敦从事的也是裁缝工作，在 24 岁时娶了伦敦女子苏珊娜（Susannna Draper）并育有多名子女。但是在挥舞剪刀养家糊口之余，他一直“注意加强自身的学习与修养”，因“学识渊博”引起了格雷维尔爵士[②] 的注意，并得到其资助进行学术方面的研究。1598 年，他 38 岁时离开了手工裁缝行业，终于有财力全职专注于历史与地理领域的学术研究。他早期的一些研究成果甚至引起了伊丽莎白一世女王的注意，并被允许使用伦敦海关大楼的一间办公室进行自己的研究工作。在另一位“命中贵人”威廉·卡姆登[③] 的鼓励与协助下，他的历史著作《大不列颠历史》

① 都铎王朝最后一位君主为英国女王伊丽莎白一世，在位 45 年（1558 — 1603 年）。她统治的时期被视为开创了英国历史的“黄金时代”。

② Sir Fulke Greville，1554 — 1628 年，英国伊丽莎白时代的诗人、剧作家、下议院议员，曾任职海军财务主管、财政大臣、国王财政专员等职务。

③ William Camden，1551 — 1623 年，古玩收藏家、英国历史学家、地理学家和先驱者，最著名的著作有《不列颠尼亚》。他组织了第一次对大不列颠和爱尔兰群岛的地方志调查，另著有《伊丽莎白时期的英格兰及爱尔兰编年史》等。

于 1611 年出版。不过即使作为历史学者，斯皮德也无法脱离宗教改革与战争的大的时代背景。他被某些人描述为“新教徒历史学家”“清教徒历史学家”或“新教宣传家”。对于跟他同时代的威廉·莎士比亚（就是那个被中国人尊称为“莎翁”的欧洲文艺复兴时期最伟大的作家之一），斯皮德也会因为对其在某些戏剧中的历史描述及对罗马征服的不同看法等，而称莎翁为“超级怪物（Superlative Monster）”。尽管一些人使用斯皮德绘制的地图和相关评论来帮助人们理解威廉·莎士比亚的戏剧，然而斯皮德却并不喜欢莎士比亚，称莎翁为“教皇派（Papist）”。研究者认为，斯皮德对于历史的记录与描述，善于使用“戏剧隐喻”和他发展起来的“史学技巧”，比如重复中世纪的神话，作为历史故事的一部分。斯皮德在他的历史著述中探索了早期的现代民族认同的概念，比如他认为威尔士就是英国的组成部分，而并非某种独立的实体等。

不管争议如何，斯皮德已然成为一位知名的历史学者。在当时的欧洲，这种从裁缝到学者的成功跨界也是稀罕事儿，英国人称其为“tailor turned scholar”，似乎充满了毛毛虫变蝴蝶的“诗情画意”。

▲ 1614 年版《大不列颠帝国的大观》封面。

然而他在历史领域的著述与成果，在其一生的成就中只能位居次席。使斯皮德的声望能够被英国人广为知晓并且延续到今的，并不是上述的那本《大不列颠历史》，而是第二年（1612 年）出版的地图集《大不列颠帝国的大观》[①]（*The Theatre of the Empire of Great Britaine*）。这是一本描述了英格兰和威尔士全部郡县，以及爱尔兰、苏格兰总图的地图集。一定程度上说，裁缝与制图倒是有一点相同：都属于某种立体与平面之间的转换艺术。斯皮德的这些英国郡县的地图作品，当年受到了从王公贵族到市民农夫的普遍接受和喜爱，真正做到了“不论祸福、贵贱、疾病还是健康，都爱她、珍视她……”。

1627 年，在他离世的前两年，他的另一本地图巨著《世界上最著名部分的展望》（*A Prospect of the Most Famous Parts of the World*）面世了。这是第一本英国人用英语印制的世界地图集，不过当时标价 40 先令，意味着是“嫌贫爱富”的一本地图册，消费群体只能是“富裕的人群和图书馆”，但这也是许多此版地图集能完好地流传至今的一个原因吧。

本文介绍的这个版本的世界地图，据考是 1676 年再版时的版本。

斯皮德在世时，曾经和荷兰的老洪迪斯（Jodocus Hondius，我们在第十七讲里介绍过这个荷兰制图黄金时代的制图家族）有过一段长达 14 年的合作佳话。斯皮德 1629 年去世后，他的雕版与版权曾经多次转手。1659 年，雷亚父子从威廉·加勒特手中购买了斯皮德作品的版权，其实这是后者稍早前从威廉·汉布尔的遗孀那里购买过来的。雷亚父子俩打算在 1660 年再版这一地图集，但实际上再版工作直到 1665 年才完成。雷亚家族后来又将这些雕版与版权卖给了巴塞特和奇斯威尔（Bassett and Richard Chiswell），后者在增加了许多新的地区地图后，于 1676 年再版，这也是《世界上最著名部分的展望》在首版近半个世纪之后，迎来的最辉煌的年代。在此图右下方“南方未知大陆”的空白处，印着“Are to be sold by the Bassett in Fleet Street and RIC: Chiswell in St Pauls Church yard（本图由舰队大街的巴塞特售

① 了解地图历史的人可能已经联想到，这个地图集名字的灵感或许来自人类的第一本近代地图集——1570 年亚拉巴马·奥特留斯的《寰宇大观》（*Theatrum Orbis Terrarum*，英文：*Theatre of the World*）。

▲ 1676 年再版的斯皮德世界地图。

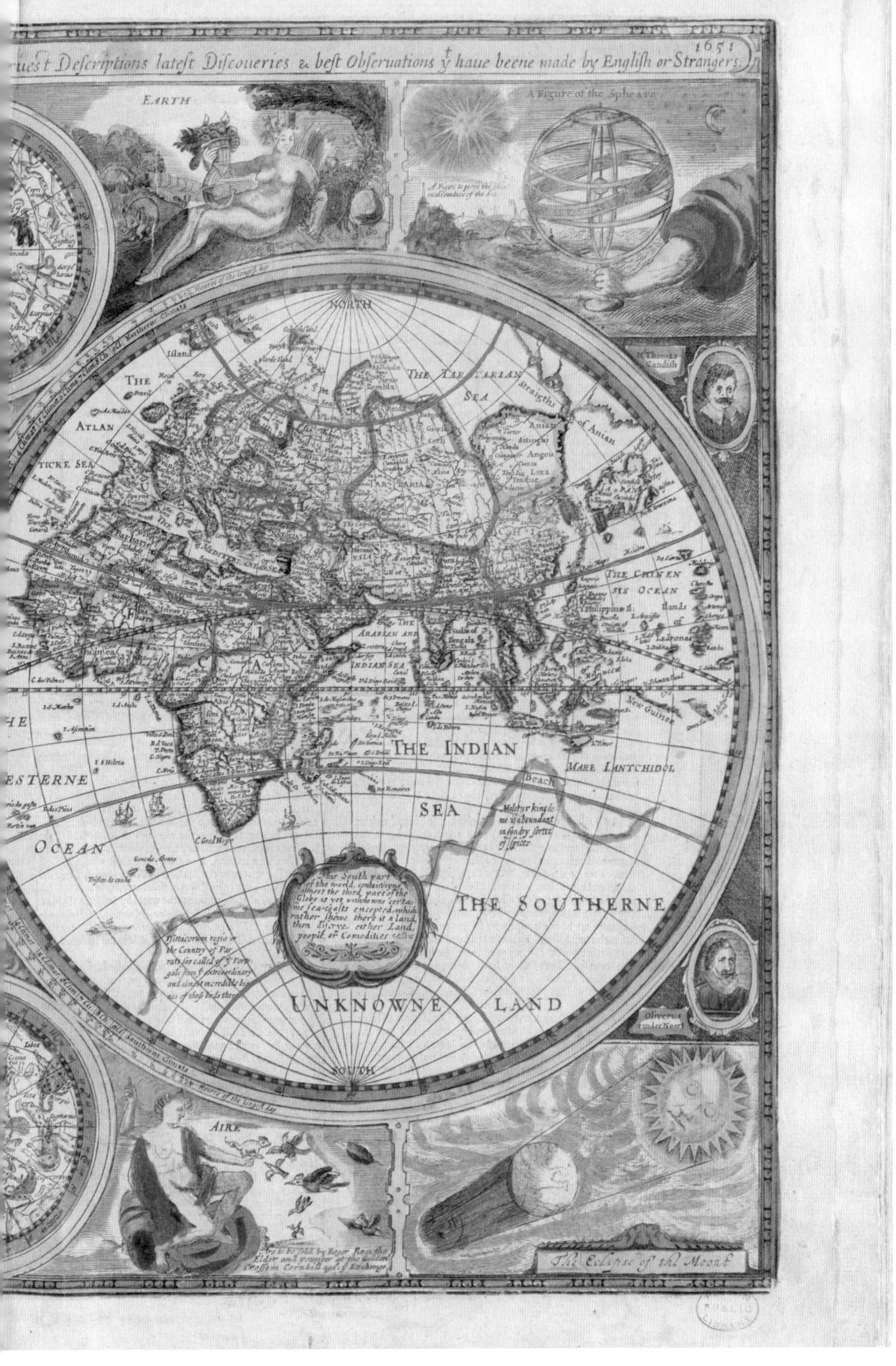

1651
...uest Descriptions latest Discoueries & best Obseruations y^t haue beene made by English or Strangers
EARTH
NORTH
THE TARTARIAN SEA
THE ATLAN TICKE SEA
THE CHINEN SIS OCEAN
ARABIAN AND INDIAN SEA
THE INDIAN SEA
MARE LANTCHIDOL
...ESTERNE OCEAN
THE SOUTHERNE
UNKNOWNE LAND
SOUTH
Oliverus vander Noort
AIRE
The Eclipse of the Moone

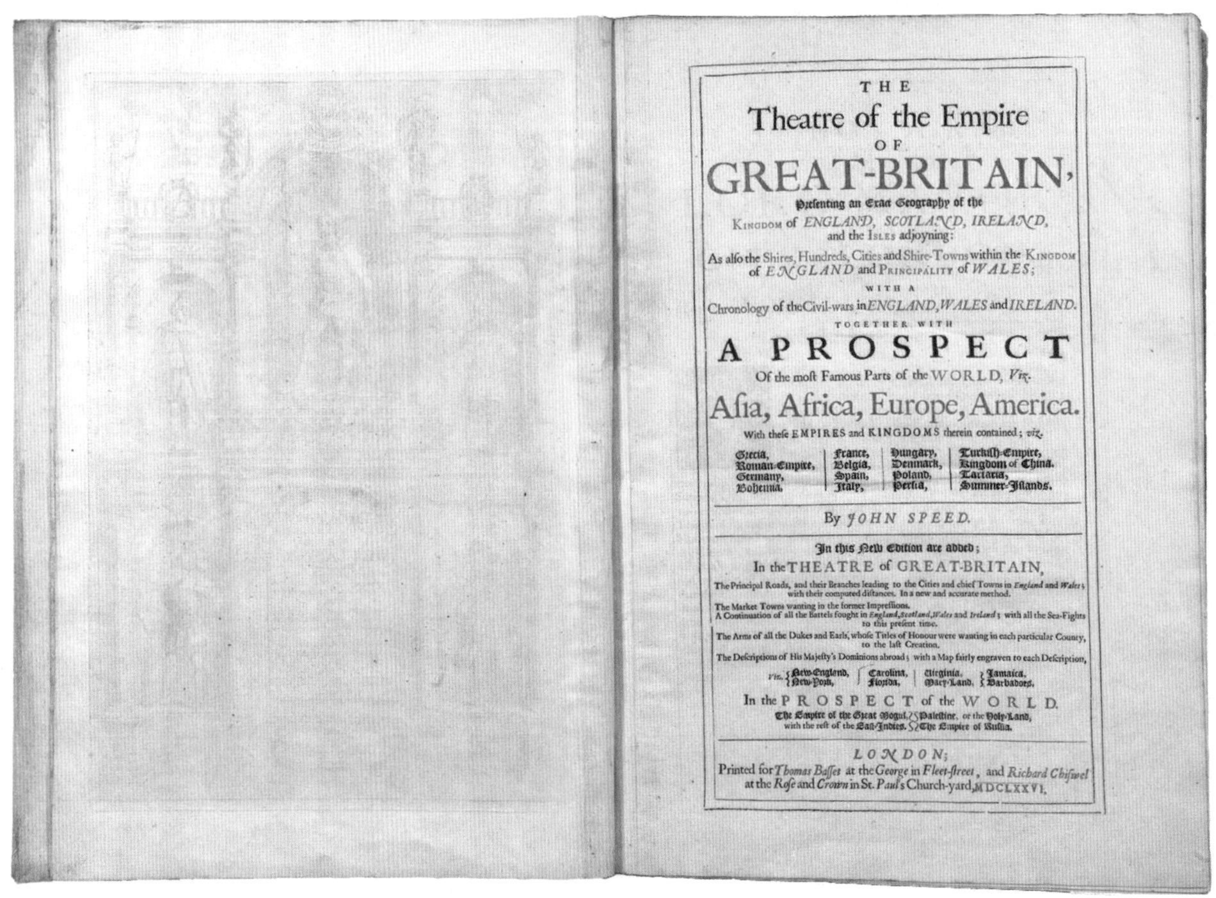

THE
Theatre of the Empire
OF
GREAT-BRITAIN,
Presenting an Exact Geography of the
KINGDOM of ENGLAND, SCOTLAND, IRELAND,
and the ISLES adjoyning:
As also the Shires, Hundreds, Cities and Shire-Towns within the KINGDOM
of ENGLAND and PRINCIPALITY of WALES;
WITH A
Chronology of the Civil-wars in ENGLAND, WALES and IRELAND.
TOGETHER WITH
A PROSPECT
Of the most Famous Parts of the WORLD, Viz.
Asia, Africa, Europe, America.
With these EMPIRES and KINGDOMS therein contained; viz.
Grecia, Roman-Empire, Germany, Bohemia, | France, Belgia, Spain, Italy, | Hungary, Denmark, Poland, Persia, | Turkish-Empire, Kingdom of China, Tartaria, Summer-Islands.

By JOHN SPEED.

In this New Edition are added;
In the THEATRE of GREAT-BRITAIN,
The Principal Roads, and their Branches leading to the Cities and chief Towns in England and Wales; with their computed distances. In a new and accurate method.
The Market Towns wanting in the former Impressions.
A Continuation of all the Battels fought in England, Scotland, Wales and Ireland; with all the Sea-Fights to this present time.
The Arms of all the Dukes and Earls, whose Titles of Honour were wanting in each particular County, to the last Creation.
The Descriptions of His Majesty's Dominions abroad; with a Map fairly engraven to each Description,
Viz. New-England, New-York, | Carolina, Florida, | Virginia, Mary-Land, | Jamaica, Barbadoes.
In the PROSPECT of the WORLD.
The Empire of the Great Mogul, with the rest of the East-Indies. | Palestine, or the Holy-Land, The Empire of Russia.

LONDON;
Printed for Thomas Basset at the George in Fleet-street, and Richard Chiswel at the Rose and Crown in St. Paul's Church-yard, MDCLXXVI.

▲ 1676 年伦敦 Thomas Bassett and Richard Chiswell 出版公司发行的合订版本，含两部作品。第一部作品《英国大观》包含 68 幅双页地图，第二部作品《世界上最著名部分的展望》包含 28 幅双页地图。

卖，联系人是圣保罗教堂大院儿的奇斯威尔)”就是这一版本的印证。

在那个年代，英国人对科学的追求与崇拜在这张地图上已经表现出某种趋势。笔者个人比较喜欢英国人这种务实严谨的科学地图风格。虽然在地图的周围，依然装饰着那个年代习惯描绘的优美画作，但仔细观察，发现与早期那些用神话人物、风神头像、圣经故事充满地图各个角落的制图风格还是有着明显的区别。

—图中，那四个或丰腴或强健的年轻男女的肉体，表现的不再是天使或圣徒，而是代表着古希腊人认为的组成宇宙的古典元素土地（Earth）、水（Water）、空气（Aire）、火（Fire），就如同中国人的金木水火土的五行一样。这些古典元素并非指向单一的事物，而是代表了构成宇宙万物的某些神秘的基础物质与能量。

—图中刻画了四位人物的头像，但并非尤利西斯、凯撒之类的君主，或者是统治了欧洲天文地理认知近 15 个世纪的前人托勒密之类，而是换成了大航海时代的“现世英雄”。他们都完成过环球航行的壮举，分别是：英国探险家托马斯·卡文迪什爵士（Sir Thomas Cavendish，1560 — 1592 年）；葡萄牙探险家、完成了人类第一次环球航行、现在用他的名字命名了南美大陆最南端海峡的麦哲伦（Ferdinand Magellan，1480 — 1521 年）；英国探险家、以其名命名了今日世界上最宽阔海峡的德雷克爵士（Sir Francis Drake，1540 — 1596 年），当然此人的头衔还有“奴隶贩子”“私掠船船长”“皇家海军军官”等，一生传奇精彩，在我们介绍地图与制图师的章节之中时不时地会出来串场；荷兰探险家、第一个环球航行的荷兰人奥利弗·冯·努特(Olivier Van der Noort，1558 — 1627 年)，在荷兰与西班牙的八十年战争期间攻击和掠夺西班牙王国在太平洋上的多处财产与舰船，并与中国和香料群岛进行贸易。

—地图的四角不是某段圣经的故事，而是分别刻画了“日食原理”“月食原理”“宇宙及要素系统”“天

▲ 斯皮德绘制的威尔士地图。

球模型”。图中央部分的上下两个小图，则分别刻画了夏季与冬季星空的黄道十二宫与天空的主要星座。这些天文学的原理，在17世纪早期就用类似于PPT演示的方式在图上表现了出来。那时不过是1627年，是明王朝的天启年间。那一年，大太监魏忠贤的生命走到了尽头、宦官集团与东林党人正忙于朝堂权术之争，大英帝国的触角却已经向这个星球的每一个角落开始了探索。

当然，受制于那个年代有限的科技水平和地理信息，这张地图和那个时代其他的许多地图一样，有着许多的空白与偏差。比如在南半球上，斯皮德就诚实地标注了“未知的大陆（UNKNOWNE LAND）”。正如我们之后要在第二十九讲中会详细陈述的，当时的欧洲人尚没有澳大利亚大陆或者南极大陆的概念。再比如现在的白令海峡，在图上还是标注为安南海峡（Straights of Anian）。经过这里联通美洲和亚洲的西北航道或者联通欧洲与亚洲的东北航道，虽然探索者前仆后继，但依然还是个传说。又比如北美洲西海岸大陆、现在墨西哥的下加利福尼亚半岛，在这张图上还表现为被海峡隔开的独立的加利福尼亚岛。在它的北方，图上还是一片空白。北太平洋高纬度地区恶劣严酷的气候条件延滞着人类探索的脚步，但总有一天这片大陆的真实轮廓会被完整地描绘出来。

这张地图对中国人的一个“意外”是，现在中国台湾、日本以东、广阔的西北太平洋区域，被标注为“The Chinensis Ocean”。Chinensis 是 Chinese 的拉丁文拼法。按照此图的标注，整个西太平洋水域或许都可以翻译为“中国洋”了。

1629 年 8 月，斯皮德与世长辞，但是他的作品却广为流传。直到现在，他美丽的地图作品还经常被不少西方人家装饰在起居室内，或者在古旧稀有地图拍卖会上成为受到青睐的热门拍品。斯皮德被安葬在伦敦巴比肯庄园前街上的圣吉尔斯教堂（St Giles-without-Cripplegate）。它可是在 1666 年那场恐怖的伦敦大火之后，留给伦敦老城区为数不多的几个中世纪教堂之一。《失乐园》的作者弥尔顿也安葬在这里，《鲁滨逊漂流记》的作者笛福在这里与世长辞，护国公克伦威尔曾在这里喜结连理，哈佛大学的首任校长曾在这里受洗。在教堂的祭坛后面，约翰·斯皮德的雕像静静但骄傲地矗立着，和那些代表着大英帝国荣耀的名字，被人们长久地瞻仰与纪念。

▲ 根据这幅肖像画制作的约翰·斯皮德半身铜像，如今静静但骄傲地矗立在圣吉尔斯教堂。Nathaniel Smith 于 1791 年创作。

▶ 赫尔曼・摩尔（Herman Moll，1654 – 1732 年）。

第二十六讲

一张谦恭地献给东印度公司董事会的地图

——记英国制图师赫尔曼・摩尔及其亚洲地图

“谨以此图谦恭地献给尊敬的东印度公司董事会。

——您忠顺的仆人、地图师赫尔曼・摩尔”

本讲的故事，就从约三百年前的一幅地图的落款说起。

历史上，叫作“东印度公司”的有好几个，包括荷兰、法国、丹麦、瑞典的，还有德国的奥斯坦德东印度公司等。本讲所述及的则是指设立时间最早、存续时间最长的英国东印度公司。落款的制图师——赫尔曼・摩尔（Herman Moll，1654 — 1732 年），则是 18 世纪上半叶英国著名的地图学家及制图师之一。

摩尔大约在 1654 年左右出生在德国的不来梅，后来为了躲避斯堪尼亚战争而搬到了伦敦。他先是靠为其他地图出版商做雕版师谋生，直到 17 世纪 80 年代才出版了自己的第一张原创地图。不过到了 1690 年左右，他已经在伦敦建立起了自己的地图商铺。

摩尔在事业上的努力及成就，让一个组织将其接纳为成员。这个组织经常在位于伦敦康希尔交易所巷 20 号的乔纳森咖啡馆聚会（听着有点像航运业古老的劳埃德咖啡馆的故事）。虽然此处也是各种投机者经常见面交易股票的场所，但摩尔这个组织里都是些“正经人”，比如科学家罗伯特・胡克、考古学家威廉・斯图克利、作家乔纳森・斯威夫特和丹尼尔・笛福，以及那些有胆有识有天赋的“海盗”威廉・丹皮尔、伍德・罗杰斯等。从这些聚会和接触中，摩尔获得了大量的独一无二的甚至是“特权”的信息，作为他从事地图制作重要的一手资料。

要问为什么这些人会有独一无二的信息来源？那就要看看上文所述的摩尔“朋友圈”。知道《格列佛游记》《鲁滨逊漂流记》吧，就是出自上述两位作家的手笔。那个胡克，是不是也有些耳熟，初中生物学的课本里显微镜看洋葱细胞，英文中“Cell”（细胞）这个词就是他发明的。当然他的研究范围还包括了彗星、光的运动、木星的旋转、重力、人类记忆等。至于那些所谓的“海盗”，伍德・罗杰斯（Woodes Rogers）是当时大英帝国的巴哈马总督，而且是先后被任命过两次，在那里成功地抵御了西班牙人的威胁，作为船长拯救塞尔柯克的故事被认为是《鲁滨逊漂流记》的原型；威廉・丹皮尔（William Dampier），是那个年代英国妇孺皆知的探险家、航海家，第一个探索了今天澳大利亚部分海岸的英国人，也是第一个曾经三次航行环游世界的人。他们被称为“海盗”，只是因为做过私掠船的船长，不过那可是伊丽莎白一世女王时代皇家特许的买卖。丹皮尔的伟大“海盗”面孔插画，曾出现在法国地图师尼古拉斯・德・费尔的那副著名的美洲地图中。当然，摩尔著名的“河狸地图”和“鳕鱼地图”也是借鉴了德・费尔的美洲地图，大家算扯平了。总之，这是一个对摩尔的地图出版事业非常重要的“朋友圈”。

▲ 大咖经常聚会的乔纳森咖啡馆。

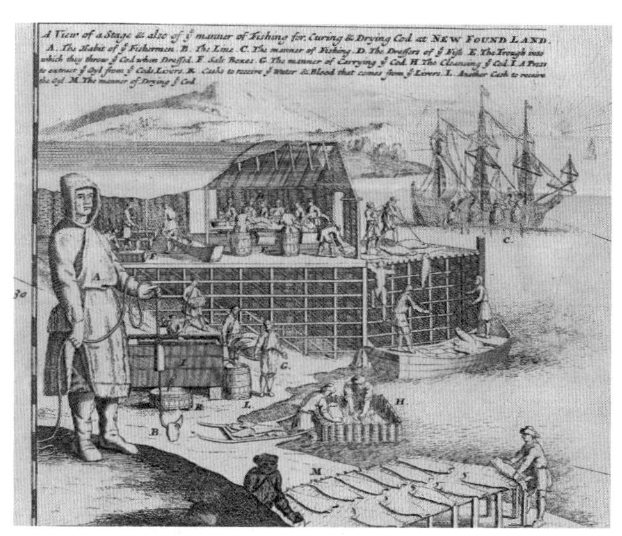

▲ 摩尔著名的“鳕鱼地图”局部。

以奥特留斯那本《寰宇大观》地图集为标志，1570 年代以安特卫普为代表的荷兰进入了地图制图的黄金时代，且这种情况持续了近一个世纪。早期的著名地图作品多以拉丁文、法文、西班牙文等刊印，英国人的作品或者英文的作品并不多见。但随着大英帝国在 17 世纪的逐步崛起及其海外殖民地的迅速扩张，英国人的地图开始逐步进入人们的视野。赫尔曼・摩尔就是其中的代表之一。他的代表性地图集是 1715 年出版的《被发现的世界》（*World Described*）。30 张大型地图作品中最著名的两张，就是上面提到的俗称“河狸地图”与“鳕鱼地图”的。它们经常被用来宣传和支持英国的全球政策和殖民主张。

赫尔曼・摩尔不光精通制作地图，也极富商业头脑。他设计这张地图是为了庆祝英国东印度公司商业上的成功，这不仅是为了吸引公众对自己作品的关注，而且也是为了获得该公司富有的投资者们的赞助。所以，将这张地图“谦恭地献给”东印度公司的全体董事，可谓恰到好处。这张地图，因为其身后的历史和极具装饰性的风格，后来成为广受欢迎的南亚、东亚地图之一，也是 18 世纪英国第一次出版的关于该地区的大比例尺地图。

而能够让赫尔曼・摩尔这种大英帝国的知名地图师称自己为“忠顺的仆人”，大英帝国的东印度公司可谓来头不小。

东印度公司的全名是“伦敦商人在东印度贸易的公司”，也被称作“The Honourable East India Company（可敬的东印度公司）”。它由一群有野心和影响力的商人所组成。1600 年 12 月 31 日，英格兰女王伊丽莎白一世授予该公司皇家特许状，给予它在印度贸易的特权，一个庞大的商业和政治帝国就这样诞生了。这个特许状最初只是给予该公司东印度贸易的垄断权 21 年。然而随着时间的变迁，伴随着大英帝国在全球的崛起，东印度公司从一个商业贸易企业变成了印度庞大帝国的实际主宰者，并深深地影响了整个亚洲的近代国家格局。“可敬的东印度公司”这个名字，对于印度人来说充满羞辱与讽刺意味。古老的莫卧儿帝国，就这样被一家“充满创业欲望的公司”征服了，“可敬”的过程充满了耻辱与血腥。

中国人对英国的东印度公司，也通常没有什么好印象。1773 年，英国东印度公司在孟加拉取得了鸦片贸易的独占权，并从印度的加尔各答港售往中国。从那时起直到 1840 年爆发中英鸦片战争，那是一段双方交恶最深的“时光”，是中国人民苦难的近代史的原点。那个 1840 年，最终成为了天安门广场人民英雄纪念碑上的“由此上溯到公元一千八百四十年”。

但明显地，对于英国人来说，东印度公司是一个

▲ 英国东印度公司 logo。

▲ 约 18 世纪初的东印度公司徽章。

异常成功的公司。到 1874 年 1 月 1 日该公司解散时，它已经存续了 274 年。《泰晤士报》评论说：“在人类历史上，它完成了任何一个公司从未肩负过、在今后的历史中可能也不会肩负的任务。”

赫尔曼・摩尔的这幅地图，就是代表了英国人向“可敬的（英国）东印度公司”的这种致敬。

英属东印度公司，前后 274 年的历史，当然不可能“一图以概之”。摩尔这个地图“节选”的时代，大概是 17 世纪末期、18 世纪初期。

1612 年，经莫卧儿帝国皇帝的允许，英国人在苏拉特（Surat）开设了第一个贸易站，获得了在印度东岸最初的立足点。1634 年，该公司在印度次大陆的中心、富裕的孟加拉地区获得了利润丰厚的纺织品贸易特权。1639 年，东印度公司将其业务扩大到科罗姆德尔海岸，设立了乔治堡，即现在印度的马德拉斯。到 1647 年，该公司在印度沿海已经拥有了 23 家工厂。1668 年，当葡萄牙人将孟买群岛（今天的孟买）作为查理二世婚礼嫁妆的一部分交给英格兰时，东印度公司在该地区的崛起达到了顶峰。虽然 1689 年发生英国海盗侵扰了莫卧儿帝国皇家利益的事件，但英国人运用娴熟的外交技巧化解了危机，还在次年获准在孟加拉设立威廉堡，即现在印度的加尔各答，并在后来成为英属印度的首府。

按照马克思的观点，“（英国）东印度公司真正的创始不能说早于 1702 年，因为在这一年，争夺东印度贸易垄断权的各个公司才合并成一个独此一家的公司。”① 历史上那些东印度公司发展壮大的足迹，摩尔当然不会忘记将其表述在自己的这张“献给董事会”的地图上。此图绘制时，东印度公司的商业活动已经上升到了对英国人的经济生活举足轻重的地位。据统计，1720 年前后，东印度公司的贸易额占到了英国进口总额的 15%。在公司拥有垄断权的印度次大陆上，其在宝石、黄金、纺织品、茶叶和硝石（制造火药）等行业都拥有巨大的财富。正如摩尔在这张地图上指出的：那个英国人最初在印度东岸的立足点苏拉特镇，此时已经“拥有着印度最伟大的贸易和财富”。

虽然东印度公司在印度次大陆的商业帝国是出类拔萃的，但地图依然标出了其他欧洲大国在印度海

① 马克思：《东印度公司，它的历史和结果》，《马克思恩格斯全集》第九卷，人民出版社 1961 年版，第 167 页。

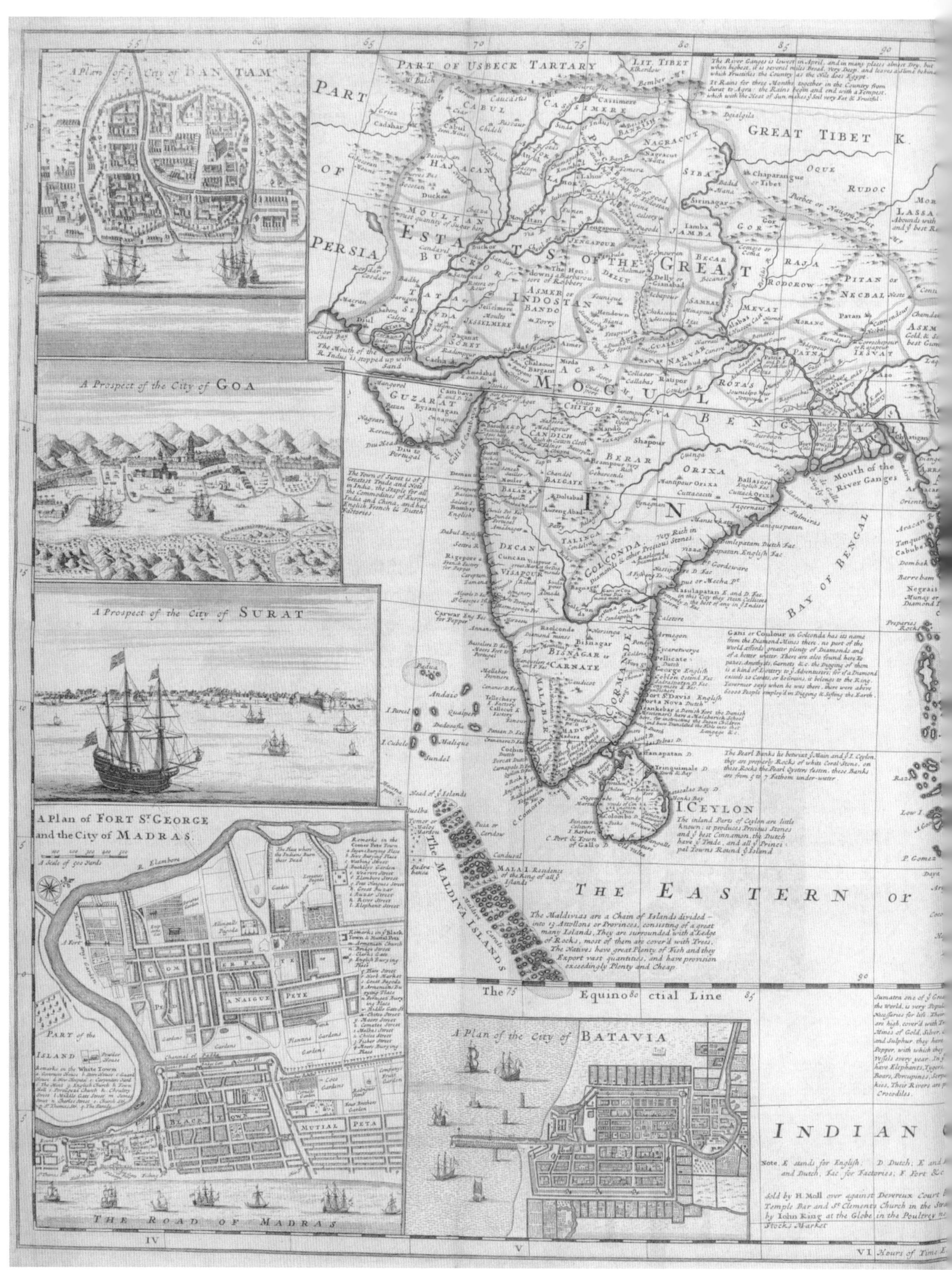

▲ 1726 年版《被发现的世界》中的亚洲地图。

A MAP of the
EAST-INDIES
and the adjacent Countries; with the Settlements, Factories and Territories, explaning what belongs to ENGLAND, SPAIN, FRANCE, HOLLAND, DENMARK, PORTUGAL &c. with many Remarks not extant in any other Map By H. Moll Geog.
To ye Directors of ye Honble United EAST-INDIA COMPANY
This Map is most Humbly Dedicated by your most Obedient Servant Herman Moll Geographer.
AUSPICIO REGIS ET SENATUS ANGLIÆ
105 Degrees East from London
CHINA
XENSI
HONAN
NANKING
SUCHUEN
HUQUAM
KIAMSI
QUEYCHEU
YUNNAN
QUAMSI
CANTON
CHEKIAM
TONQUIN
COCHINCHINA
SIAM
CAMBODIA
CIAMPA
LAOS
P. of COREA
P. of IAPON
NANKING BAY
Part of the GREAT SOUTH SEA
Part of the GREAT
SOUTH SEA
AINAN I.
GULF OF COCHINCHINA
The Shoal of Parcel
BAY of SIAM
LUCONIA or MANILA
PHILIPINA ISLANDS
MINDANAO
BORNEO I.
CELEBES I.
GILOLO I.
CERAM
NEW GUINEA
TERRA DE PAPOS
IAVA I.
TIMOR I.
FLORIS I.
STR. of SUNDA
STRAITS of MALACCA
Malacca
Borneo
Canton
Batavia
Manila
SUNDA ISLANDS
130 Deg. East from London
Note that when it is Six a Clock in the VII Morning at London, it is Twelve at Noon here.
Great Part of the Island IAVA is still unknown, by reason of several high Mountains and unpassable Forrest and Wildernesses; but ye N. Part betwixt Batavia and Bantham is populous, and produces Store of Rice, most Indian Fruits with some Salt and Pepper. They have Tygers, Rhinoceroses, Crocodiles, Hogs, Oxen, Sheep, with Plenty of Fowl & Fish.
This Island Produces Gold, Cinnamon, Ginger & Sandal
The 5 Principal Islands of the Moluccas are Ternate, Tidor, Motir, Machian & Bachian. They are all of them Famous for Cloves and several sorts of Spice
VIII

▲ 英属印度时期东印度公司发行的金币。一金币约等于15银卢比。此版本为1835年，一直沿用到20世纪初期。

岸线沿线设立的一些工厂。彼时这些企业在印度次大陆尚没有足够的实力抗衡东印度公司，但英国人明显具有超前的“先天下之忧而忧”，在这张地图上没有回避标绘其竞争对手所控制的势力范围，尤其是：

—荷兰人统治下的印度尼西亚、马来半岛、锡兰（斯里兰卡）以及在日本长崎的一个贸易站；

—葡萄牙人控制的几处印度飞地，包括印度西海岸的果阿地区 (GOA)，以及当时的中国澳门 (Macao)；

—西班牙人统治下菲律宾，甚至还注释了菲律宾的国名正是来自西班牙国王费利佩二世（Philip II，那个曾在1588年组建了西班牙无敌舰队入侵英国本土的老对手）。

在这一点上，英国人真正做到了“实事求是”地面对挑战和问题。

地图左侧，摩尔描绘了5张当时繁华的港口城市布局图，但只有苏拉特 (SURAT) 和马德拉斯（MADRAS）是英国人自己的地盘。果阿（GOA）是当时葡萄牙人在印度的主要基地；巴塔姆（BANTAM）和巴达维亚（BATAVIA）则属于荷兰人。荷兰人的东印度公司只比英国人的晚成立了两年，并且也延续了长达197年。巴达维亚（BATAVIA）是那个时代荷属东印度的首府，现在称为雅加达——印度尼西亚的首都。

总之，这张地图描绘的范围，从波斯边境（Persia，约为今伊朗）到巴布亚新几内亚和日本南部的广大区域，包括了今日印度、巴基斯坦、孟加拉国、斯里兰卡、东南亚中南半岛、中国大部分地区、印度尼西亚、菲律宾等。比起一百多年前荷兰人德·佐德关于这一地区“东拼西凑”的那张《中华帝国》（*China Regnum*）地图，摩尔这张地图可谓已经前进了几大步，图中的山川、河流、海岸线及岛屿的形状、经度纬度

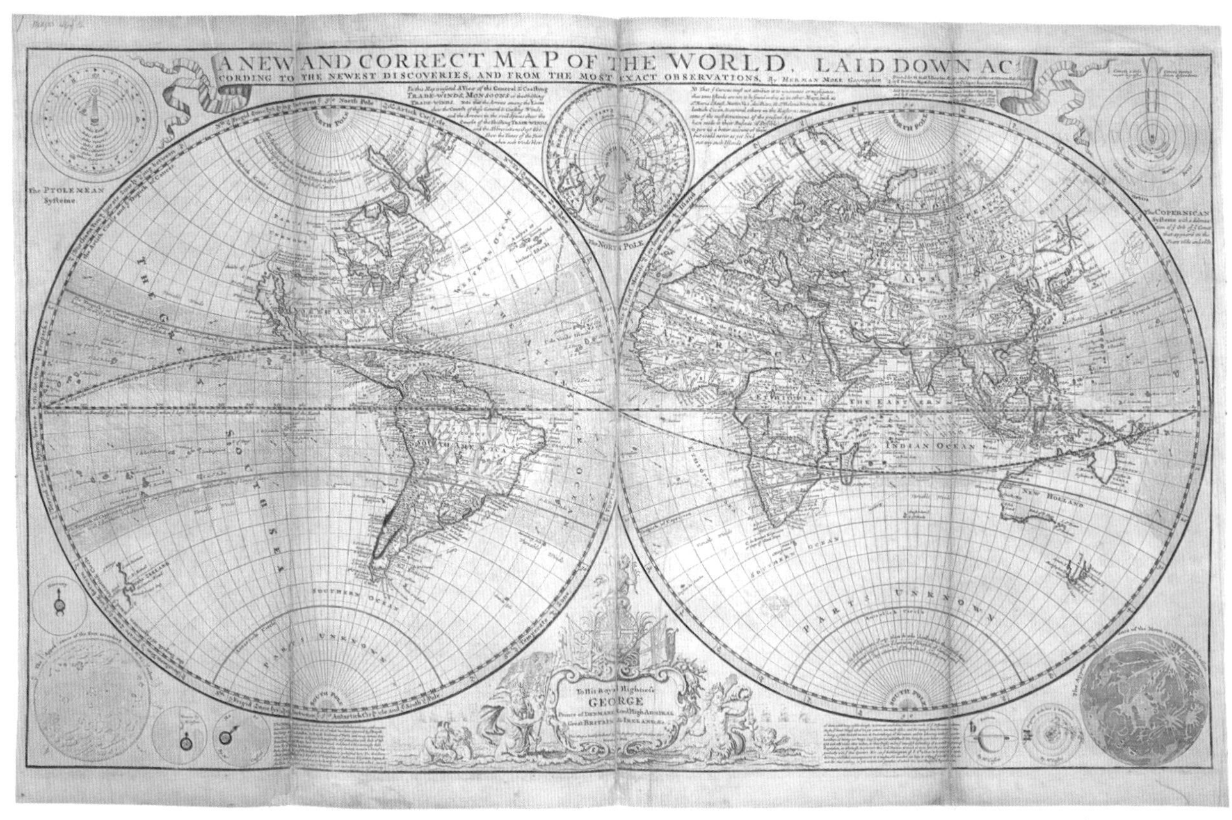

▲ 1726年版《被发现的世界》中的世界地图。

线坐标已经初具了现代地图的影子。

细心的读者可能已经注意到了，标注于图上的代表印度的英文单词“INDIA”横跨了整个印度次大陆、孟加拉湾、中南半岛，比今日的印度版图，甚至比当年的英属印度的实际势力范围都要大很多。“INDIA”上方的英文单词“MOGUL”，或许是想表述这是莫卧儿帝国时期的印度。那个突厥化的蒙古人、帖木儿的后裔巴布尔在印度建立的“莫卧儿”封建王朝，从16世纪初期延续到19世纪中叶，前后三百余年。如果再向前，还可以追溯到帖木儿帝国、东西察合台汗国等元朝历史。但即使是莫卧儿帝国最鼎盛时期控制的疆域，也没有摩尔地图上标识的这么夸张。“英属缅甸”这一流行称谓也是一个世纪以后的事情呢。

这张图或许会勾起人们探索莫卧儿帝国来龙去脉的好奇心，但大英帝国善于将好奇心变为进取心、进而变化为野心。英国人那时或许已经看到了由自己取代莫卧儿皇帝来统治这片丰饶大陆的美妙幻境，所以才把“INDIA”这几个字母在地图上横跨了那么宽广的地域。正如马克思所分析的：“大莫卧儿的无上权力被它的总督们摧毁，总督们的权力被马拉塔人摧毁，马拉塔人的权力被阿富汗人摧毁，而在大家这样混战的时候，不列颠人闯了进来，把他们全部征服了。”①

1711年，康熙五十年，清朝皇帝授予英国东印度公司在广州买卖茶叶和白银的权利。1717年，莫卧儿帝国在孟加拉地区免除英国人所有关税。一个又一个巨大的新市场大门正在被东印度公司攻破，英国人的视野已经瞄向这个世界更远的角落。

在这张地图制作的1720年前后，康熙五十九年，清军刚刚将准噶尔部驱逐出西藏，正着手进行对西藏政权的体制改革。而在喜马拉雅山脉的另一侧，在南亚次大陆的广袤土地上，西方殖民者的扩张与征服也正在“蚀刻”着现代世界版图的雏形。

这张“谦恭地献给东印度公司董事会”的地图，同这本书中介绍的许多珍贵而优秀的古老地图一样，蕴藏着人类社会变迁的丰富历史信息，值得我们一遍又一遍地细细品味。

▲ 英国东印度公司在伦敦扩建的办公楼，Thomas Malton 于1800年创作。

① 马克思：《不列颠在印度统治的未来结果》，《马克思恩格斯全集》第八卷，人民出版社2012年版，第856页。

◀ 1687 年的埃德蒙·哈雷，Thomas Murray 于 1690 年创作。

第二十七讲
超越大地与海洋的轮廓
——记英国科学家埃德蒙·哈雷等人的地磁偏角地图

15 — 18 世纪，属于古代地理学的近古时期，是地理学由古代向近代转变与过渡的时期。在这三个多世纪里，西方地理学完成了技术革新、资料积累和建立地理唯物论的哲学基础等方面的准备，为欧美近代地理学的建立创造了前提。

近代地理学是同工商业社会相适应的知识形态，以对地球表面各种现象及其关系的解释性描述为主体。在发展过程中，其逻辑推理和概念体系渐趋完善，学科日益分化，学派林立。对于地图学来说，近代地理学的地图经过了大航海时代广泛的探索与测绘，不再单纯地以陆地或者海洋的轮廓、国家疆域或势力范围为单一的描述对象，启蒙时代的科学活动开始留下许多印记。测量仪器与方法的进步、科学探索主体与目的的变化，让地图的表现形式也逐步发生着本质的变化。

在这个转变的过程中，有两位影响广泛而伟大的“海员”不可不提，他们是威廉·丹皮尔和埃德蒙·哈雷，一个英国“海盗”和一个英国科学家，陆续开启了近代地图从疆域轮廓的描绘向综合性科学载体功能的转变。

威廉·丹皮尔（William Dampier，1651 — 1715 年），是那个时代的英国探险者，是第一位完成了三次环球航行的航海家。他还长期拥有另一个职业——一名“海盗”。虽然也曾活跃在加勒比海地区，不过他可不是黑胡子、单眼罩、邋遢嗜血的流浪者，而是英国政府授权的私掠船上的海员。

16 — 19 世纪，伴随着欧洲列强争夺海上霸权及海外殖民地势力的激烈斗争，“海盗”（私掠船）成为一种所在国允许的“合法行为”。甚至在相当长时间里，一国的私掠船是国家海军力量的重要补充。只要不违背本国的利益，他们可以随意攻击和抢劫敌对国（丹皮尔时代主要针对西班牙）的货船。本国政府还会根据私掠船的战果给予奖励。因此，一个被西班牙通缉的头号海盗，在英国可能就是被奉为英雄的私掠船船长。丹皮尔就是这样一位英国私掠船上的“海盗”，作为英国海军力量的重要补充。1679 — 1711 年，他参与或带领英国私掠船舰队南征北战，一生完成了令人难以置信的三次环球航行。其第一次环球航行同他的前辈德雷克差不多，也是因为沿着南美洲海岸“打劫”西班牙的殖民地，被西班牙人围追堵截，不得不一路向西横穿太平洋。不过，其生涯中血与火的战争传奇和财富得失的秘闻并非我们关注的焦点，我们关注的是他“自然学者”和“制图师”的身份。

在闯荡海洋的 30 年间，丹皮尔到访了五大洲，可以称得上是第一个这么做的“自然学家”。史料现在常把他视为 1688 年第一个探索了今日澳大利亚东北部岸线的英国人。实际上，1681 年抵达澳大利亚的“伦敦”号船长才应该是那个“第一个英国人”，但丹皮尔依然可以被视为登陆澳大利亚并做了杰出的自然科学及地理观测的第一个英国人。在环球航行期间，他的日记中几乎详细记录了他所见所闻的“一切”事物——天气、地理、风、洋流、土著人、异域的动植物。他详细地描绘了台风、飓风、水龙卷等现象，并推断出飓风与台风是同一类型的天气现象。他作为博物学家的敏锐观察，开创了我们今天所说的描述性植物学和动物学。这个领域下个世纪在随同库克船长探险的博物学家班克斯的推动下，取得了进一步发展。作为一名舰长或舰队的领航员，丹皮尔记录了海上每天的路线、距离、纬度、风和天气，以及对潮汐、水流和风的观察，确立了他作为水文学家和气候学家的声誉。

丹皮尔传奇的一生对后世有着不同寻常的影响。例如，由他最早在英语著作中使用的词汇在《牛津英语词典》中先后出现了 80 多次，像“烧烤（Barbecue）”“鳄梨（avocado）”“筷子（chopsticks）”“子物种（sub-species）”等。公认的关于他的几个“成果”还包括：他在航海技术上的发明与革新，后来被伟大

▲ 赫尔曼·摩尔制作的袖珍地球仪，外壳的内里绘制的是天球图。地球仪上绘有威廉·丹皮尔的环球航线。

的库克船长和英国“战神”纳尔逊学习和继承；他的《新环球航海记》成为乔·斯威夫特的小说《格列佛游记》中重要的素材来源；他和塞尔科克（Alexander Selkirk）的经历导致了笛福的小说《鲁宾逊漂流记》的诞生；他的博物学观测和分析给了达尔文（Charles Darwin）和冯·洪堡（Alexander von Humboldt）在各自领域理论发展以很大帮助。

丹皮尔一生著述颇丰。1697 年第一次环球航行结束后出版的《新环球航海记》是他的第一部作品。1699 年，他出版了《航程与描述》。他不光协助促进了对澳大利亚北部岸线的测绘，在 1703 年出版的

▲ 威廉·丹皮尔雕版印刷肖像，作者 Thomas Murray，雕刻师 Sherwin Charles 于 1791 年创作。

《前往新荷兰的航程》（那个时代的新荷兰指称的是现在的澳大利亚）一书中，还插绘了两张世界地图。利用直线与箭头的简单组合，丹皮尔第一次系统地在地图上描绘出大洋上的信风（tradewind，也称作贸易风）系统和印度洋上的季风系统（monsoon）。在1705年的《风语》（*Discourse of the Winds*）中，丹皮尔配发了绘有风力系统的世界地图。

“……贸易风就像从一个点或罗盘的四分之一处不断地吹过来，世界上最盛行贸易风的区域是赤道南北两侧从北纬30° 到南纬30° 。有各种各样的风向：有的从东到西吹，有的从南到北吹，有的从西向东吹，等等。有些在全年的某一个季度中保持不变；有的则保持半年不变，其他六个月则风向相反；还有的保持六个月风向不变，然后偏移8° — 10° ，继续吹上六个月，然后再次返回到开始时的风向，这些都是不断变化的贸易风所表现出来的……”（摘自丹皮尔“贸易风、微风、暴风、四季、潮汐、洋流的话语”一章，1699年）

如果对上一讲中介绍的给英国东印度公司董事会绘制地图的赫尔曼・摩尔还有印象的话，您可能还记得，摩尔的朋友圈一众专家里就有威廉・丹皮尔。1710年左右。摩尔精心制作的袖珍地球仪上，经常描绘着丹皮尔的环球航行路线。这些地球仪即使在现在也珍贵稀有。他同丹皮尔的友谊与合作，按今日标准属于典型的双赢：摩尔获得了丹皮尔多次环球航行中最新的观测与记录的原始数据，借助丹皮尔的思路，成为第一个准确描绘大洋洋流与风向的制图师。而这些绘制精美的地图插图，又常常帮助丹皮尔的著作成为当时最畅销的书籍。

除了大地与海洋的轮廓，丹皮尔把难以捕捉的季风与信风系统地描绘在了世界地图上。同一时期，还有另一个英国人也在做着类似的工作，他就是埃德蒙・哈雷。哈雷不但在地图上描绘出了风力系统，还进一步测绘制作了“地磁偏角等值线地图”，将更加无影无形的磁力线描绘到世界地图之上。他首创的“等值线”概念，在科学制图领域是突破性的创新。

埃德蒙・哈雷（Edmund Halley，1656 — 1742年），最广为人知的贡献就是他对一颗彗星的准确预言。1759年3月13日，全世界的天文台都在等待着的那颗哈雷预言的彗星，拖着长长的尾巴，如期出现在星空中，并将其正式命名为哈雷彗星。遗憾的是，哈雷已于1742年逝世，未能亲眼看到。现在，每当人们提起哈雷，总会联想到哈雷彗星。这一颗彗星的光芒，似乎笼罩了他身后的岁月。然而，哈雷的成就远不止预言了一颗彗星。

哈雷是个不同凡响的人物。他是英国第二任皇家天文学家、牛津大学几何学教授、皇家制币厂副厂长。他和牛顿是同时代的伟大科学家，鼓励、协助并自费为牛顿出版了《自然哲学的数学原理》。他是深海潜水钟的发明人，发明了气象图和运算表，发表过潮汐和行星运动方面的权威文章，发现了恒星的自行、月亮运动的长期加速现象，提出了利用金星凌日的机会测算地球的年龄和地球到太阳的距离的方法。1693年，他发表的一篇关于人类寿命分析的文章，成为英国政府出售寿险的重要基础。他甚至研究过关于鸦片的医用效果，还发明了一种把鱼类保鲜到淡季的实用方法。当然，他还有我们本篇所关注的角色身份：科考船船长、地图测绘学家、信风系统及地球磁力线的测绘先驱。

1686年，30岁的哈雷公布了世界上第一部载有海洋盛行风分布的气象图，彰显了他处理和归算大量数据的才能。这张图也是通常公认的世界上第一张气象地图。这是哈雷在收集了那些在大洋上穿梭往来、熟悉航海的航海家的资料，并分析整理了他在圣赫勒拿岛天文台期间（1677 — 1678年）观测的经验与数据之后，绘制出的贸易风和季风的风力系统地图。哈雷的本意是试图更正早期一些学者关于这一主题的研究结论。他将盛行的信风及季风的主要原因归结为伴随着地球自转过程中，太阳能对大气的加热效应导致的大气体积变化所造成的。哈雷还建立了气压与海平面以上高度的关系。

在哈雷的这张地图上，一排排简短的线条显示风

▲ 威斯敏斯特教堂的埃德蒙・哈雷纪念牌匾。

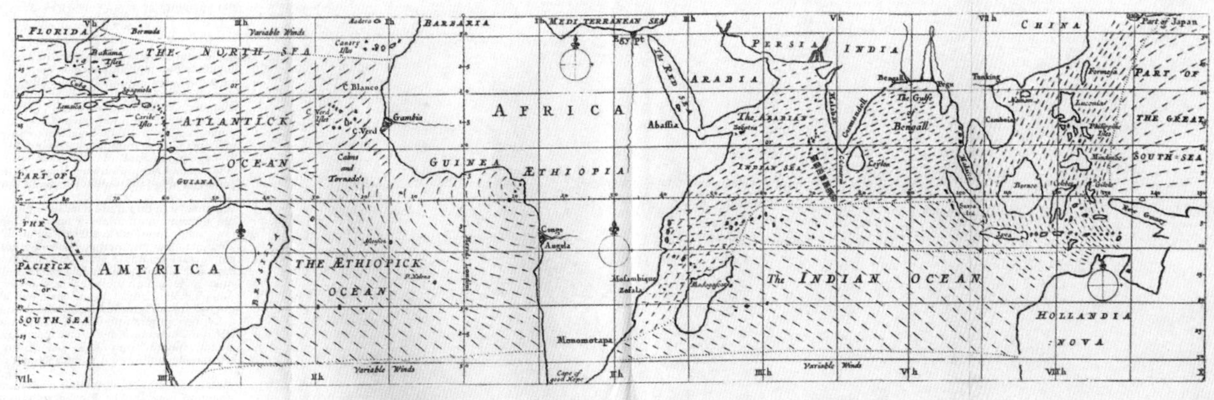

▲ 哈雷信风与季风系统地图（1686）。

的轨迹和方向，这些线的尖角指向风源。在风力往复的地区，特别是在印度洋季风多发地区，线条比其他地方更密集。哈雷用来表示风迹的符号在大多数现代天气图表表示中仍然在使用。在发表于《哲学汇刊》的文章中，哈雷说："为了帮助读者在如此的困难中理解这些概念，我认为有必要制定一个方式，（让读者）一看到这些风的各种方向和轨迹，就能够比任何的口头描述都能更好地理解它。"哈雷的确做到了，他在地图上以图示化表达风力系统的方式，对新兴的信息可视化领域做出了重要贡献。

1698 — 1700 年，哈雷又开启了他作为船长和测绘师在大西洋上的探索活动。英国海军部为了哈雷的科考，在帝珀福特船厂（Deptford）订制了一条 52 英尺长、18 英尺宽、只有 89 千蒲式耳的三桅小帆船"帕拉莫尔"号（Paramore）。这次探险活动也可以称得上是英国人为了纯粹科考目的而进行的第一次远航探险。科考的目的是测量地磁偏角。

地磁偏角，是地球磁场的一种自然现象，即指南针指示的北方与实际正北方的夹角（磁北与真北的夹角）。据记载，我国宋代科学家沈括最早发现了磁偏角现象。哈雷在十四五岁时就对这一现象感兴趣，当时还亲自测量了几次。三十多年后，他终于可以在大英帝国的支持下、在大西洋之上对地磁偏角进行系统的测绘，从北纬 52° 一直到南纬 52° 。在经历了海上、船上的重重艰辛后，1701 年一张实用、美观、充满创造性的大西洋地区的地磁偏角等值线地图① 问世了。

这是世界上第一张描绘了等值线形态的地图，即图中每条曲线经过的点，地磁偏角的值都是相同的。等值线在当时被称为"哈雷之线（Halleyan Lines）"。这一绘图方法成为描绘抽象地理观测数

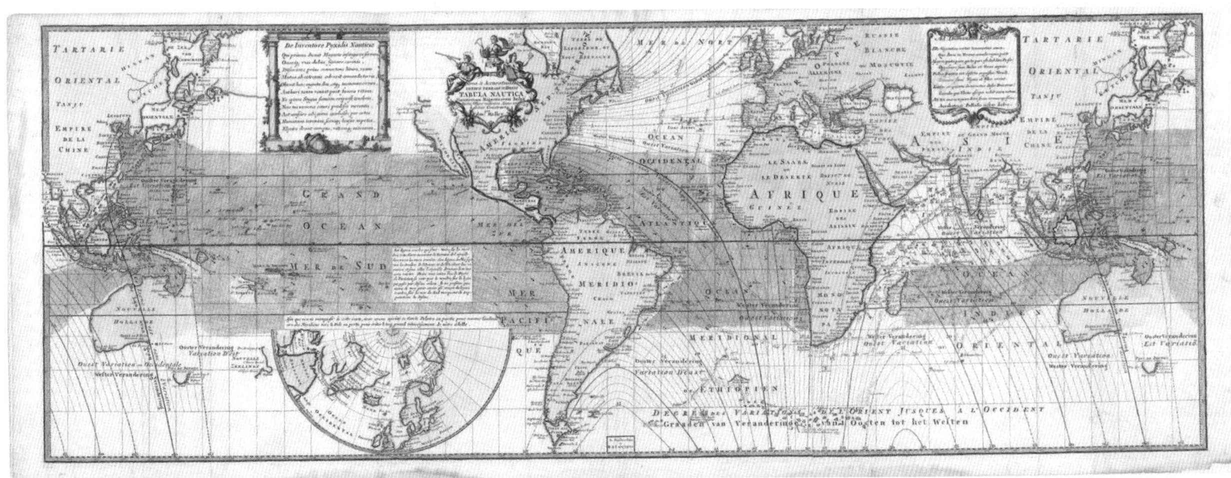

▲ 哈雷 1740 年出版的世界地图。

① *"A New and Correct Chart Shewing the Variations of the Compass in the Western & Southern Oceans as Observed in ye Year 1700 by Edm Halley"* [London: s.n., 1701] Copperplate map, with added color, 56cm×48cm[Historic Maps Collection]. Princeton's copy is an unrecorded state.

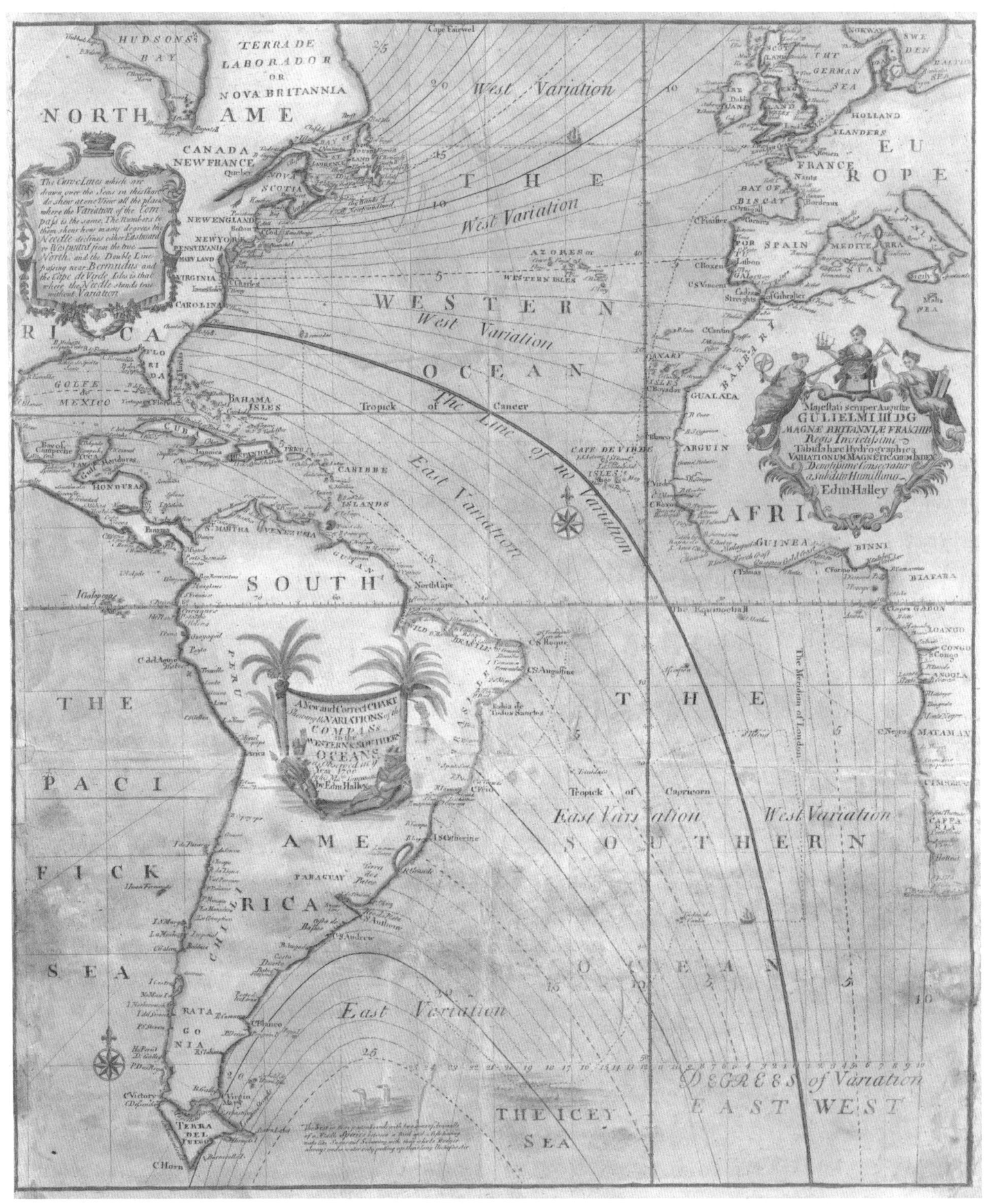

▲ 哈雷第一幅磁偏角等值线大西洋地区地图（1702 年）。

据的创造性模型。该图也被公认为制图史上最重要的地图之一。现在，人们已经熟悉了的等高线地形图、等深线海洋地图、等压线大气天气地图等，都是受哈雷的这一“创意”的启发。

基于这张地图，并结合了对其他地区的多年地磁偏角的研究数据，哈雷于 1702 年在伦敦发表了一幅地磁偏角的世界地图，并将其收录到 1705 年出版的《珍品杂集》（*Miscellanea Curiosa*）中。后来，哈雷进一步将信风、季风天气系统和地磁偏角等值线系统整合到了一整张世界地图上。

1740 年出版的哈雷地图就包含了信风季风天气系统及地磁偏角等值曲线。地图的范围甚至超过了 360°，澳大利亚和东南亚在地图的两侧重复出现，以便于观察。左下方的半圆形区域为极地投影视角下的北极地区。受当时地理发现的信息所限，阿拉斯加、澳大利亚东海岸、新西兰等许多岸线尚缺乏完整的轮廓，巴布亚新几内亚岛的南部也和澳大利亚大陆的北方连接在了一起，但这些都不影响它作为一张伟大地图的“身份”。

顺带一提的是，哈雷和其他部分科学家当时认为，这样的地磁偏角数据地图，可以解决航海中如何准确测定经度的问题。经度问题即使从大航海时代算起，也已经困扰航海者们两百多年了。哈雷试图通过将指南针读数与地图上的磁偏角等值线进行比较来查找经度位置。不幸的是，由于地球磁极的不停移动，某地的磁偏角数值随时间变化而不稳定，这种经度测定方式并不可靠。人类准确测定经度的方法，最终是由英国制表匠哈里森制作的精密航海钟 H4 突破的。

18 世纪，德国地理学家冯・洪堡提出世界年均温等值线图和大陆性概念，以及植物纬向水平地带学说，使其成为全世界近代地理学最重要的奠基人之一。在欧洲，其声望可以同拿破仑相提并论。在经历了文艺复兴、宗教改革、大航海等之后，18 世纪的人类，尤其是欧洲，以“进步”为关键词，不断投身到改造自然的热潮，同时也逐渐失去了对宇宙天地、对自然的敬畏。在这一时期众多探究“如何理解自然”的科学家中，冯・洪堡是一位浮士德式的人物：他深受启蒙思想影响，坚信客观实验之必要，但也重视个人的主观感受。在德国耶拿与歌德深入交往的那段时光，洪堡称歌德“对自己的影响至为深远”，与歌德的交游赋予了他观看与理解自然世界的“全新感官”。他将科学与想象结合在一起，以“生命之网”的整体视角重新审视自然。

在那个“各国纷纷疯狂地分割世界上的那些无主之地，而航海家们则致力于将自己的名号扩散至全世界”的时代里，地图制图学曾局限在对大地、海洋、疆域轮廓的测量与描绘范畴。伴随着地理学逐步进入近代科学时期，制图学的功能和表现方式也在发生着转变。以丹皮尔和哈雷为代表的地图作品，逐渐呈现出更多的自然科学的要素，使对温度变化、大气变化、磁场与宇宙辐射、动植物迁徙、人口情况、矿产资源分布、灾害预防预测等的测绘分析得到了直观的表现。但是，在探索与描绘宇宙自然的过程中，或许我们应该永远牢记冯・洪堡在他的代表作《宇宙》中所思考并总结的一个最核心观点：地球是有机统一的整体，人类只是自然的一部分。

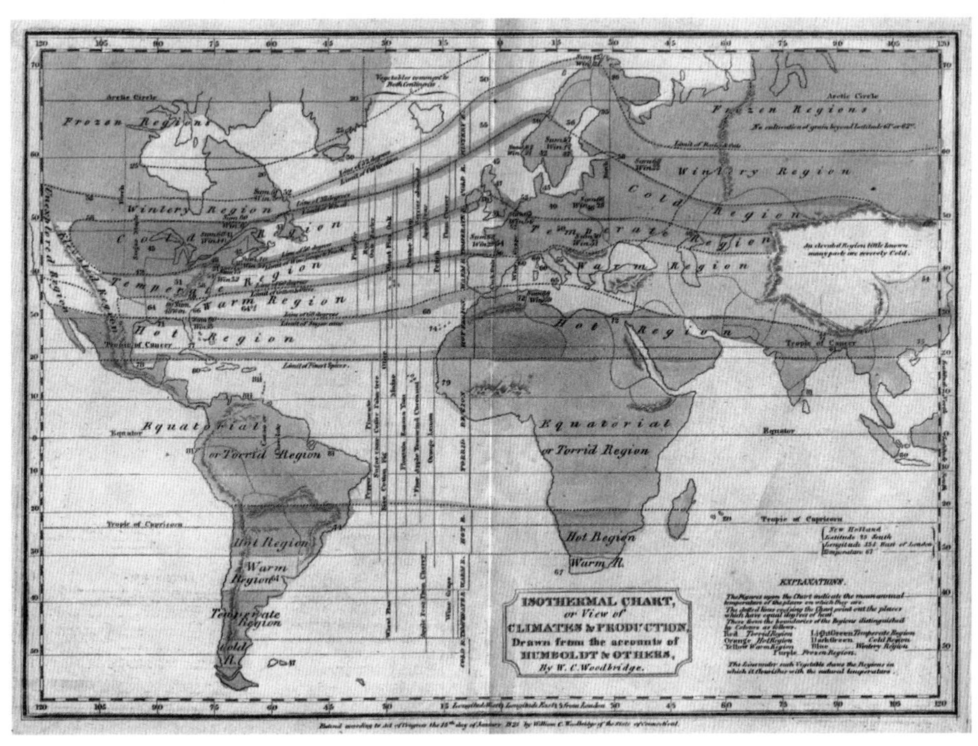

▲ 世界上第一幅等温线地图，Woodbridge 于 1823 年创作。

▲ 18 世纪上半叶，英国官方出版的关于北美洲的最重要的两幅大比例尺地图的局部。

第二十八讲
权力的游戏
——18 世纪英国人绘制的两幅最重要的北美洲殖民地地图

美洲，传统地理将其分为北美洲与南美洲。不过，还有一种小众分法：按政治经济地理将之分为盎格鲁美洲（主要指今日的加拿大和美国，以英语为主流语言，因此又称英语美洲）和拉丁美洲（墨西哥及其以南地区，目前没有发达国家，以拉丁语系的西班牙语和葡萄牙语为主流语言）。这种地缘政治现象，是从 15 世纪末期开始的美洲殖民时代逐步演变而来的。

1492 年，西班牙皇室资助的哥伦布“发现”了新大陆（今日加勒比海上的岛屿及中南美地区）。1497 年，卡伯特父子在英国王室资助下对北美大陆北部的哈德孙湾等高纬度地区完成了第一次探索。1500 年，葡萄牙远征舰队司令卡布拉尔在前往印度的航程中意外地发现了巴西。1520 — 1530 年，法国人也曾派遣探险家乔瓦尼（Giovanni da Verrazzano，1485 — 1528 年）和卡地亚（Jacques Cartier，1491 — 1557 年）探索过北美大陆北部的广大区域。17 世纪 20 年代，现在的纽约尚属于荷兰人的殖民定居点，被叫作“新阿姆斯特丹（Nieuw Amsterdam）”。

上述这些大航海时代的重要事件，正是欧洲人在美洲大陆历史上留下的一个个足迹。以此为开端和线索，欧洲几大强权陆续开启了对美洲新世界的一系列发现、开发、殖民、掠夺等活动。英格兰、法兰西、尼德兰、西班牙的名字也陆续出现在北美大陆上，分别是新法兰西（La Nouvelle France，1534 — 1763 年）、新尼德兰（Nouve Netherland，1614 — 1674 年）、新西班牙（Nueva España，1519 — 1821 年）、新英格兰（1643 — 1776 年）。

这些“新”字辈的地理范围，虽然核心地带大体是明确的，但整体区域却从来都不曾是一个清晰的、有着明确边界的、地域面积相对固定的地理概念。英、法、荷、西四大列强不但在欧洲本土争斗的天昏地暗、合纵连横（大航海时代的两三百年间，这四大强国几乎都和另外三家分别联过手，也分别都和另外三家为过敌），在海外殖民地的争夺和控制上也是你争我夺、此消彼长。美洲，作为最为丰饶的海外殖民地，更是几乎没有一天“岁月静好”的日子。比如“新法兰西”，最初只包括圣劳伦斯湾沿海地区、纽芬兰以及阿卡迪亚（新科斯舍），伴随着法国人在北美洲势力的逐步扩张，最终形成北起哈德孙湾，南至墨西哥湾，包含圣劳伦斯河及密西西比河流域的广大地区，划分成加拿大（和现在的“加拿大”国家是完全不同的地理概念）、阿卡迪亚、哈德孙湾、纽芬兰、路易斯安那五个区域。再比如“新英格兰”，最早就是由马萨诸塞湾、纽黑文、康涅狄格、普利茅斯联合而成的，这个非常松散的联合体，受到来自西面新尼德兰殖民地的荷兰人、南面的西班牙人、西北方向的新法兰西殖民地法国人的威胁，还与土著印第安人有着不断地冲突摩擦。而且由于马萨诸塞湾不同意与荷兰人交战，新英格兰同盟内部也处于斗争之中。

正如我们在第十九讲中曾经描述的那样：“图中，欧洲四个大国（西班牙在弗吉尼亚的西南面）的皇家徽章，非常整齐地一个接着一个排列着，分别代表着四个大国在北美洲殖民地的势力范围，就好像当时四个大国在北美洲大陆上的殖民地之间存在着清晰的领土划分一样。实际情况是，即使在 17 世纪 20 年代，这版海图开始在荷兰东、西印度公司内部使用期间，这种殖民地势力的排列也不过是代表了荷兰殖民者所渴望的政治版图而已。随着接下来几十年间英国人在北美洲东北地区的迅速扩张，等到 17 世纪 90 年代，当这个海图公开发布的时候，荷兰人在“新世界”的生存空间早已经被极大地压缩了。曼哈顿所在的哈德孙河口地区以及美国东北地区殖民势力范围已经被英国人抢夺了过去，此图中这种殖民地域的划分就更加站不住脚了。”

1643 年，西班牙帝国在罗克鲁瓦战役中惨败，国力渐衰，持续走向没落。从西班牙人手下崛起的荷兰，则从 1674 年第三次英荷战争结束后，被后起之秀英国和法国全面打压了下去，持续了一个多世纪的“荷兰黄金时代”也步入尾声。英国和法国成为那个时代世界上最强大的国家。然而法国在第二、

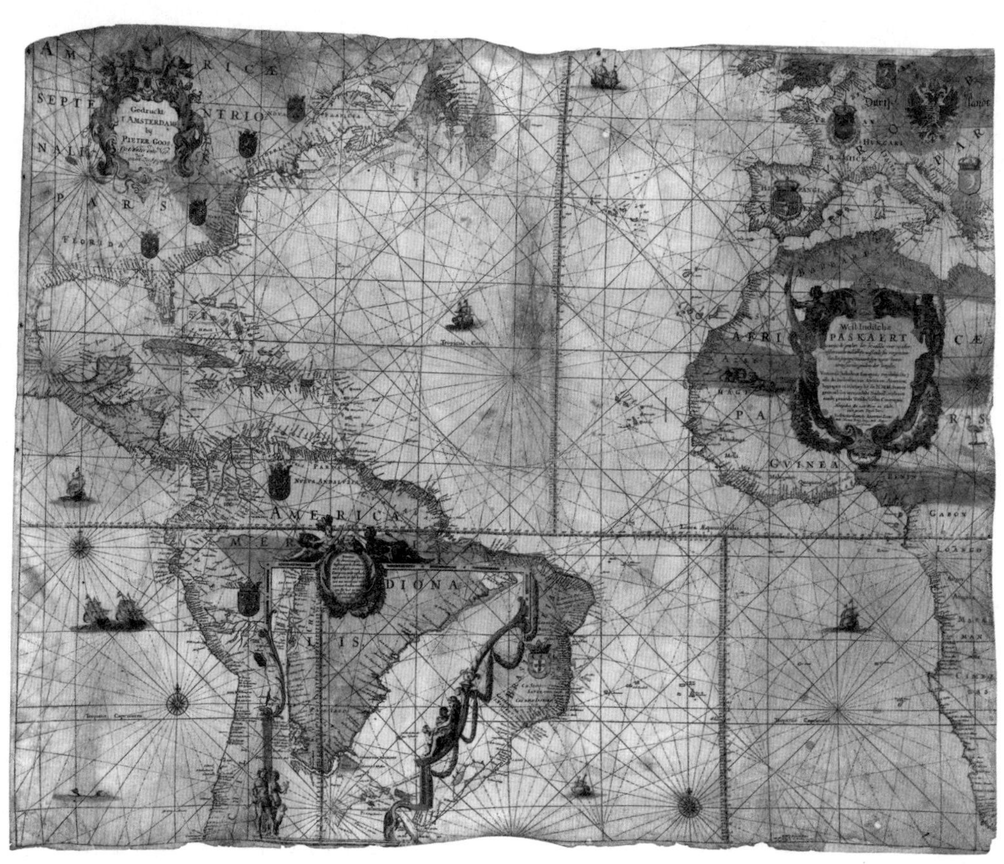

▲ 威廉·布劳《西印度群岛　大西洋》局部。在北美大陆上，四大欧洲列强的盾徽依次排列，好像他们有着明确的界限划分一样。

第三次英荷战争中的挑拨离间和渔翁得利，使得英国反法情绪高涨，并促成了1689年英国“光荣革命”之后的“第二次英法百年战争”（1689—1815年）。两者的对决遍及全球。这一时期，在北美“新世界”大陆上，美利坚合众国尚在孕育之中，对峙的最主要势力也正是英国和法国。

18世纪上半叶，英国官方出版的关于北美洲最重要的大比例尺地图有两幅：第一幅是亨利·波普（Henry Popple）为英国贸易委员会[①] 制作的，英文名称为 *A Map of the British Empire in America with the French and Spanish settlements adjacent thereto*，可译为《大英帝国在北美洲毗邻法国和西班牙定居点的地图》，制作年代为1733年左右；另一幅是约翰·米特切尔（John Mitchell）的 *Map of the British & French Dominions in North America...*（1755年），即《英国及法国在北美洲的领土地图……》。因名称过于冗长，后人常简称为“米特切尔地图”（*Mitchell Map*，原始尺寸77英寸 ×53.5英寸）。在对北美大陆的殖民统治尚不稳固的情况下，这些地图的发布可以看作是大英帝国对其在北美大陆统治意图的政治宣言。

我们先来看看第一幅由亨利·波普绘制的地图。

亨利·波普于1727与贸易和种植园委员会（以下简称委员会）合作。当时，英国殖民者和法国人之间频繁的边界争端，加速了双方对这一地区详细地图的需求。1730年，委员会开始要求提供整个殖民省份和毗邻地区的详细地图。波普在1731年发布了他制作地图的公告，但直到1733年才完成这幅由20张局部地图组合而成的全图——《大英帝国在北美洲毗邻法国和西班牙定居点的地图》。

尽管波普与委员会有工作上的联系，但这张地图并没有帮他取得商业上的成功。这张地图曾先后被人们赋予重要的现实与历史意义，但他的作者亨利·波普的名字却鲜为人知，现在的维基百科等也难以查到关于他的只言片语，这在制图史上也是比较少见的。根据有限的资料，只知道他来自的那个家庭的成员为贸易和种植园委员会先后服务了三代人。这

▲ 水彩画《老种植园》或《在南卡罗莱纳种植园中跳舞的奴隶》，John Rose 绘于18世纪90年代，现藏于弗吉尼亚威廉堡。

① 贸易委员会（The Board of Trade），是英国政府专注于工商业的一个部门，隶属于国际贸易部。它的全称是“负责审议贸易及外国种植有关的所有事项的枢密院委员会主席团”，但通常称其为“贸易委员会”。其前身系“贸易和种植园委员会”（Lords of Trade and Plantations）。从17世纪开始，该委员会广泛参与大英帝国的殖民事务，到维多利亚时代已经被政府赋予强大的行政职能。

▲ 1733 年，亨利・波普绘制的《大英帝国在北美洲毗邻法国和西班牙定居点的地图》。

种联系应该是他承担了这张地图制作的一个重要因素。1739 年，出版商威廉姆（William Henry Toms，1700 — 1765 年）和塞缪（Samuel Harding）接手了这份地图的出版工作以后，此图的销售才有了起色。而随着“詹金斯耳朵的战争”① 爆发，进一步见证了这张地图的商业成功。1746 年，波普地图的版权被卖给了威尔迪和奥斯汀（Willdey and Austen）。他们持续出版了这幅地图，直到 1750 年奥斯汀去世。

这张在委员会专员的主持下制作的地图，本意是用来帮助解决因英国、西班牙和法国在美洲殖民地的对立扩张而产生的争端。在该地图出版时，“法国不仅主张（现在的——引者注）加拿大，而且还声称拥有密西西比河及其支流流域的所有领土——这几乎是半个北美大陆的面积了”（*Goss The Mapping Of North* America p.122）。

波普的地图是第一版大比例尺显示英国北美洲殖民地的地图，由 20 张局部图（每一部分 27.5 英寸 ×19 英寸）拼接起来，整体地图接近 8 平方英尺（约 0.75 平方米）。不过，该地图既有作为整幅挂墙的拼接版本大幅地图，也有作为地图集的分页版本，分页地图集包含 15 张对开页及 5 张单页。它详细描绘了英

① 1739－1748年英国和西班牙围绕美洲殖民地爆发的一系列战争，起因被戏剧性地归因于英国商船船长詹金斯声称遭受美洲西班牙人劫掠和割耳羞辱。

国、法国和西班牙殖民地的属地范围。地图上的信息是基于代表英国官方的贸易和种植委员会所提供的，所以被其他制图师广泛复制。这也导致该图发布之后的几十年里，一直是许多北美地图的参照标准。

波普的地图也是第一张标明了所有英国在北美洲 13 个殖民地名称① 的地图，也是第一张显示了佐治亚的地图。佐治亚的新殖民地于 1732 年 7 月在伦敦注册，但直到 1733 年初，詹姆斯·爱德华·奥格尔索普（James Edward Oglethorpe）和他的 120 人组成的殖民者团队登陆美洲时，才开始发展起来。奥格尔索普于 1734 年 7 月返回英国，并于 7 月 20 日觐见了英国国王，向他展示了“与佐治亚新定居点有关的几张地图和令人好奇的图画”。同样的图画和地图肯定是马上就被提供给了波普，因为波普立即将这一新信息更定到地图集版本中第 10 页上的空白处。关于佐治亚的更新信息随后被刻在 1734 年底公布的第四版地图上。新的佐治亚殖民地被认为是英国人试图在人口较密集的东北部英国殖民地和西班牙人的佛罗里达之间建立一个重要的保护缓冲区。

波普的地图旨在为决策者提供该地区的大比例尺的和最新的详实地图，以便更好地理解殖民者间对立的领土主张，为划界提供依据。仔细近看的话，可以看到刻有一条虚线，标明各个国家殖民地的边界。然而，为了便于更清晰地描绘这些边界，波普设计了一个配色方案，用以区分和描绘各殖民国家的主张：绿色—印第安人；红色—英国；黄色—西班牙；蓝色—法国；紫色—荷兰。这一特点是研究波普地图的专家巴宾斯基（Mark Babinski）指出的。通过颜色仔细地划分争议地区，使得辨认某一特定地点是否在一个或另一个殖民“区域”变得更加容易。因此，对于当时国际上存在纠纷的土地的地理描述中，原始的、完整的色彩处理在地图中变得非常重要。

正如布拉克纳（Bruckne）在《美国早期的地理革命》（*The Geographic Revolution in Early America*）中所指出的：“波普的地图既是那个时代的制图标杆，也是英国殖民地社会精英中的视觉徽标。”在 18 世纪，英裔美国人中的殖民地精英经常进口大英帝国的地图，而展示英国在北美大陆领土范围的大幅地图是最受欢迎的装饰墙面的物品，并被放置在家中或者办公室等的正式场合。这些地图标识着大英帝国殖民领土的范围，配以描绘领土征服过程中夸张场景的插画，明显带有战略性的目的。像亨利·波普这版地图就得到了委员会的特别命令去推介给“美国观众”的。而像本杰明·富兰克林这种推崇殖民主义的政客，也急于要求将类似于波普的这类地图拿来向公众们展示。

在亨利·波普这幅地图问世 22 年之后，1755 年约翰·米特切尔（John Mitchell，1711 — 1768 年）发布了《英国及法国在北美洲的领土地图》。这是我们本讲要介绍的第二幅地图。

这幅地图被广泛地认为是美国历史上最重要的地图，是一幅在“七年战争”的前夕编制的由英国人印制的北美大比例尺地图，包含着该地区最新的详细信息。在 1783 年英国承认美国独立的《巴黎和约》中，该图成为界定新诞生的美利坚合众国边界的重要文件。在此后的 200 多年里，它在解决涉及当时英国殖民地和后来的美国北部边界的每一个重大争端方面发挥了重要作用。它是记录美国诞生时的地图，并一直延续到美国早期政治生活的许多方面。

该图作者米特切尔，出生于英国北美洲殖民地弗吉尼亚地区兰卡斯特郡一个相对富裕的商人和种植园主家庭，不过他是在苏格兰的爱丁堡大学接受的药理学方面的教育，所以人们还是习惯将其视为“英国的”生物学家、化学家、测绘师。完成学业之后，米特切尔又返回了北美洲的弗吉尼亚殖民点，从事药理等相关的工作。他把业余时间用来从事自然历史方面的研究，并逐渐被视为一名博学的生物学者。例如 1745 年，米特切尔就曾宣称弗吉尼亚地区当年爆发的传染病就来自未经消毒检疫即登陆的英国军队。1746 年，因为健康与气候等原因，他和妻子决定搬回英伦居住，然而归途中乘坐的帆船却被法国私掠船截获。米特切尔夫妇虽然最终获释，但是他的大量生物标本都被劫掠一空。不过，他后来还是在英国本土成为一名受人尊重的“异域生物学专家”，并于 1748 年当选为英国皇家社会院的一员。他在英国一直居住到 1768 年离世。

米特切尔并非一名职业的制图师，最初构思绘制一幅大比例尺的北美洲地图，目的是想向英国公众直观地展示那片大陆上所有的殖民地区域，用以说明当时法国对英国在北美统治权日益增加的威胁程度。

① 北美十三州是指英国于 1607 年（弗吉尼亚）至 1733 年（佐治亚）在北美洲大西洋沿岸建立的一系列殖民地。这些殖民地最终成为了美利坚合众国独立时的组成部分。这些殖民地分别是特拉华、宾夕法尼亚、新泽西、佐治亚、康涅狄格、马萨诸塞湾、马里兰、南卡罗来纳、新罕布什尔、弗吉尼亚、纽约、北卡罗来纳和罗德岛及普罗维登斯种植地。

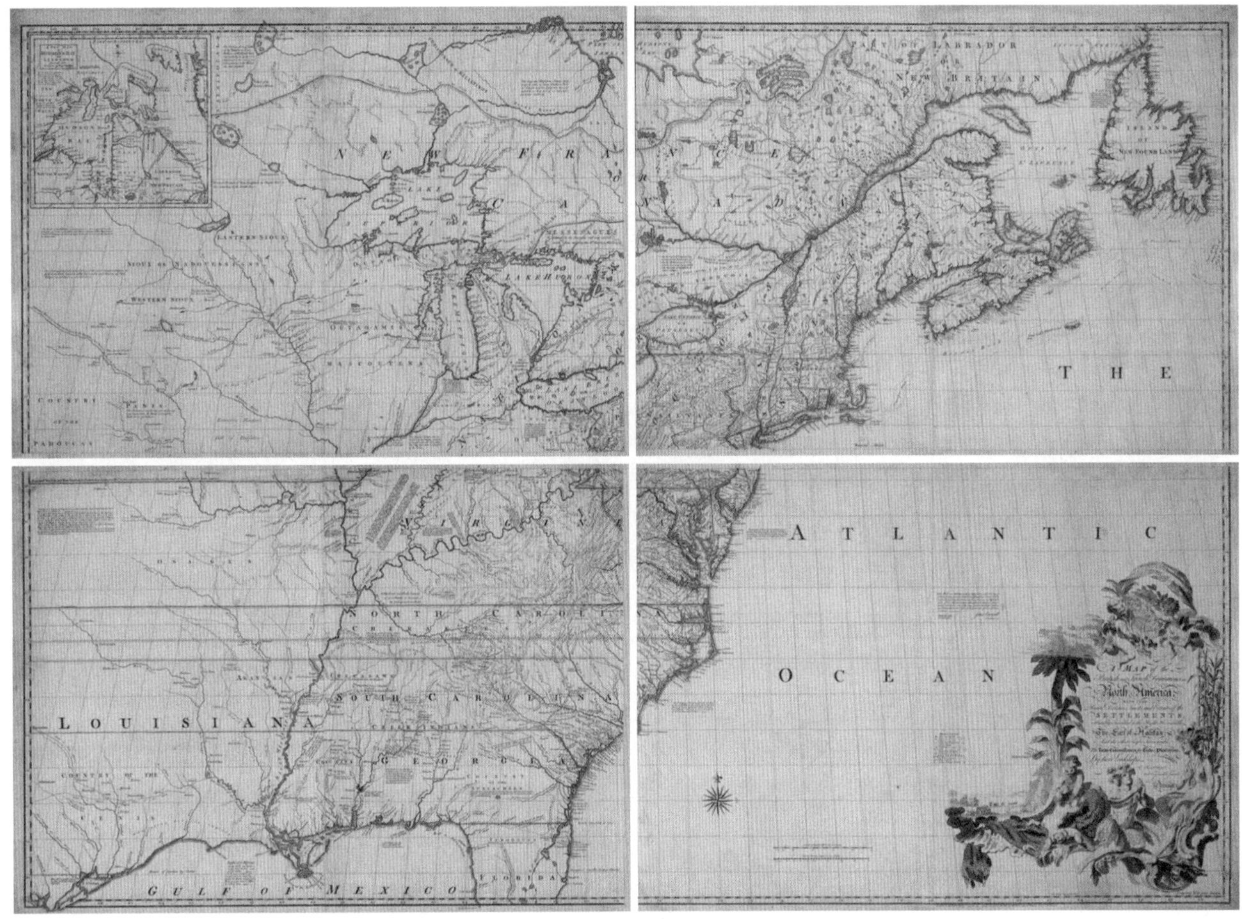

▲ 1755 年约翰・米特切尔绘制的《英国及法国在北美洲的领土地图》。

他在 1750 年完成了该地图的初稿。然而，由于米特切尔仅能够获得那些公开的公共信息用以绘制地图，以致那幅最初的成果看上去相当粗糙，即使在米特切尔自己看来也是如此。不过，随着消息流传开来，米特切尔绘制的这幅地图引起了委员会的关注，因为米特切尔的制图目的和该委员会不谋而合。为了完善和更新米特切尔的这幅地图，该委员会给予了米特切尔许多的帮助，包括提供给他委员会掌握的各种官方手稿、印刷的地图、测绘报告等。这些资料来自弗莱和杰斐逊、克里斯托弗・吉斯特（Christopher Gist，英国北美殖民地著名探险家、测绘员）、乔治・华盛顿（时任弗吉尼亚的英军军官）、约翰・巴恩威尔（John Barnwell）等人。委员会还指令北美殖民地各地总督要将最详细的地图和边界信息提供给米特切尔使用。

1755 年，这幅确立了米特切尔历史地位的重要地图，由安德鲁・米勒（Andrew Millar）在伦敦出版发行。在解释该地图上描绘的各种边界和地理信息时，正如委员会所预计的宣传效果那样，米特切尔的立场毋庸置疑是亲英的。除了地图上显示的地理细节外，米切尔还提供了许多注释用以描述英国和法国定居点的扩张程度。早在 1752 年，米特切尔就曾向委员会提交了一份报告，列举了法国的侵占行为，提出了鼓励那些在阿巴拉契亚山脉以西的英国殖民点打击法国在该地区影响力的想法。总之，这版地图同亨利・波普的那版地图一样，在出版后就成为当时北美洲的地图标杆，在各种政治、经济活动中被广为借鉴和引用。据不完全统计，仅在 1755 — 1781 年间，就有 21 个变体的版本出现，包括了 7 个英文版本、2 个荷兰文版本（Covens & Mortier 出版公司）、10 个法文版本（Le Rouge 出版公司）、2 个意大利文版本（Zatta 出版公司）等。美国国会图书馆（也是全球著名的古旧地图收藏机构）第二任地理及地图部主管马丁・劳伦斯（Lawrence Martin），曾经整理过这幅地图在重大历史事件上的多次应用，包括 1774 年英国议会就魁北克法案的辩论、1910 年英国在海牙仲裁法院就北大西洋海岸渔业仲裁案提出交涉的事件、1927 年美国最高法院裁决威斯康星—密歇根州边界案等。

然而，靠地图并不总是能解决人类的政治难题，正如克劳塞维茨在《战争论》中所说的：“战争无非是政治通过另一种手段的继续”，“战争总是在某种政治形势下产生的，而且只能是某种政治动机引起的”。米特切尔地图出版的第二年，1756 年 5 月 17 日，英国正式对法国宣战，“七年战争”全面爆发。这场战争的原因与线索异常复杂和繁琐，欧洲几乎所有的主要强国均参与其中，传统的盟友与对手也多次变化，战场覆盖了欧洲、北美、中美洲、西非海岸、印度及菲律宾。如此的强度与广度，以致这场战争常常被视为人类历史上的第一次世界性的战争。

英国是“七年战争”最大的赢家。在 1763 年停战的《巴黎和约》中，法国在被迫将整个加拿大割让给英国，并从整个印度撤出，只保留 5 个市镇，以致英国成为了海外殖民地霸主。也是在“七年战争”胜利后的 1763 年，英国首次骄傲地自称“日不落帝国”，世界上 24 个时区里都有大英帝国的殖民领土。不过，“七年战争”也成了引爆美国独立战争的导火索，让大英帝国失去了最富饶的北美洲殖民地。1783 年，宣布美国独立的另一个《巴黎和约》诞生了，米特切尔为英国人绘制的殖民地地图又成为界定新诞生的美利坚合众国边界的重要文件。

18 世纪上半叶，英国人绘制上述两幅最重要的北美洲殖民地大比例尺地图，最直观地描绘了殖民地时代导致北美大陆上爆发的一连串战争的历史背景。欧洲人习惯将这段时期的战争总称为“北美殖民地战争”，美国人则将其总称为“（与）法国及印第安的系列战争（French and Indian wars）”。这一连串的冲突包括了奥地利王位继承战争（1744 — 1748 年）、七年战争（1756 — 1763 年）、美国独立战争（1778 — 1783 年）、法国大革命（1793 — 1802 年）及拿破仑战争（1802 — 1815 年）等。正是由于欧洲列强一系列剧烈矛盾与冲突，使得北美洲的殖民地沦为那些战争中的一个重要战场，并深刻而彻底地改变了人类历史进程。

现在，包括美国在内的整个美洲大陆，版图与行政区划、人种、语言、信仰的演变历史，也免不了深深地混杂着从大航海时代开始，西班牙、尼德兰、法国、英国等欧洲殖民者在这片富饶的“新世界”土地上厮杀与掠夺的印记。这两幅来自那个时代的地图，就是按图索骥的最好线索，对于我们全方位理解美国这个当今世界第一大经济体与军事体，有着历史与现实的双重参考意义。

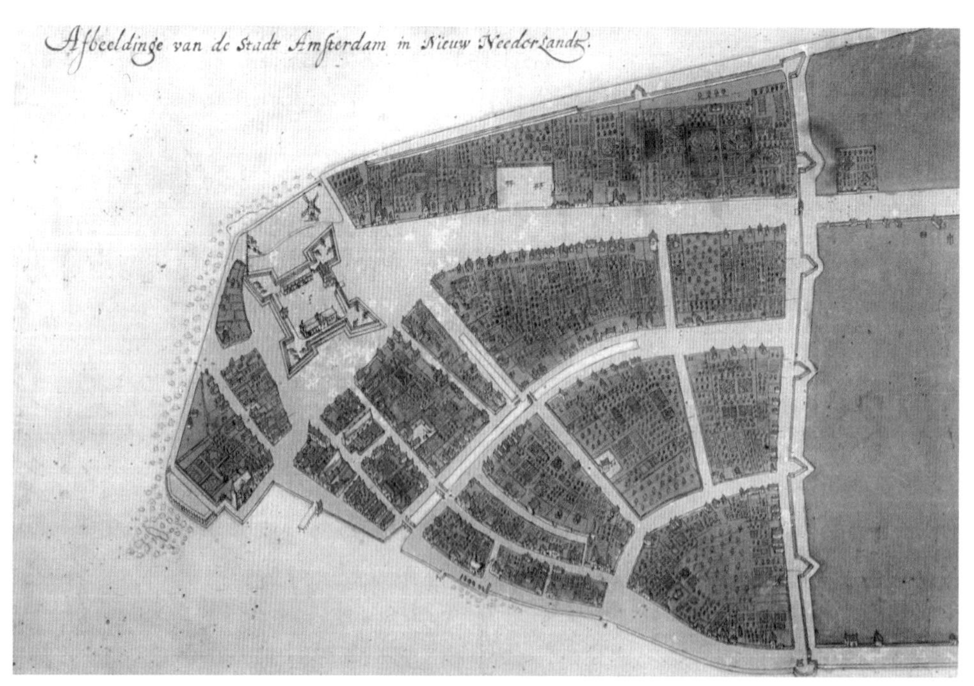

▲ 现在的纽约，曾经是荷兰人的“新阿姆斯特丹 ”。

这幅绘制于 1660 年的“新阿姆斯特丹”，是目前已知最古老的“新阿姆斯特丹”城市地图，也是唯一所知的一幅绘制于荷兰人统治时期的纽约城市地图。地图上方荷兰文的意思为“新尼德兰的阿姆斯特丹市的图像”。该地图左下角大致为南方。地图右侧，由棱堡组合着高墙构成的城市防御线，后来被称为高墙大街，即 Wall Street， 中文音译为“华尔街”。该地图现藏于纽约公共图书馆，作者 Jacques Cortelyou。

▲ 塔斯曼·波拿巴地图（Tasman Bonaparte Map），约 1644 年。

第二十九讲
探索未知南方大陆的故事
——记法国制图师德斯诺斯及其 1772 年版世界地图

1642 年 8 月，位于爪哇岛上巴塔维亚（Batavia）的荷兰东印度公司总部，荷属印度总督安东尼·冯·迪门（Anthony van Diemen）决定派遣一名叫作阿贝尔·塔斯曼（1603 — 1659 年）的属下“职员”，率领两艘小帆船，进行一次新的探险航程。

现在，巴塔维亚早已被另一个人们所熟知的名字所取代，那就是印度尼西亚的首都雅加达。而位于澳大利亚大陆的东南方、与雅加达隔着整个澳大利亚大陆遥相呼应的塔斯马尼亚岛，以及该岛东方的塔斯曼海，则是对当年那个叫作塔斯曼的“职员”的至高敬意。

如果翻看一下之前我们介绍过的那些地图名家的世界地图，无论是墨卡托、洪迪斯，还是费舍尔、普朗修斯等，就会发现，直到 17 世纪上半叶，人类世界地图上的南半球基本上还只是一片靠想象描绘的“未知南方大陆”。人们没有澳大利亚、新西兰、南极洲等的概念，只是根据那个年代流行的“大陆平衡”理论，坚信南半球“必须”存在着一整块直通南极点的、平衡地球的“未知南方大陆”。而塔斯曼的两次探索之旅，让这片未知大陆的拼图又多出来一大段清晰的岸线。

阿贝尔·塔斯曼，出生在北尼德兰格罗宁根省的一个小镇。他和他的家族肯定都是普通大众，因为在他成为塔斯曼海的那个“塔斯曼”之后，人们发现最早能够追寻到他“成长足迹”的也不过是在 1631 年 12 月 27 日 28 岁的塔斯曼娶了一位 21 岁的媳妇。彼时，他已经是一位阿姆斯特丹的海员了。在那个荷兰商船的三色旗飘扬全球的年代，海员是“薪酬榜”上值得羡慕的行业。作为著名的“荷兰国企”东印度公司的雇员，他数次加入从荷兰到遥远的爪哇岛的航程中。1637 年，已经证明自己是一个优秀航海家的塔斯曼，同东印度公司又续签了 10 年的“劳动合同”。两年以后，塔斯曼担任了荷兰东印度公司北太平洋地区探险队的副指挥官，并曾经抵达荷兰在远东的热兰遮城堡（今中国台湾台南的安平古堡）、日本长崎贸易站等地。不过，风帆年代的每一次远征探险都是一次极限运动，塔斯曼成为出发时的 45 名探险队员中仅有的 7 名幸存者之一。

本文开头的那一幕，正是塔斯曼被任命为指挥官、筹备领队出航的第一次探险。也正是因为这次探险，他才从风帆年代无数优秀但无名的航海者中“浮现”了出来，成为被后人铭记的荷兰历史上那个著名的探险家“塔斯曼”。

塔斯曼率领的探险队，从荷属东印度总督冯·迪门那里受领的任务是：自毛里求斯岛出发，在尽可能的高纬度海区向东探索“未知的南方大陆”，然后穿过所罗门群岛的一连串岛屿，最后返回巴达维亚。与此同时，塔斯曼还必须尽力探察出一条从印度通往智利的可行航线。如果有可能，他还应查明他到访的“南方大陆”的自然资源。

▲ 塔斯曼及妻女像，作者 Jacob Gerritsz Cuyp（1594–1652 年）。

正如前文提到过的，当时的欧洲人尚没有现在澳大利亚、新西兰、南极大陆等完整清晰的地理概念，对于地球大小的概念也是模糊的。东印度公司要求塔斯曼凭借“风帆＋运气”进行探索的这一片地理区域，以现在来看差不多横跨了整个南印度洋和南太平洋，西起好望角、东抵合恩角，几乎跨越了整整半个地球。

好在塔斯曼和东印度公司自己当时也都不知道，这是探索半个地球的任务。1642 年 10 月 8 日，塔斯曼带领两条小船开始了航程。他们先从毛里求斯岛启程向南行进，然后再朝东航行，并使两条小船的航线尽量处于南纬 44°～49° 之间。当时荷兰人从欧洲前往荷属东印度通常采用布劳沃航路（Brouwer Route），那是一条绕过好望角之后南下，再借助南半球“咆哮西风带”[①] 那永不停歇的风力，快速向东横穿印度洋的航线。但过于恶劣的海况和船员们的抗议，让塔斯曼不得不调整了航向，改朝东北方向航行。11 月 24 日，在南纬 42° 25′ 附近，探险队终于发现了一条高耸的大陆海岸线。塔斯曼把这片海岸以派遣其出征的总督之名命名为“冯·迪门之地”（即今塔斯马尼亚岛南岸）。塔斯曼沿着塔斯马尼亚岛曲曲折折的海岸线一直航行到南纬 42° 线附近。他当时并不知道，这片新发现的陆地只是今澳大利亚东南方向一个近 6.5 万平方公里的巨大海岛，而并非所谓“南方大陆”的一段海岸线。在巴斯海峡（分割澳大利亚大陆与塔斯马尼亚岛的海峡）被发现以前，“冯·迪门之地”在长达一个多世纪的时间里，都被欧洲人当做了“南方大陆”的一个半岛。

从南纬 42° 线附近，探险队改为向东继续航行。1642 年 12 月 13 日，又一条高耸的海岸出现在探险队的视野中。现在，我们知道那是新西兰南岛的法乌隆德角（南角），但塔斯曼在航行日记中写道：“很可能这块陆地连接着国会地，但并不确定……”。

---

① 咆哮西风带，The Roaring Forties，是南纬 40°～50° 之间一个环绕地球的特殊低压区，常年盛行五六级的西风和四五米高的涌浪。上一句提到的那条荷兰人的“布劳沃”航路命名自 Hendrik Brouwer。他是荷兰的探险家、海军上将，并在冯·迪门之前任荷属东印度总督。

明显地，塔斯曼把他所发现的这块陆地，当作了雅各布·勒梅尔（JacobLe Maire）和威廉·斯豪腾（Willem Schouten）发现的国会地（荷兰语，Isla de los Estados，英文通常翻译为Staten Land）的延伸和继续。换句话说，他认为新西兰南角这段海岸线也是所谓的“南方大陆”的某一段岸线，是连接着“南方大陆”的一部分。

上一段提到的勒梅尔和斯豪腾，和塔斯曼一样都是荷兰人，都是17世纪初期荷兰著名的探险家。前者是他老爹伊萨克·勒梅尔22个孩子中的一个，后者则是伊萨克·勒梅尔的生意合伙人、一位有经验的老船长。伊萨克·勒梅尔本来也是荷兰东印度公司众多创始人之一，不过和公司“闹翻”了以后，自己成立了一家Australian Company。当时的“Australian”没有今日“澳大利亚”国的含义，这个“Australian Company”按当时的字义翻译过来应该叫“南方公司”。老伊萨克试图寻找从欧洲出发、向西南方绕过南美洲大陆最南方前往东印度的新贸易航线，从而打破荷兰东印度公司东行航线的特许权。最终，勒梅尔和斯豪腾率领的探险队于1616年1月29日绕过南美大陆最南方从大西洋进入太平洋（今南美大陆最南端的合恩角，正来自斯豪腾的家乡的名字。合恩角附近的勒梅尔海峡的，其命名则是为了致敬探险家勒梅尔）。之后，他们率领的探险队穿过太平洋，并成为最早期“到访”了新几内亚群岛、汤加群岛等太平洋群岛的欧洲人，为那里留下来许多荷兰的名字，有些一直沿用到今日。“国会地”是他们在那次探险航程中绕过合恩角之前发现的一片陆地。或许是受那个时代前人信息的影响，他们匆忙得出的结论竟然和塔斯曼出奇的一个思路：“此地是南方大陆的一个角。”为纪念荷兰政府，他们将其命名为“国会地”。然而现在我们会发现，这“国会地”只是远在8500公里之外的南美大陆最南端、属于阿根廷的一个小岛，被翻译为埃斯塔多斯岛，和塔斯曼实际到访的新西兰隔着遥远的南太平洋。

▲ 荷属东印度总督安东尼·冯·迪门画像。

塔斯曼从南角出发转向东北，沿着海岸线继续航行。在南纬40° 30′处，当探险队驶进一个港湾时，一些土著毛利人乘一只小船驶近，并在争执中杀死了三个荷兰船员。这只第一批发现了新西兰的欧洲探险队，也成为第一批有人命丧此地的欧洲探险队。无可奈何的荷兰探险家，把此地的海湾称为“杀人犯湾”，不过现在人们称呼此地为Golden Bay，意为“金湾”。

塔斯曼的探险队当时已经驶入了分割新西兰南、北岛的那条海峡，但他终究没有穿越过去，而是仍然把它当成了臆想中的南方大陆一角、“国会地”的某处海湾，并绕回到北岛西岸继续航行。1643年1月4日，他驶抵了今日北岛的北部海角，并把这个海角以荷属东印度总督夫人的名字命名为“玛丽亚·冯·迪门角”（南纬34° 5′，现为“玛丽亚·范迪门角”）。此后，他在这个海角和三王群岛之间驶进了南太平洋。

探险队于1月20日抵达汤加群岛，之后又陆续

▲ 杀人犯湾（murderers' bay），现在被新西兰人称为金湾，塔斯曼探险队成员Isaack Gilsemans于1642年创作。

▲ 塔斯曼探险队成员 Isaack Gilsemans 绘制的汤加原住民。

探索了斐济群岛、所罗门群岛、巴布亚新几内亚的北方水域，在南太平洋这一大片群岛之上留下许多荷兰人的足迹与名字。6月15日，塔斯曼回到了巴达维亚，结束了他的第一次探险。

以今天的视角，这趟发现了塔斯马尼亚岛和新西兰海岸的航程足以成为那个年代的伟大探索。然而，以当时荷兰东印度公司的角度来看，塔斯曼的探索难以令人满意：他既没有找到有前途的贸易区，也没有找到有用的新航线。塔斯曼去世后20年，他的航行日记才被第一次印刷出版（1680年），书名是《阿培尔·扬逊·塔斯曼日记——1642年对未知的南部陆地的旅行》。

但是总督冯·迪门还是下令又装备三艘船，组成一支新的探险队，仍归塔斯曼领导和指挥。这次探险的目的，是进一步探察和确定：断断续续发现的“南方大陆”（即现在的澳大利亚）的海岸线，到底是不是一块统一完整的大陆。在卡奔塔利亚湾里，有没有一条通往南方冯·迪门之地（即前述的塔斯马尼亚岛的南岸）的海峡。这个任务在现在人们的眼中看来有些荒谬，因为任务的内容大致等同于：探索一下，澳大利亚大陆的中间是不是有一条贯通南北的海峡，一直通向塔斯马尼亚岛。

1644年，塔斯曼带领三艘船再次离开了巴达维亚，向东航进。关于这次探险活动的情况只留下了两份文献：一份是冯·迪门致荷兰东印度公司经理们的一封信；另一份是一张由塔斯曼和他的两次探险航行的主舵手弗朗斯·维斯盖尔所绘制的地图。

人们从那张地图上能够清楚地看出，塔斯曼决定沿着威廉·詹茨（Willem Jansz 或 Willem Janszoon，1570 — 1630年，荷兰航海家。他是有记载的首位登陆澳大利亚大陆的欧洲人）的路线，顺着新几内亚的西南海岸航行，继而越过托雷斯海峡。但或许是当时的天气原因，或许是水道中一道道复杂的珊瑚礁，塔斯曼并没有穿过托雷斯海峡向东航行，而是向南深深地驶进了卡奔塔利亚湾（Gulf of Carpentaria），并且逆时针环绕了这个海湾的全部海岸线，去寻找那个“可能”贯通澳大利亚大陆南北的海峡。海峡自然是不可能找到，但探险队准确描绘了这块大陆的北部和西部的大部分海岸线。这是一条从卡奔塔利亚湾约克角起直到恩德拉赫特之地（即从南纬12°、东经137°到南纬23°45′、东经113°5′）的漫长的海岸线。连同卡奔塔利亚湾的海岸，第二次探险查明了长约3500公里的澳洲海岸线，也证明了从卡奔塔利亚湾没有通向南部和即通往冯·迪门之地的任何海峡。荷兰人在此陆续发现的碎片化的地理信息，正在慢慢拼凑出一幅统一的、完整的澳大利亚大陆拼图。

或许，当年开辟荷属东印度殖民地的贸易航线时，为了避开葡萄牙、西班牙在印度洋上的既有势力，才使荷兰人全力探索并开辟更靠南方的航路。在风帆年代早期许多版本的地图上，能够找到许多荷兰探索者留下的“痕迹”。这也导致早期发现并登陆那块“未知南方大陆（即今澳大利亚）”的欧洲人，也大部分是荷兰人。

1606年2月，上文中提到的那个威廉·詹茨于今澳大利亚约克角附近的彭尼法瑟（Pennfather）河河口附近登陆，但他当时错误地把约克角当做新几内亚的一部分，离开时也未作太多的记录。

1616年，荷兰“恩德拉赫特”号航船发现了位于南纬23°～26°5′之间的恩德拉赫特之地。

1618年，荷兰的水手们乘“泽沃利弗（‘海狼’）”号船，曾在澳大利亚登陆过。

1619年，两个荷兰船长——弗里德里克·豪特曼和雅科布·埃德尔发现了澳大利亚西面沿岸的埃德尔半岛岸线（前者是科内利斯·豪特曼的弟弟，那个在第一次荷兰前往印度尼西亚的探险队中，为普朗修斯带回了南半球观星数据的弗里德里克，参见本书第十二讲）。

▲ 澳大利亚新南威尔士州州立图书馆地上复刻的“塔斯曼波拿巴地图”。

1623 年，荷兰东印度公司派扬·卡尔斯捷斯带领船队沿新几内亚的南部海岸径直航行到托雷斯海峡的入口处，但是他当时也未能发现这个海峡。他在此调头向南航进，并取道扬茨的航线，沿着约克角半岛的西海岸一直行进到南纬 17° 8′ 处。

1627 年 1 月，荷兰人皮切尔·涅伊茨发现了直到涅伊茨群岛的今澳大利亚南部海岸。涅伊茨在英语中被拼为纽次，所以现在被称为纽次群岛。

1628 年，还是这个涅伊茨，在南纬 20° 附近的今澳大利亚西北部沿岸发现了德·维塔之地，但这个荷兰地名在现今的地图上未被流传下来。

1629 年 6 月，荷兰船长弗朗斯·比尔萨尔特在位于南纬 28° 线附近的这个地段的澳大利亚西海岸遭遇海难，在迫不得已的情况下登上了陆岸，探察了这个人们不知的地段。

就这样，到 17 世纪 40 年代，以塔斯曼为代表的一众荷兰探险家，已经证明这个理论假想中的“南方大陆”并非一整块通向南极点的大陆。荷兰人在他们所绘制的地图上描绘出了这个“南方大陆”南、北、西段的大部分海岸线的轮廓，并将这个大陆称为“新荷兰”（Nieuw Hollande）、大陆东方的那两个岛屿则为“新西兰”（Nieuw Zealande）①。

然而，荷兰人可能被利润丰厚的印度尼西亚香料贸易航线忙晕了，并没有在这片南方新大陆上建立起有规模的殖民定居点。

在塔斯曼之后 40 多年，1688 年英国探险家、私掠船长威廉·丹皮尔登陆了“新荷兰”西北海岸。1770，詹姆斯·库克船长进行了著名的太平洋探索航行，详细地测绘了“新荷兰”的东岸，按英国人的习惯命名那里为“新南威尔士”，并代表英国政府声称拥有了那片领土。1786 年，英国政府决定殖民于

① 此处的“荷兰（Hollande）”与“西兰（Zealande）”，分别是当时尼德兰联省共和国的一个省。

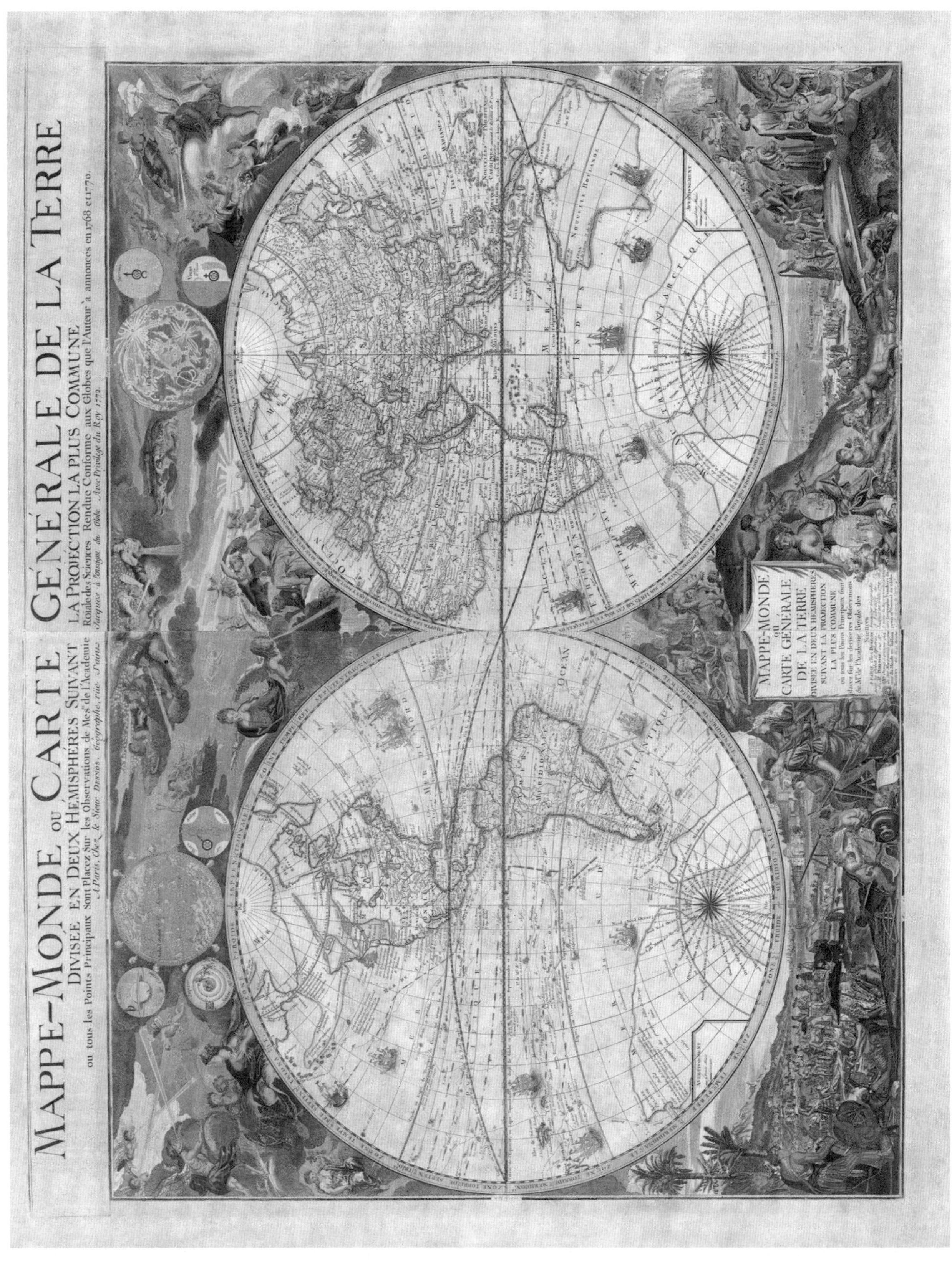

▲ 法国制图师德斯诺斯(Desnos)的1772年版世界地图。

此，后又多次探索和测绘整个“新荷兰”大陆，并于1817年正式定名为澳大利亚。最终，荷兰人的“新荷兰”成为了英国女王的“南方大陆”海外殖民地，“新荷兰（Nieuw Hollande）”的名字被“澳大利亚（Australia，其实是早期拉丁语中一直称呼的‘南方大陆’）”所取代。不过，荷兰人命名的另一块陆地“新西兰”的名字，则一直流传到了现在。

塔斯曼的探险故事讲了这么多篇幅，是为了让读者更好地理解我们接下来要介绍的这幅法国制图师德斯诺斯（Desnos）所绘制的世界地图。

这幅世界地图最后一版的出版时间为 1772 年，可以看作是一条时间分割线。在此之前，澳大利亚和新西兰的完整岸线轮廓依然缺失大量信息，许多地理轮廓是基于假设。1771 年，英国探险家库克船长的第一次太平洋探险航行结束，使他成为首次环航新西兰的欧洲人，以及首批登陆澳大利亚东海岸的欧洲人。在后库克时代，欧洲人制作的世界地图上，今澳大利亚和新西兰的海岸轮廓变得完整而清晰起来。

这版世界地图首次发布是在 1760 年，1766 年第一次再版，又一个 6 年之后，才是这个 1772 年版本，其间每版的地理信息都有更新。而澳大利亚和新西兰在这几个版本的地图上飘忽不定的形状和位置，也从另一个侧面说明了德斯诺斯这版 1772 年地图被视为“时间分割线”的意义。

这幅世界地图的作者全名为路易斯·查尔斯·德斯诺斯（Louis Charles Desnos，1725 — 1805 年），出生在法国的一个布商家庭，但凭借爱好与钻研进入天文与地理学的领域，成为 18 世纪法国优秀的地理学家之一。他在巴黎从事图书、地图、地球仪和其他科学仪器等的出版、制作、销售生意，是那个时代测绘仪器、地球仪、地图等的主要制造和销售商之一。其商铺的办公室就在巴黎的圣雅克街 7 号。他拥有丹麦国王克里斯蒂安七世的皇家地球仪制造商职位，这个职位带给他的皇家认同以及 500 英镑的不菲年薪。德斯诺斯与当时的法国其他地理学家，比如萨诺尼（Zannoni ）和图尔（ Louis Brion de la Tour）等人有着经常的联系，并创作了大量的地图和图书作品。不过相伴而来的也有同行的“羡慕嫉妒恨”。嫉妒者们声称，他是个无良的出版商，从来不考虑和区分哪些应该、哪些不应该出版。所以，在那个时期，德斯诺斯与巴黎同行们有着不少漫长的法律纠纷。同行们评价他是只要有利可图，就刊印任何摆在他眼前的作品，完全不管是否准确或者是否有版权问题。但不管怎样，他都是那个时代著名的地图制作和出版商之一，他的关于法国本土方方面面的详细地图，以及后期制作的便携式地图集《地理年鉴》，都受到了广泛的喜爱和接受。

熟悉古地图的人看到这张世界地图，或许会感到，这熟悉的外围装饰怎么好像出自另一位法国制图大师德·费尔（参见本书第二十二讲）之手呢。

的确如此，德斯诺斯那 3 个版本的世界地图，其外围装饰几乎同德·费尔 1694 年版本的世界地图完全一致：刻画的场景都是繁复而奢华。地图顶部代表了天堂，描绘着众神和女神、欢快飞翔着的小天使、黄道十二宫的星座等，那五颗已知的行星（水金火木土）、太阳、月亮也都用一种很有“性格”的画法描绘了出来；地图的底部代表着人类生活的大地，描绘了贸易、劳作、娱乐、学术研究等场景，表现的主要是法国人与这个星球上其他民族的互动。但如果认为德斯诺斯不过是照搬了德·费尔的地图，那就太对不住德斯诺斯为此地图付出的努力。虽然其地理信息也借鉴了德·费尔的数据，但如果将德·费尔 1694 年版本的地图以及德斯诺斯几个版本的地图对比着看，就会发现德斯诺斯地图的整体布局与细节都是全新的了。

1700 年，法国另一位制图师诺林（Jean-Baptiste Nolin）出版了一幅壮丽的挂墙世界地图（Le Globe Terrestre），第一次对澳洲东海岸给出来假想中的海岸线。这种不切实际的描述，在 18 世纪中期受到了法国假设地理学派的欢迎，也包括了制图师布榭（Buache）等人。当时英国的地图制作者倾向于不遵循这种相当激进的、对澳大利亚东部的假想描述[①]，更愿意选择相对保守的荷兰人的描述。限于当时落后的通信手段及信息传递效率，德斯诺斯也还没有意识到库克船长已经带回来最新的、详细的澳大利亚东海岸以及新西兰海岸的测绘信息。在 1772 年版的地图上，德斯诺斯选择接受了假设地理学，即在“胜利来临的最后一刻却选择了放弃抵抗”。1772 年的这版世界地图，也成了欧洲人对这片“新荷兰”大陆（今澳大利亚）未知海岸线假设性描绘的绝版载体。

该地图的另一个独特特征，是新西兰成为假想的南极大陆的附属部分。虽然这也属于不那么靠谱的“地理假设”理论的产物，但是在“新西兰”附近描绘了欧洲主要城市的“透视对跖点”仍是此图中的一大亮点，并具有现实的重要意义。

对跖（Antipode projection）点，为地理学与几何

---

① 但也有几个例外，比如由理查德·库西（Richard Cushee）于 1731 年出版的地球仪、托马斯·基钦（ThomasKitchin）1771 年制作的双半球世界地图等，采用了法国人的这种“假设地理学派”的描绘。

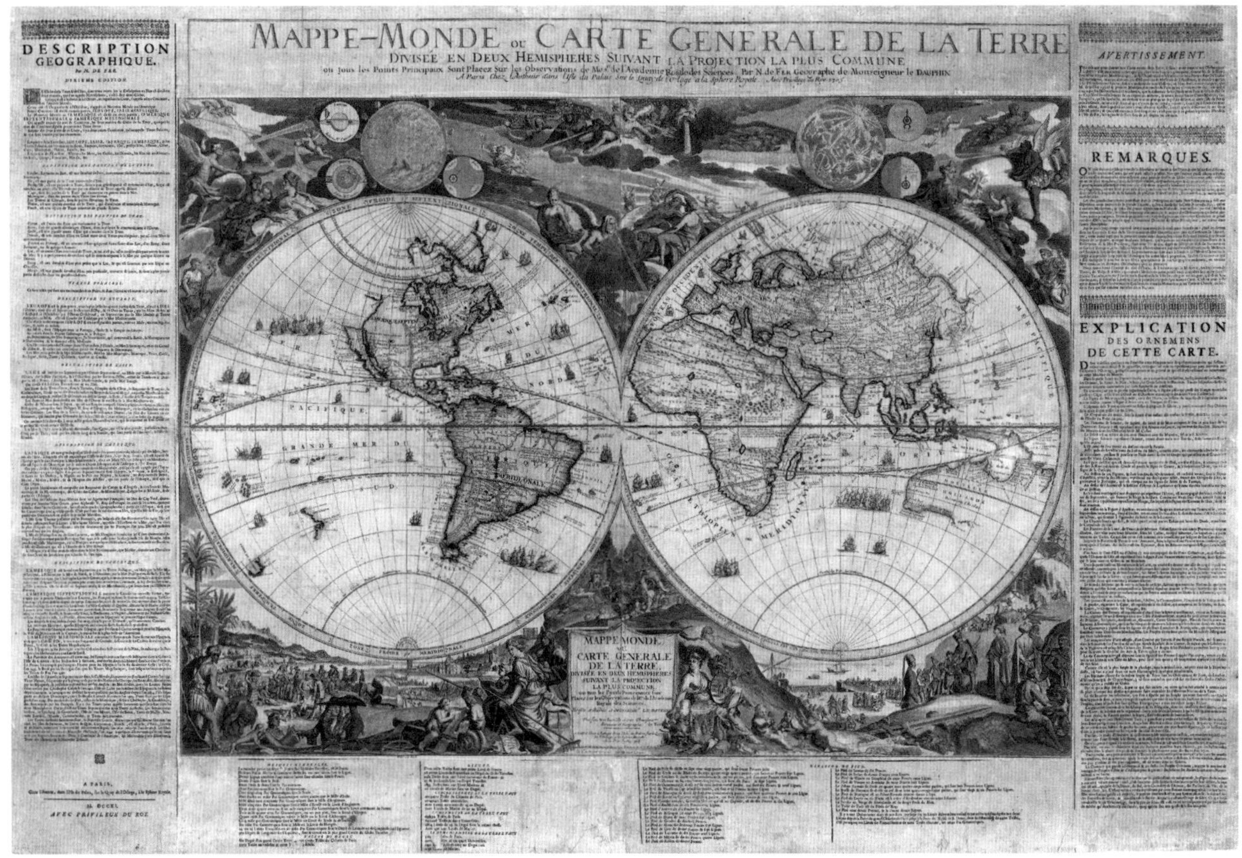

▲ 德・费尔 1694 年版的世界地图。

学上的名词。简单地说，从地球上的某一地点向地心出发，穿过地心后所抵达的另一端，就是该地点的对跖点[①]。地球的南北极就是一对儿对跖点，因此，对跖点也可称为地球的相对极。如果将一张世界地图沿经度线对折并撕开成两半后，其中一半相对于另一半旋转 180° 后，彼此重叠的两个点就是对跖点。由于对跖点分别位于地球的两端，其最大的特征就是彼此的寒暑与昼夜刚好相反。此外，就电磁波通信而言，对跖点之间的传递效果通常都较其周边地区好，这就是所谓的“对跖点效果（antipode effect）”。在这张地图上，巴黎、伦敦、马德里、罗马、君士坦丁堡、斯德哥尔摩和彼得堡等欧洲主要城市的对跖点，就都出现在了新西兰东部的假想南极大陆上。

该地图对“地理假设”的另一个反映，是它描绘了假想中的南极大陆，以及大陆中间巨大的内海——根据布榭[②]的假设，德斯诺斯在那里“描绘”了一个比已发现的北冰洋区域更大的“南冰洋”。

法国探险家布韦（全名让・巴蒂斯特・查尔斯・布韦，Jean-Baptiste Charles Bouvet de Lozier），1738 — 1739 年曾在南半球高纬度地区远征。他在之后发布的报告中说到：在南纬 54° 布韦岛[③]附近的地方发现了许多“两三百英尺高（60 ~ 90 米），周长有半里格到两三个里格（2.8 ~ 16.6 公里）的巨大冰山”。布榭基于这些南半球探险的报告以及自己多年来发展完善的地理假设理论，将他的论文《地理和物理观测，包括南极地区和它们应该包含的冰冻海域的理论》于 1763 年发表在《绅士杂志》上。该理论假设的核心就是“南极地区必须包含一个冰冻的大海，并由大陆上的山脉和巨大的河流发育和滋养，才能产生出布韦所描述的那种尺度的巨大冰山”。布榭将其假设为一个陆间海（land-locked basin），并向北通过两个出口与其他大洋相连。布榭还认为“南极大陆应该有与西伯利亚一样壮观的河流，因为西伯利亚

① 寻找对跖点的方式有很多种，通常是由经纬度来推算（经度减 180°，纬度南北互换）。例如以中国香港为例，城市的位置为北纬 22.3°、东经 114.2°。那么，它的对跖点则为南纬 22.3°，西经 65.8°，位于阿根廷胡胡伊省北部。

② 布榭，Philippe Buache，就是上文那个认同假设地理学派的布榭，在 1729 年被任命为法国国王的首席地图师。他是纪尧姆・德利勒的徒弟，在 1730 年又成为了德利勒遗孀的女婿。

③ 布韦岛（挪威语 Bouvetøya，英语 BouvetIsland），是南大西洋的一个孤立火山岛，现属挪威南极领地。1739 年 1 月由法国航海家布韦首次发现。但由于天气海况及人员伤病等多方面原因，布韦没有对该地进行考察，因此他也无法判定这究竟是一个岛屿还是南极大陆的一部分。他将该地命名为“the Cape of Circumusion”，并记录了经纬度。布韦岛是世界上距任何一个大陆最远的岛屿之一。

的河流塑造了北极地区的冰山……冰山一定是来自漂浮的冰盖，就像在北极一样，而不是来自大陆”。这种一本正经、一厢情愿的假设，同更早的大陆平衡理论假设的“未知南方大陆”几乎如出一辙。

德斯诺斯的这张地图，忠实地反映了他的法国老乡布榭的这种理论：此图的南极地区，不再是一个单一的陆地，而是由一个冰封的内海隔开的两个岛屿，冰山从那里分离并向北漂流到大洋之上。两个“南冰洋”的出口一个在非洲下方、南纬 54° 附近，被认为是布韦发现大量冰山的地方；另一个则在南美洲大陆西南端，那里是探险家戴维斯曾经报告发现大量冰川的地方。如果布榭知道英国人哈雷在 1700 年的探险中，曾在南纬 52.5° 、西经 35° 的位置也曾经发现大量的巨型冰川，那他的“南冰洋”假想图不知道还要多开几个口子才够用。那个年代，科幻与梦幻好像也不过是一念之差。好在此地图上的“南冰洋”写着“猜想”（conjecturée），否则现在我们怕是真不知道这幅地图描绘的到底是哪一颗星球。

风帆年代的人类，虽然有着坚忍的意志与探索未知的雄心壮志，但技术条件依然难以同极地地区狂莽的自然力量直接抗衡。直到 1838 — 1842 年，美国人威尔克斯赴南极海域进行多次探险，才绘制出了 2000 多公里的南极洲海岸线地图。他在印度洋地区测绘的南极岸线被命名为威尔克斯地（Wilkes Land）。由此非假想的南极岸线才算初露峥嵘。之后，经过几代探险家的努力，直到 20 世纪 20 年代，南极洲的地图测绘才算初步完成。而彼时，回看德斯诺斯的这幅世界地图，不知会对人类探索与进步的轨迹生出几多感触。

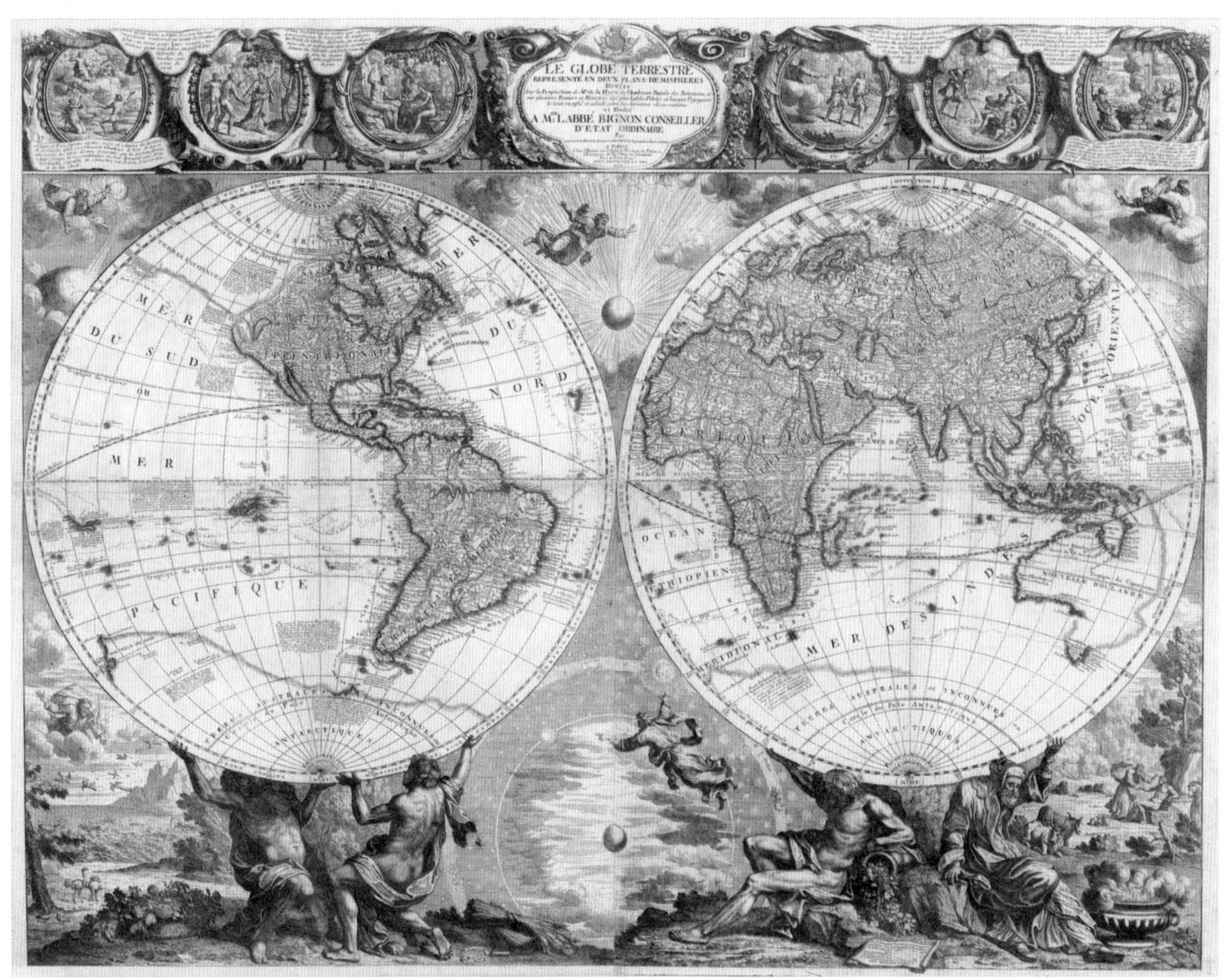

▲ 1700 年诺林绘制的世界地图，包含许多假想的地理信息。

▲ 约翰·马蒂亚斯·哈斯所作的 *REGNI SINAE vel SINAE PROPRIAE Mappa et Descriptio Geographica*。

第三十讲

一幅德国总理送给中国的中国地图

——记地图《中华帝国或中国正确的地图及地理描述》的故事

2014年3月底，德国总理默克尔在宴请到访的中国国家主席习近平夫妇时，向习主席赠送了一幅绘制于1735年的“中国地图”。默克尔称：“这是德国绘制的第一幅精确的中国地图。”这就是德国人约翰·马蒂亚斯·哈斯所作的 *REGNI SINAE vel SINAE PROPRIAE Mappa et Descriptio Geographica*，此名称为地图刊印时所用的拉丁文，中文大意为《中华帝国或中国正确的地图及地理描述》。

在地图的右下角我们可以发现，除上述标题外，还注有一段说明，中文大意为：“此图，乃康熙帝下令由耶稣会传教士赴各省所作分省图汇编而成。随杜赫德的杰作首次公之于世，法国皇家地理学家唐维尔缩减为此版本，现按恰当的投影法重绘。——数学教授：约翰·马蒂亚斯·哈斯制。出资发行：霍曼公司。”

▲ 霍曼肖像（Johann Baptist Homann，1664 – 1725年）。

寥寥数语，却包含了制图师、出版公司、地图原版出处、康熙皇帝与耶稣会交集的历史等大量的信息。下面就让我们来一一为您解读。

1. 此地图的德国制图师及德国出版商

该图出版商霍曼公司（拉丁文 Homannianorum Heredum，英文 Homann's heirs，1730 — 1848年）和制图师约翰·马蒂亚斯·哈斯（拉丁文 IOH MATTH HASII，英文 Johann Matthias Hase，1684 — 1742年）。以现在的标准来说，都属于德国人。

出版商的名字，翻译成中文意为“霍曼的继承者们”。该公司的创始人约翰·巴佩斯特·霍曼（Johann Baptist Homann，1664 — 1724年）也是一位德国的地图学家、雕版师、出版商。他出生于今德国巴伐利亚州南部的卡姆拉（Kammlach）小镇，1687年在纽伦堡皈依新教。霍曼先后在维也纳、纽伦堡、莱比锡等地从事地图绘制、雕版等工作。他的一生创作过二百多幅各类地图，并于1715年在柏林当选为皇家科学理工学院的会员，是查尔斯六世（Charles VI，神圣罗马帝国、奥地利哈布斯堡王朝皇帝）的御用地理学家。慕尼黑的名人堂曾立有霍曼的塑像，但毁于二战期间，如今只剩下一个铭牌讲述着曾经的荣耀。1702年，霍曼在纽伦堡成立了自己的地图印刷和销售公司，在同法国和荷兰地图出版商的竞争中，靠价格优势成长为18世纪德国最重要的地图出版商之一。该公司在霍曼父子两代人的手中一直经营到1730年。父子均离世后，其他股东和董事以“霍曼的继承者们”的公司名号又继续运营了一百多年，其间一度成为德国地图出版行业的翘楚。

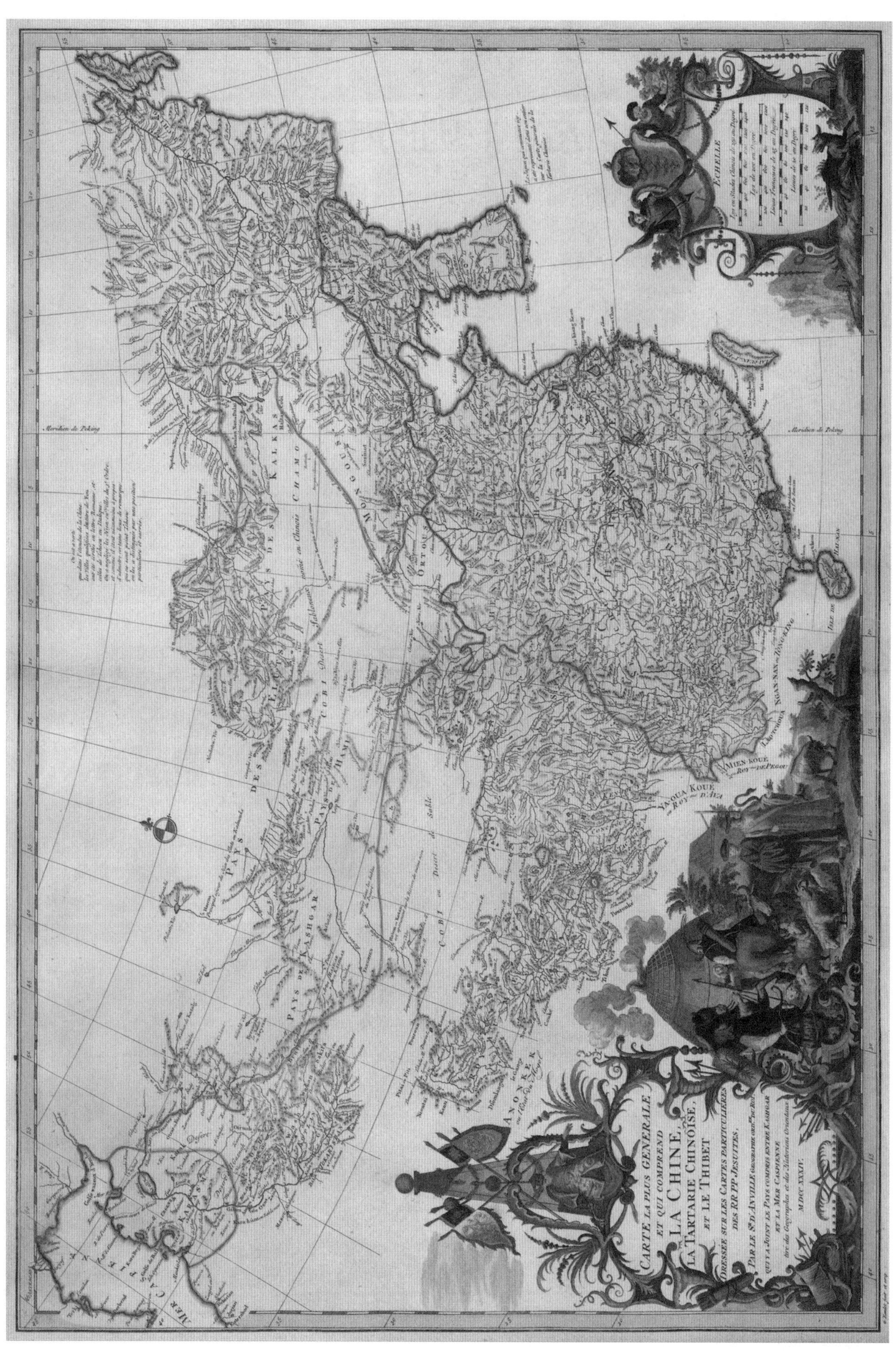

▲ 1735 年唐维尔的中国地图，是德国人哈斯绘制中国地图时所参照的原图。

此地图的作者哈斯，出生于德国的奥格斯堡。作为一名数学教师的儿子，估计小哈斯没少受到父亲“奥数”般的启蒙教育。他于1704年进入莱比锡大学，作为沃尔夫的弟子钻研代数。1707年又获得了哲学硕士学位。之后他以教师职业为生。但仅靠教授数学课几乎让他的生活难以为继，不过很快他又有机会回到了莱比锡大学，作为哲学系的助理教员有更多的机会从事地理、天文学和制图工作。1720年，在沃尔夫的引荐下，哈斯获聘为维滕贝格（Wittenberg）大学的数学教授、并兼任哲学系助理教授。正是在这里，哈斯将数学视为了自己毕生的工作。他重视以实践为导向的数学教学，尤其在天文学和地理学领域。他“出于数学和历史的原因”，首先开始改进德国人的地图。他的论著推进了“极射赤平投影”在地图实践中的应用。他出版了欧洲、非洲、埃及、叙利亚等地的地图。在同霍曼公司合作出版的那个年代的世界地图中，甚至描绘了西澳大利亚（当时称为“新荷兰”，详见本书第二十九讲）海岸线正确的经纬度。哈斯在大学的讲座除了数学以外，还扩展到了数学地理学、天文学等领域。他的地理讲座包括了神圣罗马帝国和各大洲的历史政治地理、现代德国地理以及历史地理学等。一个数学教师，逐渐在地理学的领域也变得举足轻重起来。现在，在月球上有一座环形山被命名为“哈斯”，正是为了纪念这位地理学的先驱。

2. 关于此地图背后的法国制图师及法国汉学家

虽然，默克尔总理所说“这是德国绘制的第一幅精确的中国地图”是正确的，但没有任何资料表明，上述两位德国的杰出人士曾经来到过中国。制作此图的“源信息”，正如哈斯在标题中所述：来自法国皇家地图师唐维尔及法国汉学家杜赫德的大作。

杜赫德，全名 Jean-Baptiste Du Halde，1674年出生于法国巴黎，是法国耶稣会的传教士。他最著名的作品，就是1735年出版的、翁文灏意译为《中国地理、历史、政治及地文全志》一书。英文本直译过来的书名则“通俗”的多——《中国通史：包括对中华帝国、中国鞑靼、朝鲜和西藏地理、历史、纪年、政治及自然的描述以及其风俗、习惯、礼仪、宗教、艺术和科学的特别而准确的记录并配有珍奇的地图

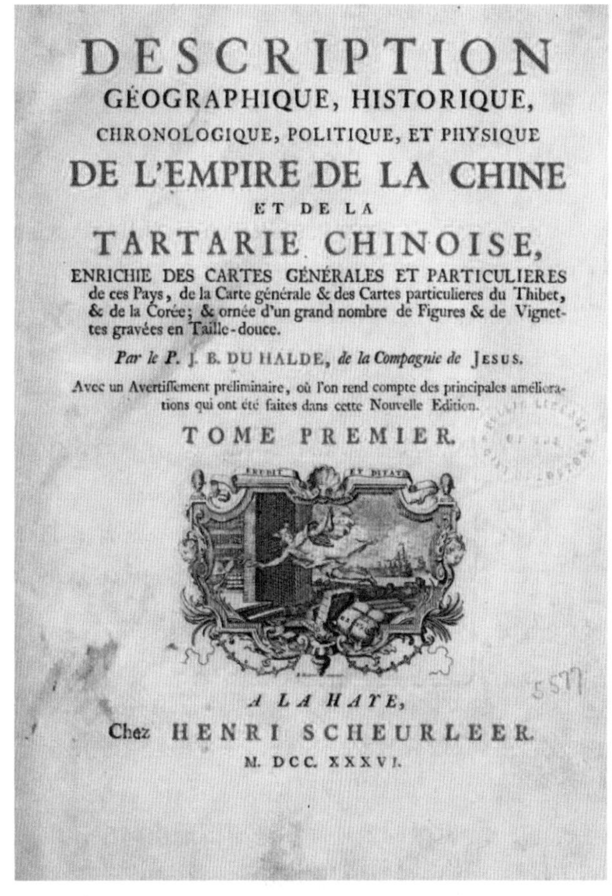

DESCRIPTION
GÉOGRAPHIQUE, HISTORIQUE,
CHRONOLOGIQUE, POLITIQUE, ET PHYSIQUE
DE L'EMPIRE DE LA CHINE
ET DE LA
TARTARIE CHINOISE,
ENRICHIE DES CARTES GÉNÉRALES ET PARTICULIERES de ces Pays, de la Carte générale & des Cartes particulieres du Thibet, & de la Corée; & ornée d'un grand nombre de Figures & de Vignettes gravées en Taille-douce.

Par le P. J. B. DU HALDE, *de la Compagnie de* Jesus.

Avec un Avertissement préliminaire, où l'on rend compte des principales améliorations qui ont été faites dans cette Nouvelle Edition.

TOME PREMIER.

A LA HAYE,
Chez HENRI SCHEURLEER.
M. DCC. XXXVI.

▲ 杜赫德1736年版《中华帝国及其所属鞑靼地区的地理、历史、编年纪、政治和博物》第一卷封面。

和各种铜版画》①。它的出版在当时的欧洲产生了相当大的影响。同时代的法国文学泰斗、“法兰西思想之王”伏尔泰曾这样评价到：“虽然他（杜赫德）没有离开巴黎，也不懂中文，但基于与同僚修士们的沟通，他给出了这个世界上对中华帝国最广泛的、最好的描述。”

这本中华帝国百科全书般的作品，几乎包含了对中华文明各个方面的记录与思考：皇帝和政府、军队和警察机构、贵族、农业和手工艺品、“天才”“辉煌”的哲学、宗教、伦理和仪式、科学和医学、金钱和商业、语言和书写系统、瓷器的制造和蚕的繁殖。还有一个关于白令海峡的摘要，并且第一次描述到阿拉斯加。这本书很快被翻译成了欧洲多国语言并广为流传。其英文译本出版于1738年，被视为是几代英国人对中国文化狂热的根源。

① *The General History of China Containing a Geographical, Historical, Chronological, Political and Physical Description of Empire of China, Chinese-Tartary, Corea and Thibet Including an Exact and Particular Account of their Customs, Manners, Ceremonies, Religion, Arts and Sciences the Whole adorn'd with Curious Maps, and Variety of Copper Plates*。

在杜赫德的这本著作中，法国皇家地图师唐维尔是书中附图的主要绘制者，42 幅地图都出自他之手。而有多个资料表明，唐维尔与西方在华传教士关系密切，他的中国地理数据大多来自这些传教士。

唐维尔，原名 Jean-Baptiste Bourguignon d'Anville（1697 — 1782 年），有时也写作 Danville。他在 21 岁时就被任命为法国皇家的地理学家，并同奥尔良公爵家族保持了近 40 年的联系，获得了后者的许多资助与支持。他制图繁多，收藏地图及手稿也很广泛。他的藏品在其去世后捐赠给法国国王，并辗转流传到现在，甚至丰富了法国国家图书馆的馆藏。为了纪念他，巴黎市政厅门面上的杰出人物之一就有他的画像，加利福尼亚州、魁北克和佛蒙特州的唐维尔市，以及巴黎的唐维尔大街都是来自他的名字。

他一生大概制作了 211 幅世界各地各区域的地图。受法国汉学家杜赫德所托，参考康熙《皇舆全览图》① 制作的所谓《中国鞑靼西藏全图》，被收入杜赫德 1735 年出版的上述那本《中国通史》中，也成为唐维尔一生中最重要的作品。凭藉着这套 18 世纪欧洲最流行的介绍中国的巨著风行于世，直到 19 世纪初唐维尔的中国地图一直是西方关于中国及邻近地区地理的标准信息来源。

唐维尔和哈斯不光在地球上有“传承”，在月球上也有交集。月球上被命名的众多环形山之中，就有他们二人的名字。

3. 此地图真正的“制图师”：康熙大帝，以及那些来华的耶稣会传教士们

从以上资料我们可以看出，这幅地图无论是其德国制图师、德国出版商，还是“源地图”的法国耶稣会教士、法国制图师，都没有亲历过中国。这幅中国地图原始的测绘工作及地理数据，都指向了当时中国清王朝的康熙皇帝，以及他那个“中外合作”、耗时十余年的全国地理测绘及制图工程。

康熙，是中国历史上在位时间最长的帝王，也是文治武功、雄心大志的一代雄主。在他的统治下，西方先进的代数、几何、天文、医学及科学技术得到推崇和应用，其中代表性的事例就是《皇舆全览图》的测绘与刊印。康熙四十六年（1707 年）起，清政府先后委任一众耶稣会士，会同清朝学者何国栋、明安图等人，运用当时先进的经纬图法、三角测量法、投影技术等西方科学方法和仪器，实测全国六百四十多个地点的经纬数据，重新绘制全国地图，测绘地点遍布全国，规模之大、耗时之长前所未有。“康熙间，圣祖命制《皇舆全览图》，以天度定准望，一度当二百里，遣使如奉天，循行混同、鸭绿二江，至朝鲜分界处，测绘为图。”这是《清史稿》列传七十中的初始记载。这项浩繁的工程一干就是十余年，其范围也远不止“朝鲜分界处”。最终，地图覆盖的范围东北至库页岛（萨哈林岛），东南至台湾，北至贝加尔湖，南至三亚，西北至伊黎河，西南至列城以西。在后期版本中西藏边境甚至标注出了朱母郎马阿林（即珠穆朗玛峰）。因当时恰逢准噶尔部叛乱，新疆一带未能详细测绘，其后直至乾隆帝两次遣专人详查后方得以补全。

该图 1717 年初成，木刻版，《清史稿》列传七十记述到：“（康熙）五十八年（1719 年），图成，为全图一，离合凡三十二帧，别为分省图，省各一帧。”但是，对于康熙帝来说，进行全国版图的测绘，又岂止十年之功，在同年阴历二月十二日，内阁蒋廷锡进《皇舆全览图》时，康熙上谕曰：“朕费三十余年心力，始得告成。山脉水道，俱与《禹贡》合。尔以此与九卿详阅，如有不合处，九卿有知者，举出奏明。”

在此图测绘编制的过程中，一些来华的耶稣会教士参与其中。16 世纪以来直到 18 世纪的 200 多年间，西方的传教士在中西交流中扮演了极其重要的角色。而以 1580 年意大利天主教耶稣会教士利玛窦的到来为标志，拉开了传教士来华的大幕。据统计，到清初的 1664 年，仅耶稣会来华传教人数已累计达 82 人。

参与到《皇舆全览图》工程中的西方传教士们主要有雷孝思（Jean Baptiste Regis，法国）、白晋（Joachim Bouvet，法国）、冯秉正（Joseph-Francois-Marie-Anne de Moyriac de Mailla，法国）、杜德美（Pierre Jartoux，法国）、费隐（Ernbert Fridelli，奥地利）、山遥瞻（Guglielmo Fabre Bonjour，法国）、汤尚贤（Pierre-Vincent de Tartre，法国）、麦大成（Joannes

---

① 德国学者福克斯认为，唐维尔的地图参考了三种《皇舆全览图》的版本：一是 1717 年的木刻本，包含 28 幅图；二是 1719 年雕刻的铜版地图；三是 1721 年的木刻本，包括 32 幅地图。康言(Mario Cams)最近的研究也证实，唐维尔关于中国十五省的地图完全是照着 1718 年的木刻版本绘制的，但是有的居民点没有标注地名，可能是杜德美当时没有翻译出来；鞑靼地区的地图主要参考了 1719 年铜版地图，其中与表示该地区的十一块地图完全吻合。

Fr. Cardoso，葡萄牙）、德玛诺（Rom. Hinderer，法国）、张诚（Gerbillon Jean Franois，法国）等人。

这些熟悉西方先进地理学测绘方法及仪器的传教士们，在风餐露宿、跋山涉水、艰难困苦的野外测绘作业中，为了“科学和天主教的双重信仰”而忘我工作。他们对这个“中国国家工程”做出了巨大的贡献，乃至牺牲。比如山遥瞻，就因劳累过度且受到瘴气的侵袭，而不幸在云南边境孟定殉职。康熙五十四年（1715 年），雷孝思前往云南，以完成山遥瞻的未竟事业。从云南归来时，费隐也病倒了，雷孝思又代替他测绘贵州地图，并奉命完成了湖广地图的测绘。雷孝思，其中文名字的典故出自《诗经》“永言孝思，孝思维则”，他用拉丁文翻译的《易经》更是风靡欧洲。这位法国传教士为清王朝服务四十年，于 1738 年 11 月 24 日在北京离世，从 1698 年跟随白晋踏上中国广州的土地起，终身都没有再回到他的故乡法国。1707 年，传教士之一的张诚卒于北京；1724 年 2 月，汤尚贤卒于北京；1730 年 6 月 28 日，白晋也卒于北京，享年 74 岁……他们中大部分人的遗体都安葬在了北京正福寺墓地。

除了参与到测绘与制图之中，这些耶稣会的传教士们还在《皇舆全览图》的东西方之间的交流中起了很大的作用。资料表明，上述的法国皇家地图师唐维尔，就同法国在华传教士有着紧密的联系。而意大利传教士马国贤更是将此图的详细信息在 1723 年直接带回到欧洲。

马国贤，原名 Matteo Ripa，意大利那不勒斯人，也是耶稣会的传教士。他于 1710（康熙四十九年）抵达澳门，随后北上京师在宫中供职。1713 年（康熙五十二年），马国贤根据中国画家的原画，铜版刻制了一套《御制避暑山庄图泳三十六景》版画，很得康熙皇帝的赏识。马国贤后来还与其他的欧洲传教士共同以铜版印制了《皇舆全览图》，并应康熙帝之邀传授雕刻铜版技术，据说这也是西方铜凹版印刷术传入中国的开端。

此图，在中外地图发展史上，具有划时代的意义，在当时世界地理学领域也属于非凡的成就。这是中国历史上首次绘有经纬刻度网的全国地图。自清朝中叶至中华民国初年，国内外出版的各种中国地图基本上都源于此图。

4. 此地图现存的中外版本及价格

在大致了解了默克尔总理以国礼相赠的这幅 1735 年版“中国地图”的来龙去脉之后，我们就会发现，在西方成熟的古旧地图收藏及拍卖网站上，包括著名的佳士得拍卖行在内，都经常会有哈斯版本或者唐维尔版本的印制地图进入市场流通。根据年代及品相不同，估价或成交价也从几百英镑到几千英镑不等。最近的一幅唐维尔版本在佳士得 2019 年 6 月 9 号的“超越地平线”拍卖主题专场中的起拍估价为 2000 ~ 3000 英镑。

而中文版本的《皇舆全览图》在拍卖市场上则相当少见。据国家图书馆研究馆员冯宝琳在《康熙〈皇舆全览图〉的测绘考略》一文中记述，因《皇舆全览图》的测绘成图的时间不一，版本也不是仅有一种。冯宝琳个人历年所见也不过五个版本：一是八排四十一叶（帧）的铜板印刷，仅见过少许残叶和金梁石印本（该铜板为民国时期金梁在沈阳故宫所发现铜板地图，共四十七块，六块空白，实为四十一块）。二是木刻三十二叶版本，仅见过德国人 1943 年的影印本。三是彩绘纸本的，共十六块合成一幅，但图中无经纬线，关内地名注汉字，关外及边远地区用满文注记，现藏中国第一历史档案馆。四是故宫博物院藏康熙五十六年（1717 年）内府刻本，木刻墨印设色，不注比例，板框 210 厘米 × 226 厘米，整幅不分叶（帧）。五是故宫博物院藏康熙六十年（1721 年）内府刻本，木刻墨印设色，不注比例，板框 212 厘米 × 340 厘米，

▲ 马国贤，原名 Matteo Ripa。

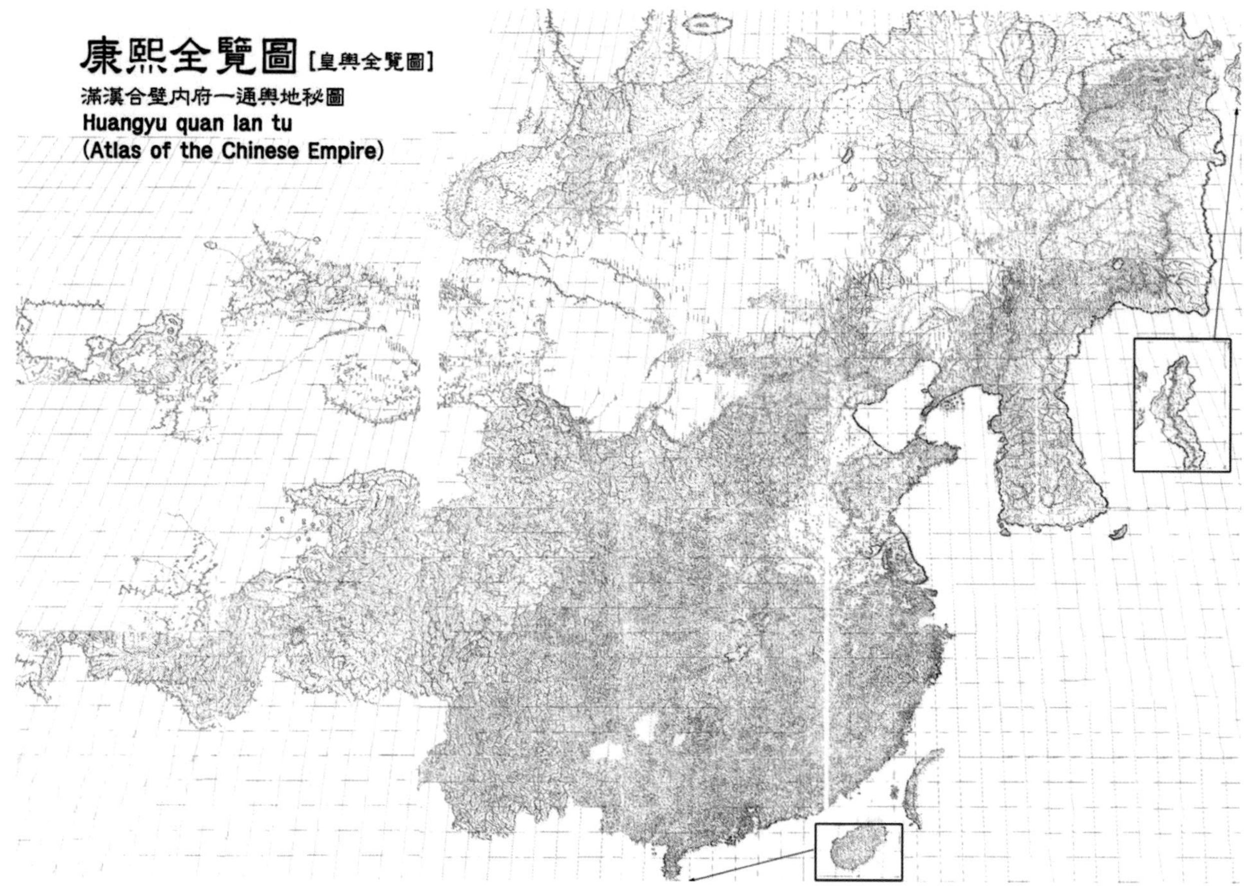

▲ 皇舆全览图。

整幅不分叶（帧），比上一图幅面更大，对西藏及蒙古极西地方绘制甚详细。

两件故宫馆藏均为稀有罕见的善本地图。

至于从此图中分省、分府小叶本派生出来的各版本多幅小图，在此未予考据。

5. 外文版本地图中的各种缺陷、谬误及可能的原因

虽然此图中外版本众多，区域及篇幅略有出入，但其核心内容都来自康熙帝组织实施的那次全国地理测绘及成品《皇舆全览图》。以默克尔相赠的那幅地图为例比对，大清官方版本的均以北京为本初子午线，比例尺为地球经线一度合 200 里（以工部营造尺 1 尺 = 0.317 米为标准尺和计算单位。以营造尺 18 丈为 1 绳，10 绳为 1 里，1° 即地表 200 里）。哈斯的版本中已恢复到欧洲起算的本初子午线，比例尺也按不同国家度量衡的不同分别标注在了地图的左下角。地图的左下角甚至有一些汉满蒙发音的对比，例如汉语湖泊标为“HOU”对应蒙古语“NOR”等。在地图的西北方向，有一个标注为 Koko Nor 的湖泊，蒙古语音译称“库库诺尔”，意思是“青色的湖”，那正是现在的“青海湖”。

细看之下，稍有地理历史常识的人，又都会对哈斯的那版“中国地图”生出许多疑问来。核心的疑问主要有两点：

一是《皇舆全览图》，幅员辽阔，东北至萨哈林岛（库页岛），东南至台湾，西南至拉打克河屯（列城）以西，西至塔拉赛必拉（塔拉斯河）以西，西北至衣里必拉（伊黎河），北至白喀尔鄂博（贝加尔湖），南至崖州（三亚）。纵使当时受到边疆测绘条件的限制以及部分地区仍在用兵的影响，边疆部分地区地理信息有空白，但东北、蒙古、新疆、西藏、青海等轮廓犹在。唐维尔的原始地图中也遵循了《皇舆全览图》的轮廓。不过，在哈斯的这版“中国地图”里，中国西北、西南及长城以北地区等的许多区域却不见了踪影。这是为什么？

二是从哈斯版的地图中可见湖广省（HOUQUANG）、广东省（QUANGTONG）、山东省（CHANTON）、

山西省（CHANSI）、陕西省（CHENSI）、北直隶省（PETCHELI）、江南省（KIANGNAN）等十五个省。然而，这基本是明朝晚期的行政区划，清朝康熙年间早就变更为“汉地十八省”。《皇舆全览图》从勘测、绘制到出版，都在大清康熙年间，即 18 世纪早期，为什么哈斯版“中国地图”的省份依然沿用了一个多世纪之前的明朝旧制呢？

康熙二年（1663 年）分陕西省为二：东部仍为陕西省；西部为巩昌省，康熙五年改称甘肃省。康熙三年（1664 年）分湖广省为二，北部为湖北省、南部为湖南省。康熙六年（1667 年）分江南省西半为安徽省。北直隶省，明朝称谓，清初改称直隶省。

关于上述这两个疑问，部分学者归因为“测绘过程中重视内地各省，边疆地区资料缺乏……对边疆地区地图的不够重视，标注方法不统一，有内地省份用汉字标注、东北与蒙藏地区用满文标注的缺陷”等。可是，史料记载，开始绘图时，康熙帝就要求用满文标注鞑靼地区，用汉字标注汉语地名。这是因为很难用汉字来标注鞑靼地区的地名，汉语很难表达有的满语或蒙古语的发音，而且这些地名译成汉字后，还会失去原来的意思，变得难以理解。满文却便于转译蒙语地名。乾隆皇帝也曾谈到这点，“且国语（指满文）切音，实能尽各部转韵曲折之妙”。所以，部分学者如本段开头的那种归因未免过于简单武断，也“辜负了”康熙爷耗时几十载测绘山河的雄才伟略。

也有学者指出，哈斯的中国地图只有内地十五省的原因，要“归咎”于另一位来华耶稣会教士卫匡国（原名马尔蒂尼，Martino Martini，1614 — 1661 年）。此人是天主教耶稣会意大利传教士，汉学家，逝于中国杭州。他于 1655 年在阿姆斯特丹出版的《中国新图志》，完整绘制了明代十五省的地理状况，还包括了日本地图一幅。卫匡国的地图集问世后就一直是欧洲认识中国地理状况的权威参考书。所以，哈斯的中国地图虽然在测绘数据上使用了当时最新的康熙《皇舆全览图》，但对于“中国”这个概念仍然还停留在卫匡国的十五省，而把蒙古称为中国鞑靼，对于中国朝代的更替信息混沌不清。不过，这种说法也颇有些生硬牵强。

其实，关于上述两个问题，刊载于《清华大学学报（哲学社会科学版）》2015 年第 6 期的《康熙〈皇舆全览图〉与西方对中国历史疆域认知的成见》一文中的解读，或许最贴近历史的真相。

该文指出，杜赫德的那本《中国通史》，在第一卷一开始就同时出现了“中华帝国（Empire of China）”和“中国（Kingdom of China）”的概念。作者如此安排，反映出作者已经刻意认识到“中华帝国”有别于“中国”。

《中国通史》中对“中国”的介绍，大致由前述长城以南的十五省组成，基本是明代的疆域。接下来的小节讨论的是把中国和鞑靼地区区别开来的长城，紧随其后的是西部的西藏、青海、蒙古，西南的少数民族的介绍。第四卷又专门讨论鞑靼、蒙古和西藏等地区的情况，而且还明确了“中华帝国”的范围是除了前述十五个省以及第一卷书谈到的地区之外，还包括长城以外臣属于满人的鞑靼地区。因此，从那本《中国通史》的记述中推断，当杜赫德作书、唐维尔作图时，他们已经认识到：清朝（中华帝国）的疆域不只是明朝统治（中国）的版图，而是包括了鞑靼（即蒙古、东北、青海、西藏、哈密等地）以及西南少数民族地区。

然而，当欧洲各国在拷贝他们的著作时，或只

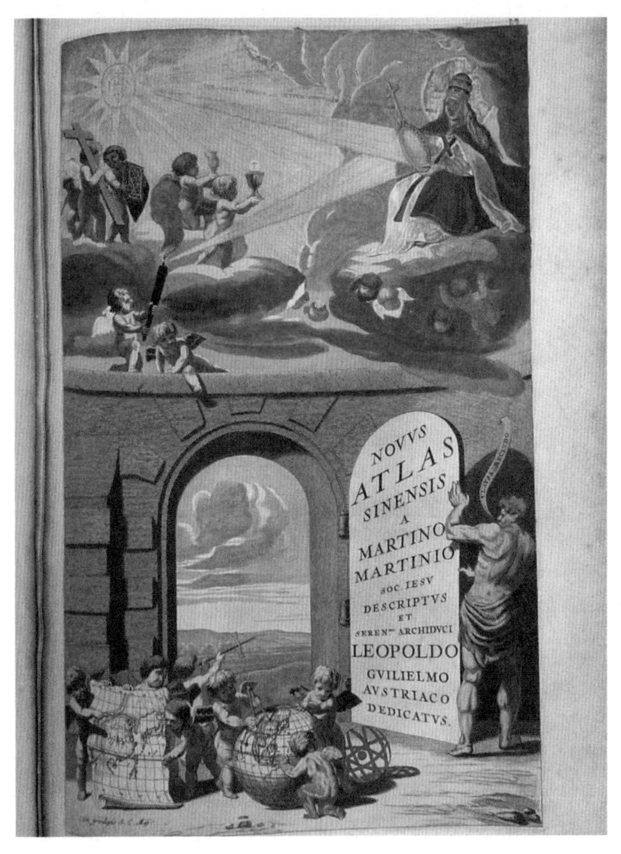

▲ 1655 年阿姆斯特丹出版的卫匡国《中国新图志》的封面。

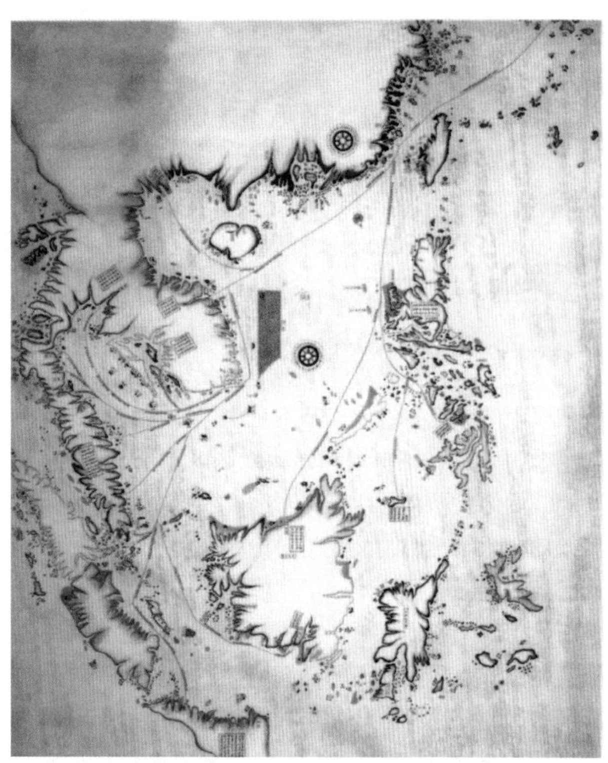

▲ 中国第一历史档案馆藏，福建水师提督施世骠于康熙五十六年（1717 年）绘制的《东洋南洋海道图》。

翻印书或只翻印图，很少两者皆备。而且很少有人注意到书中“中华帝国”与“中国”指示范围的差别。加上唐维尔的插图包括了一幅只表示长城以南，却被标注为“中国总图”的地图，造成此后一百多年的时间里，欧洲各地在翻印此图时，都沿用了这种绘制方法，即始终用书中的所谓“中国”（即明朝的疆域）来表示他们想象中的中国。从这个意义上讲，或许我们多一些平常心和科学心，就可以明白，对于遥远的欧洲人来说，准确理解彼时的“中华帝国”或者“中国”的地理概念拥有不同的内涵与外延并不是一件容易的事。

央视纪录片《丝绸之路》中，讲述了另一位葡萄牙耶稣会教士鄂本笃，欲探寻经亚洲中部通往北京的陆道。他于明万历三十年（1602 年）自印度启程，经中亚，越帕米尔高原，历时三年，于万历三十三年（1605 年）到达肃州附近（今嘉峪关市辖区内），之后等候明朝政府的答复无法继续东行，并最终病故于此。其残存之行记最终辗转到利玛窦手中并得到整理转述。

在那个没有现代交通、通信技术的时代，无论是海路还是陆路，无论是前往东方还是美洲新世界，一趟探索与发现的艰苦卓绝的旅程常常要耗费掉一个人短暂人生中的漫长光阴。就像上述那些传教士一样，许多人出发以后就再也没有回到自己的故乡，而那些他们发现与探索的地理信息，常常也要经过漫长的传递、比对、理解的过程，才能最终转化成地图上一个个点点滴滴的坐标。沧海桑田、朝代更替的变化，又常常成了昔日地图上迟到的地理信息，现在反倒成为探寻历史往事的宝贵线索。

6. 地图中的那个时代

此地图制作的 18 世纪初期，德国还处在神圣罗马帝国的时代。虽然德国课本将其称为“德意志第一帝国”，但是离普鲁士铁血宰相俾斯麦在 1871 年打造出现代意义上的德意志，还有一个多世纪的漫长路途要走。正如我们在之前篇章中介绍过的一样：虽然现代意义上的统一的意大利王国直到 1861 年才出现，但我们已经习惯了将伽利略、达・芬奇等称为意大利人。这也是我们在文中所述，此地图的制作者、发行者哈斯等人可以称为“德国人”的原因。18 世纪上中叶，在经历了波兰王位继承战争、奥地利王位继承战争和七年战争等内战后，整个神圣罗马帝国形成三百多个独立的大小邦国，神圣罗马皇帝徒有其名，甚至连德意志邦国的盟主都称不上，仿佛如中国历史上两千年前的周天子，诸侯争霸，平王东迁以后，“天下共主”已徒具虚名。那是德国大一统之前列国纷争与激荡的年代。

同时代的法国，正处在“太阳王”路易十四的治下。路易十四是欧洲在位时间最长的君主，比康熙皇帝的 61 年还要多 11 年，辉煌的凡尔赛宫就建成在他的时代。在他执政期间，法国发动了三次重大的战争，西班牙没落、荷兰衰落，使他强固法国海防，扩大法国疆域，使法国成为欧洲强国。彼时，欧洲地理科学及地图制作出版行业领导者的地位已经从荷兰逐步转移到了法国。如果说康熙皇帝对科学有着极度的热爱，那么与康熙同时代、同样对科学痴迷的法国国王路易十四对远东地理知识也有强烈的渴求。因而法国传教士肩负着在中国传教和收集中国地理信息的双重任务。这些偶然又必然的因素，共同促成了三百年前《皇舆全览图》的测绘制作。那是那个时代史无前例的跨国界的科学合作，也是地图科学史上的一件幸事。

在这以后，清朝政府又以《皇舆全览图》为基础，对新疆、西藏等地进行测绘，并制成《雍正十排图》

及《乾隆十三排图》，形成清廷三大实测地图。这一时期，清王朝开放力度空前。1684 年，康熙宣布废除“禁海”令，允许边民从事海外贸易。对于“开海”一事，史籍有云：“今海外平定，台湾、澎湖设立官兵驻扎，直隶、山东、江南、浙江、福建、广东各省，先定海禁处分之例，应尽停止。”于是，中国与欧洲、美洲、亚洲其他地区均有更广泛、更直接的贸易接触。彼时的中国，国力雄厚、版图辽阔、稳定发展、开放开明，正在步入被西方称之为“High Qing”的“康乾盛世”。

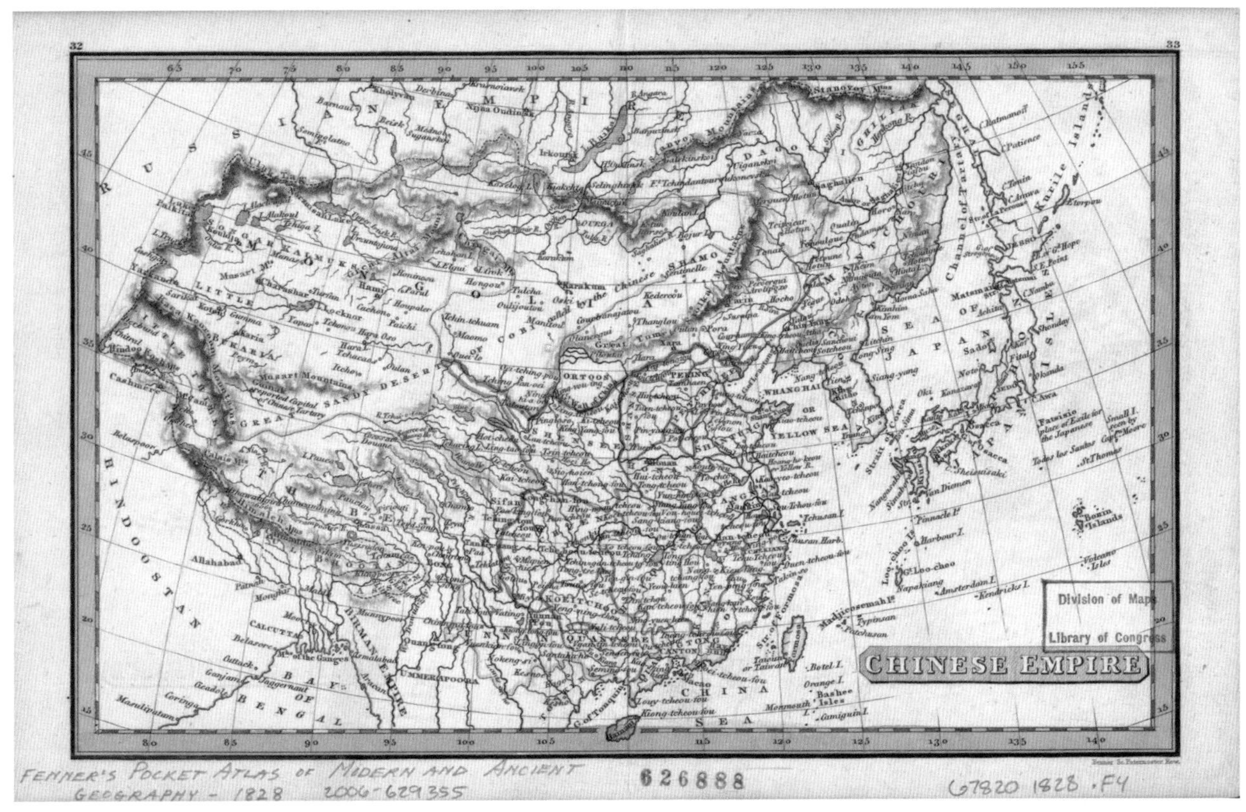

▲ 1828 年巴黎出版发行的康乾盛世时期中国版图。